四川省"十二五"高等院校规划教材——机械类

机械制造技术基础

主　编　邓志平

副主编　张庆功　陈　朴

主　审　卢秉恒

西南交通大学出版社

·成　都·

图书在版编目（ＣＩＰ）数据

机械制造技术基础 / 邓志平主编. —成都：西南
交通大学出版社，2014.8（2016.7 重印）
四川省"十二五"高等院校规划教材. 机械类
ISBN 978-7-5643-3233-4

Ⅰ. ①机… Ⅱ. ①邓… Ⅲ.①机械制造工艺 – 高等学
校 – 教材 Ⅳ. ①TH16

中国版本图书馆 CIP 数据核字（2014）第 172400 号

四川省"十二五"高等院校规划教材 ——机械类

机械制造技术基础

主编　邓志平

责 任 编 辑	王　旻
特 邀 编 辑	王玉珂
封 面 设 计	墨创文化
	西南交通大学出版社
出 版 发 行	（四川省成都市二环路北一段 111 号
	西南交通大学创新大厦 21 楼）
发 行 部 电 话	028-87600564　028-87600533
邮 政 编 码	610031
网　　　　址	http: //www.xnjdcbs.com
印　　　　刷	四川煤田地质制图印刷厂
成 品 尺 寸	185 mm×260 mm
印　　　　张	20.75
字　　　　数	517 千字
版　　　　次	2014 年 8 月第 1 版
印　　　　次	2016 年 7 月第 2 次
书　　　　号	ISBN 978-7-5643-3233-4
定　　　　价	38.00 元

前　言

本书是在教育部 1998 年颁布的《普通高等学校本科专业目录》基础上，结合西华大学多年来的教学经验，并参考了其他大学近年来所出版的教材编写而成。《机械制造技术基础》教材的编写，被立为 2011 年四川省高等教育质量优秀教材子项目。

"机械制造技术基础"是机械类本科专业主要技术基础课，为了适应我国社会主义市场经济和改革开放的需要，适应现代社会、经济、科技、文化及教育的发展趋势，考虑到近年来科学技术的不断发展，本教材内容包括：公差与技术测量、金属切削刀具与金属切削原理、金属切削机床概论、金属工艺学、机械制造工艺学、机床夹具设计和数控制造技术的部分内容。本教材重点是介绍对金属材料的机械制造过程中，所涉及的金属零件须达到的要求、使用的机床设备及机床夹具与刀具、机械加工工艺过程与机械加工方法的基本原理和设计方法。

本教材理论教学为 80 学时，使用时可根据具体情况增减。书中部分内容可供学生自学和课外阅读。为便于教学，每一章后附有习题。

本教材供机械类本科专业教学使用，也可供专科、电大以及从事机械制造工作的技术人员使用。

本书由邓志平任主编，张庆功、陈朴任副主编，参加编写的有：程建一（第 1 章）、何义忠（第 2 章）、陈朴（第 3 章）、邓志平（第 4 章）、苏蓉（第 5 章）、尹洋（第 6 章）、张庆功（第 7 章）。

本书由教育部教育指导委员会设计制造分会副主任、中国机械工程学会理事、西安交通大学卢秉恒教授主审。

《机械制造技术基础》教材入选四川省"十二五"规划教材。

在此对使用本书并对本书提出宝贵意见的同志，表示衷心感谢。

由于我们水平有限，书中难免有错误和不当之处，恳请读者批评指正。

编　者

2014 年 5 月

目　　录

第1章　公差与互换性原理

1.1　互换性与优先数

1.1.1　互换性概念

现代化的工业生产是以相适应的专业化协作生产形式体现的。例如，一辆汽车是由成千上万个零件及部件组成，而这些零、部件则是由上百家专业工厂协作生产后，又集中在汽车厂装配而成。要实现这种专业化协作生产，必须要遵循互换性原则。

机械制造中的互换性，是指相同规格的零、部件可以相互替换，且能保证功能要求的一种特性。即零、部件在制造时，按同一规格的要求；装配时，不需选择或附加修配（如钳工修配）；装配而成的产品能满足设计、使用和生产上的要求，这样的零、部件就称为具有互换性。能够保证产品具有互换性的生产，也就称为遵循互换性原则的生产。

零、部件的互换性可分为几何参数（如尺寸、形状等）的互换性和机械性能（如硬度、强度等）的互换性，本章仅讨论几何参数的互换性。

零、部件的几何参数包括尺寸大小、几何形状（宏观、微观）以及形面间的相互位置。在加工过程中，由于种种原因的影响，零件的实际几何参数不可避免地会产生误差。而这些误差对零件的使用功能和互换性都有影响。但实践证明，只要把这些误差控制在一定的范围内，同样能保证零件的功能要求，同样具有互换性。这个控制范围就是互换性所允许的几何参数的变动量，简称为"公差"（包括尺寸公差、形状公差、位置公差和表面粗糙度）。即只要将加工零件的各种误差控制在相应的公差范围内，同样可以达到互换的目的。

零、部件在几何参数方面的互换性体现为公差标准。而公差标准又是机械制造业中的基础标准，它为机器的标准化、系列化、通用化提供了理论依据。在机械制造中按互换性原则，可以简化设计工作，缩短设计周期；使加工实现高效率的专业化协作生产；使装配实现流水作业乃至自动装配；使修理工艺简化，修理时间缩短。总之，遵循互换性原则，能使各工业部门获得最佳的经济效益和社会效益。

零、部件的互换性按其互换程度，可分为完全互换和不完全互换。前者要求零、部件在装配或互换时，不需选择或附加修配；而后者则允许在装配前进行预先分组或采取调整等措施。

1.1.2　优先数和优先数系

优先数和优先数系是一种数值分级制度。

任何机械产品所涉及的技术参数，往往都是用数值来表示的，而各参数之间又具有传播性和扩散性。例如，当某一螺栓的尺寸确定后，螺母、螺孔的尺寸也就确定，以及加工螺纹的刀具（钻头、丝锥、板牙等）、量具等规格也随之确定。然而在生产中根据不同的要求，对同一产品必然会有不同的规格。因此在制定标准时，对产品的同一参数就需要规定一系列从小到大的数值，以形成不同规格的产品系列。而系列值的确定合理与否，与所取的值如何分档、分级有关。优先数和优先数系就是一种科学的、国际上统一的数值分级制度。采用优先数系就可以防止数值传播紊乱、繁杂，保证参数间协调、简化、统一，就可以使工业生产部门以较少的产品品种和规格，经济合理地满足用户的各种需要。

我国的分级制度标准《优先数和优先数系》GB/T321—2005，不仅适用于各种标准的制定，也适用于标准制定前的规划、设计等工作，从而引导产品品种的发展进入标准化轨道。

在《优先数和优先数系》GB/T321—2005中规定，优先数系是由一些十进等比数列构成，每一数列叫一系列，用 Rr（R 是优先数系创始人 Renard 的第一字母，r 代表系列数）表示。标准规定了五个系列，即 R5、R10、R20、R40、R80，系列的公比为 $q_r = \sqrt[r]{10}$，故：

R5 的公比为

$$q_5 = \sqrt[5]{10} \approx 1.60;$$

R10 的公比为

$$q_{10} = \sqrt[10]{10} \approx 1.25;$$

R20 的公比为

$$q_{20} = \sqrt[20]{10} \approx 1.12;$$

R40 的公比为

$$q_{40} = \sqrt[40]{10} \approx 1.06;$$

R80 的公比为

$$q_{80} = \sqrt[80]{10} \approx 1.03。$$

R5、R10、R20、R40 是通常采用的系列，称为基本系列；R80 作为补充系列，是标准最密的系列，除特殊情况，一般不用。

优先数系中的数都是优先数。但按公比计算出的理论值，除了 10 的整数幂以外，其他都是无理数，实际不能用。因此，优先数都是在理论值的基础上，经过圆整后取三位有效数制定出的。表 1.1 是优先数的基本系列。

在每个优先数系中大于 10 和小于 1 的优先数，可根据相应系列 1～10 区间的优先数，按相隔 r 项，后项与前项的比值为扩大 10 倍或缩小为 1/10 的关系确定。例如，R5 系列中 10～100 的优先数为 10.0、16.0、25.0、40.0、63.0、100。这一明显的规律性，可使设计、计算工作简化。

为满足生产的特殊需要，有时还需要采用 Rr 的变形系列，即派生系列和复合系列。派生系列是指在 Rr 的系列中，相隔 p 项取值所构成的系列，用"Rr/p"表示。例如，R10/3 系列，是在 R10 中相隔三项取值所组成，即数系值为 1.00、2.00、4.00、8.00、16.0、…。复合系列是指由若干个公比混合构成的多公比系列，如 10.0、16.0、25.0、35.5、50.0、71.0、125、

160 这一数系，就是由 R5、R20/3、R10 三个系列构成的复合系列。

表 1.1 优先数系的基本系列

R5	R10	R20	R40	R5	R10	R20	R40	R5	R10	R20	R40
1.00	1.00	1.00	1.00			2.24	2.24		5.00	5.00	5.00
			1.06				2.36				5.30
		1.12	1.12	2.50	2.50	2.50	2.50			5.60	5.60
			1.18				2.65				6.00
	1.25	1.25	1.25			2.28	2.80	6.30	6.30	6.3	6.30
			1.32				3.00				6.70
		1.40	1.40		3.15	3.15	3.15			7.10	7.10
			1.50				3.35				7.50
1.60	1.60	1.60	1.60			3.55	3.55		8.00	8.00	8.00
			1.70				3.75				8.50
		1.80	1.80	4.0	4.0	4.00	4.00			9.00	9.00
			1.90				4.25				9.60
	2.00	2.00	2.00			4.50	4.50	10.0	10.0	10.0	10.0
			2.12				4.75				

1.2 孔和轴的极限与配合

为了保证零、部件的互换性，所制定的国家标准即《极限与配合》GB/T1800.1 ~ 1800.4、GB/T1801 ~ 1804 是参照国际标准制定的。它不仅用于孔与轴的结合，也用于其他结合中由单一尺寸确定的部分（如键与键槽的结合），同时还是制定其他标准的基础。因此，它是一个应用广泛、国际公认的最重要的基础标准之一。

1.2.1 极限与配合的基本术语

为了正确掌握极限与配合的标准及其应用，统一对标准的理解，有关的基本概念、术语和定义也是标准的内容之一。

1. 孔与轴（hole and shaft）

通常指工件的圆柱形内表面与外表面，也包括非圆柱形的内外表面（由两个平行平面或切面形成的包容面与被包容面），如图1.1所示。图中由 D_1、D_2、D_3 和 D_4 各尺寸所确定的包容面称为孔，由 d_1、d_2、d_3 和 d_4 各尺寸所确定的被包容面称为轴。

2. 尺寸（size）

指以特定单位表示线性尺寸值的数值。尺寸除包括以长度单位（如以 mm 为单位）表示长度尺寸的数值以外，还包括以角度单位表示角度尺寸的数值。

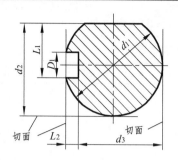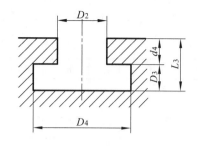

图 1.1　孔和轴

3. 基本尺寸（basic size）

通过它应用上、下偏差可算出极限尺寸的尺寸，即决定偏差和极限尺寸的一个基准尺寸（起始尺寸）。用 D 和 d 分别表示孔、轴的基本尺寸。它实际上是设计时根据计算或经验确定，并按标准尺寸圆整后所得到的尺寸。孔和轴配合的基本尺寸相同，如图 1.2 所示。

4. 实际尺寸（actual size）

通过测量获得的某一孔、轴的尺寸。孔、轴的实际尺寸分别用 D_a 和 d_a 表示。由于存在测量误差，实际尺寸并非是真实尺寸，另外，工件又存在形状误差。因此，零件同一表面上的不同部位，测得的实际尺寸往往也不相同。

5. 极限尺寸（limits of size）

指一个孔或轴允许的尺寸的两个极端。实际

图 1.2　基本尺寸

尺寸应位于其中，也可达到极限尺寸。两个极端中，较大的一个称为最大极限尺寸，孔、轴的最大极限尺寸分别用 D_{max}、d_{max} 表示；较小的一个称为最小极限尺寸，孔、轴的最小极限尺寸分别用 D_{min}、d_{min} 表示，如图 1.2 所示。

6. 偏差（deviation）

某一尺寸（实际尺寸、极限尺寸等）减其基本尺寸所得的代数差。

偏差可以是正值、负值或零，除零以外，使用偏差时必须要注明正、负号。

• 极限偏差（limit deviation）

指极限尺寸减其基本尺寸所得的代数差。极限偏差又分为上偏差和下偏差。其中最大极限尺寸减其基本尺寸所得的代数差称为上偏差，孔用 ES（法文 Ecart Superieur 的缩写）、轴用 es 表示；最小极限尺寸减其基本尺寸所得的代数差称为下偏差，孔用 EI（法文 Ecart Inferieur 的缩写）、轴用 ei 表示（见图 1.2）。用公式表示为：

$$孔：ES = D_{max} - D \tag{1.1}$$

$$EI = D_{min} - D \tag{1.2}$$

$$轴：es = d_{max} - d \tag{1.3}$$

$$ei = d_{min} - d \tag{1.4}$$

- 实际偏差（actual deviation）

实际尺寸减其基本尺寸所得的代数差，称为实际偏差。用公式表示为：

$$E_a = D_a - D \tag{1.5}$$

$$e_a = d_a - d \tag{1.6}$$

合格零件的实际偏差要在上、下偏差之内。

7. 尺寸公差（简称公差）（size tolerance）

是指最大极限尺寸减最小极限尺寸之差，或上偏差减下偏差之差。它是允许尺寸的变动量。孔和轴的公差分别用 T_h 和 T_s 表示，其公式为：

$$T_h = |D_{max} - D_{min}| = |ES - EI| \tag{1.7}$$

$$T_s = |d_{max} - d_{min}| = |es - ei| \tag{1.8}$$

尺寸公差是一个没有符号的绝对值，且不能为零（见图 1.2）。

8. 公差带（tolerance zone）

为了清晰、直观地表示尺寸、偏差、公差以及孔、轴的配合关系，又不必画出孔、轴的结构，只画出放大的孔、轴公差带，这样的图形叫公差带图解（见图 1.3）。图解中的一水平线叫零线，取基本尺寸为零线（即零偏差线），零线以上为正偏差，零线以下为负偏差。

在公差带图解中，公差带由代表上偏差和下偏差或最大极限尺寸和最小极限尺寸的两条直线所限定的一个区域。它是由公差大小和其相对零线的位置（如基本偏差）来确定的，如图 1.3 所示。

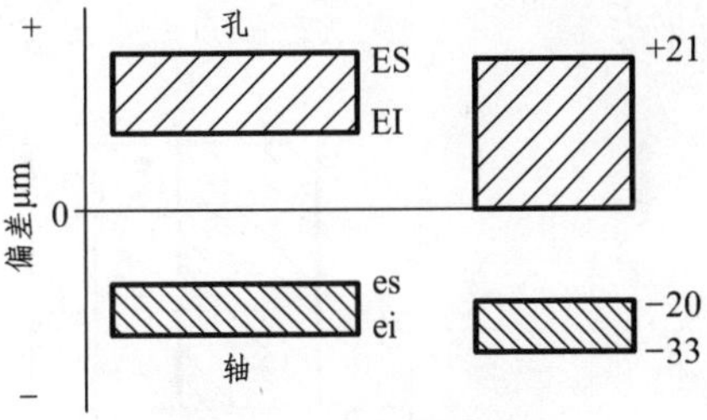

图 1.3 公差带图解

9. 标准公差（standard tolerance）

指极限与配合国家标准中所规定的任意公差。

例 1.1 已知基本尺寸 $D = d = 30$ mm，孔和轴的极限尺寸：$D_{max} = 30.021$ mm，$D_{min} = 30.000$ mm，$d_{max} = 29.980$ mm，$d_{min} = 29.967$ mm。求孔和轴的极限偏差和公差。

解

孔：

$$ES = D_{max} - D = 30.021 - 30 = +0.021 \quad (mm)$$

$$EI = D_{min} - D = 30.000 - 30 = 0$$

$$T_h = |D_{max} - D_{min}| = |ES - EI| = |+0.021 - 0| = 0.021 \quad (mm)$$

轴：

$$es = d_{max} - d = 29.980 - 30 = -0.020 \quad (mm)$$

$$ei = d_{min} - d = 29.967 - 30 = -0.033 \quad (mm)$$

$$T_s = |d_{max} - d_{min}| = |es - ei| = |-0.020 - (-0.033)| = 0.013 \quad (mm)$$

公差带图如图1.3所示。

10. 基本偏差（fundamental deviation）

在本标准极限与配合制中，确定公差带相对零线位置的那个极限偏差如图 1.3 所示。它可以是上偏差或下偏差，一般为靠近零线的那个偏差。当公差带在零线之上时，其基本偏差为下偏差；当公差带在零线之下时，基本偏差为上偏差，如图 1.3 中孔的下偏差和轴的上偏差。

11. 配合（fit）

指基本尺寸相同的，相互结合的孔和轴公差带之间的关系。由于配合是指一批孔和轴的相配关系，而不是指单个孔和轴的相配关系。因此，用公差带关系反映配合就比较确切。

12. 间隙或过盈（clearance and interference）

指孔的尺寸减去轴的尺寸之差。差值为正时称为间隙，用 X 表示；差值为负时称为过盈，用 Y 表示。

间隙或过盈是指单个孔和轴的相配关系。

- 间隙配合（clearance fit）

指具有间隙（包括最小间隙等于零）的配合。此时，孔的公差带在轴的公差带之上，如图 1.4 所示，即在此配合中，任意孔、轴的结合都具有间隙。允许间隙的两个极限分别叫最大间隙和最小间隙，用 $X_{\max}$ 和 $X_{\min}$ 表示。计算式为：

$$X_{\max} = D_{\max} - d_{\min} = \text{ES} - \text{ei} \tag{1.9a}$$
$$X_{\min} = D_{\min} - d_{\max} = \text{EI} - \text{es} \tag{1.9b}$$

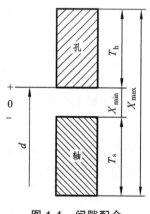

图 1.4　间隙配合

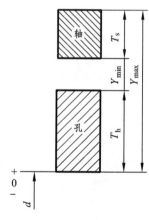

图 1.5　过盈配合

- 过盈配合（interference fit）

指具有过盈（包括最小过盈等于零）的配合。此时，孔的公差带在轴的公差带之下，如图 1.5 所示，即在此配合中，任意孔、轴的结合都具有过盈。允许过盈的两个极限分别叫最大过盈和最小过盈，用 $Y_{\max}$ 和 $Y_{\min}$ 表示。计算式为：

$$Y_{\max} = D_{\min} - d_{\max} = \text{EI} - \text{es} \tag{1.10a}$$
$$Y_{\min} = D_{\max} - d_{\min} = \text{ES} - \text{ei} \tag{1.10b}$$

● 过渡配合（transition fit）

指可能具有间隙或过盈的配合。此时，孔的公差带与轴的公差带相互交叠，如图 1.6 所示，即在此配合中，任意孔、轴的结合可能具有间隙，也可能具有过盈。且只具有其中之一状态。此配合的两个极限分别叫最大间隙和最大过盈，用 X_{max} 和 Y_{max} 表示。计算式为：

$$X_{max} = D_{max} - d_{min} = ES - ei \tag{1.11a}$$
$$Y_{max} = D_{min} - d_{max} = EI - es \tag{1.11b}$$

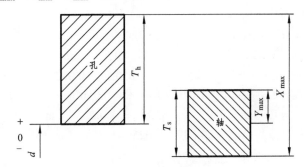

图 1.6　过渡配合

13. 配合公差（tolerance of fit）

指组成配合的孔、轴公差之和。它是允许间隙或过盈的变动量，用 T_f 表示。配合公差是一个没有符号的绝对值。其计算式为：

对间隙配合：$T_f = |X_{max} - X_{min}| = T_h + T_s$ $\tag{1.12a}$

对过盈配合：$T_f = |Y_{min} - Y_{max}| = T_h + T_s$ $\tag{1.12b}$

对过渡配合：$T_f = |X_{max} - Y_{max}| = T_h + T_s$ $\tag{1.12c}$

配合公差是反映配合松紧的变化范围，即配合的精确程度，是根据功能要求（即设计要求）来确定的。

14. 基孔制配合（hole-basis system of fits）

指基本偏差为一定孔的公差带，与不同基本偏差轴的公差带形成各种配合的一种制度，如图 1.7（a）所示。基孔制配合中的孔为基准孔，用 H 表示，基准孔的下偏差为零，即 $EI = 0$。

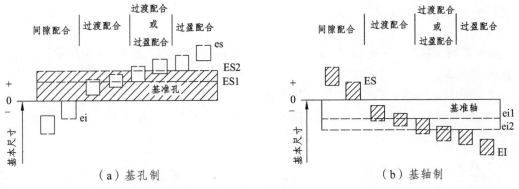

图 1.7　基准制

15. 基轴制配合（shaft–basis system of fits）

基本偏差为一定轴的公差带，与不同基本偏差孔的公差带形成各种配合的一种制度，如图 1.7（b）所示。基轴制配合中的轴为基准轴，用 h 表示，基准轴的上偏差为零，即 es = 0。

例 1.2　计算孔 $\phi 30^{+0.039}_{0}$ 与轴 $\phi 30^{-0.025}_{-0.050}$ 配合的极限间隙及配合公差，画出公差带图并指出其配合性质。

解

孔：　　　　$EI = 0$　　　$ES = +0.039$　（mm）

　　　　　　$T_h = |ES - EI| = |+0.039 - 0| = 0.039$　（mm）

轴：　　　　$es = -0.025$　（mm）　　　$ei = -0.050$　（mm）

　　　　　　$T_s = |es - ei| = |-0.025 - (-0.050)| = 0.025$　（mm）

极限间隙：　$X_{max} = ES - ei = (+0.039) - (-0.050) = +0.089$　（mm）

　　　　　　$X_{min} = EI - es = 0 - (-0.025) = +0.025$　（mm）

配合公差：　$T_f = |X_{max} - X_{min}| = |0.089 - 0.025| = 0.064$　（mm）

公差带图见图1.8（a）所示。此配合为基孔制间隙配合。

例 1.3　计算孔 $\phi 30^{-0.008}_{-0.033}$ 与轴 $\phi 30^{\ 0}_{-0.016}$ 配合的最大间隙、最大过盈及配合公差，画出公差带图并指出其配合性质。

解

最大间隙：　$X_{max} = ES - ei = (-0.008) - (-0.016) = +0.008$　（mm）

最大过盈：　$Y_{max} = EI - es = (-0.033) - 0 = -0.033$　（mm）

配合公差：　$T_f = |X_{max} - Y_{max}| = |T_h + T_s| = |(+0.008) - (-0.033)| = 0.041$　（mm）

公差带图如图1.8（b）所示。此配合为基轴制过渡配合。

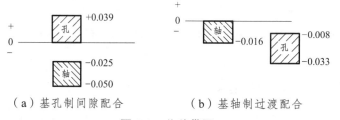

（a）基孔制间隙配合　　　　　（b）基轴制过渡配合

图 1.8　公差带图

1.2.2　标准公差系列

标准公差是指在本标准极限与配合制中所规定的任意公差，如表 1.3 中所示的任意公差值就是标准公差。

规定标准公差是为了把公差带加以标准化，而公差带的大小反映了零件尺寸的精确程度。因此，也就是说国家标准把尺寸的精确程度加以了标准化。标准公差系列的制定包括以下三个方面的内容：

1. 公差单位（公差因子）

公差单位是计算标准公差的基本单位，是制定标准公差系列的基础。

在长期实践和大量实验的基础上，通过对实际尺寸进行统计分析，结果表明：加工误差与基本尺寸之间是呈立方抛物线的关系。根据这一规律，国家标准确定：当尺寸≤500 mm时，公差单位按下式计算：

$$i = 0.45\sqrt[3]{D} + 0.001D \quad (\mu m) \tag{1.13}$$

式中　D——基本尺寸的计算值，mm。

上式中第一项反映了加工误差的影响，第二项反映的是测量误差的影响，特别是温度变化引起的测量误差。

2. 公差等级

确定尺寸精确程度的等级称为公差等级。规定和划分公差等级的目的，是为了简化和统一对公差的要求，使规定的等级既能满足不同的使用要求，又能基本代表各种加工方法的精度，为零件的设计和制造带来方便。

国家标准将标准公差分为 20 个等级，用 IT（ISO Tolerance 的缩写）与阿拉伯数字表示为：IT01，IT0，IT1，IT2，…，IT18。公差等级依次降低，公差值依次增大。各等级标准公差的计算公式见表 1.2。

表 1.2　标准公差的计算公式

公差等级	公　　式	公差等级	公　式	公差等级	公　　式
IT01	$0.3 + 0.008D$	IT6	$10i$	IT13	$250i$
IT0	$0.5 + 0.012D$	IT7	$16i$	IT14	$400i$
IT1	$0.8 + 0.020D$	IT8	$25i$	IT15	$640i$
IT2	$(IT1)(IT5/IT1)^{1/4}$	IT9	$40i$	IT16	$1\,000i$
IT3	$(IT1)(IT5/IT1)^{2/4}$	IT10	$64i$	IT17	$1\,600i$
IT4	$(IT1)(IT5/IT1)^{3/4}$	IT11	$100i$	IT18	$2\,500i$
IT5	$7i$	IT12	$160i$		

由表1.2可知，IT5～IT18 的标准公差计算是采用公差等级系数 a 和公差单位 i 的乘积，即按 $IT = a \cdot i$ 的公式确定。公差等级系数 a 是采用 R5 优先数系；IT01，IT0，IT1 三个高精度等级，主要考虑测量误差的影响，公式采用线性关系式，式中的系数与常数是采用派生系列 R10/2；而 IT2～IT4 的标准公差，大体在 IT1～IT5 之间，按 $(IT5/IT1)^{1/4}$ 的几何级数排列。

3. 基本尺寸分段

根据表 1.2 所列标准公差计算公式可知，不同的基本尺寸，有不同的公差单位，其标准公差也不同。而实际生产中基本尺寸是大量的，这样，势必造成标准公差数量的繁多。因此，为了减少标准公差的数量，统一公差值，简化公差表格和便于应用，国家标准对基本尺寸进行了分段，使同一尺寸段内的所有基本尺寸，在公差等级相同时，其标准公差都一样，如表1.3 所示。计算时，基本尺寸计算值 D 是按相应尺寸段内首、尾两尺寸的几何平均值计算。即：

$$D = \sqrt{D_{首} \times D_{尾}} \tag{1.14}$$

例 1.4　基本尺寸为 50 mm，计算 IT6、IT7 的标准公差。

解 50 mm 属于 30 ~ 50 mm 尺寸段，基本尺寸的计算值：$D = \sqrt{30 \times 50} \approx 38.73$（mm）。
公差单位：

$$i = 0.45\sqrt[3]{38.73} + 0.001 \times 38.73 \approx 1.56 \quad (\mu m)$$

$$IT6 = 10i = 10 \times 1.56 = 15.6 \approx 16 \quad (\mu m)$$

$$IT7 = 16i = 16 \times 1.56 = 24.96 \approx 25 \quad (\mu m)$$

表1.3 中的公差值就是根据以上计算过程，并按规定的尾数化整规则进行圆整后得出的。
实际应用可直接查表 1.3。

1.2.3　基本偏差系列

基本偏差是确定公差带相对于零线位置的那个极限偏差。它可以是上偏差或下偏差，一般为靠近零线的那个偏差。它是确定孔、轴公差带相对于零线位置的唯一指标，只要改变孔、轴中某一公差带的位置，就可以得到不同的配合性质。

1. 基本偏差代号

国家标准对孔、轴分别规定了 28 种基本偏差，并用相应的拉丁字母表示，大写字母表示孔，小写字母表示轴。在 26 个拉丁字母中，去掉易与其他含义相混淆的 I、L、O、Q、W（i、l、o、q、w）5 个字母外，另加了 7 个双写字母 CD、EF、FG、JS、ZA、ZB、ZC（cd、ef、fg、js、za、zb、zc）。孔、轴各 28 种基本偏差形成了基本偏差系列，各基本偏差所确定的公差带位置如图 1.9 所示。

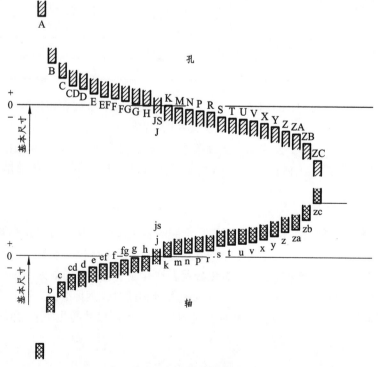

图 1.9　基本偏差系列

表 1.3　标准公差数值

基本尺寸	IT01	IT0	IT1	IT2	IT3	IT4	IT5	IT6	IT7	IT8	IT9	IT10	IT11	IT12	IT13	IT14	IT15	IT16	IT17	IT18
	公差等级																			
	μm														mm					
≤3	0.3	0.5	0.8	1.2	2	3	4	6	10	14	25	40	60	100	0.14	0.25	0.40	0.60	1.0	1.4
>3~6	0.4	0.6	1	1.5	2.5	4	5	8	12	18	30	48	75	120	0.18	0.30	0.48	0.75	1.2	1.8
>6~10	0.4	0.6	1	1.5	2.5	4	6	9	15	22	36	58	90	150	0.22	0.36	0.58	0.9	1.5	2.2
>10~18	0.5	0.8	1.2	2	3	5	8	11	18	27	43	70	110	180	0.27	0.43	0.70	1.10	1.8	2.7
>18~30	0.6	1	1.5	2.5	4	6	9	13	21	33	52	84	130	210	0.33	0.52	0.84	1.30	2.1	3.3
>30~50	0.6	1	1.5	2.5	4	7	11	16	25	39	62	100	160	250	0.39	0.62	1.00	1.60	2.5	3.9
>50~80	0.8	1.2	2	3	5	8	13	19	30	46	74	120	190	300	0.46	0.74	1.20	1.90	3.0	4.6
>80~120	1	1.5	2.5	4	6	10	15	22	35	54	87	140	220	350	0.54	0.87	1.40	2.20	3.5	5.4
>12~180	1.2	2	3.5	5	8	12	18	25	40	63	100	160	250	400	0.63	1.00	1.60	2.50	4.0	6.3
>180~250	2	3	4.5	7	10	14	20	29	46	72	115	185	290	460	0.72	1.15	1.85	2.90	4.6	7.2
>250~315	2.5	4	6	8	12	16	23	32	52	81	130	210	320	520	0.81	1.30	2.10	3.20	5.2	8.1
>315~400	3	5	6	9	13	18	25	36	57	89	140	230	360	570	0.89	1.40	2.30	3.60	5.7	8.9
>400~500	4	6	8	10	15	20	27	40	63	97	155	250	400	630	0.97	1.55	2.50	4.00	6.3	9.7

注：基本尺寸小于 1 mm 时，无 IT14~IT18。

图 1.9 分为上半部分和下半部分，分别表示 28 种孔和 28 种轴的基本偏差，所确定的公差带相对于零线的位置。由图 1.9 可知，在孔的基本偏差中，A ~ H 为下偏差 EI，其绝对值依次减小；J ~ ZC 为上偏差 ES，其绝对值依次增大。在轴的基本偏差中，a ~ h 为上偏差 es；j ~ zc 为下偏差 ei。其中 H 和 h 的基本偏差为零，分别表示基准孔和基准轴；由 JS（js）与各公差等级确定的公差带都完全对称分布于零线，基本偏差可为上偏差（ + IT/2），也可为下偏差（ – IT/2），而 J（j）则是近似对称的代号，将逐步由 JS（js）代替；在基本偏差系列中各公差带只画出一端，另一端未画出，是因为它取决于公差等级和基本偏差的组合。

2. 公差带和配合的表示

公差带与配合在图纸上的标注可采用标注极限偏差或公差带代号的方式。在零件图上可在基本尺寸之后用公差带代号，或注上、下偏差数值，或两者皆注。如：

孔：$\phi50H8$，$\phi50\,^{+0.039}_{0}$，$\phi50H8\left(\,^{+0.039}_{0}\right)$

轴：$\phi50f7$，$\phi50\,^{-0.025}_{-0.050}$，$\phi50f7\left(\,^{-0.025}_{-0.050}\right)$

在装配图上则在基本尺寸之后用分式表示其配合的代号，分子为孔的公差带代号，分母为轴的公差带代号。如：

$\phi50\dfrac{H8}{f7}$（基孔制）， $\phi50\dfrac{F8}{h7}$（基轴制）

3. 轴的基本偏差

轴的基本偏差值是以基孔制配合为基础而制定的。根据设计要求、生产经验和科学试验，并经数理统计分析，建立了一系列轴的基本偏差的计算公式，如表 1.4 所示。

表 1.4 基本尺寸≤500 mm 轴的基本偏差公式

基本偏差代号	适用范围	基本偏差为上偏差 es /μm	基本偏差代号	适用范围	基本偏差为下偏差 ei /μm
a	$D\leqslant120$ mm	$-(265+1.3D)$	m		$+(IT7-IT6)$
a	$D>120$ mm	$-3.5D$	n		$+5D^{0.34}$
b	$D\leqslant160$ mm	$(140+0.85D)$	p		$+IT7+(0\sim5)$
b	$D>160$ mm	$-1.8D$	r		$+\sqrt{p.s}$
c	$D\leqslant40$ mm	$52D^{0.2}$	s	$D\leqslant50$ mm	$+IT8+(1\sim4)$
c	$D>40$ mm	$-(95+0.8D)$	s	$D>50$ mm	$+IT7+0.4D$
cd		$-\sqrt{c\,d}$	t		$+IT7+0.63D$
d		$-16D^{0.44}$	u		$+IT7+D$
e		$-11D^{0.41}$	v		$+IT7+1.25D$
ef		$-\sqrt{e.f}$	x		$+IT7+1.6D$
f		$-5.5D^{0.41}$	y		$+IT7+2D$
fg		$-\sqrt{f.g}$	z		$+IT7+2.5D$
g		$-2.5D^{0.34}$	za		$+IT8+3.15D$
h		0	zb		$+IT9+4D$

续表 1.4

基本偏差代号	适 用 范 围	基本偏差为上偏差 es /μm	基本偏差代号	适 用 范 围	基本偏差为下偏差 ei /μm
j	IT5～IT8	没有公式	zc		$+ \mathrm{IT}10 + 5D$
k	≤IT3	0			
	IT4～IT7	$+0.6\sqrt[3]{D}$			
	≥IT8	0			
		js: $\pm \dfrac{\mathrm{IT}}{2}$			

注：① 式中 D 为基本尺寸的分段计算值，单位为 mm；
　　② 除 j 和 js 外，表中所列公式与公差等级无关。

a～h 用于间隙配合，基本偏差的绝对值等于最小间隙。

j～n 主要用于过渡配合，所得的间隙或过盈均不是很大。

p～zc 主要用于过盈配合，其基本偏差是以保证配合的最小过盈来考虑。

根据各轴的基本偏差计算公式和对尾数的圆整，国家标准制定了轴的基本偏差数值表，如表 1.5 所示，使用时可直接查表。

轴的基本偏差确定以后，在已知公差等级的情况下，可确定轴的另一个极限偏差为：

$$\mathrm{es} = \mathrm{ei} + \mathrm{IT} \tag{1.15}$$

$$\mathrm{ei} = \mathrm{es} - \mathrm{IT} \tag{1.16}$$

4. 孔的基本偏差

孔的基本偏差值的确定是以基轴制配合为基础的。由于基孔制和基轴制是两种并行的配合制度，通常，当基轴制配合中孔的基本偏差代号和基孔制配合中轴的基本偏差代号相同时，则所形成的配合性质是相同的。因此，孔的基本偏差可以由同一字母代号轴的基本偏差按一定规则转换。表 1.5 为基本尺寸≤500 mm 国标轴的基本偏差数值，表 1.6 为基本尺寸至 500 mm 国标孔的基本偏差数值。

基本尺寸≤500 mm 时，孔的基本偏差按以下两种规则换算：

• 通用规则

用同一字母表示的孔、轴基本偏差的绝对值相等，而符号相反，如图 1.10（a）、（b）所示。

即：　　　　EI = – es

　　　　　　ES = – ei

通用规则的适用范围：

对所有公差等级的 A～H（不管相配合的孔、轴是否同级）。

对标准公差 >IT8 的 K、M、N 和 >IT7 的 P～ZC（相配合的孔、轴要同级）。

• 特殊规则

当孔、轴的基本偏差代号字母相同时，孔的基本偏差 ES 和轴的基本偏差 ei 符号相反，而绝对值相差一个 Δ 值。

因为在较高的公差等级中，同一公差等级的孔比轴加工困难。因此，常采用孔比轴低一级相配，并要求两种基准制所形成的配合性质相同，如图 1.10（c）所示。

表 1.5　基本尺寸≤500 mm 国标轴的基本偏差　（单位：μm）

基本偏差		上　偏　差（es）											js	下偏差（ei）				
		a①	b①	c	cd	d	e	ef	f	fg	g	h		j			k	
基本尺寸 /mm		公　差　等　级																
大于	至	所　有　的　级												5, 6	7	8	4~7	≤3 >7
—	3	−270	−140	−60	−34	−20	−14	−10	−6	−4	−2	0		−2	−4	−6	0	0
3	6	−270	−140	−70	−46	−30	−20	−14	−10	−6	−4	0		−2	−4	—	+1	0
6	10	−280	−150	−80	−56	−40	−25	−18	−13	−8	−5	0		−2	−5	—	+1	0
10	18	−290	−150	−95	—	−50	−32	—	−16	—	−6	0		−3	−6	—	+1	0
18	30	−300	−160	−110	—	−65	−40	—	−20	—	−7	0		−4	−8	—	+2	0
30	40	−310	−170	−120	—	−80	−50	—	−25	—	−9	0	偏差 = ±IT/2	−5	−10	—	+2	0
40	50	−320	−180	−130														
50	65	−340	−190	−140	—	−100	−60	—	−30	—	−10	0		−7	−12	—	+2	0
65	80	−360	−200	−150														
80	100	−380	−220	−170	—	−120	−72	—	−36	—	−12	0		−9	−15	—	+3	0
100	120	−410	−240	−180														
120	140	−460	−260	−200	—	−145	−85	—	−43	—	−14	0		−11	−18	—	+3	0
140	160	−520	−280	−210														
160	180	−580	−310	−230														
180	200	−660	−340	−240	—	−170	−100	—	−50	—	−15	0		−13	−21	—	+4	0
200	225	−740	−380	−260														
225	250	−820	−420	−280														
250	280	−920	−480	−300	—	−190	−110	—	−56	—	−17	0		−16	−26	—	+4	0
280	315	−1 050	−840	−330														
315	355	−1 200	−600	−360	—	−210	−125	—	−62	—	−18	0		−18	−28	—	+4	0
355	400	−1 350	−680	−400														
400	450	−1500	−760	−440	—	−230	−135	—	−68	—	−20	0		−20	−32	—	+5	0
450	500	−1650	−840	−480														

基本偏差		下　偏　差（ei）												
		m	n	p	r	s	t	u	v	x	y	z	za	zb	zc
基本尺寸 /mm		公　差　等　级												
大于	至	所　有　的　级												
—	3	+2	+4	+6	+10	+14	—	+18	—	+20	—	+26	+32	+40	+60
3	6	+4	+8	+12	+15	+19	—	+23	—	28	—	+35	+42	+50	+80
6	10	+6	+10	+15	+19	+23	—	+28	—	+34	—	+42	+52	+67	+97
10	14	+7	+12	+18	+23	+28	—	+33	—	+40	—	+50	+64	+90	+130
14	18								+39	+45	—	+60	+77	+108	+150
18	24	+8	+15	+22	+28	+35	—	+41	+47	+54	+63	+73	+98	+136	+183
24	30						+41	+48	+55	+64	+75	+88	+118	+160	+218
30	40	+9	+17	+26	+34	+43	+48	+60	+68	+80	+94	+112	+148	+200	+274
40	50						+54	+70	+81	+97	+114	+136	+180	+242	+325
50	65	+11	+20	+32	+41	+53	+66	+87	+102	+122	+144	+172	+226	+300	+405
65	80				+43	+59	+75	+102	+120	+146	+174	+210	+274	+360	+480
80	100	+13	+23	+37	+51	+71	+91	+124	+146	+178	+214	+258	+335	+445	+585
100	120				+54	+79	+104	+144	+172	+210	+254	+310	+400	+525	+690
120	140	+15	+27	+43	+63	+92	+122	+170	+202	+248	+300	+365	+470	+620	+800
140	160				+65	+100	+134	+190	+228	+280	+340	+415	+535	+700	+900
160	180				+68	+108	+146	+210	+252	+310	+380	+465	+600	+780	+1 000
180	200	+17	+31	+50	+77	+122	+166	+236	+284	+350	+425	+520	+670	+880	+1 150
200	225				+80	+130	+180	+258	+310	+385	+470	+575	+740	+960	+1 250
225	250				+84	+140	+196	+284	+340	+425	+520	+640	+820	+1 050	+1 350
250	280	+20	+34	+56	+94	+158	+218	+315	+385	+475	+580	+710	+920	+1 200	+1 550
280	315				+98	+170	+240	+350	+425	+525	+650	+790	+1 000	+1 300	+1 700
315	355	+21	+37	+62	+108	+190	+268	+390	+475	+590	+730	+900	+1 150	+1 500	+1 900
355	400				+114	+208	+294	+435	+530	+660	+820	+1 000	+1 300	+1 650	+2 100
400	450	+23	+40	+68	+126	+232	+330	+490	+595	+740	+920	+1 100	+1 450	+1 850	+2 400
450	500				+132	+252	+360	+540	+660	+820	+1 000	+1 250	+1 600	+2 000	+2 600

注：1 mm 以下各级 a 和 b 均不采用。

表 1.6　基本尺寸至 500 mm 国标孔的基本偏差　　（单位：μm）

基本偏差	A①	B①	C	CD	D	E	EF	F	FG	G	H	js	J			K		M		N	
	下 偏 差（EI）												上 偏 差（ES）								
基本尺寸/mm	公 差 等 级																				
大于　至	所 有 的 级												6	7	8	≤8	>8	≤8	>8	≤8	>8
—　3	+270	+140	+60	+34	+20	+14	+10	+6	+4	+2	0	±IT/2	+2	+4	+6	0	0	-2	-2	-4	-4
3　6	+270	+140	+70	+46	+30	+20	+14	+10	+6	+4	0	±IT/2	+5	+6	+10	-1+Δ	—	-4+Δ	-4	-8+Δ	0
6　10	+280	+150	+80	+56	+40	+25	+18	+13	+8	+5	0	±IT/2	+5	+8	+12	-1+Δ	—	-6+Δ	-6	-10+Δ	0
10　14	+290	+150	+95	—	+50	+32	—	+16	—	+6	0	±IT/2	+6	+10	+15	-1+Δ	—	-7+Δ	-7	-12+Δ	0
14　18	+290	+150	+95	—	+50	+32	—	+16	—	+6	0	±IT/2	+6	+10	+15	-1+Δ	—	-7+Δ	-7	-12+Δ	0
18　24	+300	+160	+110	—	+65	+40	—	+20	—	+7	0	±IT/2	+8	+12	+20	-2+Δ	—	-8+Δ	-8	-15+Δ	0
24　30	+300	+160	+110	—	+65	+40	—	+20	—	+7	0	±IT/2	+8	+12	+20	-2+Δ	—	-8+Δ	-8	-15+Δ	0
30　40	+310	+170	+120	—	+80	+50	—	+25	—	+9	0	±IT/2	+10	+14	+24	-2+Δ	—	-9+Δ	-9	-17+Δ	0
40　50	+320	+180	+130	—	+80	+50	—	+25	—	+9	0	±IT/2	+10	+14	+24	-2+Δ	—	-9+Δ	-9	-17+Δ	0
50　65	+340	+190	+140	—	+100	+60	—	+30	—	+10	0	±IT/2	+13	+18	+28	-2+Δ	—	-11+Δ	-11	-20+Δ	0
65　80	+360	+200	+150	—	+100	+60	—	+30	—	+10	0	±IT/2	+13	+18	+28	-2+Δ	—	-11+Δ	-11	-20+Δ	0
80　100	+380	+220	+170	—	+120	+72	—	+36	—	+12	0	±IT/2	+16	+22	+34	-3+Δ	—	-13+Δ	-13	-23+Δ	0
100　120	+410	+240	+180	—	+120	+72	—	+36	—	+12	0	±IT/2	+16	+22	+34	-3+Δ	—	-13+Δ	-13	-23+Δ	0
120　140	+460	+260	+200	—	+145	+85	—	+43	—	+14	0	±IT/2	+18	+26	+41	-3+Δ	—	-15+Δ	-15	-27+Δ	0
140　160	+520	+280	+210	—	+145	+85	—	+43	—	+14	0	±IT/2	+18	+26	+41	-3+Δ	—	-15+Δ	-15	-27+Δ	0
160　180	+580	+310	+230	—	+145	+85	—	+43	—	+14	0	±IT/2	+18	+26	+41	-3+Δ	—	-15+Δ	-15	-27+Δ	0
180　200	+660	+340	+240	—	+170	+100	—	+50	—	+15	0	±IT/2	+22	+36	+47	-4+Δ	—	-17+Δ	-17	-31+Δ	0
200　225	+740	+380	+260	—	+170	+100	—	+50	—	+15	0	±IT/2	+22	+36	+47	-4+Δ	—	-17+Δ	-17	-31+Δ	0
225　250	+820	+420	+280	—	+170	+100	—	+50	—	+15	0	±IT/2	+22	+36	+47	-4+Δ	—	-17+Δ	-17	-31+Δ	0
250　280	+920	+480	+300	—	+190	+110	—	+56	—	+17	0	±IT/2	+25	+36	+55	-4+Δ	—	-20+Δ	-20	-34+Δ	0
280　315	+1 050	+540	+330	—	+190	+110	—	+56	—	+17	0	±IT/2	+25	+36	+55	-4+Δ	—	-20+Δ	-20	-34+Δ	0
315　355	+1 200	+600	+360	—	+210	+125	—	+62	—	+18	0	±IT/2	+29	+39	+60	-4+Δ	—	-21+Δ	-21	-37+Δ	0
355　400	+1 350	+630	+400	—	+210	+125	—	+62	—	+18	0	±IT/2	+29	+39	+60	-4+Δ	—	-21+Δ	-21	-37+Δ	0
400　450	+1 500	+760	+440	—	+230	+135	—	+68	—	+20	0	±IT/2	+33	+43	+66	-5+Δ	—	-23+Δ	-23	-40+Δ	0
450　500	+1 650	+840	+480	—	+230	+135	—	+68	—	+20	0	±IT/2	+33	+43	+66	-5+Δ	—	-23+Δ	-23	-40+Δ	0

偏差 = ±IT/2

基本偏差	P~ZC	P	R	S	T	U	V	X	Y	Z	ZA	ZB	ZC	Δ/μm²					
	上 偏 差（ES）																		
基本尺寸/mm	公 差 等 级																		
大于　至	≤7	>7 级												3	4	5	6	7	8
—　3	在>7级的相应数值上增加一个Δ值	-6	-10	-14	—	-18	—	-20	—	-26	-32	-40	-60	0					
3　6		-12	-15	-19	—	-23	—	-28	—	-35	-42	-50	-80	1	1.5	1	3	4	6
6　10		-15	-19	-23	—	-28	—	-34	—	-42	-52	-67	-97	1	1.5	2	3	6	7
10　14		-18	-23	-28	—	-33	—	-40	—	-50	-64	-90	-130	1	2	3	3	7	9
14　18		-18	-23	-28	—	-33	-39	-45	—	-60	-77	-108	-150	1	2	3	3	7	9
18　24		-22	-28	-35	—	-41	-47	-54	-63	-73	-98	-136	-188	1.5	2	3	4	8	12
24　30		-22	-28	-35	-41	-48	-55	-64	-75	-88	-118	-160	-218	1.5	2	3	4	8	12
30　40		-26	-34	-43	-48	-60	-68	-80	-94	-112	-148	-200	-274	1.5	3	4	5	9	14
40　50		-26	-34	-43	-54	-70	-81	-97	-114	-136	-180	-242	-325	1.5	3	4	5	9	14
50　65		-32	-41	-53	-66	-87	-102	-122	-144	-172	-226	-300	-405	2	3	5	6	11	16
65　80		-32	-43	-59	-75	-102	-120	-146	-174	-210	-274	-360	-480	2	3	5	6	11	16
80　100		-37	-51	-71	-91	-124	-146	-178	-214	-258	-335	-445	-585	2	4	5	7	13	19
100　120		-37	-54	-79	-104	-144	-172	-210	-254	-310	-400	-525	-690	2	4	5	7	13	19
120　140		-43	-63	-92	-122	-170	-202	-248	-300	-365	-470	-620	-800	3	4	6	7	15	23
140　160		-43	-65	-100	-134	-190	-228	-280	-340	-415	-535	-700	-900	3	4	6	7	15	23
160　180		-43	-68	-108	-146	-210	-252	-310	-380	-465	-600	-780	-1 000	3	4	6	7	15	23
180　200		-50	-77	-122	-166	-236	-284	-350	-425	-520	-670	-880	-1 150	3	4	6	9	17	26
200　225		-50	-80	-130	-180	-258	-310	-385	-470	-575	-740	-960	-1 250	3	4	6	9	17	26
225　250		-50	-84	-140	-196	-284	-340	-425	-520	-640	-820	-1 050	-1 350	3	4	6	9	17	26
250　280		-56	-94	-158	-218	-315	-385	-475	-580	-710	-920	-1 200	-1 550	4	4	7	9	20	29
280　315		-56	-98	-170	-240	-350	-425	-525	-650	-790	-1 000	-1 300	-1 700	4	4	7	9	20	29
315　355		-62	-108	-190	-268	-390	-475	-590	-730	-900	-1 150	-1 500	-1 900	4	5	7	11	21	32
355　400		-62	-114	-208	-294	-435	-530	-660	-820	-1 000	-1 350	-1 650	-2 100	4	5	7	11	21	32
400　450		-68	-126	-232	-330	-490	-595	-740	-920	-1 100	-1 450	-1 850	-2 400	5	5	7	13	23	34
450　500		-68	-132	-252	-360	-540	-660	-820	-1 000	-1 250	-1 600	-2 100	-2 600	5	5	7	13	23	34

注：① 1 mm 以下各级 A 和 B 及>IT 8 的 N 均不采用；

　　② 标准公差≤IT 8 的 K、M、N 及≤IT 7 的 P~ZC 时，从表的右侧选取 Δ 值。

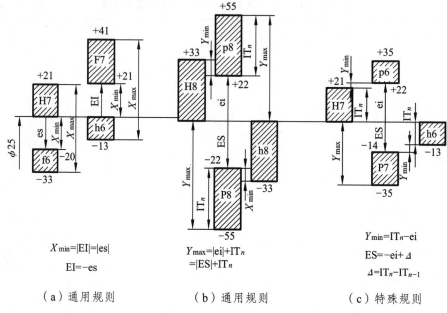

$X_{\min} = |EI| = |es|$

$EI = -es$

（a）通用规则

$Y_{\max} = |ei| + IT_n$

$= |ES| + IT_n$

（b）通用规则

$Y_{\min} = IT_n - ei$

$ES = -ei + \Delta$

$\Delta = IT_n - IT_{n-1}$

（c）特殊规则

图 1.10　孔、轴公差带

基孔制时：　　$Y_{\min} = ES - ei = +IT_n - ei$

基轴制时：　　$Y_{\min} = ES - ei = ES - (-IT_{n-1})$

两种基准制的配合性质要相同，故有：

$$+IT_n - ei = ES + IT_{n-1}$$

由此得出孔的基本偏差为：

$$\left.\begin{array}{l} ES = -ei + \Delta \\ \Delta = IT_n - IT_{n-1} \end{array}\right\} \tag{1.17}$$

式中　IT_n——孔的标准公差；

　　　IT_{n-1}——比孔高一级的轴的标准公差。

特殊规则的适用范围：

标准公差≤IT8 的 J、K、M、N 和≤IT7 的 P～ZC（相配合的孔、轴不同级）。

国家标准制定了孔的基本偏差数值表（见表 1.6）。实际应用时，可直接查表，不必计算。

孔的基本偏差确定后，在已知公差等级的情况下，可确定孔的另一个极限偏差：

$$ES = EI + IT \tag{1.18}$$

$$EI = ES - IT \tag{1.19}$$

例 1.5　确定 ϕ25H7/f6、ϕ25F7/h6 孔与轴的极限偏差、极限间隙（或极限过盈）及配合性质。

解　ϕ25 mm 属于 18～30 mm 尺寸段，查表 1.3 可知：

$$IT6 = 13 \text{（μm）}\qquad IT7 = 21 \text{（μm）}$$

- $\phi25H7/f6$（基孔制）

基准孔 H7 的 EI = 0，ES = EI + IT7 = 0 + 21 = + 21（μm）。

由表 1.5 可知轴 f6 的基本偏差为 es = − 20（μm），ei = es − IT6 = − 20 − 13 = − 33（μm）。

故得：$\phi25H7 = \phi25^{+0.021}_{0}$，$\phi25f6 = \phi25^{-0.020}_{-0.033}$。

由公差带图 1.10（a）可知，此配合为基孔制间隙配合。其极限间隙为：

$$X_{\max} = ES - ei = + 21 - (- 33) = + 54 \quad (μm)$$
$$X_{\min} = EI - es = 0 - (- 20) = + 20 \quad (μm)$$

- $\phi25F7/h6$（基轴制）

基准轴 h6 的 es = 0，ei = es − IT = 0 − 13 = − 13（μm）。

由表 1.6 可知孔 F7 的基本偏差为 EI = + 20（μm），ES = EI + IT7 = + 20 + 21 = + 41（μm）。

故得：$\phi25h6 = \phi25^{0}_{-0.013}$，$\phi25F7 = \phi25^{+0.041}_{+0.020}$。

由公差带图 1.10（a）可知，此配合为基轴制间隙配合。其极限间隙为：

$$X'_{\max} = ES - ei = + 41 - (- 13) = + 54 \quad (μm)$$
$$X'_{\min} = EI - es = + 20 - 0 = + 20 \quad (μm)$$

以上两对配合 $\phi25H7/f6$ 和 $\phi25F7/h6$ 的 $X_{\max} = X'_{\max} = + 54$（μm），$X_{\min} = X'_{\min} = + 20$（μm），即配合性质相同。

例 1.6　$\phi25H8/p8$ 和 $\phi25P8/h8$ 两对孔、轴配合，由公差带图 1.10（b）可知，前者为基孔制过渡配合，轴 p8 的基本偏差 ei = + 22（μm）；后者为基轴制过渡配合，孔 P8 的基本偏差 ES = − 22（μm），它们的 $X_{\max} = X'_{\max} = + 11$（μm），$Y_{\max} = Y'_{\max} = − 55$（μm），即配合性质相同。

例 1.7　确定 $\phi25H7/p6$ 和 $\phi25P7/h6$ 的极限偏差、极限间隙（或极限过盈）及配合性质。

解

- $\phi25H7/p6$

由例 1.5 知，H7 的 EI = 0，ES = + 21（μm）。

查表 1.5 得 p6 的基本偏差 ei = + 22（μm），则 es = ei + IT6 = + 22 + 13 = + 35（μm）。

由此得：$\phi25H7 = \phi25^{+0.021}_{0}$，$\phi25p6 = \phi25^{+0.035}_{+0.022}$。

由公差带图 1.10（c）可知，此配合为基孔制过盈配合。其极限过盈为：

$$Y_{\max} = EI - es = 0 - (+ 35) = − 35 \quad (μm)$$
$$Y_{\min} = ES - ei = + 21 - (+ 22) = − 1 \quad (μm)$$

- $\phi25P7/h6$

由前例 1.5 知，h6 的 es = 0，ei = − 13（μm）。

查表 1.6 得 P7 的基本偏差 ES = − 22 + Δ = − 22 + 8 = − 14（μm），EI = ES − IT7 = − 14 − 21 = − 35（μm）。

也可直接按特殊规则计算，即 Δ = IT7 − IT6 = 21 − 13 = 8（μm），ES = − ei + Δ = − 22 + 8 = − 14（μm）。

由此得：$\phi25h6 = \phi25^{0}_{-0.013}$，$\phi25P7 = \phi25^{-0.014}_{-0.035}$。

由公差带图 1.10（c）可知，此配合为基轴制过盈配合。其极限过盈为：

$$Y'_{max} = EI - es = -35 - 0 = -35 \quad (\mu m)$$
$$Y'_{min} = ES - ei = -14 - (-13) = -1 \quad (\mu m)$$

由此可知两对配合的 $Y_{max} = Y'_{max} = -35$（μm），$Y_{min} = Y'_{min} = -1$（μm），即配合性质相同。

1.2.4 国家标准规定的公差带与配合

根据标准公差系列和基本偏差系列，可以组成大量的公差带，而不同的孔、轴公差带又可形成大量的配合。如果这些公差带和配合都投入使用，必然导致定值刀量具规格的繁杂，不利于生产。因此，国家标准结合我国实际生产和今后发展的需要，对使用的公差带和配合做了必要的限制。对 ≤ 500 mm 的常用尺寸段规定了一般、常用和优先使用的孔、轴公差带，如图 1.11 和图 1.12 所示。图中圆圈内为优先公差带，方框内为常用公差带，其他为一般公差带。另外，还规定了基孔制和基轴制优先、常用配合，如表 1.7 和表 1.8 所示。

选择公差带与配合时应按优先、常用的顺序选取。

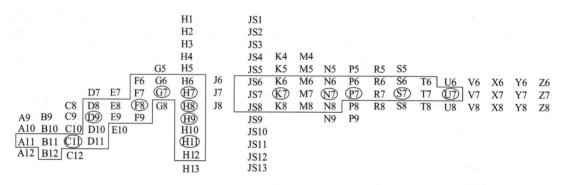

图 1.11 基本尺寸至 500 mm 的孔公差带

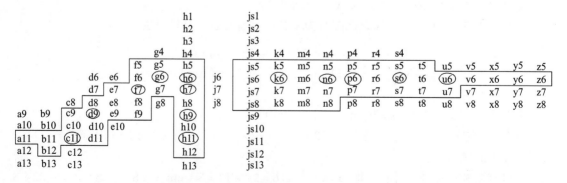

图 1.12 基本尺寸至 500 mm 的轴公差带

表 1.7 基孔制优先、常用配合

基准孔	a	b	c	d	e	f	g	h	js	k	m	n	p	r	s	t	u	v	x	y	z
	间隙配合								过渡配合				过盈配合								
H6						$\frac{H6}{f5}$	$\frac{H6}{g5}$	$\frac{H6}{h5}$	$\frac{H6}{js5}$	$\frac{H6}{k5}$	$\frac{H6}{m5}$	$\frac{H6}{n5}$	$\frac{H6}{p5}$	$\frac{H6}{r5}$	$\frac{H6}{s5}$	$\frac{H6}{t5}$					
H7						$\frac{H7}{f6}$	$\frac{H7}{g6}$	$\frac{H7}{h6}$	$\frac{H7}{js6}$	$\frac{H7}{k6}$	$\frac{H7}{m6}$	$\frac{H7}{n6}$	$\frac{H7}{p6}$	$\frac{H7}{r6}$	$\frac{H7}{s6}$	$\frac{H7}{t6}$	$\frac{H7}{u6}$	$\frac{H7}{v6}$	$\frac{H7}{x6}$	$\frac{H7}{y6}$	$\frac{H7}{z6}$
H8					$\frac{H8}{e7}$	$\frac{H8}{f7}$	$\frac{H8}{g7}$	$\frac{H8}{h7}$	$\frac{H8}{js7}$	$\frac{H8}{k7}$	$\frac{H8}{m7}$	$\frac{H8}{n7}$	$\frac{H8}{p7}$	$\frac{H8}{r7}$	$\frac{H8}{s7}$	$\frac{H8}{t7}$	$\frac{H8}{u7}$				
				$\frac{H8}{d8}$	$\frac{H8}{e8}$	$\frac{H8}{f8}$		$\frac{H8}{h8}$													
H9			$\frac{H9}{c9}$	$\frac{H9}{d9}$	$\frac{H9}{e9}$	$\frac{H9}{f9}$		$\frac{H9}{h9}$													
H10			$\frac{H10}{c10}$	$\frac{H10}{d10}$				$\frac{H10}{h10}$													
H11	$\frac{H11}{a11}$	$\frac{H11}{b11}$	$\frac{H11}{c11}$	$\frac{H11}{d11}$				$\frac{H11}{h11}$													
H12		$\frac{H12}{b11}$						$\frac{H12}{h12}$													

注：① $\frac{H6}{n5}$、$\frac{H7}{p6}$ 在基本尺寸小于或等于 3 mm 和 $\frac{H8}{r7}$ 在小于或等于 100 mm 时，为过渡配合；

② 标注▼的配合为优先配合；

③ 摘自 GB/T1801—1999。

表 1.8 基轴制优先、常用配合

基准轴	A	B	C	D	E	F	G	H	JS	K	M	N	P	R	S	T	U	V	X	Y	Z
	间隙配合								过渡配合				过盈配合								
h5						$\frac{F6}{h5}$	$\frac{G6}{h5}$	$\frac{H6}{h5}$	$\frac{JS6}{h5}$	$\frac{K6}{h5}$	$\frac{M6}{h5}$	$\frac{N6}{h5}$	$\frac{P6}{h5}$	$\frac{R6}{h5}$	$\frac{S6}{h5}$	$\frac{T6}{h5}$					
h6						$\frac{F7}{h6}$	$\frac{G7}{h6}$	$\frac{H7}{h6}$	$\frac{JS7}{h6}$	$\frac{K7}{h6}$	$\frac{M7}{h6}$	$\frac{N7}{h6}$	$\frac{P7}{h6}$	$\frac{R7}{h6}$	$\frac{S7}{h6}$	$\frac{T7}{h6}$	$\frac{U7}{h6}$				
h7					$\frac{E8}{h7}$	$\frac{F8}{h7}$	$\frac{G8}{h7}$	$\frac{H8}{h7}$	$\frac{JS8}{h7}$	$\frac{K8}{h7}$	$\frac{M8}{h7}$	$\frac{N8}{h7}$									
h8				$\frac{D8}{h8}$	$\frac{E8}{h8}$	$\frac{F8}{h8}$		$\frac{H8}{h8}$													
h9				$\frac{D9}{h9}$	$\frac{E9}{h9}$	$\frac{F9}{h9}$		$\frac{H9}{h9}$													
h10				$\frac{D10}{h10}$				$\frac{H10}{h10}$													
h11	$\frac{A11}{h11}$	$\frac{B11}{h11}$	$\frac{C11}{h11}$	$\frac{D11}{h11}$				$\frac{H11}{h11}$													
h12		$\frac{B12}{h11}$						$\frac{H12}{h12}$													

注：① 标注▼的配合为优先配合；

② 摘自 GB/T1801—1999。

1.2.5　公差带与配合的选择

极限与配合标准是实现互换性生产的重要基础。合理地选择公差带与配合，是机械产品设计中的重要内容，它直接影响产品的使用性能、使用寿命、制造成本和互换性等。

公差带与配合的选择包括：基准制、公差等级和配合的选择。

1. 基准制的选择

标准规定的两种基准制，即基孔制和基轴制，这是两种等效的配合制度。选择时，与使用要求无关，应从结构、工艺及经济性等方面去综合考虑。

（1）一般情况，优先选用基孔制。通常孔比轴难于加工，且所用的刀量具规格也要多些。采用基孔制可减少定值刀量具的规格和数量，降低孔的加工成本，以提高加工的经济性。

（2）下列情况采用基轴制：

• 直接采用冷拉圆钢作轴时应选用基轴制。因为冷拉钢的尺寸、形状比较准确，表面质量较好。当零件精度不太高时，可直接使用，不需要再加工。要得到不同的配合性质时，只需改变孔的公差带位置。

• 同一基本尺寸的轴上，装有几个不同配合要求的零件时，应采用基轴制。如图 1.13（a）所示的活塞连杆机构中，活塞销与活塞孔之间要求无相对运动，采用 M7/h6 的过渡配合；而活塞销与连杆衬套之间要求有相对运动，采用了 G7/h6 的间隙配合，公差带如图 1.13（b）所示。这样，活塞销是一圆柱形光轴，既方便加工又利于装配。若采用基孔制，则活塞销必须加工成两端稍大，中间稍小的台阶轴，这样才能满足各段的配合要求，如图 1.13（c）所示。这样既不便加工，也不利于装配，还会损伤连杆衬套的内表面，这时选用基轴制才是合理的。

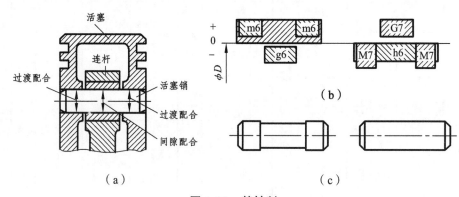

图 1.13　基轴制

（3）设计的零件与标准件相配时，基准制的选择应根据标准件而定。例如，滚动轴承的内圈与轴颈的配合应按基孔制；而轴承外圈与孔的配合则应按基轴制。

（4）为了满足配合的特殊需要，允许采用任意孔、轴公差带组成的非基准制配合。例如，某一箱体孔与滚动轴承外圈相配，采用基轴制过渡配合，得到箱体孔的公差带代号为 $\phi80J7$。当轴承端盖与该箱体孔相配时，为了便于装拆，要求具有较大的间隙，则选择的配合代号为

$\phi80J7/f9$，即为非基准制的间隙配合。

另外，需要电镀、浸涂、喷涂等增积加工后有一定配合要求的零件，在此工艺前的加工有时也可按非基准制配合加工。

2. 公差等级的选择

选择公差等级，是为了解决机器零件的使用要求与制造工艺及成本之间的矛盾。一般选用原则如下：

（1）对于基本尺寸 ≤ 500 mm 的较高等级的配合，由于孔比同级轴加工困难，当标准公差 ≤ IT8 时，国家标准推荐采用孔比轴低一级相配；当标准公差 > IT8 或基本尺寸 > 500 mm 的配合时，由于孔的测量精度比轴容易保证，推荐采用孔、轴同级相配。

（2）在满足使用要求的前提下，尽量选用较低的公差等级。

国家标准推荐的各公差等级的应用范围如下：

- IT01、IT0、IT1 一般用于高精度量块和其他精密尺寸标准块的公差。
- IT2 ~ IT5 用于特别精密零件的配合。
- IT5 ~ IT12 用于配合尺寸的公差。其中：

IT5（孔至 IT6）用于高精度零件和重要的配合。例如，精密机床主轴颈与高精度滚动轴承的配合，车床尾座孔与顶尖套筒的配合，活塞销与活塞销孔的配合等。

IT6（孔至 IT7）用于要求精密配合处，在机械制造中广泛应用。例如，机床中一般传动与轴承的配合，齿轮、皮带轮与轴的配合，连杆与轴瓦的配合等。

IT7 ~ IT8 用于精度要求一般的场合，在机械制造中属于中等精度。例如，一般机械中速度不高的皮带轮，重型机械、农用机械中的重要配合等。

IT9 ~ IT10 用于一般要求的配合。例如，机械制造中轴套外径与孔、操纵系统的轴与轴承的配合，键宽与键槽宽的配合等。

IT11 ~ IT12 用于不重要的配合。例如，机床中法兰盘止口与孔、滑块与滑轮槽的配合等。

- IT12 ~ IT18 用于非配合尺寸及不重要粗糙连接的尺寸公差（包括未注公差的尺寸）、中间工序尺寸等。

各种加工方法所能达到的公差等级如表 1.9 所示，可供选择时参考。

对于某些配合，也可以用查表法确定孔、轴公差等级。例如，根据经验和使用要求，已知配合处的间隙或过盈的变化范围（配合公差），则可用查表法来分配孔、轴公差，确定公差等级。

例 1.8　基本尺寸 $\phi80$ mm 的滑动轴承，由工作条件确定允许最大间隙 $X_{\max} = +135（\mu m）$，$X_{\min} = +55（\mu m）$，试确定孔、轴的公差等级。

解　根据　　　$T_f = X_{\max} - X_{\min} = T_h + T_s$

故　　　　　　　$T_f = 135 - 55 = 80$（μm）

查表 1.3，选定孔公差 $T_h = \text{IT8} = 46（\mu m）$；轴公差 $T_s = \text{IT7} = 30（\mu m）$，则实际配合公差为：

$$T_f' = 46 + 30 = 76（\mu m） < T_f = 80（\mu m）$$

与使用要求接近，所以，孔选 IT8、轴选 IT7。

表 1.9　加工方法所达到的公差等级

加工方法	公差等级（IT）																			
	01	0	1	2	3	4	5	6	7	8	9	10	11	12	13	14	15	16	17	18
研磨	■	■	■	■	■	■	■													
珩						■	■	■	■											
圆磨							■	■	■	■										
平磨							■	■	■	■										
金刚石车							■	■	■											
金刚石镗							■	■	■											
拉削							■	■	■	■										
铰孔								■	■	■	■	■								
车削									■	■	■	■	■							
镗									■	■	■	■	■							
铣										■	■	■	■							
刨、插												■	■							
钻												■	■	■						
滚压、挤压												■	■							
冲压												■	■							
压铸													■	■	■					
粉末冶金成型								■	■	■										
粉末冶金烧结									■	■	■									
砂型铸造、气割																	■	■		
锻造																	■	■		

3. 配合的选择

选择配合是为了解决结合零件（即孔与轴）之间在工作时的相互关系，以保证机器正常工作。在设计时，根据使用要求，尽量选用优先配合和常用配合；如果不能满足要求，则可选用一般用途的孔、轴公差带按需要组成配合。若仍不能满足使用要求，还可以从标准公差和基本偏差中选取合适的孔、轴公差带组成所需的配合。

在基准制和孔、轴公差等级确定以后，配合的选择就是根据使用中间隙或过盈的大小，来确定非基准件的基本偏差及代号。对间隙配合，由于基本偏差的绝对值等于最小间隙，故可按最小间隙来确定非基准件的基本偏差代号；对过盈配合，可按最小过盈和基准件公差来选定非基准件的基本偏差代号。

例 1.9　有一基本尺寸为 ϕ 90 mm 的孔、轴配合，设计要求保证间隙在 + 35 ~ + 145 μm，试由国家标准确定孔、轴公差带及配合代号。

解

① 确定基准制。无特殊要求或限制，优先选用基孔制。

② 确定孔、轴公差等级。由配合公差（1.12a）式可知：

$$T_f = |X_{max} - X_{min}| = T_h + T_s = 145 - 35 = 110 \quad (\mu m)$$

查表 1.3 可知：IT7 = 35（μm）、IT8 = 54（μm）。选取孔、轴标准公差均为 IT8 时，配合公差 $T_f' = 54 + 54 = 108$（μm），接近设计要求的 $T_f = 110$（μm）。

故选取 $T_h = T_s = $ IT8 = 54（μm）。

③ 确定轴的基本偏差及代号。由基孔制间隙配合可知，轴的公差带在零线的下方，即基本偏差为上偏差 es，且 $|es| = X_{min}$。因为 $X_{min} = $ EI - es = 0 - es，故 es = - X_{min} = - 35（μm）。

查表 1.5，得轴的基本偏差代号为 f 的 es = - 36（μm），最接近 - 35 μm。

此时，可知孔的公差带代号为 H8，轴的公差带代号为 f8，则配合代号为：ϕ90H8/f8。

④ 检验所选配合是否合理。所选配合既要满足使用要求，又要经济性好，可按以下要求检验：

$$|\Delta_1|/T_f \leqslant 10\% \tag{1.20}$$

$$|\Delta_2|/T_f \leqslant 10\% \tag{1.21}$$

式中　　$\Delta_1 = X_{max} - X'_{max}$——设计要求的最大间隙（或过盈）与所选配合的最大间隙（或过盈）之差；

　　　　$\Delta_2 = X_{min} - X'_{min}$——设计要求的最小间隙（或过盈）与所选配合的最小间隙（或过盈）之差。

由所选配合 ϕ90H8/f8，得：

$$X'_{max} = ES-ei = + 54 - （- 90）= + 144 \quad (\mu m)$$

$$X'_{min} = EI - es = 0 - （- 36）= + 36 \quad (\mu m)$$

则：

$$|\Delta_1|/T_f = | + 145 - 144|/110 = 1/110 < 10\%$$

$$|\Delta_2|/T_f = | + 35 - 36|/110 = 1/110 < 10\%$$

因此，满足要求，所选配合 ϕ90H8/f8 是合理的。

当配合所需的间隙或过盈未知时，按以上方法选择就难于进行。因此，在选择配合时一般按以下三种方法进行：

（1）计算法。根据理论公式计算出所需要的间隙或过盈大小，并以此来选择适当的配合。

对间隙配合，用于孔与轴的相对运动。尤其是用于相对转动的滑动轴承时，为了使配合面间有一定的润滑油，以减少摩擦和磨损。根据流体润滑理论，计算出保证滑动轴承处于液体摩擦状态所需的间隙为：

$$X = \sqrt{C_\text{p} \frac{\mu \upsilon}{p} d^2 l} \qquad (1.22)$$

式中　C_p——轴承承载量系数，与 e/d 有关（e 为轴颈在稳定运转时的中心与轴承孔中心间的距离）；

　　　　d、l——配合的直径和长度，一般 $l = (0.5 \sim 1.5)d$；

　　　　μ——润滑油黏度；

　　　　v——运动速度；

　　　　d——承受的载荷。

对过盈配合，用于传递载荷和扭矩。根据弹塑性变形理论，计算出必需的过盈为：

$$Y = pd \left(\frac{C_1}{E_1} + \frac{C_2}{E_2} \right) \qquad (1.23)$$

$$p = \frac{F}{\pi dl f} \quad \text{或} \quad p = \frac{2M}{\pi d^2 l f}$$

式中　p——表面接触压力；

　　　　F、M——外力和力矩；

　　　　d、l、f——配合面的直径、长度和摩擦系数；

　　　　C_1、C_2——零件的刚性系数（与零件的尺寸有关）；

　　　　E_1、E_2——材料的弹性模数。

需要指出的是，由于影响配合间隙或过盈的因素很多，理论公式的建立，无法、也不可能考虑到所有因素的影响。因此，理论计算也是近似的，只能作为参考的依据，应用时还需经过试验做必要的修正。因此，计算法一般用得较少。

（2）试验法。用试验的方法确定满足机器工作性能的间隙和过盈。用试验法选取的配合最为可靠，但需进行大量试验，其成本高。因此，试验法主要用于大批量、对产品性能影响大而又缺乏经验的场合。

（3）类比法。参照同类型的机器或机构中，相应零件所采用的配合对比确定。此方法应用最广。

用类比法选择配合时，首先应分析机器或机构的功能、工作条件和技术要求，明确零件的工作条件及使用要求；其次要了解各种配合的特性和应用。

① 分析零件的工作条件和使用要求。为了了解零件的具体工作条件和使用要求，必须考虑工作时结合件的相对运动状态（如运动速度、运动方向、停歇时间、运动精度等），承受负荷情况，润滑条件，温度变化，配合的重要性，装卸条件以及材料的物理、机械性能等。根据具体条件的不同，结合件配合的间隙量或过盈量必须相应地改变，表 1.10 可供参考。

表 1.10 工作情况对过盈或间隙的影响

具 体 情 况	过 盈	间 隙
材料许用应力小	减小	—
经常拆卸	减小	—
工作时孔温高于轴温	增大	减小
工作时轴温高于孔温	减小	增大
有冲击载荷	增大	减小
配合长度较大	减小	增大
配合面形位误差较大	减小	增大
装配时可能歪斜	减小	增大
旋转速度高	增大	增大
有轴向运动	—	增大
润滑油黏度增大	—	增大
装配精度高	减小	减小
表面粗糙度低	增大	减小

② 了解各类配合的特性和应用。间隙配合的特性是具有间隙，它主要用于结合件有相对运动（包括轴向移动和旋转运动）的配合。

过盈配合的特性是具有过盈，它主要用于无相对运动，但要传递扭矩的配合。若用键连接传递扭矩，过盈小；靠孔、轴的结合力传递扭矩，过盈大。前者可以拆卸，后者一般不能拆卸。

过渡配合的特性是可能具有间隙，也可能具有过盈，但所得到的间隙和过盈量一般是比较小的配合。它主要用于定位精度较高、要求拆卸且相对静止的连接。

表 1.11 是轴的基本偏差的特性和应用（对孔也同样适用）；表 1.12 是优先配合特性和应用。可供选择配合时参考。

表 1.11 轴的基本偏差选用说明

配 合	基本偏差	特 性 及 应 用
间 隙 配 合	a、b	可得到特别大的间隙，应用很少
	c	可得到很大的间隙，一般适用于缓慢、松弛的动配合。用于工作条件较差（如农业机械），受力变形，或为了便于装配，而必须保证有较大的间隙时。推荐配合为 H11/c11，例如，光学仪器中，光学镜片与机械零件的连接；其较高等级的 H8/c7 配合，适用于轴在高温工作时的紧密动配合，例如，内燃机排气阀和导管
	d	一般用于 IT7～IT11 级，适用于松的转动配合，如密封盖、滑轮、空转皮带轮等与轴的配合。也适用于大直径滑动轴承配合，如透平机、球磨机、轧辊成型和重型弯曲机，以及其他重型机械中的一些滑动轴承
	e	多用于 IT7、IT8、IT9 级，通常用于要求有明显间隙，易于转动的轴承配合，如大跨距轴承、多支点轴承等的配合。高等级的 e 轴适用于大的、高速、重载支承，如涡轮发动机、大型电动机及内燃机主要轴承、凸轮轴承等的配合

续表 1.11　轴的基本偏差选用说明

配　合	基本偏差	特　性　及　应　用
间 隙 配 合	f	多用于 IT6、IT7、IT8 级的一般转动配合。当温度影响不大时，被广泛用于普通润滑油（或润滑脂）润滑的支承，如齿轮箱、小电动机、泵等的转轴与滑动轴承的配合，手表中秒轮轴与中心管的配合（H8/f7）
	g	配合间隙很小，制造成本高，除很轻负荷的精密装置外，不推荐用于转动配合。多用于 IT5、IT6、IT7 级，最适合不回转的精密滑动配合，也用于插销等定位配合，如精密连杆轴承、活塞及滑阀、连杆销、光学分度头主轴与轴承等
	h	多用于 IT4～IT11 级，广泛用于无相对转动的零件，作为一般的定位配合。若没有温度、变形影响，也用于精密滑动配合
过 渡 配 合	js	偏差完全对称（±IT/2），平均间隙较小的配合，多用于 IT4～IT7 级，要求间隙比 h 轴小，并允许略有过盈的定位配合。如联轴节、齿圈与钢制轮毂，可用木锤装配
	k	平均间隙接近于零的配合，适用于 IT4～IT7 级，推荐用于稍有过盈的定位配合。例如，为了消除振动用的定位配合，一般用木锤装配
	m	平均过盈较小的配合，适用于 IT4～IT7 级，一般可用木锤装配，但在最大过盈时，要求有相当的压入力
	n	平均过盈比 m 轴稍大，很少得到间隙，适用于 IT4～IT7 级，用锤或压入机装配，通常推荐用于紧密的组件配合。H6/n5 配合时为过盈配合
过 盈 配 合	p	与 H6 或 H7 孔配合时是过盈配合，与 H8 孔配合时则为过渡配合。对非铁类零件，为较轻的压入配合，当需要时易于拆卸。对钢、铸铁或铜、钢组件装配是标准压入配合
	r	对铁类零件为中等打入配合；对非铁类零件，为轻打入配合，当需要时可以拆卸。与 H8 孔配合，直径在 100 mm 以上时为过盈配合，直径小时为过渡配合
	s	用于钢制和铁制零件的永久性和半永久性装配时，可产生相当大的结合力。当用弹性材料，如轻合金时，配合性质与铁类零件的 p 轴相当。例如，套环压装在轴上、阀座等的配合。尺寸较大时，为了避免损伤配合表面，需要用热胀或冷缩法装配
	t	过盈较大的配合。对钢和铸铁零件适于作永久性结合，不用键可传力矩，需用热胀或冷缩法装配。例如，联轴节与轴的配合
	u	这种配合过盈大，一般应验算在最大过盈时，工件材料是否损坏，要用热胀或冷缩法装配。例如，火车轮毂和轴的配合
	v、x y、z	这些基本偏差所组成配合的过盈量更大，目前可供使用的经验和资料还很少，需经试验后才能应用，一般不推荐

表 1.12　优先配合选用说明

优先配合		说　　　　　明
基孔制	基轴制	
$\underline{H11}$ c11	$\underline{C11}$ h11	间隙非常大，用于很松的、转动很慢的间隙配合。要求大公差与大间隙的外露组件；要求装配得很松的配合
$\underline{H9}$ d9	$\underline{D9}$ h9	间隙很大的自由转动配合，用于精度为非主要要求时，或有大的温度变化、高转速或大的轴颈压力时
$\underline{H8}$ f7	$\underline{F8}$ h7	间隙很小的滑动配合，用于中等转速与中等轴颈压力的精确转动；也可用于装配较易的中等定位配合
$\underline{H7}$ g6	$\underline{G7}$ h6	间隙很小的滑动配合，用于不希望自由转动，但可自由移动和滑动并精密定位的配合；也可用于要求明确的定位配合
$\underline{H7}$ H6	$\underline{H7}$ H6	均为间隙定位配合，零件可自由装拆，而工作时一般相对静止不动。在最大实体条件下的间隙为零，在最小实体条件下的间隙由公差等级决定
$\underline{H8}$ H7	$\underline{H8}$ H7	
$\underline{H9}$ h9	$\underline{H9}$ h9	
$\underline{H11}$ h11	$\underline{H11}$ h11	
$\underline{H7}$ k6	$\underline{K7}$ h6	过渡配合，用于精密定位
$\underline{H7}$ n6	$\underline{N7}$ h6	过渡配合，允许有较大过盈的更精密定位

1.2.6　一般公差与线性尺寸的未注公差

线性尺寸的一般公差是在车间普通工艺条件下，机床设备一般加工能力可保证的公差。在正常维护和操作情况下，它代表经济加工精度。

线性尺寸的一般公差，主要用于较低公差等级的非配合尺寸。当功能上允许的公差等于或大于一般公差时，均采用一般公差。采用一般公差的尺寸，在图样上不注出极限偏差或其他代号（故称未注公差），只是在图样上、技术文件中进行总的说明。例如，选用中等级时，表示为 GB/T1804—m。正常情况下，一般公差可不检验。

国家标准（GB/T1804—2000）将线性尺寸的一般公差规定了 4 个等级，并用相应的代号表示，即 f（精密级）、m（中等级）、c（粗糙级）和 v（最粗级）。各等级的极限偏差均为对称双向偏差，如表 1.13 所示。倒角半径和倒角高度尺寸的极限偏差，如表 1.14。

表 1.13　各等级的极限偏差/mm

公差等级	尺　　寸　　分　　段							
	0.5～3	>3～6	>6～30	>30～120	>120～400	>400～1 000	>1 000～2 000	>2 000～4 000
f（精密级）	±0.05	±0.05	±0.1	±0.15	±0.2	±0.3	±0.5	—
m（中等级）	±0.1	±0.1	±0.2	±0.3	±0.5	±0.8	±1.2	±2
c（粗糙级）	±0.2	±0.3	±0.5	±0.8	±1.2	±2	±3	±4
v（最粗级）	—	±0.5	±1	±1.5	±2.5	±4	±6	±8

表 1.14　倒角半径和倒角高度尺寸的极限偏差/mm

公差等级	尺　寸　分　段			
	0.5～3	>3～6	>6～30	>30
f（精密级）	±0.2	±0.5	±1	±2
m（中等级）				
c（粗糙级）	±0.4	±1	±2	±4
v（最粗级）				

1.3　形状和位置公差

　　零件在加工过程中，由于受到工艺系统本身的制造、调整误差和受力变形、热变形、振动、磨损等因素的影响，使加工后的零件始终存在几何参数误差（包括尺寸偏差、宏观与微观几何形状误差以及位置误差）。

　　形状和位置误差（以下简称形位误差）的存在，会影响间隙配合中的间隙分布不均匀，而加快零件的局部磨损；使过盈配合中的过盈量各处不一致，而影响联结强度。因此，零件的形位误差对机器的工作精度、使用寿命等都有很大的影响，对这些误差必须加以限制。本节介绍的《形状和位置公差》，就是为限制零件的宏观几何形状和位置误差而制定的国家标准，包括：

　　GB/T 1182—1996　　　形状和位置公差、通则、定义、符号和图样表注
　　GB/T 1182—1996　　　形状和位置公差末注公差值
　　GB/T 4249—1996　　　公差原则
　　GB/T 16671—1996　　形状和位置公差、最大实体要求、最小实体要求和可逆要求
　　GB/T 13319—1991　　位置度公差

1.3.1　术语及定义

　　（1）要素。构成零件几何特征的点、线、面统称为要素，如图 1.14 所示。

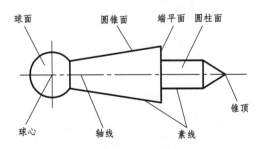

图 1.14　零件的几何要素

　　（2）理想要素。具有几何学意义的要素。理想要素不存在任何误差。设计时图样上给出

的要素均为理想要素。

（3）实际要素。零件上实际存在的要素。通常由测得的要素来代替。但由于测量误差的存在，所测得的要素并非是该要素的真实要素。

（4）轮廓要素。构成零件轮廓点、线或面的各要素。图 1.14 中的球面、圆锥面、端平面、圆柱面、素线等都属于轮廓要素。

（5）中心要素。对称要素中心点、线、面的各要素。它随着轮廓要素的存在而存在。图 1.14 中的球心、轴线均为中心要素。

（6）被测要素。给出形状或位置公差要求的要素，即需要研究和测量的要素。

（7）基准要素。用来确定被测要素方向和位置的要素。理想的基准要素称为基准。

（8）单一要素。指仅对要素本身提出形状公差要求的要素。单一要素仅对本身有要求，而与其他要素没有功能关系。

（9）关联要素。对其他要素有功能关系的要素。关联要素多具有位置公差要求的要素，它与其他某些要素有图样上给定的功能（如平行、垂直、同轴等）关系要求。

1.3.2 形位公差项目及标注

《形状和位置公差》（GB/T1182—1996）对形状公差规定有 6 个项目，对位置公差规定有 8 个项目。各形位公差项目和符号见表 1.15。

表 1.15 形位公差项目和符号

公 差		项 目	符 号	有或无基准要求
形 状	形 状	直线度	▬	无
		平面度	▱	无
		圆 度	○	无
		圆柱度	⌭	无
形状或位置	轮 廓	线轮廓度	⌒	有或无
		面轮廓度	⌓	有或无
位 置	定 向	平行度	//	有
		垂直度	⊥	有
		倾斜度	∠	有
	定 位	位置度	⊕	有或无
		同轴（同心）度	◎	有
		对称度	⟰	有
	跳 动	圆跳动	↗	有
		全跳动	⌰	有

国家标准对形位公差的标注做了明文规定：在技术图样中，形位公差采用代号标注，无法用代号标注时，允许在技术要求中用文字加以说明。形位公差的代号包括：框格、指引线、公差项目符号、形位公差数值及有关符号、基准符号和相关要求符号等。

1. 公差框格

形位公差框格有两格或多格等形式。按规定，公差框格在图面上一般为水平放置，当受到限制时，也允许将框格垂直放置，如图 1.15 所示。对于水平放置的框格，框格中的内容从左到右填写次序如图 1.16 所示。

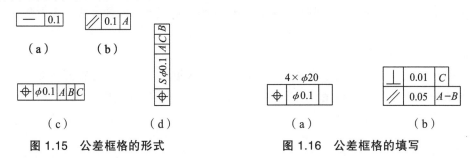

图 1.15　公差框格的形式　　　　图 1.16　公差框格的填写

（1）第一格。公差项目的符号。

（2）第二格。公差值，单位为 mm。若公差带是圆形或圆柱形，则在公差值前加注 ϕ；若是球形，则加注 $S\phi$，见图 1.15（c）、（d）。如果要求在公差带内进一步限定被测要素的形状时，则应在公差值后加注符号，见表 1.16 所示。

（3）第三格起为基准代号，代表基准的字母采用大写拉丁字母。为了避免混淆，规定不准采用 E、F、I、J、L、M、O、P、R 九个字母。基准的顺序在公差框格中是固定的，第三格填写第一基准代号，依次填写第二、第三基准代号，如图 1.15 中（c）、（d）所示。公共基准采用两个字母中间加一横线的填写方法，如图 1.16 中（b）所示。形状公差一般没有基准，只有两格，如图 1.15 中（a）所示。

表 1.16　公差值后面加注的符号

符　号	含　义	举　例
(+)	只许中间向材料外凸起	$\Box$ $t(+)$
(−)	只许中间向材料内凹下	— $t(-)$
(◁)	只许从左至右增大	$t(\triangleleft)$
(▷)	只许从右至左增大	$t(\triangleright)$

当公差框格在图面上垂直放置时，应从框格下方的第一格起往上顺次填写公差项目符号、公差值、差准代号等，如图 1.15（d）所示。

2. 被测要素的标注

用带箭头的指引线将公差框格与被测要素相连，并指引线的箭头指向被测要素。箭头的方向为公差带宽度或直径方向，指引线可以从框格的任意一端引出。引出框格时必须垂直于框格，而引向被测要素时允许变折，但不得多于两次。其标注方法如下：

（1）当被测要素为轮廓要素时，将箭头置于要素的可见轮廓线或其延长线上，并与尺寸线明显地错开，如图 1.17 所示。

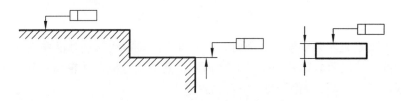

图 1.17　被测要素为轮廓要素的标注

（2）当被测要素为中心要素时，指引线的箭头应与该要素的尺寸线对齐，如图 1.18 所示。

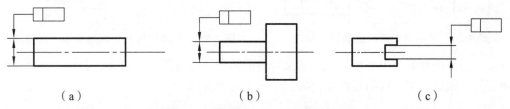

（a）　　　　　　　　　　　　（b）　　　　　　　　　　　　（c）

图 1.18　被测要素为中心要素的标注

（3）几个被测要素有同一公差要求时，其表示法可按图 1.19 和图 1.20 所示。

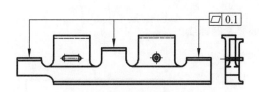

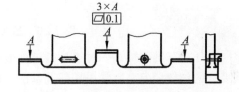

图 1.19　要求相同被测要素的标注示例一　　　　图 1.20　要求相同被测要素的标注示例二

（4）用同一公差带控制几个被测要素时，应在公差框格上注明共面或共线，如图 1.21 和图 1.22 所示。

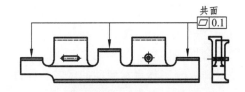

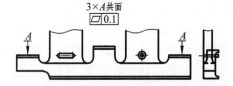

图 1.21　同一公差带控制几个被测要素的
　　　　　标注示例一

图 1.22　同一公差带控制几个被测要素的
　　　　　标注示例二

3. 基准要素的标注

相对于被测要素的基准，由基准字母表示。基准代号由带小圆圈的大写字母用细实线与基准符号相连，如图 1.23 所示。无论基准代号在图样上的方向如何，圆圈内的字母均应水平书写。表示基准的字母应注在公差框格内。

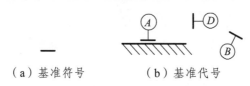

（a）基准符号　　　　　　（b）基准代号

图 1.23　基准代号

（1）当基准要素是轮廓要素或表面时，基准符号的短粗线靠近基准要素的轮廓或其延长线，且与轮廓的尺寸线明显错开，如图 1.24 所示，基准代号标注在轮廓的延长线上时，可以放置在延长线的任意一侧，如图 1.25 所示。

图 1.24　基准为轮廓线或表面的标注　　　图 1.25　基准代号在轮廓延长线上的标注

（2）当基准要素是中心要素时，基准符号的短粗线应与尺寸线对齐，若尺寸线处安排不下两箭头，则另一箭头可用短粗线代替，如图 1.26 所示。

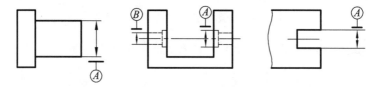

图 1.26　基准为中心要素的标注

（3）任选基准的标注。对于具有对称形状的零件上两个相同要素的位置公差，常常采用任选基准。此时，用指示箭头代替基准符号的短粗线，如图 1.27 所示。

国家标准还规定有其他的标准方法，如基准目标、特殊符号、延伸公差带等，需要时可参见国家标准。

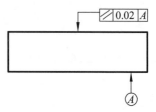

图 1.27　任选基准的标注

1.3.3　形状公差

形状公差是指单一实际要素的形状所允许的变动全量。

形状公差用形状公差带来表示。形状公差带是限制被测实际要素变动的区域。零件实际要素在此区域方为合格。

形状公差带由公差带的形状、大小、方向和位置构成，公差带的形状如图 1.28 所示。公差带的大小、方向和位置则随要素的几何特征和功能要求而定。

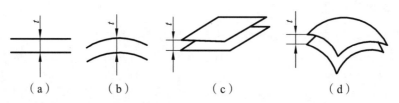

（a）　　　　　（b）　　　　　　（c）　　　　　　　（d）

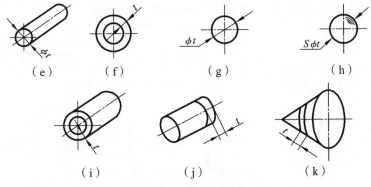

（e） （f） （g） （h）

（i） （j） （k）

图 1.28 公差带形状

各项形状公差带的定义、标注和解释如表 1.17 所示。

表 1.17 形状公差带的定义、标注和解释

特征	公 差 带 定 义		标 注 和 解 释
直 线 度	在给定平面内	公差带是距离为公差值 t 的两平行直线之间的区域	被测表面的素线必须位于平行于图样所示投影面且距离为公差值 0.1 mm 的两平行直线内 — 0.1
	在给定方向上	公差带是距离为公差值 t 的两平行平面之间的区域	被测圆柱面的任意一素线必须位于距离为公差值 0.1 mm 的两平行平面之内 — 0.1
	在任意方向上	公差带是直径为 ϕt 的圆柱面内的区域	被测圆柱体的轴线必须位于直径为 $\phi 0.08$ mm 的圆柱面内 — ϕ0.08
平 面 度		公差带是距离为公差值 t 的两平行平面之间的区域	被测表面必须位于距离为公差值 0.06 mm 的两平行平面内 ◿ 0.06

表 1.17　形状公差带的定义、标注和解释

特征	公　差　带　定　义	标　注　和　解　释
圆　度	公差带是在同一正截面上，半径差为公差值 t 的两同心圆之间的区域 	被测圆柱面任意一正截面的圆周必须位于半径差为公差值 0.02 mm 的两同心圆之间 被测圆锥面任意一正截面上的圆周必须位于半径差为 0.01 mm 的两同心圆之间
圆柱度	公差带是半径差为公差值 t 的两同轴圆柱面之间的区域 	被测圆柱面必须位于半径差为公差值 0.05 mm 的两同轴圆柱面之间
线轮廓度	公差带是包络一系列直径为公差值 t 的圆的两包络线之间的区域。诸圆的圆心位于具有理论正确几何形状的线上，而该线的理想形状由理论正确尺寸确定 	在平行于图样所示投影面的任意截面上，被测轮廓线必须位于包络一系列直径为公差值 0.04 mm，且圆心位于具有理论正确几何形状的线上的两包络线 （a）无基准要求　　（b）有基准要求
面轮廓度	公差带是包络一系列直径为公差值 t 的球的两包络线之间的区域。诸球的球心位于具有理论正确几何形状的曲面上 	被测轮廓面必须位于包络一系列球的两包络面之间，诸球的直径为公差值 0.02 mm，且球心位于具有理论正确几何形状的面上

注："理论正确尺寸"是用以确定被测要素的理想形状、方向、位置的尺寸。它仅表达设计时对被测要素的理想要求，故该尺寸不附带公差，用方框内加尺寸来表示。

1.3.4　位置公差

位置公差是指关联实际要素的位置对基准所允许的变动全量。位置公差带是限制关联实际要素变动的区域，被测实际要素位于该区域为合格。而位置公差带的方向或位置由基准或基准与理论正确尺寸确定。

根据关联实际要素对基准的功能要求的不同，位置公差又分为定向公差、定位公差和跳动公差三类。

1. 定向公差

定向公差是指关联实际要素对基准在方向上允许的变动全量。定向公差带是限制关联实际要素的方向变动，而公差带的方向由基准确定。定向公差包括平行度、垂直度、倾斜度三种。

各项定向公差带的定义、标注和解释如表 1.18 所示。

表 1.18　定向公差带定义、标注和解释

特征		公差带定义	标注和解释
平行度	面对面	公差带是距离为公差值 t，且平行于基准面的两平行平面之间的区域 平行度公差 基准平面	被测表面必须位于距离为公差值 0.05 mm，且平行于基准表面 A（基准平面）的两平行平面之间 // 0.05 A Ⓐ
	线对面	公差带是距离为公差值 t，且平行于基准平面的两行平面之间的区域 基准平面	被测轴线必须位于距离为公差值 0.03 mm，且平行于基准表面 A（基准平面）的两平行平面之间 // 0.03 A Ⓐ
	面对线	公差带是距离为公差值 t，且平行于基准轴线的两平行平面之间的区域 基准轴线	被测表面必须位于距离为公差值 0.05 mm，且平行于基准线 A（基准轴线）的两平行平面之间 // 0.05 A Ⓐ

续表　1.18

特　征		公　差　带　定　义	标　注　和　解　释
平行行度	线对线	公差带是距离为公差值 t，且平行于基准线，并位于给定方向上的两平行平面之间的区域 基准轴线	被测轴线必须位于距离为公差值 0.1 mm，且在给定方向上平行于基准轴线的两平行平面之间
		如在公差值前加注 ϕ，公差带是直径为公差值 t，且平行于基准线的圆柱面内的区域 基准轴线	被测轴线必须位于直径为公差值 0.1 mm，且平行于基准轴线的圆柱面内
垂直度	面对面	公差带是距离为公差值 t，且垂直于基准平面的两平行平面之间的区域 基准平面	被测面必须位于距离为公差值 0.05 mm，且垂直于基准平面 C 的两平面之间
倾斜度	面对线	公差带是距离为公差值 t，且与基准线成一给定角度 α 的两平行平面之间的区域 基准线	被测表面必须位于距离为公差值 0.1 mm，且与基准线 D（基准轴线）成理论正确角度 75° 的两平行平面之间

从各项定向公差带可以看出，定向公差可以综合控制被测要素的定向误差和形状误差。例如，平面的平行度公差，可以控制平面的平行度误差和该平面的平面度误差；轴线的垂直度公差，可以控制轴线的垂直度误差和该轴线的直线度误差。因此，在满足零件功能要求的前提下，对被测要素给出定向公差以后，通常不需要再给出形状公差，除非对形状精度有进一步的要求，可同时给形状公差，但形状公差值应小于定向公差值。

2. 定位公差

定位公差是关联实际要素对基准在位置上允许的变动全量。位置公差带是限制被测实际要素相对基准的位置变动，而定位公差带的位置由基准或基准与理论正确尺寸确定。定位公差有同轴度、对称度和位置度三项。

各项定位公差带的定义、标注和解释如表 1.19 所示。

表 1.19 定位公差带的定义、标注和解释

特征		公 差 带 定 义	标 注 和 解 释
同轴度	轴线的同轴度	公差带是公差值 ϕt 的圆柱面有区域，该圆柱面的轴线与基准轴线同轴 	大圆的轴线必须位于公差值 $\phi 0.1$ mm，且与公共基准线 A—B（公共基准轴线）同轴的圆柱面内
对称度	中心平面的对称度	公差带是距离为公差值 t，且相对基准的中心平面对称配置的两平行平面之间的区域 	被测中心平面必须位于距离为公差值 0.08 mm，且相对基准中心平面 A 对称配置的两平行平面之间
位置度	点的位置度	如公差值前加注 $S\phi$，公差带是直径为公差值 t 的球内的区域，球公差带的中心点的位置由相对于基准 A 和 B 的理论正确尺寸确定 	被测球的球心必须位于直径为公差值 0.08 mm 的球内，该球的球心位于相对基准 A 和 B 所确定的理想位置上

续表　1.19

特征		公 差 带 定 义	标 注 和 解 释
位置度	线的位置度	如在公差值前加注ϕ，则公差带是直径为t的圆柱面内的区域，公差带轴线的位置由相对于三基面体系的理论正确尺寸确定 	每个被测轴线必须位于直径为公差值 0.1 mm，且以相对于 A、B、C 基准表面（基准平面）所确定的理想位置为轴线的圆柱内 每个被测轴线必须位于直径为公差值 0.1 mm，且以理想位置为轴线的圆柱内

定位公差带可以综合控制被测要素的位置、方向和形状的误差。例如，轴线的位置度公差除了可以控制轴线的位置度误差以外，还可以控制该轴线的直线度、轴线间的平行度、轴线与平面的垂直度等误差。因此，零件在保证功能要求的前提下，对被测要素给出定位公差后，通常对该要素不再给出定向公差和形状公差。如果功能需要对方向和形状有进一步要求时，则另行给出定向或（和）形状公差，但定向和（或）形状公差值应小于定位公差值。

3. 跳动公差

跳动公差是关联实际要素绕基准轴线旋转一周或连续旋转时所允许的最大跳动量。

跳动公差是以特定的检测方式为依据而给定的公差项目。最大跳动量是指指示表的最大与最小示值之差。

跳动公差分为圆跳动与全跳动两类，而圆跳动又分为径向、端面和斜向圆跳动三项；全跳动分为径向与端面全跳动。

各项跳动公差带的定义、标注和解释如表 1.20 所示。

跳动公差带可以综合控制被测要素的位置、方向和形状误差。例如，径向全跳动公差可以控制同轴度误差和圆柱度误差；端面全跳动公差可以控制端面对基准轴线的垂直度误差和端面的平面度误差。

表 1.20　跳动公差带的定义、标注和解释

特征		公 差 带 定 义	标 注 和 解 释
圆跳动	径向圆跳动	公差带是在垂直于基准轴线的任意测量平面内半径差为公差值 *t*，且圆心在基准轴线上的两个同心圆之间的区域	当被测要素围绕基准线 *A*（基准轴线）作无轴向移动旋转一周时，在任意测量平面内的径向圆跳动量均不大于 0.05 mm
	端面圆跳动	公差带是在与基准轴线同轴的任意半径位置的测量圆柱面上距离为 *t* 的圆柱面区域	被测面绕基准线 *A*（基准轴线）作无轴向移动旋转一周时，在任意测量圆柱面内的轴向跳动均不得大于 0.06 mm
	斜向圆跳动	公差带是在与基准轴线同轴的任意测量圆锥面上距离为 *t* 的两圆之间的区域。除另有规定外，其测量方向应与被测面垂直	被测面绕基准线 *A*（基准轴线）作无轴向移动旋转一周时，在任意测量圆锥面上的跳动量均不得大于 0.05 mm
全跳动	径向全跳动	公差带是半径差为公差值 *t*，且与基准轴线同轴的两圆柱面之间的区域	被测要素围绕基准线 *A*—*B* 作若干次旋转，并在测量仪器与工作间同时做轴向的移动。此时，在被测要素上各点间的示值差均不得大于 0.2 mm，测量仪器或工件必须沿着基准轴线方向并相对于公差基准轴线 *A*—*B* 移动
	端面全跳动	公差带是距离为公差值 *t*，且与基准轴线垂直的两平行平面之间的区域	被测要素绕基准轴线 *A* 作连续旋转，并在测量仪器与工件间作径向移动。此时，在被测要素上各点间的示值差不得大于 0.05 mm，测量仪器或工件必须沿着轮廓具有理想正确形状的线和相对于基准轴线 *A* 的正确方向移动

1.3.5　公差原则

在零件设计时，对零件重要的几何要素，常常需要同时给出尺寸公差和形位公差。而尺寸公差与形位公差之间是否有关系、关系如何？确定尺寸公差与形位公差之间相互关系所遵循的原则称为公差原则，它分为独立原则和相关要求两大类。

1. 有关术语及定义

（1）体外作用尺寸（d_{fe}、D_{fe}）。在被测要素的给定长度上，与实际外表面体外相接的最小理想面或与实际内表面体外相接的最大理想面的直径或宽度，如图 1.29 所示。

对单一要素，体外作用尺寸即作用尺寸。

（2）体内作用尺寸（d_{fi}、D_{fi}）。在被测要素的给定长度上，与实际外表面体内相接的最大理想面或与实际内表面体内相接的最小理想面的直径或宽度，如图 1.29 所示。

无论是体内作用尺寸还是体外作用尺寸，对关联要素，其理想面的轴线或中心平面必须与基准轴线保持图样给定的几何关系。

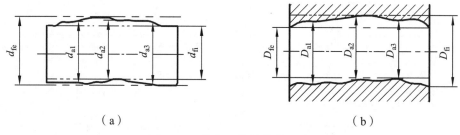

（a）　　　　　　　　　　　　　　（b）

图 1.29　体内、体外作用尺寸

必须注意：作用尺寸是由实际尺寸和形位误差综合形成的，对于每个零件不尽相同。

（3）最大实体尺寸、边界。实际要素在最大实体状态下的极限尺寸称为最大实体尺寸。对于外表面，它为最大极限尺寸，用 d_M 表示；对于内表面，它为最小极限尺寸，用 D_M 表示。即：

$$d_M = d_{max} \tag{1.22a}$$

$$D_M = D_{min} \tag{1.23b}$$

由设计给定的具有理想形状的极限包容面为边界。边界的尺寸为极限包容面的直径或距离。尺寸为最大实体尺寸的边界称为最大实体边界，用 MMB 表示，如图 1.30 所示。

（4）最小实体尺寸、边界。实际要素在最小实体状态下的极限尺寸称为最小实体尺寸。对于外表面，它为最小极限尺寸，用 d_L 表示；对于内表面，它为最大极限尺寸，用 D_L 表示。即：

$$d_L = d_{min} \tag{1.23a}$$

$$D_L = D_{max} \tag{1.23b}$$

尺寸为最小实体尺寸的边界称为最小实体边界，用 LMB 表示，如图 1.30 所示。

（5）最大实体实效状态、尺寸、边界。在给定长度上，实际要素处于最大实体状态，且其中心要素的形状或位置误差等于给定公差值时的综合极限状态称为最大实体实效状态。

最大实体实效状态下的体外作用尺寸称为最大实体实效尺寸。对于外表面，它等于最大实体尺寸加形位公差值 t，用 d_{MV} 表示；对于内表面，它等于最大实体尺寸减形位公差值 t，

用 D_{MV} 表示，见图 1.30。即：

$$d_{MV} = d_M + t \qquad\qquad (1.24a)$$
$$D_{MV} = D_M - t \qquad\qquad (1.24b)$$

尺寸为最大实体实效尺寸的边界称为最大实体实效边界，用 MMVB 表示，见图 1.30。

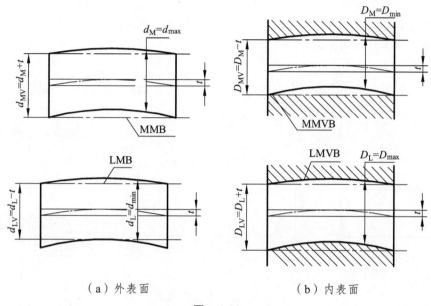

（a）外表面　　　　　　　　　　（b）内表面

图　1.30

（6）最小实体实效状态、尺寸、边界。在给定长度上，实际要素处于最小实体状态，且其中心要素的形状或位置误差等于给定公差值时的综合极限状态称为最小实体实效状态。

最小实体实效状态下的体内作用尺寸称为最小实体实效尺寸。对于外表面，它等于最小实体尺寸减形位公差值 t，用 d_{LV} 表示；对于内表面，它等于最小实体尺寸加形位公差值 t，用 D_{LV} 表示，见图 1.30。即：

$$d_{LV} = d_L - t \qquad\qquad (1.25a)$$
$$D_{LV} = D_L + t \qquad\qquad (1.25b)$$

尺寸为最小实体实效尺寸的边界称为最小实体实效边界，用 LMVB 表示，见图 1.30。

2. 独立原则

独立原则是指图样上给定的尺寸公差与形位公差各自独立，并应分别满足要求的公差原则。

图 1.31 为独立原则的应用示例，标注时不需要附加任何表示相互关系的符号。图中表示轴的局部实际尺寸应在 $\phi 19.97 \sim \phi 20$ mm 之间，不管实际尺寸为何值，轴线的直线度误差都不允许大于 $\phi 0.05$ mm。

独立原则是标注形位公差和尺寸公差相互关系的基本公差原则。

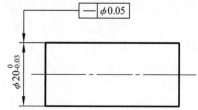

图 1.31　独立原则应用示例

3. 相关要求

相关要求是指图样上给定的尺寸公差与形位公差相互有关的要求。它分为包容要求，最大实体要求、最小实体要求和可逆要求。可逆要求不能单独采用，只能与最大实体要求或最小实体要求一起应用。

（1）包容要求。被测要素采用包容要求时，要求实际要素要遵守最大实体边界，即要求实际要素处处不得超越最大实体边界，而局部实际尺寸不得超越最小实体尺寸，即：

对于外表面：$d_{fe} \leqslant d_M (d_{max})$,　　　　$d_a \geqslant d_L (d_{min})$

对于内表面：$D_{fe} \geqslant D_M (D_{min})$,　　　　$D_a \leqslant D_L (D_{max})$

包容要求仅用于形状公差。当采用包容要求时，应在被测要素的尺寸极限偏差或公差带代号后加注符号 Ⓔ，如图 1.32（a）所示。

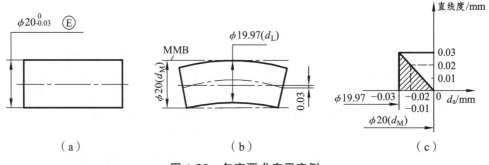

图 1.32　包容要求应用实例

如图 1.32（a）所示零件，要求该轴的实际轮廓必须在直径为 $\phi 20$ mm 的最大实体边界内，其局部实际尺寸不得小于最小实体尺寸 $\phi 19.97$ mm。

当实际尺寸处处为最大实体尺寸（如图中的 $\phi 20$ mm）时，其形位公差为零；当实际尺寸偏离最大实际尺寸时，允许有形位误差产生，其误差值等于实际尺寸与最大实体尺寸之差（绝对值），最大的误差值就等于尺寸公差，此时实际尺寸应处处为最小实体尺寸。如图 1.32（b）中实际尺寸为 $\phi 19.97$ mm 时，允许轴心线直线度误差为 $\phi 0.03$ mm）。

图 1.32（c）为图（a）标注示例的动态公差图，此图表达了实际尺寸和形位公差变化的关系。图中横坐标表示实际尺寸，纵坐标表示形位公差（如直线度），粗的斜线为相关线。如虚线所示，当实际尺寸为 19.98 mm，偏离最大实体尺寸（$\phi 20$ mm）0.02 mm 时，允许直线度误差为 0.02 mm。

由此可见，包容要求是将尺寸和形位误差同时控制在尺寸公差范围内的一种公差要求，主要用于必须保证配合性质的要素，用最大实体边界保证必要的最小间隙或最大过盈，用最小实体尺寸防止间隙过大或过盈过小。

（2）最大实体要求。被测要素的实际轮廓应遵守其最大实体实效边界，即要求实际轮廓处处不得超越该边界，当其实际尺寸偏离最大实体尺寸时，允许其形位公差值超出图样上给定的公差值，而要素的局部实际尺寸应在最大实体尺寸与最小实体尺寸之间。

对于外表面：$d_{fe} \leqslant d_{MV} = d_{max} + t$,　　　　$d_{max} \geqslant d_a \geqslant d_{min}$

对于内表面：$D_{fe} \geqslant D_{MV} = D_{min} - t$,　　　　$D_{max} \geqslant D_a \geqslant D_{min}$

最大实体要求可应用于被测要素、基准要素或同时应用于被测要素和基准要素。

① 最大实体要求用于被测要素。当被测要素采用最大实体要求时，在图样上形位公差框格内的公差值后标注 ⓜ 符号，如图 1.33（a）所示。

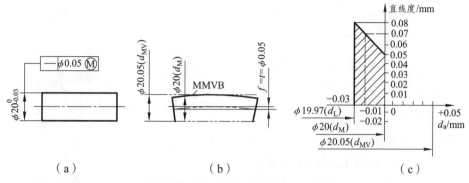

（a）　　　　　　　　　（b）　　　　　　　　　（c）

图 1.33　最大实体要求应用示例

对该轴的要求是：轴的实际轮廓必须位于尺寸为 $\phi 20.05$ mm（d_{MV}）的最大实体实效边界内，如图 1.33（b）所示；轴的局部实际尺寸必须在 $\phi 20$ mm（d_M）与 $\phi 19.97$ mm（d_L）之间。图样上给定的轴线直线度公差 $\phi 0.05$ mm 是被测轴处于最大实体状态（MMC）时给定的，当实际轴偏离 MMC 时，其直线度公差可以得到补偿（增大）。

图 1.33（c）为图 1.33（a）的动态公差图。从图中可见，当实际轴为最大实体尺寸 $\phi 20$ mm 时，允许的直线度误差为 $\phi 0.05$ 如图 1.33（b）所示。随着实际尺寸的减小，允许的直线度误差相应增大，若尺寸为 $\phi 19.98$ mm（偏离 d_M 0.02 mm），则允许的直线度误差为 $\phi 0.05$ mm $+ \phi 0.02$ mm $= \phi 0.07$（mm）；当实际轴为最小实体尺寸 $\phi 19.97$ mm 时，则允许的直线度误差为最大 $\phi 0.05$ mm $+ \phi 0.03$ mm $= \phi 0.08$（mm）。

② 最大实体要求用于基准要素。当基准要素采用最大实体要求时，基准要素应遵守相应的边界。若基准的实际轮廓偏离其边界时，即其体外作用尺寸偏离其边界尺寸时，则允许基准要素在一定范围内浮动，其浮动范围等于基准要素的体外作用尺寸与其边界尺寸之差。

当基准要素应用于最大实体要求时，应在公差框格的基准字母后加注符号 ⓜ，如图 1.34（a）所示。

基准要素本身采用最大实体要求时，其相应的边界为最大实体实效边界；基准要素本身不采用最大实体要求时，其相应的边界为最大实体边界。

③ 最大实体要求同时用于被测要素和基准要素。

图 1.34（a）表示最大实体要求同时用于被测要素和基准要素，基准本身要遵守包容要求。

• 当被测要素处于最大实体状态（实际尺寸为 $\phi 12$ mm）时，同轴度公差为 $\phi 0.04$ mm，如图 1.34（b）所示，被测要素应满足下列要求：局部实际尺寸 d_{1a} 应在 $\phi 11.95 \sim \phi 12$ mm 范围内；体外（关联）作用尺寸应小于（或等于）最大实体实效尺寸 $\phi 12 + \phi 0.04 = \phi 12.04$（mm），即其轮廓不超越最大实体实效边界。

• 被测轴的实际尺寸小于 $\phi 12$ mm 时，允许同轴度误差增大，当 $d_{1a} = \phi 11.95$（mm）时，同轴度误差允许达到最大值，为 $\phi 0.04 + \phi 0.05 = \phi 0.09$（mm），如图 1.34（c）所示。当基准的实际轮廓处于最大实体边界，即 $d_{2fe} = d_{2M} = \phi 25$（mm）时，基准线不能浮动，如图 1.34（b）、（c）所示；当基准的作用尺寸等于最小实体尺寸 $\phi 24.95$ mm 时，其浮动范围达到最大值 $\phi 0.05$ mm，如图 1.34（d）所示。基准浮动，使被测要素更容易达到合格要求。

最大实体要求适用于中心要素，主要用在仅需要保证零件可装配性的场合。

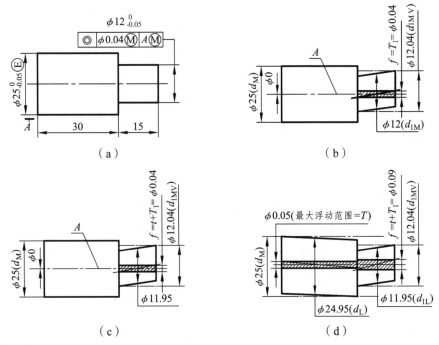

图 1.34　最大实体要求同时用于被测要素和基准要素

（3）最小实体要求。零件要素应用最小实体要求时，被测要素的实际轮廓应遵守最小实体实效边界，也就是其体内作用尺寸不应超出最小实体实效尺寸（d_{LV}）。当实际尺寸偏离最小实体尺寸时，允许的形位误差超出图样上给定的公差值，而局部实际尺寸必须在最大实体尺寸与最小实体尺寸之间。

对于外表面：$d_{fi} \geqslant d_{LV} = d_{min} - t$,　　　　$d_{max} \geqslant d_a \geqslant d_{min}$

对于内表面：$D_{fi} \leqslant D_{LV} = D_{max} + t$,　　　　$D_{max} \geqslant D_a \geqslant D_{min}$

最小实体要求应用于被测要素时，在公差框格的公差值后面标注 Ⓛ 符号，如图 1.35（a）所示；应用于基准要素时，在公差框格的基准代号后面标注符号 Ⓛ 。

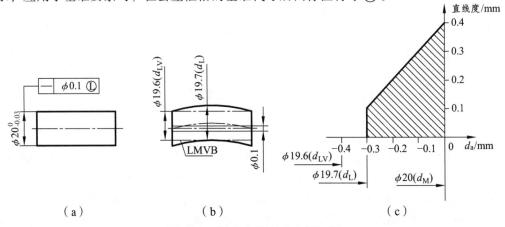

图 1.35　最小实体要求应用示例

最小实体要求用于被测要素时,如图 1.35（a）所示,轴的实际轮廓不得超出其最小实体实效边界,也就是其体内作用尺寸不应超出最小实体实效尺寸（$d_{fi} \geqslant \phi 19.6$ mm）,且其局部实际尺寸在最大与最小实体尺寸之间（$\phi 20$ mm $\geqslant d_a \geqslant \phi 19.7$ mm）。当轴的实际尺寸为最小实体尺寸 $\phi 19.7$ mm 时,轴心线的直线度公差为给定的 $\phi 0.1$ mm,如图 1.35（b）所示;当轴的实际尺寸偏离最小实体尺寸时,直线度误差允许增大,即尺寸公差向形位公差转化;当轴的实际尺寸为最大实体尺寸 $\phi 20$ mm 时,直线度误差允许达到最大值 $\phi 0.1$ mm $+ \phi 0.3$ mm $= \phi 0.4$（mm）,图 1.35（c）为其动态公差图。

最小实体要求仅用于中心要素。应用最小实体要求的目的是保证零件的最小壁厚和设计强度。

（4）可逆要求。可逆要求是指中心要素的形位误差值小于给出的形位公差值时,允许在满足零件功能要求的前提下扩大尺寸公差的一种要求。

上述的最大实体要求和最小实体要求,允许尺寸公差补偿给形位公差;而可逆要求是将形位公差补偿给尺寸公差,允许相应的尺寸公差增大。

可逆要求通常与最大实体要求或最小实体要求一起使用。

当可逆要求用于最大实体要求时,在框格内公差值后加注 Ⓜ Ⓡ 符号,如图 1.36（a）所示;当可逆要求用于最小实体要求时,在框格内公差值后加注 Ⓛ Ⓡ 符号。

可逆要求用于最大实体要求时,表示被测要素在遵守最大实体要求的同时还要遵守可逆要求,如图 1.36（a）所示。即除了具有上述最大实体要求用于被测要素时的含义（即当被测要素实际尺寸偏离最大实体尺寸时,允许其形位误差增大,即尺寸公差向形位公差转化）外,差为零时,允许尺寸的超出量最大,为形位公差值,从而实现尺寸公差与形位公差相互转换的可逆要求。此时,被测要素仍然遵守最大实体实效边界。

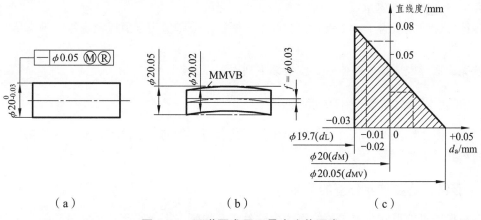

图 1.36　可逆要求用于最大实体要求

如图 1.36（a）,轴线直线度公差为 $\phi 0.05$ mm,是在轴的尺寸为最大实体尺寸 $\phi 20$ mm 时给定的。当轴的尺寸小于 $\phi 20$ mm 时,允许的直线度误差值可以增大。例如,尺寸为 19.98 mm,则允许的直线度误差为 $\phi 0.07$ mm,当实际尺寸为最小实体尺寸 $\phi 19.97$ mm 时,允许的直线度误差最大,为 $\phi 0.08$ mm;当轴线的直线度误差小于图样上给定的 $\phi 0.05$ mm 时,如为 $\phi 0.03$ mm,则允许其实际尺寸大于最大实体尺寸 $\phi 20$ mm 而达到 $\phi 20.02$ mm,如图 1.36（b）所示;当直线度误差为零时,轴的实际尺寸可达到最大值,即等于最大实体实效边界尺寸

$\phi 20.05$ mm。图 1.36（c）为上述关系的动态公差图。

最大实体要求用可逆要求，主要应用于对尺寸公差及配合要求不严格，仅要求保证装配互换的场合。

（5）零形位公差。当关联要素采用最大（最小）实体要求且形位公差为零时，则称零形位公差，用"$\phi 0 \text{M}$"（"$\phi 0 \text{L}$"）表示，如图 1.37 所示。零形位公差可以视为最大（最小）实体要求的特例。此时，被测要素的最大（最小）实体实效边界等于最大（最小）实体边界，最大（最小）实体实效尺寸等于最大（最小）实体尺寸。

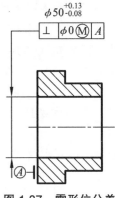

图 1.37　零形位公差

1.3.6　形位公差的选择

零、部件的形位误差对机器的使用性能有很大的影响，因此，合理、正确地确定形位公差值，对保证机器的功能要求，提高经济效益是十分重要的。

确定形位公差值的方法有类比法和计算法，通常多按类比法确定公差值。所谓类比法就是参考现有手册和资料，依照经过验证的类似产品的零、部件，通过对比分析，确定公差值。

总的原则是：在满足零件功能要求的前提下选取最经济的公差值。

按《形位公差》标准的规定：零件所要求的形位公差值若用一般机床加工就能保证时，则不必在图纸上注出，而按 GB/T 1184—1996《形状和位置公差　未注公差值》确定其公差值，且生产中也不需检查。若零件所要求的形位公差值高于或低于 GB/T1184—1996 规定的公差值时，应在图纸上注出。其值应根据零件的功能要求，并考虑加工经济性和零件结构特点按表 1.21 ~ 表 1.25 选取。

各种形位公差值为 1 ~ 12 级，其中圆度、圆柱度公差值为了适应精密零件的需要，增加了一个 0 级。

按类比法确定形位公差值时，应考虑下列因素：

1. 形状公差与位置公差的关系

同一要素上给定的形状公差值应小于位置公差值。如同一平面上，平面度公差值应小于该平面对基准的平行度公差值。

2. 形状公差和尺寸公差的关系

圆柱形零件的形状公差（轴线直线度除外）一般情况下应小于其尺寸公差值，平行度公差值应小于其相应的距离尺寸的公差值。

圆度、圆柱度公差值约为同级尺寸公差值的 50%，因而一般可按同级选取。例如，尺寸公差为 IT6，则圆度、圆柱度公差通常也选为 6 级。但并非圆度、圆柱度公差必须按尺寸公差同级选取，亦可根据零件的功能要求，在邻近级选取，必要时可比尺寸公差等级高半级到 2 级。

3. 形状公差与表面粗糙度的关系

通常表面粗糙度的 R_a 值可约占形状公差值的 20% ~ 25%。

4. 考虑零件的结构特点

对于刚性较差的零件（如细长轴）和结构的特殊要求（如跨距较大的孔、轴的同轴度公差等），在满足零件功能的前提下，其公差等级可适当降低 1~2 级。此外，孔相对于轴，或线对线、线对面的平行度相对于面对面的平行度以及线对线或线对面的垂直度相对于面对面的垂直度相比，前者公差值可降低 1~2 级。

位置度常用于控制螺栓或螺钉连接中孔距的位置误差，其公差值决定于螺栓（或螺钉）与过孔之间的间隙。设螺栓（或螺钉）的最大直径为 $d_{\max}$，过孔最小直径为 $D_{\min}$，则位置度公差值（T）按下式计算：

螺栓连接：　　$T \leqslant K(D_{\min} - d_{\max})$ 　　　　　　　　　　　　（1.26）

螺钉连接：　　$T \leqslant 0.5K(D_{\min} - d_{\max})$ 　　　　　　　　　　（1.27）

式中　K——间隙利用系数。

考虑到装配调整对间隙的需要，一般取 K 为 0.6~0.8，若不需调整，则取 K 为 1。按上式算出的公差值，经圆整后应符合国标推荐的位置度数系（见表 1.25）。

表 1.21　直线度、平面度公差值/μm

主参数 L /mm	公差等级											
	1	2	3	4	5	6	7	8	9	10	11	12
≤10	0.2	0.4	0.8	1.2	2	3	5	8	12	20	30	60
>10~16	0.25	0.5	1	1.5	2.5	4	6	10	15	25	40	80
>16~25	0.3	0.6	1.2	2	3	5	8	12	20	30	50	100
>25~40	0.4	0.8	1.5	2.5	4	6	10	15	25	40	60	120
>40~63	0.5	1	2	3	5	8	12	20	30	50	80	150
>63~100	0.6	1.2	2.5	4	6	10	15	25	40	60	100	200

注：主参数 L 系轴、直线、平面的长度。

表 1.22　圆度、圆柱度公差值/μm

主参数 L /mm	公差等级												
	0	1	2	3	4	5	6	7	8	9	10	11	12
≤3	0.1	0.2	0.3	0.5	0.8	1.2	2	3	4	6	10	14	25
>3~6	0.1	0.2	0.4	0.6	1	1.5	2.5	4	5	8	12	18	30
>6~10	0.12	0.25	0.4	0.6	1	1.5	2.5	4	6	9	15	22	36
>10~18	0.15	0.25	0.5	0.8	1.2	2	3	5	8	11	18	27	43
>18~30	0.2	0.3	0.6	1	1.5	2.5	4	6	9	13	21	33	52
>30~50	0.25	0.4	0.6	1	1.5	2.5	4	7	11	16	25	39	62
>50~80	0.3	0.5	0.8	1.2	2	3	5	8	13	19	30	46	74

注：主参数 d（D）系轴（孔）的直径。

表 1.23　平行度、垂直度倾斜度公差值/μm

主参数 L /mm	公　差　等　级											
	1	2	3	4	5	6	7	8	9	10	11	12
≤10	0.4	0.8	1.5	3	5	8	12	20	30	50	80	120
>10~16	0.5	1	2	4	6	10	15	25	40	60	100	150
>16~25	0.6	1.2	2.5	5	8	12	20	30	50	80	120	200
>25~40	0.8	1.5	3	6	10	15	25	40	60	100	150	250
>40~63	1	2	4	12	20	30	50	80	120	200	300
>63~100	1.2	2.5	5	10	15	25	40	60	100	150	250	400

注：① 主参数 L 为给定平行度时轴线或平面的长度，或给定垂直度、倾斜度时被测要素的长度；

② 主参数 $d(D)$ 为给定面对线垂直度时，被测要素的轴（孔）直径。

表 1.24　同轴度、对称度、圆跳动和全跳动公差值/μm

主参数 $d(D)$、B、L /mm	公　差　等　级											
	1	2	3	4	5	6	7	8	9	10	11	12
≤1	0.4	0.6	1.0	1.5	2.5	4	6	10	15	25	40	60
>1~3	0.4	0.6	1.0	1.5	2.5	4	6	10	20	40	60	120
>3~6	0.5	0.8	1.2	2	3	5	8	12	25	50	80	150
>6~10	0.6	1	1.5	2.5	4	6	10	15	30	60	100	200
>10~18	0.8	1.2	2	3	5	8	12	20	40	80	120	250
>18~30	1	1.5	2.5	4	6	10	15	25	50	100	150	300
>30~50	1.2	2	3	5	8	12	20	30	60	120	200	400
>50~120	1.5	2.5	4	6	10	15	25	40	80	150	250	500

注：① 主参数 $d(D)$ 为给定同轴度时轴（孔）直径，或给定圆跳动、全跳动时轴（孔）直径；

② 圆锥体斜向圆跳动公差的主参数为平均值；

③ 主参数 B 为给定对称度时槽的宽度；

④ 主参数 L 为给定两孔对称度时的孔心距。

表 1.25　位置度公差值系数表/μm

1	1.2	1.5	2	2.5	3	4	5	6	8
1×10^n	1.2×10^n	1.5×10^n	2×10^n	2.5×10^n	3×10^n	4×10^n	5×10^n	6×10^n	8×10^n

注：n 为正整数。

1.4　表面粗糙度

　　表面粗糙度是指加工表面具有较小间距和峰谷所组成的微观几何形状误差。它是由机械加工中的切削刀痕、振动和摩擦等原因所形成。直接影响零件的配合性质、疲劳强度、耐磨性、抗腐蚀性、密封性和外形的美观等。因此，为了提高产品质量，促进互换性生产，我国制定了表面粗糙度国家标准。

产品几何技术规范 表面结构轮廓法 表面结构的术语、定义及参数（GB/T 3505—2000）

表面粗糙度参数及其数值（GB/T 1031—1995）

机械制图表面粗糙度符号、代号及其注法（GB/T 131—1993）

1.4.1　表面粗糙度术语及定义

1. 取样长度 l

取样长度是指测量和评定表面粗糙度时所规定的一段基准线长度。它至少包含 5 个轮廓峰和谷，如图 1.38 所示。取样长度 l 的方向与轮廓总的走向一致。规定取样长度的目的在于限制和减弱其他几何形状误差，特别是表面波度对测量的影响。表面越粗糙，取样长度就越大。

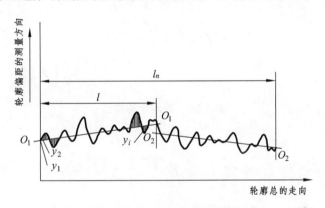

图 1.38　取样长度和最小二乘中线

O_1O_1、O_2O_2 —— 轮廓最小二乘中线

2. 评定长度 l_n

由于零件加工表面的不均匀性，在一个取样长度上往往不能合理地反映某一表面粗糙度的特征。因此，在测量和评定时，需规定一段最小长度作为评定长度。评定长度包括一个或几个取样长度，一般取 $l_n = 5l$。若被测表面比较均匀，可选 $l_n < 5l$；若均匀性差，可选 $l_n > 5l$。取样长度和评定长度数值如表 1.26 所示。

表 1.26　l 和 l_n 数值

参　数　及　数　值		l/mm	l_n（$l_n = 5l$）/mm
$R_a/\mu m$	$R_z/\mu m$		
$\geqslant 0.008 \sim 0.02$	$\geqslant 0.025 \sim 0.10$	0.08	0.4
$>0.02 \sim 0.01$	$>0.10 \sim 0.50$	0.25	1.25
$>0.1 \sim 0.2$	$>0.50 \sim 10.0$	0.8	4.0
$>2.0 \sim 10.0$	$>10.0 \sim 50.0$	2.5	12.5
$>10.0 \sim 80.0$	$>50.0 \sim 320$	8.0	40.0

3. 轮廓中线 m

是指用以评定表面粗糙度数值的基准线。基准线有两种确定方法：

（1）轮廓最小二乘中线 m。是指具有几何形状并划分轮廓的基准线。在取样长度内使轮廓上各点的轮廓偏距（轮廓上各点至基准线的距离）的平方和为最小，如图 1.38 所示。

（2）轮廓算术平均中线 m。是指在取样长度内划分实际轮廓为上、下两部分，且使上、下两部分各面积之和相等 $\left(\sum_{i=1}^{n} F_i = \sum_{i=1}^{n} F_i' \right)$ 的线，如图 1.39 所示。

在轮廓图形上确定最小二乘中线的位置比较困难，可用轮廓算术平均中线代替。通常用目测估计来确定轮廓算术平均中线。

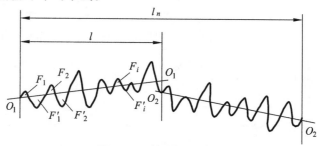

图 1.39　算术平均中线

O_1O_1、O_2O_2 —— 轮廓算术平均中线

1.4.2　表面粗糙度评定参数及参数值

国标规定表面粗糙度供工程应用的评定参数有 6 项，其中 3 项高度参数为基本评定参数，即轮廓算术平均偏差（R_a）、微观不平度十点高度（R_z）和轮廓最大高度（R_y）。3 项附加评定参数，即两个间距参数：轮廓微观不平度的平均间距（S_m）和轮廓单峰平均间距（S），一个形状特性平均参数：轮廓支承长度率（t_p）。

1. 轮廓算术平均偏差 R_a

在取样长度内，被测轮廓上各点至轮廓中线偏距绝对值的平均值。

$$R_a = \frac{1}{l} \int_0^l |y|\,\mathrm{d}x \tag{1.28}$$

或近似地　　$$R_a = \frac{1}{n} = \sum_{i=1}^{n} |y_i| \tag{1.29}$$

R_a 值越大，则表面越粗糙。R_a 能客观地反映被测轮廓的几何特性，可用电动轮廓仪直接测量，不受人为因素影响。但不够直观，且表面轮廓太粗糙或太光滑时，不宜用轮廓仪测量表面粗糙度。

2. 微观不平度十点高度 R_z

在取样长度内，5 个最大的轮廓峰高的平均值与 5 个最大谷深的平均值之和（见图 1.40）。

$$R_z = \frac{1}{5}\left(\sum_{i-1}^{5} y_{pi} + \sum_{i=1}^{5} y_{vi}\right) \qquad (1.30)$$

式中取绝对值。

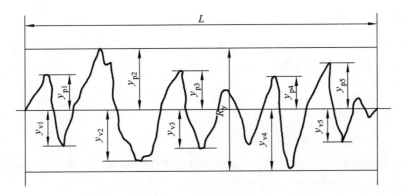

图 1.40　微观不平度十点高度和最大高度

R_z 的数值越大，表面越粗糙。R_z 用于评定表面粗糙度高度参数有较好的直观性，易在光学仪器上测量，但反映被测轮廓几何形状不如 R_a。

3. 轮廓最大高度 R_y

在取样长度内，轮廓的峰顶和谷底线之间的距离（见图 1.40）。

峰顶线和谷底线分别指在取样长度内，平行于中线且通过轮廓最高点和最低点的线。

4. 轮廓微观不平度的平均间距 S_m

在取样长度内，轮廓微观不平度间距 S_{mi} 的平均值（见图 1.41）。

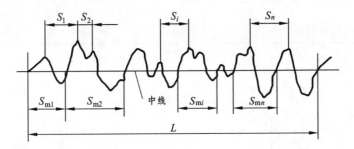

图 1.41　轮廓微观不平度间距 S_{mi} 和单峰间距 S_i

其中，S_{mi} 是指轮廓峰和相邻的轮廓谷在中线上的一段长度。即：

$$S_m = \frac{1}{n}\sum_{i=1}^{n} S_{mi} \qquad (1.31)$$

5. 轮廓单峰平均间距 S

在取样长度 l 内，轮廓的单峰间距 S_i 的平均值（见图 1.42）。即：

$$S = \frac{1}{n} \sum_{i=1}^{n} S_i \qquad (1.32)$$

其中，S_i是指两相邻单峰的最高点之间沿中线方向上的距离。

6. 轮廓支承长度率 t_p

在取样长度 l 内，一平行于中线的线从峰顶向下移到某一水平位置时，与轮廓相截所得到的各段截线长度 b_i 之和 η_p 与取样长度之比。即：

$$t_p = \frac{\eta_p}{l} \qquad (1.33)$$

其中

$$\eta_p = b_1 + b_2 + \cdots + b_n \qquad (1.34)$$

轮廓的峰顶线和平行于它并与轮廓相交的峰顶之间的距离 c 称为轮廓的水平截距。显然，轮廓水平截距 c 不同，其轮廓支承长度率 t_p 也不同（见图 1.42）。

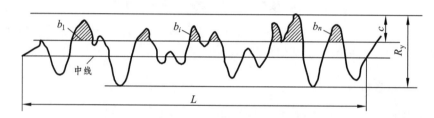

图 1.42　轮廓支承长度率

对于摩擦磨损零件，轮廓的支承长度率 t_p 是评定表面粗糙度的重要附加指标。

国家标准 GB/T1031—1995 规定了各评定参数的参数值，见表 1.27 ~ 表 1.30。除 t_p 的参数值以外，各参数值均分别由优先数系中的派生数系 R10/3 确定。

表 1.27　R_a 的数值/μm

R_a	0.012	0.2	3.2	50
	0.025	0.4	6.3	100
	0.05	0.8	12.5	
	0.1	1.6	25	

表 1.28　R_z、R_y 的数值/μm

R_z、R_y	0.025	0.4	6.3	100	1 600
	0.05	0.8	12.5	200	
	0.1	1.6	25	400	
	0.2	3.2	50	800	

表 1.29　S_m、S 的数值/mm

0.006	0.1	1.6
0.012 5	0.2	3.2
0.025	0.4	6.3
0.050	0.8	12.5

表 1.30　t_p 的数值/%

t_p	10	15	20	25	30	40	50	60	70	80	90

注：选用支承长度率 t_p 时，必须同时给出轮廓水平截距 c 的数值。c 值多用 R_y 的百分数表示，其系列有：5%、10%、15%、20%、25%、30%、40%、50%、60%、70%、80%、90%。

1.4.3　表面粗糙度的选择

表面表粗糙度的选择包括评定参数的选择和参数值的选择。

1. 评定参数的选择

表面粗糙度的高度参数（R_a、R_z、R_y）是基本的评定参数，在图样上一般只需注出其中一个参数。在 $R_a = 0.025 \sim 6.3$（μm）或 $R_z = 0.100 \sim 25$（μm）范围内，优先选择 R_a 参数。这时用轮廓仪可以方便地测出 R_a 的实际值。在 $R_a = 6.3 \sim 100$（μm），$R_z = 25 \sim 400$（μm）；$R_a = 0.008 \sim 0.020$（μm），$R_z = 0.032 \sim 0.080$（μm）的范围内，用光切显微镜和干涉显微镜测 R_z 比较方便，多采用 R_z 参数。

当表面不允许出现较深加工痕迹，以保证零件的疲劳强度和密封性时，需选择 R_y。通常 R_y 与 R_a 联用。表面段很小不宜采用 R_a、R_z 评定时，也常采用 R_y 参数。

对于附加参数 S、S_m 和 t_p，一般不作为独立参数选用，只有对有特殊要求的重要表面（如控制加工痕迹的疏密、涂层要有极好的附着性等），附加控制 S、S_m 数值；对于要求有较高支承刚度和耐磨性的表面，应附加规定 t_p 参数。

2. 参数值的选择

表面粗糙度参数值的选择既要满足零件表面的功能要求，又要考虑经济性。其选择的方法通常采用类比法。选择的原则如下：

（1）在满足表面功能要求的前提下，尽量选用较大的表面粗糙度值。

（2）同一零件上工作表面比非工作表面的粗糙度值小。

（3）摩擦表面比非摩擦表面、滚动摩擦表面比非滑动摩擦表面的粗糙度值小。

（4）运动速度高、单位压力大、受交变载荷的零件表面，以及产生应力集中的沟槽、圆角部位，粗糙度值均要小。

（5）要求配合稳定可靠时，粗糙度值也应小。如小间隙配合表面、承受重载的过盈配合表面，其粗糙度值要小。

（6）配合性质相同，零件尺寸越小，粗糙度值应越小；同一公差等级，小尺寸比大尺寸、轴比孔的粗糙度值要小。

（7）表面粗糙度与尺寸公差及形状公差应相互协调，一般它们之间的对应关系如下：

$$T \approx 0.6 \mathrm{IT} \qquad R_a \leqslant 0.05 \mathrm{IT} \qquad R_z \leqslant 0.21 \mathrm{IT}$$

$$T \approx 0.4 \mathrm{IT} \qquad R_a \leqslant 0.025 \mathrm{IT} \qquad R_z \leqslant 0.1 \mathrm{IT}$$

$$T \approx 0.25 \mathrm{IT} \qquad R_a \leqslant 0.021 \mathrm{IT} \qquad R_z \leqslant 0.05 \mathrm{IT}$$

$T < 0.25\text{IT}$ 　　　　　　　$R_a \leqslant 0.15\text{IT}$ 　　　　　　　$R_z \leqslant 0.6\text{IT}$

其中，IT 为尺寸公差；T 为形状公差。

1.4.4　表面粗糙度的符号及标注

1. 表面粗糙度的符号

GB/T131—1993 对表面粗糙度的符号作了规定，见表 1.31。

表 1.31　表面粗糙度符号

符　　号	说　　　　明
√	表示用任何方法获得的表面
√	表示用去除材料的方法获得的表面，如车、铣、磨、电火花加工等
√	表示用不去除材料的方法获得的表面，如铸、锻、冷轧等
√ √ √	在上述三个符号上均可加一个小圆，表示所有表面具有相同的表面粗糙度

2. 表面粗糙度的标注

表面粗糙度的标注如图 1.43 所示，图中代号 a_1、a_2 的位置标注高度参数。当选用参数 R_a 时，R_a 代号可以省略，只标出参数允许值，其中 a_1 标注最大允许值，a_2 标注最小允许值。当选用参数 R_z 或 R_y 时，除标出参数允许值外，还应标出相应的 R_z 和 R_y 代号；图中代号 b 的位置标注加工方法、镀涂或其他表面处理等；图中代号 c 的位置标注取样长度 l 的数值，若按标准取选取的 l，可省略不标出；图中 d 的位置标注加工纹理方向的符号，如表 1.32 所示；e 的位置标注加工余量；f 的位置标注间距参数 S_m、S 和综合参数 t_p。标注示例如图 1.44。

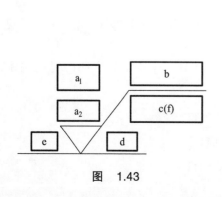

图　1.43

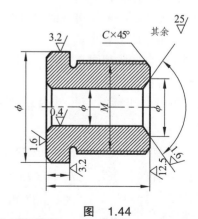

图　1.44

表 1.32　加工纹理方向符号

符　号	说　明	图　例
=	纹理平行于标注代号的视图投影面	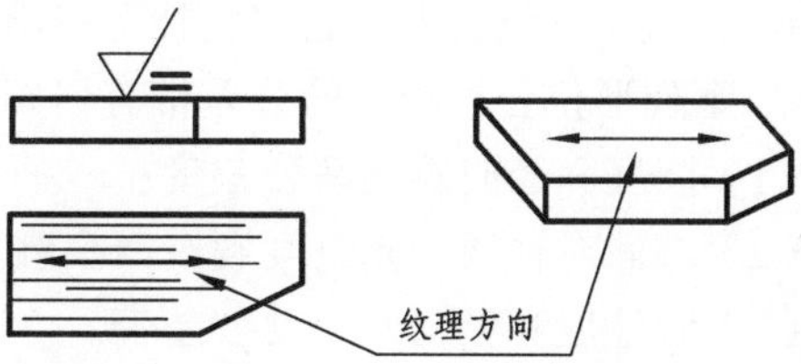 纹理方向
⊥	纹理垂直于标注代号的视图投影面	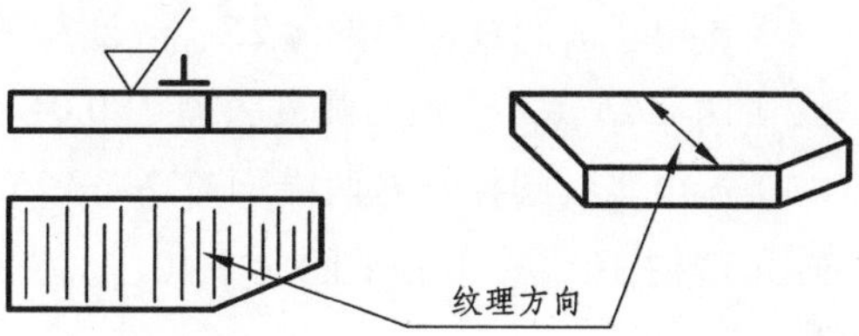 纹理方向
×	纹理呈两相交的方向	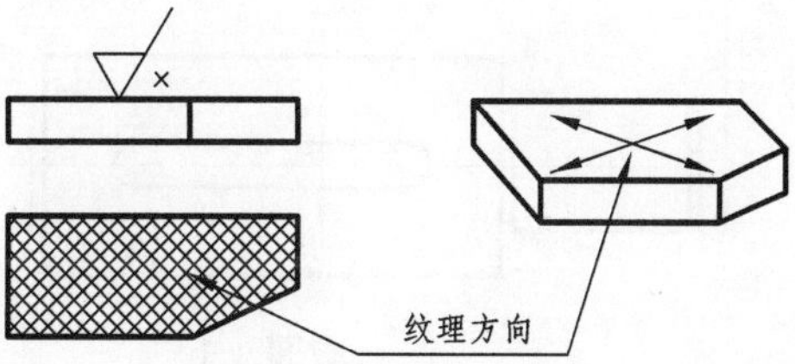 纹理方向
C	纹理呈近似同心圆	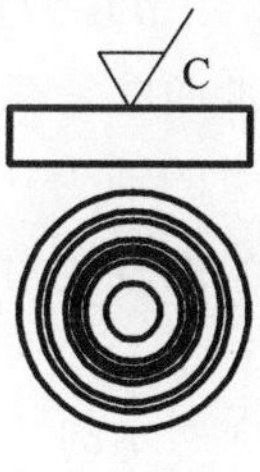

习题与思考题

1. 什么叫互换性？按互换性原则组织生产活动有哪些优越性？

2. 试写出 R10 从 10 到 200 的优先数。

3. 确定以下孔、轴的公差带代号（公差等级和基本偏差代号）：

（1）孔 $\phi 60_{-0.060}^{-0.030}$ ；（2）孔 $\phi 20_{0}^{+0.033}$ ；（3）轴 $\phi 100_{-0.123}^{-0.036}$ ；（4）轴 $\phi 200_{+0.100}^{+0.215}$

4. 试通过查表确定下列三对配合的极限偏差、极限间隙（或极限过盈）及配合公差，画出公差带图并指出其配合性质：

（1）$\phi 50 \dfrac{\text{H8}}{\text{f8}}$ ；　　　　（2）$\phi 45 \dfrac{\text{K8}}{\text{h7}}$ ；　　　　（3）$\phi 90 \dfrac{\text{H7}}{\text{s6}}$

5. 已知以下三对孔、轴配合的配合要求，试分别确定孔、轴公差等级及配合代号：

（1）基本尺寸ϕ30 mm，$X_{\max}$ = + 0.022（mm），$X_{\min}$ = + 0.088（mm）；

（2）基本尺寸ϕ100（mm），$X_{\max}$ = + 0.020（mm），$Y_{\max}$ = − 0.035（mm）；

（3）基本尺寸ϕ65（mm），$Y_{\max}$ = − 0.120（mm），$X_{\max}$ = − 0.44（mm）。

6. 什么是形位公差？它们包括哪些项目？用什么符号表示？

7. 下列形位公差项目的公差带有何相同点和不同点？

（1）圆度和径向圆跳动公差带；

（2）端面对轴线的垂直度和端面全跳动公差带；

（3）圆柱度和径向全跳动公差带。

8. 将下列要求用形位公差代号标注在题图 1.1 上。

（1）ϕ40$_{-0.030}^{0}$圆柱面对两ϕ25$_{-0.021}^{0}$公共轴线的圆跳动公差为 0.015 mm；

（2）两ϕ25$_{-0.021}^{0}$轴颈的圆度公差为 0.01 mm；

（3）ϕ40$_{-0.030}^{0}$圆柱左右两端面对 2 − ϕ25$_{-0.021}^{0}$公共轴线的端面圆跳动公差为 0.02 mm；

（4）键槽 10$_{-0.036}^{0}$中心平面对ϕ40$_{-0.030}^{0}$圆柱轴线的对称度公差为 0.015 mm。

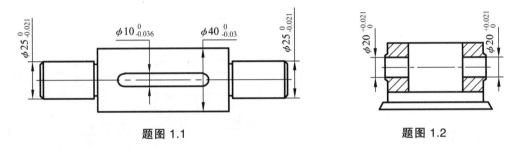

题图 1.1   题图 1.2

9. 将下列要求用形位公差代号标注在题图 1.2 上。

（1）底平面的平面度公差为 0.012 mm；

（2）2 − ϕ20$_{0}^{+0.021}$的轴线分别对它们的公共轴线的同轴度公差为 0.015 mm；

（3）2 − ϕ20$_{0}^{+0.021}$的轴线对底面的平行度公差为 0.01 mm，2 − ϕ20 两孔表面的圆柱度公差为 0.008 mm。

10. 按题图 1.3 所示的 4 种尺寸公差和形位公差标注，填写下表：

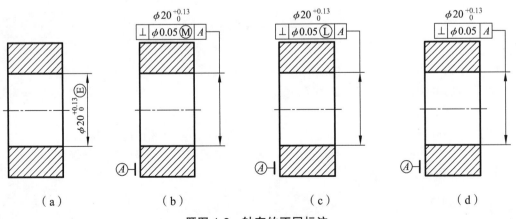

（a）   （b）   （c）   （d）

题图 1.3　轴套的不同标注

图样序号	采用的公差原则或公差要求	遵守的边界及边界尺寸	孔为最大实体尺寸时的形位公差值/μm	孔为最小实体尺寸时允许的形位误差/μm	实际尺寸的范围/mm
(a)					
(b)					
(c)					
(d)					

11. 什么是取样长度和评定长度？为什么要规定取样长度和评定长度？

12. 国家标准中规定了哪些表面粗糙度的评定参数？哪些是主要评定参数？哪些是附加评定参数？

第2章　金属切削与刀具设计基础

2.1　金属切削加工及刀具的基本知识

2.1.1　切削加工基本知识

1. 切削运动与切削用量

（1）切削运动。在金属切削机床上切削工件时，工件与刀具之间要有相对运动，这个相对运动即称为切削运动。

图 2.1 所示为外圆车削时的情况。工件的旋转运动形成母线（圆），车刀的纵向直线运动形成导线（直线），圆母线沿直导线运动时就形成了工件上的外圆表面。故工件的旋转运动和车刀的纵向直线运动就是外圆车削时的切削运动。

图 2.2 所示为在牛头刨床上刨平面的情况。刨刀做直线往复运动形成母线（直线），工件做间歇直线运动形成导线，直母线沿直导线运动时就形成了工件上的平面。故在牛头刨床上刨平面时，刨刀的直线往复运动和工件的间歇直线运动就是切削运动。

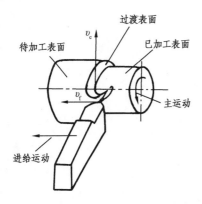

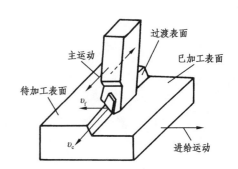

图 2.1　外圆车削的切削运动与加工表面　　　图 2.2　平面刨削的切削运动与加工表面

在其他各种切削加工方法中，工件和刀具同样也必须完成一定的切削运动。切削运动通常按其在切削中所起的作用可以分为以下两种：

① 主运动。使工件与刀具产生相对运动以进行切削的最基本的运动称为主运动。这个运动的速度最高，消耗的功率最大。例如，外圆车削时工件的旋转运动和平面刨削时刀具的

直线往复运动（图 2.1 和图 2.2）都是主运动。主运动的形式可以是旋转运动或直线运动，但每种切削加工方法中主运动通常只有一个。

② 进给运动。使主运动能够继续切除工件上多余的金属，以便形成工件表面所需的运动称为进给运动。例如，外圆车削时车刀的纵向连续直线运动（图 2.1）和平面刨削时工件的间歇直线运动（图 2.2）都是进给运动。进给运动可能不止一个，它的运动形式可以是直线运动，也可以是旋转运动或两者的组合，但无论哪种形式的进给运动，其运动速度和消耗的功率都比主运动要小。

总之，任何切削加工方法都必须有一个主运动，可以有一个或几个进给运动。主运动和进给运动可以由工件或刀具分别完成，也可以由刀具单独完成（例如在钻床上钻孔或铰孔）。

（2）工件上的加工表面。在切削加工中，工件上通常存在 3 个表面，以图 2.1 的外圆车削和图 2.2 的平面刨削为例，它们是：

① 待加工表面。它是工件上即将被切去的表面。随着切削过程的进行，它将逐渐减小，直至全部切去。

② 已加工表面。它是刀具切削后在工件上形成的新的表面。随着切削过程的进行，它将逐渐扩大。

③ 过渡表面。它是切削刃正切着的表面，并且是切削过程中不断改变着的表面，它总是处在待加工表面与已加工表面之间。

上述这些定义也适用于其他类型的切削加工。

（3）切削用量。是指切削速度、进给量和背吃刀量三者的总称。他们分别定义如下：

① 切削速度 v_c，它是切削加工时，切削刃上选定点相对于工件的主运动速度。切削刃上各点的切削速度可能是不同的。当主运动为旋转运动时，工件或刀具最大直径处的切削速度由下式确定：

$$v_c = \frac{\pi d n}{1\,000} \quad (\text{m/s}) \tag{2.1}$$

式中　d——完成主运动的工件或刀具的最大直径，mm；

$\quad\quad$ n——主运动的转速，r/s 或 r/min。

② 进给量 f，它是工件或刀具的主运动每转一转或每一行程时，工件和刀具两者在进给运动方向上的相对位移量。例如，外圆车削的进给量 f 是工件每转一转时车刀相对于工件在进给运动方向上的位移量，其单位为 mm/r；又如在牛头刨床上刨平面时，其进给量 f 是刨刀每往复一次，工件在进给运动方向上相对于刨刀的位移量，其单位为 mm/双行程。

在切削加工中，也有用进给速度 v_f 来表示进给运动的。所谓进给速度 v_f，是指切削刃上选定点相对于工件的进给速度，其单位为 mm/s。若进给运动为直线运动，则进给速度在切削刃上各点是相同的。在外圆车削中有：

$$v_f = f \cdot n \quad (\text{mm/s}) \tag{2.2}$$

式中　f——车刀每转进给量，mm/r；

$\quad\quad$ n——工件转速，r/s。

③ 背吃刀量 a_{sp}，对外圆车削（图 2.1）和平面刨削（图 2.2）而言，背吃刀量 a_{sp} 等于工

件已加工表面与待加工表面间的垂直距离，其中外圆车削的背吃刀量为：

$$a_{sp} = \frac{d_w - d_m}{2} \quad (mm) \tag{2.3}$$

式中　　d_w——工件待加工表面的直径，mm；

　　　　d_m——工件已加工表面的直径，mm。

2. 刀具角度和刀具的工作角度

（1）刀具角度的静止参考系：

① 刀具切削部分的表面与切削刃。切削刀具的种类繁多，结构形状各异。但就其切削部分而言，都可视为外圆车刀切削部分的演变。因此，以外圆车刀为例来介绍刀具切削部分的一般术语，这些术语同样也适用于其他金属切削刀具。

外圆车刀的切削部分如图 2.3 所示，它具有下述表面和切削刃：

前面（A_γ）——切下的切屑沿其流出的表面。

主后面（A_α）——与工件上过渡表面相对的表面。

副后面（A'_α）——与工件上已加工表面相对的表面。

主切削刃（S）——前面与主后面的交线。它承担主要的金属切除工作并形成工件上的过渡表面。

副切削刃（S'）——前面与副后面的交线。它参与部分的切削工件并最终形成工件上的已加工表面。

刀尖——主、副切削刃的交点。但多数刀具将此处磨成圆弧或一小段直线，如图 2.4 所示。

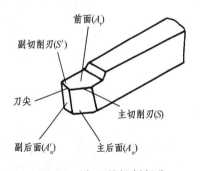

图 2.3　车刀的切削部分

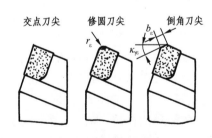

图 2.4　刀尖形状

② 刀具角度的静止参考系。刀具角度是指在刀具工作图上需要标出的角度。刀具的制造、刃磨合测量就是按照这种角度进行的。谈刀具角度时，并未把刀具同工件和切削运动联系起来，刀具本身还处于尚未使用的静止状态。

刀具角度是在一套便于制造、刃磨合测量的刀具静止参考系里度量的。对于车刀，为了便于测量，在建立刀具静止参考系时，特作如下三点假设：

a. 不考虑进给运动的影响，即 $f = 0$。

b. 安装车刀时应使刀尖与工件中心等高，且车刀刀杆中心线与工件轴心线垂直。

c. 主切削刃上选定点 x 与工件中心等高。

做了上述三点假设以后，就可方便地建立下列三个刀具静止参考系。

• 正交平面参考系

基面 (p_r)。过切削刃上选顶并垂直于该点切削速度向量 v_c 的平面。通常，基面应平行与刀具上便于制造、刃磨合测量的某一安装定位平面。对于普通车刀，它的基面总是平行于刀杆的底面。

切削平面 (p_s)。过切削刃上选定点作切削刃切线，此切线与该点的切削速度向量 v_c 所组成的平面。

正交平面 (p_o)。过切削刃上选定点，同时垂直于该点基面 p_r 和切削平面 p_s 的平面。

显然，对于切削刃上某个选定点，该点的正交平面 p_o、基面 p_r 和切削平面 p_s 构成了一个两两相互垂直的空间直角坐标系，将此坐标系称之为正交平面参考系，如图 2.5 所示。

由图 2.5 可知，正交平面垂直于主切削刃或其切线在基面上的投影。

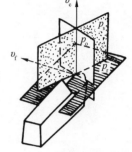

图 2.5　正交平面参考系

• 法平面参考系

基面 p_r 和切削平面 p_s 的定义与正交平面参考系里的 p_s 和 p_r 相同。

法平面 (p_n)。过切削刃上选定点垂直于切削刃或其切线的平面。对于切削刃上某一选定点，该点的法平面 p_n、基面 p_r 和切削平面 p_s 就构成了法平面参考系，如图 2.6 所示。在法平面参考系中，$p_s \perp p_r$、$p_s \perp p_n$，但 p_n 不垂直于 p_r（在刃倾角 $\lambda_s \neq 0$ 的条件下）。

• 背平面和假定工作平面参考系

基面 p_r 的定义同正交平面参考系。

背平面 (p_p)。过切削上选定点，平行于刀杆中心线并垂直于基面 p_r 的平面，它与进给方向 v_f 是垂直的。

假定工作平面 (p_f)。过切削刃上的选定点，同时垂直于刀杆中心线与基面 p_r 的平面，它与进给方向 v_f 平行。

对于切削刃上某一选定点，该点的 p_p、p_f 与 p_r 就构成了背平面和假定工作平面参考系，如图 2.7 所示。显然，这个参考系也是一个空间直角坐标系。

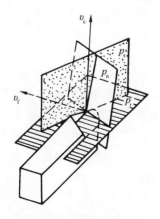

图 2.6　法平面参考系

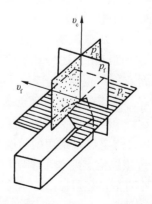

图 2.7　背平面、假定工作平面参考系

　　我国过去多采用正交平面参考系，与欧洲标准相同，近年来参考国际标准 ISO 的规定，逐渐兼用正交平面参考系和法平面参考系。背平面、假定工作平面参考系则常见于美、日文献中。

　　（2）刀具角度：

　　① 刀具在正交平面参考系中的角度。刀具角度的作用有两个：一是确定刀具上切削刃的空间位置；二是确定刀具上前、后面的空间位置。现以外圆车刀为例予以说明，如图 2.8 所示。

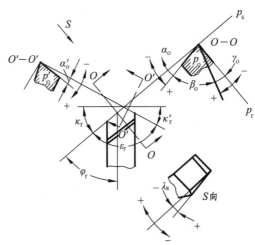

图 2.8　外圆车刀在正交平面参考系的角度

　　确定车刀主切削刃空间位置的角度有两个：

　　主偏角 κ_r。主切削刃在基面上的投影与进给方向之间的交角，在基面 p_r 上测量。

　　刃倾角 λ_s。主切削刃与基面 p_r 的交角，在切削平面 p_s 中测量。当刀尖在主切削刃上为最低点时，λ_s 为负值；反之，当刀尖在主切削刃上为最高点时，λ_s 为正值。

　　确定车刀前面与后面空间位置的角度有两个：

　　前角 γ_o。在主切削刃上选定点的正交平面 p_o 内，前面与基面之间的夹角。

　　后角 α_o。在同一个正交平面 p_o 内，后面与切削平面之间的夹角。

　　除了上述与主切削刃有关的角度外，对于车刀的副切削刃，也可采用同样的分析方法，得到相应的四个角度。

　　但是，由于在刃磨车刀时，常常将主、副切削刃磨在同一个平面型的前面上，所以，当主切削刃及其前面已由上述的基本角度 κ_r、λ_s、γ_o 确定后，副切削刃磨上的副切削刃上的副刃倾角 λ_s' 和副前角 γ_o' 也随即确定，故与副切削刃有关的独立角度就只剩以下两个：

　　副偏角 κ_r'。副切削刃在基面上的投影与进给方向之间的夹角，它在基面 p_r 上测量。

　　副后角 α_o'。在副切削刃上选定点的副正交平面 p_o' 内，副后面与副切削平面之间的夹角。副切削平面是过该定点做副切削刃的切线，此切线与该点切削速度向量所组成的平面；副正交平面 p_o' 是过该选定点并垂直于副切削平面与基面的平面。

　　以上是外圆车刀必须标出的六个基本角度。有了这六个基本角度，外圆车刀的三面（前面、主后面、副后面）、两刃（主切削刃、副切削刃）、一尖的空间位置就完全确定下来了。

　　有时根据实际需要，还可以标出以下角度：

楔角 β_o。在主切削刃上选定点的正交平面 p_o 内，前面与后面的夹角，$\beta_o = 90° - (\gamma_o + \alpha_o)$。

刀尖角 ε_r。主、副切削刃在基面上投影之间的交角，在基面 p_r 上测量，$\varepsilon_r = 180° - (\kappa_r + \kappa'_r)$。

余偏角 φ_r。主切削刃在基面上的投影与进给方向垂线之间的夹角，在基面 p_r 上测量，$\varphi_r = 90° - \kappa_r$。

② 刀具在法平面参考系中的角度。刀具在法平面参考系中要标出的角度，基本上和正交平面参考系中的类似。在基面 p_r 上表示的角度主偏角 κ_r、副偏角 κ'_r、刀尖角 ε_r、余偏角 φ_r 和在切削平面 p_s 内表示的角度 λ_s，两参考系是相同的；所不同的是只需将正交平面 p_o 内的前角 γ_o、副后角 α_o、楔角 β_o，改为法平面 p_n 内的法前角 τ_n、法后角 α_n 与法楔角 β_n，如图 2.9 所示。

法前角 τ_n、法后角 α_n、法楔角 β_n 的定义与前角 γ_o、后角 α_o、楔角 β_o 相同，所不同的只是法前角 τ_n、法后角 α_n、法楔角 β_n 在法平面 p_n 内，前角 γ_o、后角 α_o、楔角 β_o 在正交平面 p_o 内。

③ 刀具在背平面和假定工作平面参考系中的角度。除基面上表示的角度与上面相同外，前角、后角和楔角是分别在背平面 p_p 和假定工作平面 p_f 内标出的，故有背前角 γ_p、背后角 α_p、背楔角 β_p 和侧前角 γ_f、侧后角 α_f、侧楔角 β_f 诸角度，如图 2.10 所示。

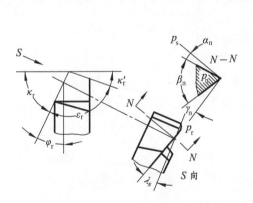

图 2.9　外圆车刀在法平面参考系的角度

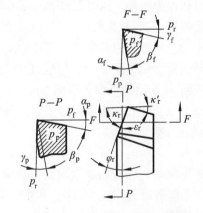

图 2.10　外圆车刀在背平面和假定工作平面参考系的角度

前角、后角、楔角定义同前，只不过 γ_p、α_p 和 β_p 在背平面 p_p 内；γ_f、α_f 和 β_f 在假定工作平面 p_f 内。

（3）刀具的工作角度。上面讲到的刀具角度，是在忽略了进给运动的影响，而且刀具又按特定条件安装的情况下给出的。而刀具的角度是指刀具在实际工作状态下的切削角度，它必须考虑进给运动和实际的安装情况，此时刀具的参考系发生变化，从而导致刀具的工作角度不同于原来的刀具角度。

① 刀具工作参考系。与刀具静止参考系一样，刀具工作参考系也有三种：工作正交平面参考系；工作法平面参考系；工作背平面和工作平面参考系。刀具工作参考系与静止参考系的区别在于：用合成切削速度向量代替切削速度向量；用实际安装条件代替假定安装条件；用实际的进给方向代替假定的进给方向。刀具工作参考系中各坐标平面的定义如表 2.1 所示。

② 刀具的工作角度。刀具的工作角度就是在刀具工作参考系中确定的角度，其定义与原来的刀具工作角度相同。刀具的工件角度是刀具在实际工作状态下的切削角度，显然，它更符合于生产实际情况。

表 2.1　刀具工作参考系（过切削刃上选定点）

参考系	坐标平面	符号	定 义 与 说 明
工作正交平面参考系	工作基面	p_{re}	垂直与合成切削速度向量 v_e 的平面
	工作切削平面	p_{se}	切削刃的切线与合成切削速度向量 v_e 组成的平面
	工作正交平面	p_{oe}	同时垂直于工作基面 p_{re} 和工作切削平面 p_{se} 的平面
工作法平面参考系	工作基面	p_{re}	垂直于合成切削速度向量 v_e 的平面
	工作切削平面	p_{se}	切削刃的切线与合成切削速度向量 v_e 组成的平面
	工作法平面	p_{ne}	垂直于切削刃或其切线的平面（工作参考系中的法平面与静止参考系中的法平面二者相同，即 $p_{ne} \equiv p_n$）
工作背平面和工作平面参考系	工作平面	p_{je}	由合成切削速度向量 v_e 和进给速度向量 v_f 所组成的平面。显然，p_{je} 包含合成切削速度向量 v_e，因此，$p_{je} \perp p_{re}$
	工作背平面	p_{pe}	同时垂直于工作基面 p_{re} 和工作平面的平面 p_{je}

以切断刀为例。如图 2.11 所示，在不考虑进给运动时，刀具切削刃上选定点 A 的合成切削速度向量 v_e 过 A 点垂直向上，A 点的基面 $p_r \perp v_e$，显然，p_r 为一平行于刀具底面的平面；A 点的切削平面 p_s 包含切削速度 v_c，所以，它与过 A 点的圆相切；A 点的正交平面 p_o 为示图纸面。显然，p_o、p_r 和 p_s 组成了刀具切削刃上 A 点的正交平面参考系，γ_o 和 α_o 就为正交平面 p_o 内的前角和后角。

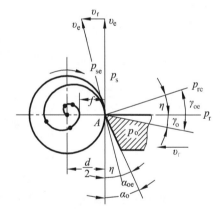

图 2.11　刀具工作参考系
（过切削刃上选定点）

当考虑进给运动后，A 点的合成切削速度向量 v_e 由切削速度向量 v_c 与进给速度向量 v_f 合成，即 $v_e = v_c + v_f$。此时，工作基面 $p_{re} \perp v_e$，且 p_{re} 不平行于刀具的底面；工作切削平面 p_{se} 过 v_e，且 p_{se} 与切削刃在工件上切出的阿基米德螺旋线相切；工作正交平面 p_{oe} 与原来的 p_o 是重合的，仍为示图纸面。显然，p_{oe}、p_{re} 和 p_{se} 组成了切削刃上 A 点的工作正交平面参考系，γ_{oe} 和 α_{oe} 就为工作正交平面 p_{oe} 内的工作前角和工作后角。

由于 p_{re} 与 p_{se} 相对于原来的 p_r 与 p_s 倾斜了一个角度 η，因此，现在的工作前角 γ_{oe} 和工作后角 α_{oe} 应为：

$$\gamma_{oe} = \gamma_o + \eta \tag{2.4}$$

$$\alpha_{oe} = \alpha_o - \eta \tag{2.5}$$

$$\tan \eta = \frac{v_f}{v_c} = \frac{nf}{\pi dn} = \frac{f}{\pi d} \tag{2.6}$$

式中　η —— 合成切削速度角，它是同一瞬时主运动方向与合成切削方向之间的夹角，在工作平面中测量；

　　f——工件每转一转时刀具的横向进给量；

　　d——切削刃上选定点 A 在横向进给切削过程中相对工件中心的直径，该直径是一个不断改变着的数值。

由式（2.6）可知，切削刃愈接近工件中心，d 值愈小，则 η 值愈大。因此，在一定的横向进给量 f 下，当切削刃接近工件中心时，η 值急剧增大，工作后角 α_{oe} 将变为负值，此时，刀具已不再是切削工件而成了挤压工件。横向进给量 f 的大小对 η 值也有很大影响，f 增大则 η 值增加，也有可能使 α_{oe} 变为负值。因此，对于横向切削的刀具，不宜选用过大的进给量 f，并应适当加大后角 α_{o}。

③ 影响刀具工作角度的因素。除上述横车时，横向进给运动会影响刀具的工作角度外，以下因素也会影响刀具相应的工作角度：

- 纵向进给运动影响刀具工作前、后角。
- 刀具安装高低影响刀具工作前、后角。
- 刀杆中心线与进给运动方向不垂直影响刀具工作主、副偏角。

3. 刀具角度的换算

由于在刀具设计、制造、刃磨合检验中，常需要对不同参考系内的刀具角度进行换算，因此有必要知道切削刃上某一点的正交平面、法平面、背平面和假定工作平面内角度间的关系。

（1）法平面与正交平面内前、后角的关系。如图 2.12 所示，车刀的刃倾角为 λ_n，主切削刃上任意点 A 的法前角为 γ_n，该点正交平面内的前角为 γ_o。$\overline{Aa}$ 是法平面 p_n、正交平面 p_o 与基面 p_r 的公共交线，$\overline{Ab}$ 和 $\overline{Ac}$ 分别为 p_o 和 p_n 与车刀前面的交线

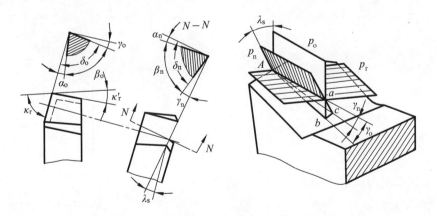

图 2.12　法平面与正交平面内的角度换算

$$\tan\gamma_{o} = \frac{\overline{ab}}{\overline{Aa}}$$

$$\tan\gamma_{n} = \frac{\overline{ac}}{\overline{Aa}} = \frac{\overline{ab} \cdot \cos\lambda_{s}}{\overline{Aa}} = \tan\gamma_{o}\cos\lambda_{s}$$

$$\tan\gamma_n = \tan\gamma_o \cos\lambda_s \tag{2.7}$$

为了推导出后角 α_n 与 α_o 之间的关系，必须引入一个切削角的概念。所谓切削角是指过切削刃上选定点，切削平面与前面之间的夹角。在正交平面和法平面内的切削角分别用 δ_o 和 δ_n 表示，如图 2.12 所示。

$$\gamma_n = 90° - \delta_n$$
$$\gamma_o = 90° - \delta_o$$

将上面两式代入（2.7）式，得

$$\cot\delta_n = \cos\delta_o \cos\lambda_s$$

因切削角 δ 与后角 α 皆由同一切削平面量起，只是前者量到前面，后者量到后面而已，故有

$$\cot\alpha_n = \cot\alpha_o \cos\lambda_s \tag{2.8}$$

（2）任意剖面与正交平面内前、后角的关系。求任意剖面内前、后角的目的，是为了进一步求得其他剖面（如背平面等）内的角度。这里所谓的任意剖面是指过车刀主切削刃上选定点所作的垂直于基面的剖面。

如图 2.13 所示，$AGBE$ 为过主切削刃上选定点 A 的基面，p_o（$\triangle AEF$）为过 A 点的正交平面，p_p 和 p_i 为过 A 点的背平面和假定工作平面，p_i（$\triangle ABC$）为过 A 点且垂直于基面的任意剖面，它与包括主切削刃在内的切削平面 p_s 的夹角为 τ_i；$AHCF$ 为前面，AH 为主切削刃。

$$\tan\gamma_i = \frac{\overline{BC}}{\overline{AB}} = \frac{\overline{BD} + \overline{DC}}{\overline{AB}}$$

$$= \frac{\overline{EF} + \overline{DC}}{\overline{AB}}$$

$$= \frac{\overline{AE}\tan\gamma_o + \overline{DF}\tan\lambda_s}{\overline{AB}}$$

$$= \tan\gamma_o \frac{\overline{AE}}{\overline{AB}} + \tan\lambda_s \frac{\overline{DF}}{\overline{AB}}$$

所以　　$\tan\gamma_i = \tan\gamma_o \sin\tau_i + \tan\lambda_s \cdot \cos\tau_i$

$$\tag{2.9}$$

上式则为任意剖面内前角 γ_i 与正交平面内前角 γ_o 之间的关系式。

当 $\tau_i = 0°$ 时，任意剖面 p_i 到了切削平面 p_s 的位置，此时

$$\tan\gamma_s = \tan\lambda_s$$
$$\gamma_s = \lambda_s \tag{2.10}$$

即切削平面中前角 γ_s 等于刃倾角 λ_s。

当 $\tau_i = 90° - \kappa_r$ 时，可得背平面 p_p 内的前角 γ_p：

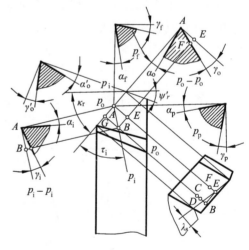

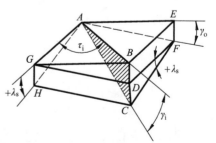

图 2.13　任意剖面内的角度换算

$$\tan \gamma_p = \tan \gamma_o \cos \kappa_r + \tan \lambda_s \cdot \sin \kappa_r \qquad (2.11)$$

当 $\tau_i = 180° - \kappa_r$ 时，可得侧前角 γ_f：

$$\tan \gamma_f = \tan \gamma_o \cdot \sin \kappa_r - \tan \lambda_s \cdot \cos \kappa_r \qquad (2.12)$$

变换公式形式，可得 γ_o、λ_s 的计算式：

$$\tan \gamma_o = \tan \gamma_p \cdot \cos \kappa_r + \tan \gamma_f \cdot \sin \kappa_r \qquad (2.13)$$

$$\tan \lambda_s = \tan \gamma_p \cdot \cos \kappa_r - \tan \gamma_f \cdot \cos \kappa_r \qquad (2.14)$$

对式（2.9）利用微商求极值，可得几何前角（即最大前角）γ_i：

$$\tan \gamma_i = \sqrt{\tan^2 \gamma_o + \tan^2 \lambda_s} \qquad (2.15)$$

最大前角所在的剖面与主切削刃在基面上的投影，即与切削平面 p_s 间的夹角 τ_g 为：

$$\tan \tau_g = \frac{\tan \gamma_o}{\tan \lambda_s} \qquad (2.16)$$

同理，可求出任意剖面 p_i 内的后角 α_i 与正交平面内的后角 α_o 的关系式：

$$\cot \alpha_i = \cot \alpha_o \cdot \sin \tau_u + \tan \lambda_s \cdot \cos \tau_i \qquad (2.17)$$

当 $\tau_i = 90° - \kappa_r$ 时，有：

$$\cot \alpha_p = \cot \alpha_o \cdot \cos \kappa_r + \tan \lambda_s \cdot \sin \kappa_r \qquad (2.18)$$

当 $\tau_i = 180° - \kappa_r$ 时，有：

$$\cot \alpha_i = \cot \alpha_o \cdot \sin \kappa_r - \tan \lambda_s \cdot \cos \kappa_r \qquad (2.19)$$

对式（2.17）利用微商求极值，可得基后角（即最小后角）α_b：

$$\cot \alpha_b = \sqrt{\cot^2 \alpha_o + \tan^2 \lambda_s} \qquad (2.20)$$

最小后角所在的剖面与切削平面 p_s 的夹角 τ_b 为：

$$\cot \tau_b = \frac{\tan \lambda_s}{\cot \alpha_o} \qquad (2.21)$$

此外，当主、副切削刃在同一个平面形公共前面上时，副切削刃上正交平面 P_o' 内的副前角 γ_o' 和副切削刃的刃倾角 λ_s' 均可利用式（2.9）计算出来。

当 $\tau_i = 90° - (\kappa_r + \kappa_r')$ 时，有：

$$\tan \gamma_o' = \tan \gamma_o \cdot \cos(\kappa_r + \kappa_r') + \tan \lambda_s \cdot \sin(\kappa_r + \kappa_r') \qquad (2.22)$$

当 $\tau_i = 180° - (\kappa_r + \kappa_r')$ 时，有：

$$\tan \lambda_s' = \tan \gamma_o \cdot \sin(\kappa_r + \kappa_r') - \tan \lambda_s \cdot \cos(\kappa_r + \kappa_r') \qquad (2.23)$$

4. 切削层参数与切削方式

（1）切削层参数。各种切削工具的切削层参数，可用典型的外圆纵车来说明。如图 2.14

所示，车刀主切削刃上任意一点相对于工件的运动轨迹是一条空间螺旋线，整个主切削刃切出的是一个螺旋面。工件每转一转，车刀沿工件轴线移动一个进给量 f 的距离，主切削刃及其对应的工作过渡表面也在连续移动中由位置Ⅰ移至相邻的位置Ⅱ，于是Ⅰ、Ⅱ螺旋面之间的一层金属被切下变为切屑。由车刀切削着的这一层金属就叫做切削层。切削层的大小和形状直接决定了车刀切削部位所承受的负荷大小及切下切屑的形状和尺寸。在外圆纵车中，当 $\kappa_r' = 0$、$\lambda_s = 0$ 时，切削层的截面形状为一平行四边形；当 $\kappa_r = 90°$ 时，切削层的截面形状为矩形。

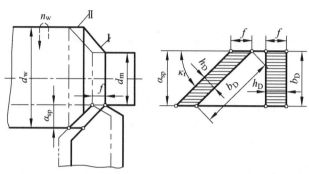

图 2.14　外圆纵车时切削层的参数

① 切削层

在各种切削加工中，刀具或工件沿进给运动方向每移动一个 f（mm/r）或 a_f（mm/Z）后，由一个刀齿正在切的金属层称为切削层。a_f 称为每齿进给量。对于多齿刀具，当刀具每转过一个齿，工件和刀具在进给运动方向上的相对位置就称为每齿进给量，用 a_f（mm/Z）表示。切削层参数就是指这个切削层的截面尺寸，它通常在过切削刃上选定点并与该点切削速度向量垂直的基面内观察和度量。

② 切削层公称厚度 h_D。在主切削刃选定点的基面内，垂直于过渡表面度量的切削层尺寸（图）称为切削层的公称厚度，用 h_D 表示。在外圆纵车时，若车刀主切削刃为直线，则：

$$h_D = f \cdot \sin \kappa_r \tag{2.24}$$

由此可见，f 或 κ_r 增大，则 h_D 变厚。若车刀主切削刃为圆弧或任意曲线（见图 2.15），则对应于主切削刃上各点的切削层公称厚度 h_D 是不相等的。

③ 切削层公称宽度 b_D。在主切削刃选定的基面内，沿过渡表面度量的切削层尺寸称为切削层公称宽度，用 b_D 表示。当车刀主切削刃为直线时，外圆纵车的 b_D 为：

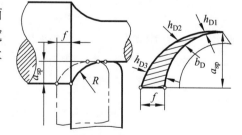

$$b_D = \frac{a_{sp}}{\sin \kappa_r} \tag{2.25}$$

由上式可知，当 a_{sp} 减小或 κ_r 增大时，b_D 变短。

图 2.15　曲线切削刃工作时的 h_D 及 b_D

④ 切削层公称横截面积 A_D。在主切削刃选定点的基面内，切削层的横截面积称为切削层公称横截面积，用 A_D 表示，车削时：

$$A_D = h_D \cdot b_D = f \cdot a_{sp} \tag{2.26}$$

（2）切削方式：

① 自由切削与非自由切削。刀具在切削过程中，如果只有一条直线切削刃参加切削工作，这种情况称之为自由切削。其主要特征是切削刃上各点切屑流出方向大致相同，被切金属的变形基本上发生在二维平面内。图 2.16 的宽刃刨刀，由于主切削刃长度大于工件宽度，没有其他切削刃参加切削，所以它是属于自由切削。

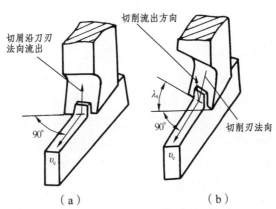

图 2.16　直角切削与斜角切削

反之，若刀具上的切削刃为曲线，或有几条切削刃（包括副切削刃）都参加了切削，并且同时完成整个切削过程，则称之为非自由切削。其主要特征是各切削刃交接处切下的金属互相影响和干扰，金属变形更为复杂，且发生在三维空间内。例如，外圆车削时除主切削刃外，还有副切削刃同时参加切削，所以，它是属于非自由切削方式。

② 直角切削与斜角切削。直角切削是指刀具主切削刃的刃倾角 $\lambda_s = 0$ 的切削，此时主切削刃与切削速度向量成直角，故又称它为正交切削。如图 2.16（a）所示为直角刨削简图，它是属于自由切削状态下的直角切削，其切屑流出方向是沿切削刃的法向，这也是金属切削中最简单的一种切削方式，以前的理论和实验研究工作，多采用这种直角自由切削方式。

斜角切削是指刀具主切削刃的刃倾角 $\lambda_s \neq 0$ 的切削，此时主切削刃与切削速度向量不成直角。如图 2.16（b）所示即为斜角刨削，它也是属于自由切削方式。一般的斜角切削，无论它是在自由切削或非自由切削方式下，主切削刃上的切屑流出方向都将偏离其切削刃的法向。实际切削加工中的大多数情况属于斜角切削方式。

2.1.2　常用刀具材料和刀具种类

1. 刀具材料应具备的基本性能

刀具材料通常是指刀具切削部分的材料。其性能的好坏将直接影响切削效率、刀具寿命和加工成本。因此，正确选择刀具材料是设计和选用刀具的重要内容之一。

由于刀具在切削时，要克服来自工件弹塑性变形的抗力和来自切屑、工件的摩擦力，常使刀具切削刃上出现很大的应力并产生很高的温度，刀具将会出现磨损和破损。因此，为使刀具能正常工作，刀具材料应满足以下一些性能要求：

（1）高的硬度和耐磨性。常温下刀具硬度应在 60HRC 以上。

（2）足够的强度和韧性。应能承受切削中的冲击和振动，避免崩刃和折断。

（3）高的耐热性（又称热硬性、红硬性），即高温下保持硬度、耐磨性、强度和韧性的性能。

（4）化学稳定性好。在常温和高温下不易与周围介质及被加工材料发生化学反应。

（5）良好的工艺性和经济性。便于加工制造，如良好的锻造性、热处理性、可焊性、刃磨性等，还应尽可能满足资源丰富、价格低廉的要求。

2. 常用刀具材料的类型及选用

常用刀具材料主要有工具钢（含碳素工具钢、合金工具钢、高速钢）、硬质合金、陶瓷材料和超硬材料几种类型。其中碳素工具钢和合金工具钢只在一些手工刀具或低速切削刀具中采用；而陶瓷材料和超硬材料或因强度较低、脆性较大，或因成本太高，目前还仅用于某些有限的场合。作为刀具材料使用得最多的是高速钢和硬质合金。

（1）高速钢。它是在工具钢中加入较多的 W、Mo、Cr、V 等合金工具钢，提高了它的耐磨性和热硬性。常用高速钢的种类和性能如表 2.2 所示。

表 2.2 常用高速钢的种类、牌号、主要性能和用途

种 类		牌 号	常温硬度/HRC	高温硬度（600℃）/HRC	抗弯强度/GPa	冲击韧性/（MJ/m²）	其他特性	主要用途
普通高速钢	钨系高速钢	W18Cr4V（W18）	63～66	48.5	2.94～3.33	0.170～0.310	可磨性好	复杂工具，精加工刀具
	钼系高速钢	W6Mo5CR4V2（M2）	63～66	47～48	3.43～3.92	0.388～0.446	高温塑性特好，热处理较难，可磨性稍差	代替钨系用，热轧刀具
高性能高速钢	钴高速钢	W6Mo5Cr4VCo8（M42）	67～70	55	2.64～3.72	0.223～0.291	综合性能好，可磨性也好，但价格较高	切削难加工材料的刀具
	铝高速钢	W6Mo5Cr4V2Al（501）	67～69	54～55	2.84～3.82	0.223～0.291	性能与M42相当，价格低得多，可磨性略差	切削难加工材料的刀具

（2）硬质合金。是由高硬度、高熔点的金属碳化物（WC、TiC）等微粉，用 Co、Mo、Ni 等金属成分作为黏结剂，在高压下成形，并经高温烧结而成的粉末冶金制品。由于它的硬度、耐磨性和高热硬性均高于高速钢，特别适宜用作高速切削条件下的刀具材料，但其抗弯强度较低、脆性大、加工工艺性很差。

目前绝大部分硬质合金是以碳化钨（WC）为基体，其中常用的硬质合金可分为三类。

① 钨钴类（WC - Co）代号 YG。

② 钨钛钴类（WC - Co）代号 YT。

③ 钨钛钽（铌）钴类[WC - TiC - TaC（NbC）- Co]代号 YW。

常用硬质合金的牌号、成分、主要性能和用途见表 2.3。

表 2.3　常用硬质合金的牌号、成分、主要性能和主要用途

类型	牌号	成分/% WC	TiC	Tac(Nbc)	Co	其他	密度/(g/cm³)	导热系数/[W/(m·K)]	HRA/HRC	抗弯强度	加工材料类	使用性能 (1)耐磨性 (2)韧性 (3)切削速度 (4)进给量	相当 ISO牌号
钨钴类	YG3	97	—	—	3	—	14.9~15.3	87.92	91.5(78)	1.08	短切屑的黑色金属，有色金属，非金属材料	(1) 1 (2) 2 (3) 3 (4) 4 ↑↓	K类 01
	YG6X	93.5	—	0.5	6	—	14.6~15.0	75.55	91(78)	1.37			05
	YG6	94	—	—	6	—	14.6~15.0	75.55	89.5(75)	1.42			10
	YG8	92	—	—	8	—	14.5~14.9	75.36	89(74)	1.47			20
	YG8C	92	—	—	8	—	14.5~14.9	75.36	88(72)	1.72			30
钨钛钴类	YT30	66	30	—	4	—	9.3~9.7	20.93	92.5(80.5)	0.88	长切屑的黑色金属	(1) 1 (2) 2 (3) 3 (4) 4 ↑↓	P类 01.2
	YT15	79	15	—	6	—	11~11.7	33.49	91(78)	1.13			10
	YT14	78	14	—	8	—	11.2~12.0	33.49	90.5(77)	1.77			20
	YT5	85	5	—	10	—	12.5~13.2	62.80	89(74)	1.37			30
添加钽(铌)类	YG6A(YA6)	91	—	5	6	—	14.6~15.0	—	91.5(79)	1.37	长切屑或短切屑的黑色金属和有色金属	—	KM类 05
	YG8A	91	—	1	8	—	14.5~14.9	—	89.5(75)	1.47			25
	YW1	84	6	4	6	—	12.8~13.3	—	91.5(79)	1.18			10
	YW2	82	6	4	8	—	12.6~13.0	—	90.5(77)	1.32			20
碳化钛基类	YN05	—	79	—	—	Ni7 Mo14	5.56	—	93.3(82)	0.78~0.93	长切屑的黑色金属	—	P类 01.1
	YN10	15	62	1	—	Ni12 Mo10	6.3	—	92(80)	1.08			01.1

注：Y—硬质合金；G—钴；T—钛；X—细颗粒合金；C—粗颗粒合金；A—含 TaC（NbC）的 YG 类合金；W—通用合金；N—不含钴，用镍作粘结剂的合金。

正确选用适当牌号的硬质合金对于发挥其切削性能具有重要意义，常用硬质合金牌号选用如表 2.4 所示。

表 2.4　常用硬质合金的牌号选用

牌　号	用　　途	牌　号	用　　途
YG3	铸铁、有色金属及其合金的精加工和半精加工，要求无冲击	YT5	碳素钢、合金钢的粗加工；也可用于断续切削
YG6X	铸铁、冷硬铸铁高温合金的半精加工和粗加工	YA6	冷硬铸铁、有色金属及其合金的半精加工和精加工
YG6	铸铁、有色金属及其合金的精加工和粗加工	YW1	不锈钢、高强度钢与铸铁的粗加工和半精加工
YG8	铸铁、有色金属及其合金的粗加工；也能用于断续切削	YW2	不锈钢、高强度钢与铸铁的粗加工和半精加工
YT30	碳素钢、合金钢的精加工	YN05	低碳钢、中碳钢、合金钢的高速精车，刚性较好的细长轴精加工
YT15 YT14	碳素钢、合金钢连续切削加工、半精加工和精加工；也可用于断续切削时的精加工	YN10	碳素钢、合金钢、工具钢、淬硬钢连续表面的精加工

（3）陶瓷材料。刀具用陶瓷是采用人工化合物（Al_2O_3，Si_3N_4 等）为原料，在高温下烧结而成的一种刀具材料。这种刀具材料的特点是：有很高的高温硬度，即使在 1 200℃ 时硬度也达 80HRA；耐磨性好，有很高的化学稳定性，即使在高温下也不易与工件起化学反应；摩擦系数低、切屑不易黏刀、不易产生积屑瘤。但陶瓷材料的抗弯强度及冲击韧性很差，对冲击十分敏感，因此，它特别适宜于高速条件下进行切削，可加工 60HRC 的淬硬钢、冷硬铸铁等，也适用于加工大件，能获得很高精度。目前陶瓷刀具已能胜任多种难加工材料的半精加工和粗加工，除用于车削外，还可用于铣削、刨削，具有广阔的发展前景。

（4）人造金刚石。人造金刚石是在高温高压条件下，依靠合金触媒的作用，由石墨转化而成。金刚石的硬度极高，它是目前已知硬度最高的物质，其硬度接近于 10 000HV，而硬质合金的硬度仅为 1 050～1 800HV。金刚石刀具既能胜任硬质合金、陶瓷及玻璃等高硬度、高耐磨性材料的加工，又可用于在高速下对有色金属及其合金进行精车及镗孔。但由于组成金刚石的碳原子与铁原子的亲和能力很强，切削时易产生化学黏附作用而损坏刀具，故不适合于加工铁族类材料。目前用细颗粒人造金刚石制成的砂轮在生产中应用很广，在磨削硬质合金时更为有效，它的磨削能力大大超过碳化硅砂轮。但整体人造金刚石的焊接力和刃磨都很困难，而且由于它的尺寸很小、脆性大，所以不能把它做成任意角度的刀具，来适合加工的要求，使它的应用受到很大限制。近年来，国内外研制成了复合人造金刚石刀片，也就是将人造金刚石薄层压制在硬质合金基体上而成的一种多层刀片，使其抗弯强度达到硬质合金基体的强度，而硬度等于或略低于整体人造金刚石的硬度，同时克服了整体人造金刚石的缺点，便于焊接和刃磨，使人造金刚石得到了进一步的利用。

（5）立方氮化硼。它是由软的立方氮化硼在高温、高压下加入催化剂转化而成的一种新型超硬刀具材料，其硬度很高（8 000HV），仅次于金刚石的硬度。与金刚石相比，这种材料的特点是：热稳定性大大高于人造金刚石，与铁元素的化学惰性也远大于人造金刚石，能用较高的切削速度加工淬硬的铁族金属和一些难以加工的材料，使生产效率大大提高；同时加工精度也能达到很高，表面粗糙度很小，可以代替磨削加工。但整体立方氮化硼与整体人造金刚石一样具有类似上述的缺点。同复合金刚石一样，近年来也发展了复合立方氮化硼刀具，可用来加工一些难加工的材料。

合理选择刀具材料的基本要求是：根据工件的材料特性和加工要求，选择合适的刀具材料与其相适应，做到既充分发挥刀具特性，又能较经济地满足加工要求。通常加工一般材料，大量使用的仍是普通高速钢和硬质合金。只有加工难切削材料时才有必要选用新牌号高性能的高速钢或硬质合金，加工高硬度材料或精密加工时才需选用超硬材料。

随着工业的发展，新的工程材料不断出现，对刀具材料的要求也就不断提高。因此，改进现有刀具材料，发展新型刀具材料一直是冶金、机械科技工作者研究的重要课题。

3. 常用刀具种类

由于被加工的工件形状、尺寸和技术要求不同，以及使用的机床和加工方法不同，刀具名目繁多，形状各异，随着生产的发展还在不断地创新。为了综合研究各种刀具的共同特征，以便于刀具的设计、制造和使用，把刀具系统地进行分类是很重要的。刀具的分类可按许多方法进行，例如，按切削部分材料来分，可分为高速钢刀具和硬质合金刀具等；按刀具结构分，可分为整体式或装配式刀具等。但是较能反映刀具共同特征的是按刀具的用途和加工方法分类。这样分类也便于专业化设计、制造和使用。根据这种分类，刀具有以下几种类型：

（1）切刀。切刀是金属切削加工中应用最为广泛的一类基本刀具。它包括车刀、刨刀、镗刀、成形车刀、自动机床和半自动机床用的切刀以及专用机床用的特种切刀。它们可用于各类车床、刨床、插床、镗床和其他专用机床。图 2.17（a）所示为机夹式外圆车刀。切刀的共同特点是结构比较简单，只有一条连续的刀刃，刀刃的形状可以是直线，也可以是成形曲线。

（2）孔加工刀具。是用于从实体材料上加工出孔或对已有的孔进行加工的刀具。它是切削加工中使用得最早的刀具之一，也是广泛应用的一类刀具。它包括钻头、扩孔钻、铰刀、复合孔加工刀具等。图 2.17（b）、（c）、（d）所示分别为麻花钻、扩孔钻与铰刀。

孔加工刀具是一种定尺寸刀具。加工时，刀具被包围在孔中，因而存在容屑、排屑，故刀具强度、刚度，以及工具的导向、散热、冷却等问题，在设计与使用时要特别加以注意。

（3）拉刀。可用于加工各种形状的通孔、平面以及成形表面等，是一种高生产效率的多齿刀具，广泛地用于大量和成批生产中。按加工时受力方向的不同，分为拉刀和推刀两种。

拉刀的特点是同时工作齿数较多，粗、精齿在一把刀具上，工作时绝大多数一次走刀即能完成加工，所以生产效率高，加工质量也较好。图 2.17（e）所示为圆孔拉刀。

铣刀可用在铣床、镗床上加工各种平面、侧面、台角、成形表面以及作切断之用。铣刀种类很多，按其刀齿齿背制造方法来分，有尖齿铣刀和铲齿铣刀两大类，其中绝大多数的铣刀都做成尖齿的，如图 2.17（f）、（g）所示的圆柱铣铣刀和端铣刀；成形铣刀多做成铲齿的，图 2.17（h）所示为铲齿成形铣刀。

（4）螺纹刀具。螺纹刀具广泛用于加工各种内、外螺纹，它是利用切削方法加工螺纹的一种刀具，如螺纹车刀与梳刀、丝锥、板牙、螺纹铣刀等。图 2.17（i）、（j）所示为丝锥和板牙。另外还有利用金属塑性变形的方法加工螺纹的工具，如螺纹滚压头、搓丝板和滚丝轮等，它是一种高效率的螺纹刀具。螺纹刀具也是一种成形刀具，对齿形有严格的要求。

（5）齿轮刀具。齿轮刀具广泛应用于加工各种渐开线齿轮和各种非渐开线齿形的工件，它包括：

① 渐开线齿轮加工刀具。其中有按成形法加工的刀具（如齿轮铣刀）和按展成法加工的刀具，如图 2.17（k）、（1）、（m）所示的齿轮滚刀、插齿刀和剃齿刀。此外还有蜗轮滚刀、锥齿轮刀盘等。

② 非渐开线齿形工件的加工刀具。常见的有花键滚刀、棘轮滚刀等。

这类刀具的共同特点是对齿形有严格的要求。

（6）磨具。磨具是磨削加工的主要工具。它包括砂轮、砂带、砂瓦和油石等，其中以砂轮用得最为广泛。砂轮是由磨粒加结合剂焙烧制成的。它与切削刀具完全不同，没有完整的线性刀刃和确定的刀刃形状。用磨具加工的工件表面质量较高，是加工淬火钢和硬质合金的主要工具。图 2.17（n）所示为平面砂轮。

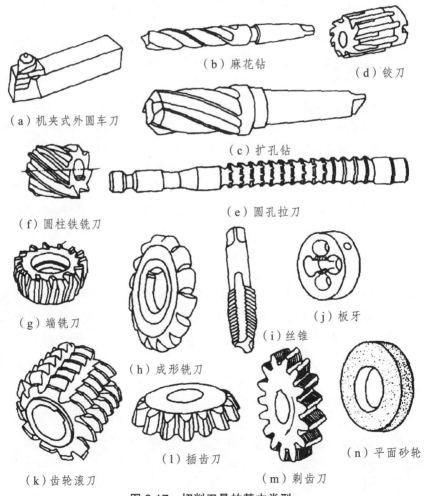

（a）机夹式外圆车刀　（b）麻花钻　（c）扩孔钻　（d）铰刀
（e）圆孔拉刀　（f）圆柱铁铣刀　（g）端铣刀　（h）成形铣刀　（i）丝锥　（j）板牙
（k）齿轮滚刀　（1）插齿刀　（m）剃齿刀　（n）平面砂轮

图 2.17　切削刀具的基本类型

2.1.3　高速切削简介

1. 高速切削技术的兴起和发展

高速切削是指在比常规切削速度高出很多的速度下进行的切削加工，因此，有时也称为超高速切削。

高速切削的起源可追溯到 20 世纪 20 年代末期。德国的切削物理学家萨洛蒙（Carl Salomon）博士于 1929 年进行了超高速模拟实验。1931 年 4 月发表了著名的超高速切削理论，提出了高速切削假设。萨洛蒙指出：在常规的切削速度范围内，切削温度随着切削速度的增大而提高。对于每一种工件材料，存在一个速度范围，在这个速度范围内，由于切削温度太高，任何刀具都无法承受，切削加工不可能进行。但是，当切削速度再增大，超过这个速度范围以后，切削温度反而降低。同时，切削力也会大幅度下降。按照他的假设，在具有一定速度的高速区进行切削加工时，会有比较低的切削温度和比较小的切削力，不仅有可能用现有的刀具进行超高速切削，从而大幅度地减少了切削时间，成倍地提高机床的生产率，而且还将给切削过程带来一系列的优良特性。

美国于 1960 年前后开始进行超高速切削试验。试验采用了将刀具装在加农炮里，从滑台上射向工件；或将工件当作子弹射向固定的刀具。试验指出，在超高速切削的条件下，切屑的形成过程和普通切削不同。随着切削速度的提高，塑性材料的切屑形态将从带状、片状到碎屑不断演变。单位切削力初期呈上升趋势，尔后急剧下降。这些现象说明，在超高速切削条件下，材料的切削机理将发生变化，切削过程变得比在常规切削下容易和轻松。

在证实和应用萨洛蒙理论方面，美国科技界和工业界做了许多领先的工作。1977 年，美国在一台带有高频电主轴的加工中心上进行超高速切削试验，其主轴转速可在 1 800 ～ 18 000 r/min 范围内无级变速，工作台的最大进给速度为 7.6 m/min。试验结果表明，与传统的铣削相比，其材料切除率增加了 2 ～ 3 倍，主切削力减小了 70%，而加工的表面质量明显提高。

受萨洛蒙理论的启发，美国空军和 Lockheed 飞机公司首先研究了用于轻合金材料的超高速铣削。1979 年，美国防卫高技术总署（DARPA）发起了一项"先进加工研究计划"（Advanced Machining Research Program），研究切削速度比塑性波还要快的超高速切削，为快速切除金属材料提供科学依据。经过 4 年的努力，获得了丰硕的成果。研究指出：随着切削速度的提高，切削力下降，加工表面质量提高。刀具磨损主要取决于刀具材料的导热性，并确定了铝合金的最佳切削速度范围是 1 500 ～ 4 500 m/min。

在德国，超高速切削得到了国家研究技术部的鼎力支持。1984 年，该部拨款 1 160 万马克，组织了以 Darmstadt 工业大学的生产工程与机床研究所（PTW）为首的刀具、控制系统以及相关的工艺技术，分别对各种工件材料（钢、铸铁、特殊合金、铝合金、铝镁铸造合金、铜合金和纤维增强塑料等）的超高速切削性能进行了深入的研究与试验，取得了国际公认的高水平研究成果，并在德国工厂广泛应用，获得了较好的经济效益。

日本于 20 世纪 60 年代开始着手超高速切削机理的研究。日本学者发现，在超高速切削时，切削热的绝大部分被切屑迅速带走，工件基本保持冷态，其切屑要比常规切屑热得多。

法国、瑞士、英国、前苏联、意大利和澳大利亚等国在超高速切削方面也做了不少工作。表 2.5 列出近年来国际市场出现的高速加工中心部分著名品牌。

表 2.5　高速加工中心

制造厂家 （国别）	机床名称 和型号	主轴最高转速 /（r/min）	最大进给速度 /（m/min）	主轴驱动功率 /kW
CincinnatiMilacron （美）	Hyper Mach 五轴加工中心	60 000	60～100	80
Ingersoll （美）	HVM800 型 卧式加工中心	20 000	76.2	45
Mikron （瑞士）	VCP710 型 加工中心	42 000	30	14
Ex-cell-Ow （德）	XHC241 型 卧式加工中心	24 000	120	40
Roders （德）	RFM1000 型 加工中心	42 000	30	30
Mazak （日）	SMM-2500UHS 型 加工中心	50 000	50	45
Nigata （日）	VZ40 型 加工中心	50 000	20	18.5
Makino （日）	A55-A128 型 加工中心	40 000	50	22

高速切削技术的发展和应用，受到学术界和工业界的极大重视。1955 年和 1996 年的国际生产工程研究学会（CIRP）学术会均以"超高速切削"为主题。1997 年以来，每两年在欧洲也举行高速加工的专题学术讨论会，广泛交流高速加工技术领域的研究和应用成果，探讨存在的问题及其解决办法。日本尖端技术研究学会把超高速切削列为五大现代制造技术之一。

近年来，在高速切削机床的单元技术方面和研究方面也取得了很大的成功。由于高强度、高熔点刀具材料和超高速电主轴的研制成功，用于高速进给的直线电动机伺服驱动系统的应用以及高速机床的其他配套技术的日益完善，为高速切削技术的普及和应用创造了良好的条件。现在，高速切削技术已经进入工业应用阶段。

1994 年，德国汉诺威欧洲国际机床博览会（EMO.94）开始展出为数不多的高速数控机床，但却引起了国际机床界的广泛注意，世界各大机床厂纷纷把开发高速数控机床作为其主要方向。事隔 3 年，1997 年的德国汉诺威欧洲国际机床博览会（EMO.97）上，展出高速、超高速电主轴功能部件的厂商就有 36 家，滚珠丝杠副有 23 家厂商，直线导轨副有 33 家厂商。高速数控机床逐渐成为主流产品，大有独领机床市场风骚之势。

美国肯纳金属公司（Kennametal）考察和统计了 1990—1997 年间国际展览会的情况，包括两年一次在美国芝加哥举行的国际制造技术博览会和欧洲国际机床博览会，分析了七次展览会上高速机床的展出情况（见图 2.18）。由图可见，1990 年以前，还很少看到高速机床，1990 年和 1991 年是高速机床的起点；1992 年大幅度增长；1993 年和 1994 年连续增长并逐渐形成趋势；1995 年增长速度变缓；到了 1996 年，增长速度又出现加速上升势头；到了 1997 年，主轴转速在 8 000 r/min 以上的机床数量比 1996 年增加了近 1 倍。

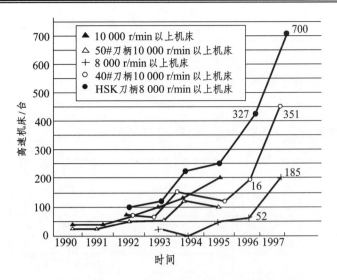

图 2.18　七次国际机床展览会高速机床的调查统计情况

2. 高速切削的速度范围

通常，考虑到切削刀具的直径和转速等因素，我们用切削加工的线速度来描述切削速度，单位是 m/min。由于机床主轴是提供高转速的关键部件，为了更直观和形象地表示速度，特别是描述机床的速度，也有用不同情况下的主轴转速来划定高速切削的范围。

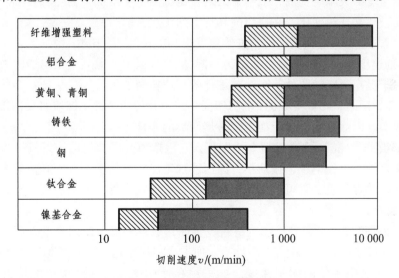

图 2.19　七种材料的铣削速度

从图 2.19 中可以看出，当切削速度对钢达到 380 m/min 以上、铸铁 700 m/min 以上、钢材 1 000 m/min 以上、铝材 1 100 m/min 以上、塑料 1 150 m/min 以上时，被定为是合适的高速范围。显然，这些切削速度范围比我们通常所使用的切削速度要高得多。这个实验结果不仅给出了不同材料的最佳高速切削速度范围，也为合理地划分高速切削区提供了实验依据。

表 2.6 是美国 Kennametal 公司提供的高速切削速度和普通切削速度对照表。

表 2.6   高速切削速度和普通切削速度对照表（Kennametal 提供）

切削方式 \ 速度 \ 加工材料	端 铣 和 钻 削		平 面 和 曲 面 铣	
	普通速度 /（ft/min）	高　速 /（ft/min）	普通速度 /（ft/min）	高　速 /（ft/min）
铝	1 000（WC + PCD）刀具	10 000（WC + PCD）刀具	2 000 PCD 刀具	12 000（WC + PCD）刀具
灰铸铁球墨铸铁	500	1 200	1 200	4 000
	350	800	800	3 000
碳素钢	350	1 200	1 200	2 000
合金钢	250	800	700	1 200
不锈钢	350	500	500	900
淬硬钢	80	400	100（WC）	150（WC）
（65HRC）	—	—	300（CBN）	600（CBN）
钛合金	125	200	150	300

注：① WC—硬质合金刀具；PCD—金刚石镀层硬质合金刀具；CBN—立方氮化硼刀具；
　　② ft/min 为非国际单位，1 ft/min = 0.304 8 m/min。

3. 高速切削的优点

由于切削速度的大幅度提高，最明显的效益是提高了切削加工的生产效率。同时由于切削条件的改变，和常规切削比，高速切削具有下列优点：

（1）随着切削速度的大幅度提高，进给速度也相应提高 5～10 倍。

（2）在切削速度达到一定值后，切削力可降低 30% 以上，尤其是径向切削力的大幅度减少，特别有利于提高薄壁细肋件等刚性差零件的高速精密加工。

（3）在高速切削时，95%～98% 以上的切削热来不及传给工件，被切屑飞速带走，工件可基本上保持冷态，因而特别适合于加工容易热变形的零件。

（4）高速切削时，机床的激振频率特别高，它远远离开了"机床—刀具—工件"工艺系统的固定频率范围，工作平稳，振动小，因而能加工出非常精密、非常光洁的零件。零件经高速车、铣加工的表面质量常可达到磨削的水平，残留在工件表面上的应力也很小，故常可省去铣削后的精加工工序。

（5）高速切削可以加工各种难加工材料。例如，航空和动力部门大量采用的镍基合金和钛合金，这类材料强度大、硬度高、耐冲击、加工中容易硬化，切削温度高，刀具磨损严重。在普通加工中一般采用低的切削速度。如采用高速切削，则其切削速度可提高到 100～1 000 m/min，为常规切速的 10 倍左右，不但可大幅度提高生产率，而且可有效地减少刀具磨损，提高零件加工的表面质量。

（6）降低加工成本。有以下两方面的因素可以使综合加工成本降低：

零件的单件加工时间缩短。

可以在同一台机床上，在一次装夹中完成零件所有的粗加工、半精加工和精加工，此即高速加工用于模具制造的"一次过"技术。

目前，高速加工技术已在航空航天、汽车和摩托车、模具制造、轻工与电子工业和其他制造业得到了越来越广泛的应用，取得了极其巨大的技术与经济效益。对于将来的超高速切削，最有可能的制约因素是超高速主轴系统的功率问题。这是因为，随着切削速度的提高，切削过程就要考虑动量作用和冲量作用，而它们所需总能量的大小和切削速度的平方成正比。

4. 高速切削机理的研究

高速切削机理的研究主要有以下几个方面：

（1）高速切削加工切屑成形机理、切削过程的动态模型、基本切削参数反映切削过程原理的研究，采用科学实验和计算机模拟仿真两种方法。

（2）高速加工基本规律的研究。对高速切削加工中的切削力、切削温度、刀具磨损、刀具使用寿命和加工质量等现象及加工参数对这些现象的影响规律进行研究，提出反映其内在联系的数学模型。实验方案设计和试验数据处理也是研究工作中需要解决的问题。工艺参数应基于建立的数学模型及多目标优化的结果。

（3）各种材料的高速切削机理研究。由于不同材料在高速切削中表现出不同的特性，所以，要研究各种工程材料在高速切削下的切削机理，包括轻金属材料、钢和铁、复合材料、难加工合金材料等。通过系统的实验研究和分析，建立高速切削数据，以便指导生产。

（4）高速切削虚拟技术研究。在实验研究的基础上，利用虚拟现实和仿真技术，虚拟高速过程中刀具和工件相对运动的作用过程，对切屑形成过程进行动态仿真，显示加工过程中的热流、相变、温度及应力分布等，预测被加工工件的加工质量，研究切削速度、进给量、刀具和材料以及其他切削参数对加工的影响等。

2.2　金属切削过程中的物理现象

2.2.1　切屑和积屑瘤

1. 金属切削层的三个变形区

根据金属切削实验中切削层的变形图片，可绘制如图 2.20 所示的金属切削过程中的滑移线和流线示意图。流线是指被切金属的某一点在切削过程中流动的轨迹。按照该图，可将切削刃作用部位的切削层划分为三个变形区。

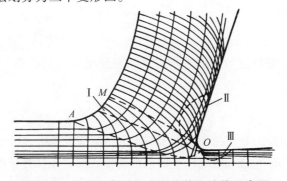

图 2.20　金属切削过程中滑移线和流线示意图

（1）第一变形区。从 OA 线开始发生塑性变形，到 OM 线，晶粒的剪切滑移基本完成。这一区域称为第一变形区（Ⅰ）。

（2）第二变形区。切屑沿刀具前面排出时，进一步受到前面的挤压和摩擦，使靠近前面处的金属纤维化，其方向基本上和前面相平行。这部分叫做第二变形区（Ⅱ）。

（3）第三变形区。已加工表面受到切削刃钝圆部分与刀具后面的挤压和摩擦，产生变形与回弹，造成纤维化与加工硬化。这一部分称为第三变形区（Ⅲ）

这三个变形区汇集在切削刃附近，此处的应力比较集中和复杂，金属的被切削层就在此处与工件母体材料分离，大部分变成切屑，很少的一部分留在已加工表面上。

2. 表示切屑变形程度的方法

（1）剪切角。剪切面和切削速度方向的夹角叫剪切角，用 φ 表示。实验证明，对于同一工件材料，用同样的刀具，切削同样大小的切削层，当切削速度高时，剪切角 φ 较大，剪切面面积变小，如图 2.21 所示。切削比较省力，说明切屑变形较小。极反，当剪切角 φ 较小，则说明切屑变形较大。

（2）切屑厚度压缩比 A_h。在切削过程中，刀具切下的切屑厚度 h_{ch} 通常都要大于工件上切削层的公称厚度 h_D，而切屑长度 l_{ch} 却小于切削层公称长度 l_D，如图 2.22 所示。

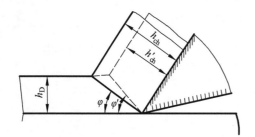
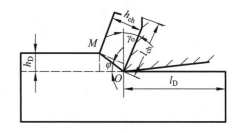

图 2.21　剪切角 φ 与剪切面面积的关系　　　　图 2.22　切削厚度压缩比 A_h 的求法

切屑厚度 h_{ch} 与切削层公称厚度 h_D 之比称为切屑厚度压缩比 A_h；而切削层公称长度 l_D 与切屑长度 l_{ch} 之比称为切屑长度压缩比 A_l，即：

$$A_h = \frac{h_{ch}}{h_D} \tag{2.27}$$

$$A_l = \frac{l_D}{l_{ch}} \tag{2.28}$$

由于工件上切削层的宽度与切屑平均宽度的差异很小，切削前、后的体积可以看作不变，故：

$$A_h = A_l \tag{2.29}$$

A_h 是一个大于 1 的数，A_h 值越大，表示切下的切屑厚度越大，长度越短，其变形也就越大。由于切屑厚度压缩比 A_h 直观地反映了切屑的变形程度，并且容易测量，故一般常用它来度量切屑的变形。

3. 几个主要因素对切屑变形的影响

（1）工件材料对切屑变形的影响。工件材料的强度、硬度愈高，切屑变形愈小。这是因为工件材料的强度、硬度愈高，切屑与前面的摩擦愈小，切屑越易排出。

（2）刀具前角对切屑变形的影响。刀具前角愈大，切屑变形愈小。生产实践表明，采用大前角的刀具切削，刀刃越锋利，切屑流动阻力越小，因此，切屑变形小，切削省力。

（3）切削速度对切屑变形的影响。在无积屑瘤的切削速度范围内，切削速度愈大，则切屑变形愈小。这有两方面的原因：一方面是因为切削速度较高时，切削变形不充分，导致切屑变形减小；另一方面是因为随着切削速度的提高，切削温度也升高，使刀-屑接触面的摩擦减小，从而也使切屑变形减小。

（4）切削层公称厚度对切屑变形的影响。在无积屑瘤的切削速度范围内，切削层公称厚度愈大，则切屑变形愈小。这是由于切削层公称厚度增大时，刀-屑接触面上的摩擦减小的缘故。

4. 切屑类型及控制

按照切削形成的机理可将切屑分为以下 4 种：

（1）带状切屑，如图 2.23（a）所示。带状切屑的外形呈带状，他的内表面是光滑的，外表面是毛茸的，加工塑性金属材料如碳钢、合金钢时，当时切削层公称厚度较小，切削速度较高，刀具前角较大时，一般常得到这种切屑。

（2）节状切屑，如图 2.23（b）所示。这类切屑的外形是切屑的外表面呈锯齿形，内表面有时有裂纹，这种切屑大都是在切削速度较低，切削层公称厚度较大，刀具前角较小时产生。

（3）粒状切屑。当切屑形成时，如果整个剪切面上应力超过了材料的破裂强度，则整个单元被切离，成为梯形的粒状切屑，如图 2.23（c）所示。由于各粒形状相似，所以又叫单元切屑。

（4）崩碎切屑，如图 2.23（d）所示。在切削脆性金属如铸铁、黄铜等时，切削层几乎不经过塑性变形就产生脆性崩裂，从而使切屑呈不规则的颗粒状。

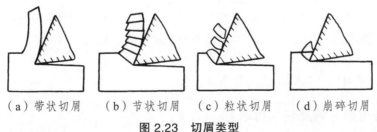

（a）带状切屑　　（b）节状切屑　　（c）粒状切屑　　（d）崩碎切屑

图 2.23　切屑类型

前 3 种切屑是切削塑性金属时得到的。形成带状切屑时，切削过程最平衡，切削力波动小，已加工表面粗糙度小。节状切屑与粒状切屑会引起较大的切削力波动，从而产生冲击和振动。生产中切削塑性金属时最常见的是带状切屑，有时得到节状切屑，粒状切屑则很少见。如果改变节状切屑的条件，进一步增大前角，提高切削速度，减小切削层公称厚度，就可以得到带状切屑；反之，则可以得到粒状切屑。这说明切屑的形态是可以随切削条件而转化的，掌握了其变化规律，就可以控制切屑的变形、形态和尺寸，以达到断屑和卷屑的目的。

在加工脆性材料形成崩碎切屑时，其切削过程很不平稳，已加工表面也粗糙，改进办法是减小切削层公称厚度，使切屑成针状和片状；同时，适当提高切削速度，以增加工件材料的塑性。

5. 积屑瘤

在一定的切削速度范围内切削钢、铝合金、铜合金等塑性材料时，常有一部分被切工件材料堆积于刀具刃口附近的前面上，如图 2.24 所示。这层堆积物大体呈三角形，质地十分坚硬，其硬度为工件材料的 2 ~ 3 倍，处于稳定状态时可代替刀尖进行切削。该堆积物称为积屑瘤，俗称刀瘤。

关于积屑瘤的产生有多种解释，通常认为它是由于切屑在前面上黏结造成的。切屑沿着前面流动，由于受前面的摩擦作用，使得切屑底层流动速度变得很慢而产生滞流。在一定的温度及压力下，切屑底层的金属会黏结于刀尖上，层层黏结，层层堆积，高度渐长，最终形成积屑瘤。积屑瘤质地十分坚硬是由于在激烈的塑性变

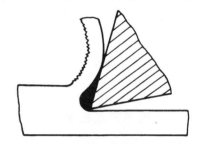

图 2.24　积屑瘤

形中产生加工硬化的缘故。一般地说，塑性材料切削时形成带状切屑，且加工硬化现象较强，易产生积屑瘤；而脆性材料切削时形成碎切屑，且加工硬化现象很弱，不易产生积屑瘤。故加工碳钢常出现积屑瘤，而加工铸铁则不出现积屑瘤。切削温度也是形成积削瘤的重要条件。切削温度过低，黏结现象不易发生；切削温度过高，加工硬化现象有削弱作用，因而积屑瘤也不易产生。对于碳钢，300 ~ 350℃ 范围内最容易产生积屑瘤，500℃ 以上趋于消失。

积屑瘤的形成过程就是切屑滞流层在前面上逐步堆积和长高的过程，因它能代替刀刃进行切削，故会引起工件加工尺寸的改变，影响加工精度。此外，也会使加工表面粗糙度恶化。

2.2.2　切削力

切削力就是在切削过程中作用在刀具与工件上的力。它直接影响着切削热的产生，并进一步影响着刀具的磨损、使用寿命、加工精度和已加工表面质量。在生产中，切削力又是计算切削功率、设计和使用机床、刀具、夹具的必要依据。因此，研究切削力的规律将有助于分析切削过程，并对生产实际有重要的指导意义。

1. 切削合力的分解及切削功率

图 2.25 为车削外圆时的切削力。为了便于测量和应用，可以将合力 F 分解为 3 个互相垂直的分力：

F_c——切削力或切向力，是切削合力在主运动方向上的投影，其方向与基面垂直。F_c 是计算车刀强度、设计机床零件、确定机床功率所必需的。

F_f——进给力或轴向力，是处于基面内并与工件轴线平行的力。F_f 是设计机床走刀强度、设计机床走刀机构强度、计算车刀进给功率所必需的。

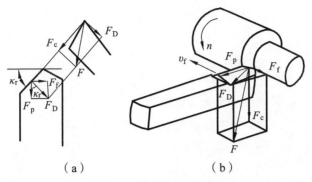

（a）　　　　　　　　（b）

图 2.25　切削合力和分力

F_p——背向力或径向力，是处于基面内并与工件轴线垂直的力。F_p 用来确定与工件加工精度有关的工件挠度、计算机床零件强度，它也是使工件在切削过程中产生振动的力。由图 2.25 可知：

$$F = \sqrt{F_c^2 + F_D^2} = \sqrt{F_c^2 + F_f^2 + F_p^2} \tag{2.30}$$

消耗在切削过程中的切削率称为切削功率 P_c。切削功率为力 F_c、F_f 所消耗的功率之和，因 F_p 方向没有位移，所以不消耗功率。于是

$$P_c = \left(F_c \cdot v_c + \frac{F_f \cdot n_w \cdot f}{1\ 000} \right) \times 10^{-3} \quad (\text{kW}) \tag{2.31}$$

式中　F_c——切削力，N；

　　　v_c——切削速度，m/s；

　　　F_f——进给力，N；

　　　n_w——工件转速，r/s；

　　　f——进给量，mm/r。

上式中等号右侧的 $\dfrac{F_f \cdot n_w \cdot f}{1\ 000}$ 是消耗在进给运动中的功率，它与 F_c 所消耗的功率相比，一般很小，故可略去不计，于是：

$$P_c = F_c \cdot v_c \times 10^{-3} \quad (\text{kW}) \tag{2.32}$$

求出 P_c 之后，如果计算机床电机功率为 P_E，还应将 P_c 除以机床传动效率 η_c，即：

$$P_E \geqslant \frac{P_c}{\eta_c} \tag{2.33}$$

2. 切削刀的指数经验公式及切削力的计算

对于切削力，也可以利用公式进行计算。由于金属切削过程非常复杂，虽然人们进行了大量的试验和研究，但所得到的一些理论公式还不能用来进行比较精确的切削力计算。目前实际采用的计算公式都是通过大量的试验和数据处理而得到的经验公式。其中应用比较广泛的是指数形式的切削力经验公式，其形式如下：

$$
\left.\begin{aligned}
F_c &= C_{F_c} \cdot a_{sp}^{xF_c} \cdot f^{yF_c} \cdot v_c^{nF_c} \cdot K_{f_c} \\
F_p &= C_{F_p} \cdot a_{sp}^{xF_p} \cdot f^{yF_p} \cdot v_c^{nF_p} \cdot K_{F_p} \\
F_f &= C_{F_f} \cdot a_{sp}^{xF_f} \cdot f^{yF_f} \cdot v_c^{nF_f} \cdot K_{F_f}
\end{aligned}\right\}
\qquad (2.34)
$$

式中　F_c、F_p、F_f——切削力、背向力和进给力;

$\quad\quad\quad C_{F_c}$、C_{F_p}、C_{F_f}——取决于工件材料和切削条件的系数;

$\quad\quad\quad x_{F_c}\quad y_{F_c}\quad n_{F_c}$;$\ x_{F_p}\quad y_{F_p}\quad n_{F_p}$;$\ x_{F_f}\quad y_{F_f}\quad n_{F_f}$——3个分力公式中背吃刀量、进给量
$\quad\quad\quad\quad\quad\quad\quad\quad\quad\quad\quad\quad\quad\quad\quad\quad\quad\quad\quad\quad\quad\quad$和切削速度的指数;

$\quad\quad\quad K_{F_c}\quad K_{F_p}\quad K_{F_f}$——当实际加工条件与求得经验公式的试验条件不符时,各种因素对各
$\quad\quad\quad\quad\quad\quad\quad\quad\quad\quad\quad\quad\quad$切削分力修正系数的积。

式中各种系数和指数可以在表2.7中查到,修正系数可以在表2.8~2.11中查到。

3. 影响切削力的因素

(1)被加工材料的影响。被加工材料的物理机械性质、加工硬化能力、化学成分、热处理状态等都对切削力的大小产生影响。

材料的强度愈高,硬度愈大。有的材料如奥氏体不锈钢,虽然初期强度和硬度都较低,但加工硬化大,切削时较小的变形就会引起硬度大大提高,从而使切削力增大。材料的化学成分会影响其物理机械性能,从而影响切削力的大小。如碳钢中含碳量高,硬度就高,切削力就较大。

同一材料,热处理状态不同,金相组织不同,硬度就不同,也影响切削力的大小。

铸铁等脆性材料,切削层的塑性变形小,加工硬化小。此外,切屑为崩碎切屑,且集中在刀尖,刀—屑接触面积小,摩擦也小。因此,加工铸铁时切削力比钢小。

(2)切削用量对切削力的影响:

① 背吃刀量 a_{sp} 和进给量 f。

背吃刀量 a_{sp} 和进给量 f 增大,都会使切削面积 A_D 增大($A_D = a_{sp} \cdot f$),从而使变形力增大,摩擦力增大,因此切削力也随之增大。但 a_{sp} 和 f 两者对切削力的影响大小不同。

背吃刀量 a_{sp} 增大1倍,切削力 F_c 也增大1倍,即切削力 F_c 的经验公式中,a_{sp} 的指数 x_{Fc} 近似等于1。

进给量 f 增大,切削面积增大、切削力增大;但 f 增大,又使切屑厚度压缩比 A_h 减小,摩擦力减小,使切削力减小。这正、反两方面作用的结果,使切削力的增大与 f 不成正比,反映在切削力 F_c 的经验公式中,f 的指数 y_{Fc} 一般都小于1。

② 切削速度 v_c。

在无积屑瘤的切削速度范围内,随着切削速度 v_c 的增大,切削力减小。这是因为 v_c 增大后,摩擦减小,剪切角 φ 增大,切屑厚度压缩比 A_h 减小,切削力减小。另一方面,切削速度 v_c 增大,切削温度增高,使被加工金属的强度、硬度降低,也会导致切削力减小。故只要条件允许,宜采用高速切削,同时还可以提高生产效率。

切削铸铁等脆性材料时,由于形成崩碎切屑,塑性变形小,刀—屑接触面间摩擦小,所以切削速度 v_c 对切削力的影响不大。

表 2.7　车削时的切削力及切削功率的计算公式

$$F_c = 9.81 C_{F_c} \cdot a_{sp}^{x_{F_c}} \cdot f^{y_{F_c}} \cdot v_c^{n_{F_c}} \cdot K_{F_c} \text{ (N)}$$

$$F_p = 9.81 C_{F_p} \cdot a_{sp}^{x_{F_p}} \cdot f^{y_{F_p}} \cdot v_c^{n_{F_p}} \cdot K_{F_p} \text{ (N)}$$

$$F_f = 9.81 C_{F_f} \cdot a_{sp}^{x_{F_f}} \cdot f^{y_{F_f}} \cdot v_c^{n_{F_f}} \cdot K_{F_f} \text{ (N)}$$

$$P_c = F_c v_c 10^{-3} \text{ (kW)}$$

主切削力 F_c　背向力 F_p　进给力 F_f　切削功率 P_c

表中的单位为：a_{sp}: mm；f: mm/r；v_c: m/min

加工材料	刀具材料	加工方式	主切削力 F_c				背向力 F_p				进给力 F_f			
			C_{F_c}	x_{F_c}	y_{F_c}	n_{F_c}	C_{F_p}	x_{F_p}	y_{F_p}	n_{F_p}	C_{F_f}	x_{F_f}	y_{F_f}	n_{F_f}
结构钢及铸钢 $\sigma_b = 0.65$ GPa	硬质合金	外圆纵车、横车及镗孔	270	1.0	0.75	−0.15	199	0.9	0.6	−0.3	294	1.0	0.5	−0.4
		切槽及切断	367	0.72	0.8	0	142	0.73	0.67	0	—	—	—	—
		切螺纹	133	—	1.7	0.71	—	—	—	—	—	—	—	—
	高速钢	外圆纵车、横车及镗孔	189	1.0	0.75	0	94	0.9	0.75	0	54	1.2	0.65	0
		切槽及切断	222	1.0	1.0	0	—	—	—	—	—	—	—	—
		成形车削	191	1.0	0.75	0	—	—	—	—	—	—	—	—
不锈钢 1Gr18Ni9Ti HBS = 141	硬质合金	外圆纵车、横车及镗孔	204	1.0	0.75	0	54	—	0.75	0	—	—	—	—
灰铸铁 HBS = 190	硬质合金	外圆纵车、横车及镗孔	92	1.0	0.75	0	54	0.9	0.75	0	46	1.0	0.4	0
		切槽及切断	103	1.0	1.8	0.82	—	—	—	—	—	—	—	—
	高速钢	外圆纵车、横车及镗孔	114	1.0	0.75	0	119	0.9	0.75	0	51	1.2	0.65	0
		切槽及切断	158	1.0	1.0	0	—	—	—	—	—	—	—	—
可锻铸铁 HBS = 150	硬质合金	外圆纵车、横车及镗孔	81	1.0	0.75	0	43	0.9	0.75	0	38	1.0	0.4	0
	高速钢	外圆纵车、横车及镗孔	100	1.0	1.0	0	88	0.9	0.75	0	40	1.2	0.65	0
		切槽及切断	139	1.0	1.0	0	—	—	—	—	—	—	—	—
中等硬度不均质钢合金 HBS = 120	高速钢	外圆纵车、横车及镗孔	55	1.0	1.0	0	—	—	—	—	—	—	—	—
		切槽及切断	75	1.0	0.75	0	—	—	—	—	—	—	—	—
铝及铝硅合金	高速钢	外圆纵车、横车及镗孔	40	1.0	0.75	0	—	—	—	—	—	—	—	—
		切槽及切断	50	1.0	1.0	0	—	—	—	—	—	—	—	—

注：① 成形车削深度不大，形状不复杂的轮廓，切削力减小 10%~45%。

② 切螺纹时切削力按下式计算：

$$F_c = \frac{9.18 C_{F_c} t_1^{y_{F_c}}}{N^n} \text{ (N)}$$

式中，t_1 为螺距；N 为走刀次数。

③ 加工条件改变时，切削力的修正系数见表 2.8 ~ 2.10。

表 2.8 钢、铸铁的强度和硬度改变时切削力的修正系数 K_{mF}

加 工 材 料	结构钢和铸钢	灰铸铁	可锻铸铁
系 数 K_{mF}	$K_{mF}=\left(\dfrac{\sigma_b}{0.65}\right)^{n_F}$	$K_{mF}=\left(\dfrac{HBS}{190}\right)^{n_F}$	$K_{mF}=\left(\dfrac{HBS}{150}\right)^{n_F}$

	上 列 公 式 中 的 指 数 n_F									
加工材料	车 削 时 的 切 削 力						钻孔时的轴向力 F 及扭矩 M		切 削 时 的 圆 周 力 F_c	
	F_c		F_p		F_f					
	刀 具 材 料									
	硬质合金	高速钢	硬质合金	高速钢	硬质合金	高速钢	硬质合金	高速钢	硬质合金	高速钢
	指 数 n_F									
结构钢及铸钢		0.35								
$\sigma_b \leqslant 0.6$ GPa	0.75		1.35	2.0	1.0	1.5	0.75		0.3	
$\sigma_b > 0.6$ GPa		0.75								
灰铸铁及可锻铸铁	0.4	0.55	1.0	1.3	0.8	1.1	0.6	1.0	0.55	

表 2.9 铜及铝合金的物理机械性能改变时切削力的修正系数 K_{mF}

铜合金的系数 K_{mF}					铝合金的系数 K_{mF}				
不均匀的		非均质的铅合金和含铅不足10%的均质合金	均质合金	铜	含铅大于15%的合金	铝及铝硅合金	硬铝		
中等硬度 HBS = 120	高硬度 HBS>120						$\sigma_b = 0.25$ GPa	$\sigma_b = 0.35$ GPa	$\sigma_b>0.35$ GPa
1.0	0.75	0.65 ~ 0.70	1.8 ~ 2.2	1.7 ~ 2.1	0.25 ~ 0.45	1.0	1.5	2.0	2.75

表 2.10 加工钢及铸铁刀具几何参数改变时切削力的修正系数

参 数			修 正 系 数			
名 称	数 值 / (°)	刀具材料	名 称	切 削 力		
				F_c	F_p	F_f
主偏角 κ_r	30	硬质合金	$K_{\kappa_r F}$	1.08	1.30	0.78
	45			1.0	1.0	1.0
	60			0.94	0.77	1.11
	75			0.92	0.62	1.13
	90			0.89	0.50	1.17
	30	高速钢		1.08	1.63	0.7
	45			1.0	1.0	1.0
	60			0.98	0.71	1.27
	75			1.03	0.54	1.51
	90			1.08	0.44	1.82
前角 γ_o	− 15	硬质合金	$K_{\gamma_o F}$	1.25	2.0	2.0
	− 10			1.2	1.8	1.8
	0			1.1	1.4	1.4
	10			1.0	1.0	1.0
	20			0.95	0.7	0.7
	12 ~ 15	高速钢		1.15	1.6	1.7
	20 ~ 25			1.0	1.0	1.0
刃倾角 λ_s	+ 5	硬质合金	$K_{\lambda_s F}$	1.0	0.75	1.07
	0				1.0	1.0
	− 5				1.25	0.85
	− 10				1.5	0.75
	− 15				1.7	0.65
刀尖圆弧半径 r_ε /mm	0.5	高速钢	$K_{r_\varepsilon F}$	0.87	0.66	1.0
	1.0			0.93	0.82	
	2.0			1.0	1.0	
	3.0			1.04	1.14	
	5.0			1.1	1.33	

表 2.11　硬质合金外圆车刀切削几种常用材料的单位切削力

工　件　材　料				单位切削力 /(N/mm²)	实　验　条　件		
名称	牌号	制造、热处理状态	硬度 HBS		刀具几何参数		切削用量范围
钢	45	热轧或正火	187	1 962 (200)	$\gamma_o = 15°$ $\kappa_r = 75°$ $\lambda_s = 0°$	前刀面带卷屑槽	$b_{r1} = 0$	$v_c = 90 \sim 105$ m/min $a_{sp} = 1 \sim 5$ mm $f = 0.1 \sim 0.5$ mm/r
		调质（淬火及高温回火）	229	2 305 (235)			$b_{r1} = 0.1 \sim 0.15$ mm $\gamma_{o1} = -20°$	
		淬硬（淬火及低温回火）	44 (HRC)	2 649 (270)				
	40Cr	热轧或正火	212	1 962 (200)			$b_{r1} = 0$	
		调质（淬火及高温回火）	285	2 305 (235)			$b_{r1} = 0.1 \sim 0.15$ mm $\gamma_{o1} = -20°$	
灰铸铁	HT200	退　火	170	1 118 (114)		$b_{r1} = 0$ 平前面，无卷屑槽		$v_c = 70 \sim 85$ m/min $a_{sp} = 2 \sim 10$ mm $f = 0.1 \sim 0.5$ mm/r

（3）刀具几何参数对切削力的影响。在刀具几何参数中，前角 γ_o 对切削力影响最大。加工塑性材料时，前角 γ_o 增大，切削力降低；加工脆性材料时，由于切屑变形很小，所以前角对切削力的影响不显著。

主偏角 κ_r 对切削力 F_c 的影响较小，但他对背向力 F_p 和进给力 F_f 的影响较大，由图 2.26 可知：

$$\left. \begin{array}{l} F_p = F_D \cdot \cos \kappa_r \\ F_f = F_D \cdot \sin \kappa_r \end{array} \right\} \quad\quad (2.35)$$

式中　F_D ——切削合力 F 在基面内的分力。

可见 F_p 随 κ_r 的增大而减小，F_f 随 κ_r 的增大而增大。

实验证明，刃倾角 λ_s 在很大范围内（$-40° \sim +40°$）变化时对切削力 F_c 没有什么影响，但对 F_p 和 F_f 的影响较大，随着 λ_s 的增大，F_p 减小，而 F_f 增大。

在刀具前面上磨出负倒棱 b_{r1}（见图 2.27）对切削力有一定的影响。负倒棱宽度 b_{r1} 与进给量之比（b_{r1}/f）增大，切削力随之增大；但当切削钢 $b_{r1}/f \geqslant 5$，或切削灰铸铁 $b_{r1}/f \geqslant 3$ 时，切削力趋于稳定，这时就接近于负前角 γ_{o1} 刀具的切削状态。

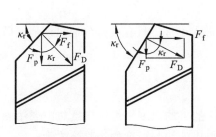

图 2.26　主偏角不同时，F_p 和 F_f 的变化

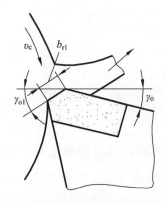

图 2.27　正前角倒棱车刀的切屑流出情况

（4）刀具材料对切削力的影响。刀具材料与被加工材料间的摩擦系数，影响到摩擦力的变化，直接影响着切削力的变化。在同样的切削条件下，陶瓷刀的切削力最小、硬质合金次之、高速钢刀具的切削力最大。

（5）切削液对切削力的影响。切削液具有润滑作用，使切削力降低。切削液的润滑作用愈好，切削力的降低愈显著。在较低的切削速度下，切削液的润滑作用更为突出。

（6）刀具后面的磨损对切削力的影响。后面的磨损增加，摩擦加剧，切削力增加。因此要及时更换刃磨刀具。

2.2.3 切削热及切削温度

切削热是切削过程中重要的物理现象之一。大量的切削热使得切削温度升高，这将直接影响刀具前面上的摩擦系数、积屑瘤的形成和消退、刀具的磨损以及工件材料的性能、工件加工精度和已加工表面的质量等。

1. 切削热的产生与传出

切削过程中所消耗的能量几乎全部转变为热量。3 个变形区就是 3 个发热区，如图 2.28 所示。所以，切削热的来源就是切削变形功和刀具前、后面的摩擦功。

根据热力学平衡原理，产生的热量和散出的热量应相等，则：

$$Q_s + Q_r = Q_c + Q_t + Q_w + Q_m \qquad （2.36）$$

式中　Q_s——工件材料弹、塑性变形所产生的热量；

$\quad\quad Q_r$——切屑与前面、加工表面、后面摩擦所产生的热量；

$\quad\quad Q_c$——切屑带走的热量；

$\quad\quad Q_t$——刀具传散的热量

$\quad\quad Q_w$——工件传散的热量；

$\quad\quad Q_m$——周围介质如空气、切削液带走的热量。

图 2.28　切削热的产生与传出

切削热由切屑、刀具、工件及周围介质传出的比例大致如下：

（1）车削加工时，切屑带走切削热为 50%～86%，车刀传出 40%～10%，工件传出 9%～3%，周围介质（如空气）传出 1%。切削速度愈高或切削层公称厚度愈大，则切屑带走的热量愈多。

（2）钻削加工时，切屑带走的切削热为 28%，刀具传出 14.5%，工件传出 52.5%，周围介质传出 5%。

（3）磨削加工时，约有 70% 以上的热量瞬时进入工件，只有小部分通过切屑、砂轮、冷却液和大气带走。

2. 影响切削温度的主要因素

所谓切削温度，是指刀具前面上刀—屑接触区的平均温度，可用自然热电偶法测出。

（1）切削用量对切削温度的影响。通过实验得出的切削温度的经验公式为：

$$\theta = C_\theta \cdot v_c^{z\theta} \cdot f^{y\theta} \cdot a_{sp}^{x\theta} \qquad （2.37）$$

式中　　θ ——刀具前面上刀-屑接触区的平均温度，℃；

C_θ ——切削温度系数；

v_c ——切削速度，m/min；

f——进给量，mm/r；

a_{sp} ——背吃刀量，mm；

z_θ、y_θ、x_θ——相应的指数。

实验得出，用高速钢或硬质合金刀具切削中碳钢时，系数 C_θ、指数 z_θ、y_θ、x_θ见表 2.12。

由式（2.37）及表 2.12 可知，v_c、f、a_{sp} 增大，切削温度升高，但切削用量三要素对切削温度的影响程度不一，以 v_c 的影响最大，f 次之，a_{sp} 最小。因此，为了有效地控制切削温度以提高刀具寿命，在机床允许的条件下，选用较大背吃刀量 a_{sp} 和进给量 f，比选用大的切削速度 v_c 更为有利。

（2）刀具几何参数的影响。前角 γ_o 增大，使切屑变形程度减小，产生的切削热减小，因而切削温度下降。但前角大于 18°～20° 时，对切削温度的影响减小，这是因为楔角减小而使散热体积减小的缘故。

表 2.12　切削温度的系数及指数

刀具材料	加工方法	C_θ	z_θ		y_θ	x_θ
高速钢	车　削	140～170	0.35～0.45		0.2～0.3	0.08～0.10
	铣　削	80				
	钻　削	150				
硬质合金	车　削	320	f/(mm/r)		0.15	0.05
			0.1	0.14		
			0.2	0.31		
			0.3	0.26		

主偏角 κ_r 减小，使切削层公称宽度 b_D 增大，散热增大，故切削温度下降。负倒棱及刀尖圆弧半径增大，能使切削变形程度增大，产生的切削热增加；但另一方面这两者都能使刀具的散热条件改善，使传出的热量增加，两者趋于平衡，所以，对切削温度影响很小。

（3）工件材料的影响。工件材料的强度、硬度增大时，产生的切削热增多，切削温度升高。工件材料的导热系数愈大，通过切屑和工件传出的热量愈多，切削温度下降愈快。

（4）刀具磨损的影响。刀具后面磨损量增大，切削温度升高，磨损量达到一定值后，对切削温度的影响加剧；切削速度愈高，刀具磨损对切削温度的影响就愈显著。

（5）切削液的影响。切削液对降低切削温度、减少刀具磨损和提高已加工表面质量有明显的效果。切削液对切削温度的影响与切削液的导热性能、比热、流量、浇注方式以及本身的温度有很大关系。

3. 切削温度的分析

前面分析的为刀-屑接触区的平均温度。为了深入研究，还应该知道工件、切屑和刀具上各点的温度分布，这种分布称为温度场。

切削温度场可用人工热电偶法或其他方法测出。

图 2.29 是切削钢料时实验测出的正交平面内的温度场。由此可分析归纳出一些切削温度分布的规律：

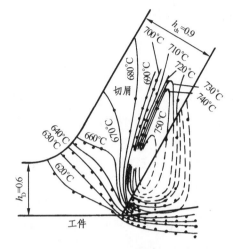

图 2.29　二维切削中的温度分布

工件材料：低碳易切钢；刀具：$\gamma_o = 30°$，$\alpha_o = 7°$；
切削用量：$h_D = 0.6\ mm$　$v_c = 22.86\ m/min$；切削条件：干切削，预热 611℃

（1）剪切面上各点的温度几乎相同，说明剪切面上各点的应力应变规律基本相同。

（2）刀具前、后面上最高温度都不在切削刃上，而是在离切削刃有一定距离的地方。这是摩擦热沿着刀面不断增加的缘故。

2.2.4　刀具磨损及刀具使用寿命

切削过程中，刀具一方面切下切屑，一方面也被损坏。刀具损坏到一定程度，就要换刀或更换新的切削刃才能继续切削。所以刀具损坏也是切削过程中的一个重要现象。刀具损坏的形式主要有磨损和破损两类。前者是连续的逐渐磨损；后者包括脆性破损（如崩刃、碎断、剥落、裂纹等）和塑性破损两种。以下讲的主要是刀具的磨损。

刀具磨损后，使工件加工精度降低，表面粗糙度增大，并导致切削力和切削温度增加，甚至产生振动，不能继续正常切削。因此，刀具磨损直接影响加工效率、质量和成本。

1. 刀具的磨损形式及原因

（1）刀具磨损形式。切削时，刀具的前面和后面分别与切屑和工件相接触，由于前、后面上的接触压力很大，接触面的温度也很高，因此在刀具的前、后面上发生磨损，如图 2.30 所示。

① 前面磨损。切削塑性材料时，如果切削速度和切削层公称厚度较大，则在前面上形成月牙洼磨损，如图 2.31（c）所示。并以切削温度最高的位置为中心开始发

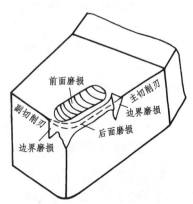

图 2.30　刀具的磨损形态

生，然后逐渐向前、后扩展，深度不断增加。当月牙洼发展到其前缘与切削刃之间的棱边变得很窄时，切削刃强度降低，容易导致切削刃破损。刀具前面月牙洼磨损值以其最大深度（用 KT）表示（见图 2.31）。

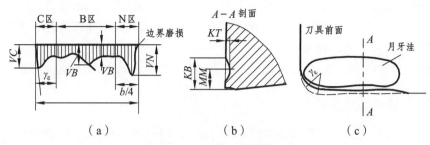

图 2.31　刀具磨损的测量位置

② 后面磨损。切削时，工件的新加工表面与刀具后面接触，相互摩擦，引起后面磨损。后面的磨损形式是磨成后角等于零的磨损棱带。切削铸铁和以较小的切削层公称厚度切削塑性材料时，主要发生这种磨损。后面上的磨损棱带往往不均匀，如图 2.31（a）所示。刀尖部分（C 区）强度较低，散热条件又差，磨损比较严重，其最大值为 VC。主切削刃靠近工件待加工表面处的后面（N 区），并磨成较深的沟，以 VN 表示。在后面磨损棱带的中间部位（B区），磨损比较均匀，其平均宽度以 VB 表示，而且最大宽度以 VB_{max} 表示。

③ 前后面同时磨损或边界磨损。切削塑性材料，$h_D = 0.1 \sim 0.5$ mm 时，会发生前后面同时磨损。

在切削铸钢件和锻件等外皮粗糙的工件时，常在主切削刃靠近工件外皮处以及副切削刃靠近刀尖处的后面上，磨出较深的沟纹，这种磨损称为边界磨损，如图 2.31 所示。

（2）刀具磨损的原因：

① 硬质点磨损。是由工件材料中的杂质、材料基本组织中所含的碳化物、氮化物和氧化物等硬质点以及积屑瘤的碎片等刀具表面上擦伤，划出一条条沟纹造成的机械磨损。各种切削速度下的刀具都存在这种磨损，但它是低速刀具磨损的主要原因，因低速时温度低，其他形式的磨损还不显著。

② 黏结磨损。在一定的压力和温度作用下，在切屑与前面、已加工表面与后面的摩擦面上，产生塑性变形而使工件的原子或晶粒冷焊在刀面上形成黏结点，这些黏结点又因相对运动而破裂，其原子或晶粒被对方带走。一般说来，黏结点的破裂发生在硬度较低的一方，即工件材料上，但刀具材料往往有组织不均、存在内应力、微裂纹以及空隙、局部软点等缺陷。所以，黏结点的破裂也常常发生在刀具一方面被工件材料带走，从而形成刀具的黏结磨损。高速钢、硬质合金等各种刀具都会因黏结而发生磨损。

③ 扩散磨损。切削过程中，刀具表面始终与工件上被切出的新鲜表面相接触，由于高温与高压的作用，两摩擦表面上的化学元素有可能互相扩散到对方去，使两者的化学成分发生变化，从而削弱了刀具材料的性能，加速了刀具的磨损。例如，用硬质合金刀具切削钢件时，切削温度常达到 $800 \sim 1\,000$℃ 以上，自 800℃ 开始，硬质合金中的 Co、C、W 等元素会扩散到切屑中而被带走；切屑中的 Fe 也会扩散到硬质合金中，形成新的低硬度、高脆性的复合碳化物；同时，由于 Co 的扩散，还会使刀具表面上的 WC、TiC 等硬质相的黏结强度降

低，这一切都加剧了刀具的磨损。所以，扩散磨损是硬质合金刀具的主要磨损原因之一。

扩散速度随切削温度的升高而增加，而且愈增愈烈。

④ 化学磨损。化学磨损是在一定温度下，刀具材料与某些周围介质（如空气中的氧、切削液中的极压添加剂硫、氯等）起化学作用，在刀具表面形成一层硬度较低的化合物，而被切屑带走，加速了刀具的磨损。化学磨损主要发生于较高的切削速度条件下。

总的说来，当刀具和工件材料给定时，对刀具磨损起主导作用的是切削温度。在温度不高时，以硬质点磨损为主；在温度较高时，以黏结、扩散和化学磨损为主。

2. 刀具磨损过程及磨钝标准

（1）刀具的磨损过程。根据切削实验，可得图 2.32 所示的刀具磨损过程的典型曲线。由图可见，刀具的磨损过程分 3 个阶段：

① 初期磨损阶段。因为新刃磨的刀具后面存在粗糙不平以及显微裂纹、氧化或脱碳等缺陷，而且切削刃较锋利，后面与加工表面接触面积较小，压应力较大，所以，这一阶段的磨损较快。

② 正常磨损阶段。经过初期磨损后，刀具后面粗糙表面已经磨平，单位面积压力减小，磨损比较缓慢且均匀，进入正常磨损阶段。在这个阶段，后面的磨损量与切削时间近似地成正比增加。正常切削时，这个阶段时间较长。

③ 急剧磨损阶段。当磨损量增加到一定限度后，加工表面粗糙度增加，切削力与切削温度迅速升高，刀具磨损量增加很快，甚至出现噪音、振动，以致刀具失去切削能力。在这个阶段到来之前，要及时换刀。

（2）刀具的磨钝标准。刀具磨损到不定期限度就不能继续使用，这个磨损限度就称为刀具的磨钝标准。

因为一般刀具的后面都发生磨损，而且测量也比较方便，因此，国际标准 ISO 统一规定以 1/2 切削深度处后面上测量的磨损带宽度 VB 作为刀具的磨钝标准，如图 2.33 所示。

自动化生产中用的精加工刀具，常以沿工件径向的刀具磨损尺寸作为衡量刀具的磨钝标准，称为刀具的径直向磨损量 NB 如图 2.33 所示。

由于加工条件不同，所规定的磨钝标准也有变化。例如，精加工的磨钝标准取得小，粗加工的磨钝标准取得大。

磨钝标准的具体数值可参考有关手册，一般 $VB = 0.3$ mm。

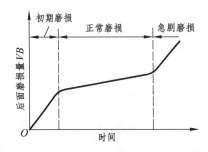

图 2.32　刀具磨损的典型曲线

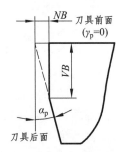

图 2.33　刀具磨钝标准

3. 刀具使用寿命及经验公式

刀具使用寿命的定义为：刀具由刃磨后开始切削一直到磨损量达到刀具磨钝标准所经过的总切削时间。刀具使用寿命以 T 表示，单位为 min。

刀具总的使用寿命是表示一把新刀从投入切削起，到报废为止总的实际切削时间。因此，刀具总的使用寿命等于这把刀的刃磨次数（包括新刀开刃）乘以刀具的使用寿命。

（1）切削速度与刀具使用寿命的关系。当工件、刀具材料和刀具的几何参数确定之后，切削速度对刀具使用寿命的影响最大。增大切削速度，刀具使用寿命就降低。目前，用理论分析方法导出的切削速度与刀具使用寿命之间的数学关系，与实际情况不尽相符，所以还是通过刀具使用寿命实验来建立他们之间的经验公式，其一般形式为：

$$v_c \cdot T^m = C_0 \tag{2.38}$$

式中　v_c——切削速度（m/min）；

　　　T——刀具使用寿命（min）；

　　　m——指数，表示 v_c 对 T 的影响程度；

　　　C_0——系数，与刀具、工件材料和切削条件有关。

上式为重要的刀具使用寿命公式，指数 m 表示 v_c 对 T 的影响程度，耐热性愈低的刀具材料，其 m 值愈小，切削速度对刀具使用寿命的影响愈大。也就是说，切削速度稍稍增大一点，则刀具使用寿命的降低就很大。

应当指出，在常用的切削速度范围内，式（2.38）完全适用；但在较宽的切削速度范围内进行实验，特别是在低速区内，式（2.38）就不完全适用了。

（2）进给量和背吃刀量与刀具使用寿命的关系。切削时，增大进给量 f 和背吃刀量 a_{sp}，刀具使用寿命将降低。经过实验，可以得到与式（2.38）类似的关系式：

$$\left. \begin{array}{l} f \cdot T^{m_1} = C_1 \\ a_{sp} \cdot T^{m_2} = C_2 \end{array} \right\} \tag{2.39}$$

（3）刀具使用寿命的经验公式。综合式（2.38）和式（2.39），可得到切削用量与刀具使用寿命的一般关系式：

$$T = \frac{C_T}{v_c^{\frac{1}{m}} \cdot f^{\frac{1}{m_1}} \cdot a_{sp}^{\frac{1}{m_2}}}$$

令 $x = \dfrac{1}{m}$、$y = \dfrac{1}{m_1}$、$z = \dfrac{1}{m_2}$，则：

$$T = \frac{C_T}{v_c^x \cdot f^y \cdot a_{sp}^z} \tag{2.40}$$

式中　C_T——使用寿命系数，与刀具、工件材料和切削条件有关；

　　　x、y、z——指数，分别表示各切削用量对刀具使用寿命的影响程度。

用 YT_5 硬质合金车刀切削 $\sigma_b = 0.637$ GPa 的碳钢时，切削用量（$f > 0.7$ mm/r）与刀具使用寿命的关系为：

$$T = \frac{C_{\mathrm{T}}}{v_c^5 \cdot f^{2.25} \cdot a_{sp}^{0.75}} \tag{2.41}$$

由上式可以看出，切削速度 v_c 对刀具使用寿命影响最大，进给量 f 次之，背吃刀量 a_{sp} 最小。这与三者对切削温度的影响顺序完全一致，反映出切削温度对刀具使用寿命有着最要的影响。

4. 刀具使用寿命的选择

刀具的磨损达到磨钝标准后即需重磨或换刀。究竟刀具切削多长时间换刀比较合适，即刀具的使用寿命应取什么数值才算合理呢？一般有两种方法：一是根据单件工时最短的观点来确定使用寿命，这种使用寿命称为最大生产率使用寿命 T_p；二是根据工序成本最低的观点来确定的使用寿命，称为经济使用寿命 T_e。

在一般情况下均采用经济使用寿命，当任务紧迫或生产中出现不平衡环节时，则采用最大生产率使用寿命。生产中一般常用的使用寿命的参考值为：高速钢车刀 $T = 60 \sim 90$ min；硬质合金、陶瓷车刀 $T = 30 \sim 60$ min；在自动机上多刀加工的高速钢车刀 $T = 180 \sim 200$ min。

在选择刀具使用寿命时，还应注意：

① 简单的刀具如车刀、钻头，使用寿命选得低些；结构复杂和精度高的刀具，如拉刀、齿轮刀具等，使用寿命选得高些；同一类刀具，尺寸大的，制造和刃磨成本均较高的，使用寿命选得高些；可转位刀具的使用寿命比焊接式刀具选得低些；

② 装卡、调整比较复杂的刀具，使用寿命选得高些；

③ 车间内某台机床的生产效率限制了整个车间生产率提高时，该台机床上的刀具使用寿命要选得低些，以便提高切削速度，使整个车间生产达到平衡；

④ 精加工尺寸很大的工件时，为避免在加工同一表面时中途换刀，使用寿命应选得至少能完成一次走刀，并应保证零件的精度和表面粗糙度要求。

2.2.5 刀具合理几何参数的选择

1. 概　述

刀具的几何参数包括：刀具角度、刀面形式、切削刃形状等。它们对切削时金属的变形、切削力、切削温度、刀具磨损、已加工表面质量等都有显著的影响。

刀具合理的几何参数，是指在保证加工质量的前提下，能够获得最高刀具使用寿命，从而达到提高切削效率或降低生产成本目的的几何参数。

刀具合理几何参数的选择主要决定于工件材料、刀具材料、刀具类型及其他具体工艺条件，如切削用量、工艺系统刚性及机床功率等。

2. 前角及前面形状的选择

（1）前角的功用及合理前角的选择：

① 前角的主要功用：

• 影响切削区的变形程度。增大刀具前角，可减小切削层的塑性变形，减小切屑流经前面的摩擦阻力，从而减小切削力、切削热和切削功率。

• 影响切削刃与刀头的强度、受力性质和散热条件。增大刀具前角，会使切削刃与刀头的强度降低，导热面积和容热体积减小。过分增大前角，还有可能导致切削刃处出现弯曲应力，造成崩刃。

• 影响切屑形态和断屑效果。若减小前角，可增大切屑的变形，使之易于脆化和断裂。

• 影响已加工表面质量。主要通过积屑瘤、鳞刺、振动等影响。

② 合理前角的概念：

从上述前角的功用可知，增大或减小前角各有利弊，在一定的条件下，前角有一个合理的数值。图 2.34 为刀具前角对刀具使用寿命影响的示意曲线，可见前角太大、太小都会使刀具寿命显著降低。对于不同的刀具材料，各有其对应着的刀具最大使用寿命的前角，称为合理前角 γ_{opt}。由于硬质合金的抗弯强度较低，抗冲击韧性差，其 γ_{opt} 小于高速钢刀具的 γ_{opt}。工件材料不同时也是这样，如图 2.35 所示。

③ 合理前角的选择原则：

• 工件材料的强度、硬度低，可以取较大的甚至很大的前角；工件材料强度、硬度高，应取较小的前角；加工特别硬的工件（如淬硬钢）时，前角很小甚至取负值。

• 加工塑性材料（如钢）时，应取较大的前角；加工脆性材料（如铸铁）时，可取较小的前角。用硬质合金刀具加工一般钢材料时，前角可选 10°～20°；加工一般灰铸铁时，前角可选 5°～15°。

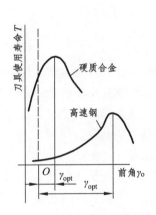

图 2.34　前角的合理数值

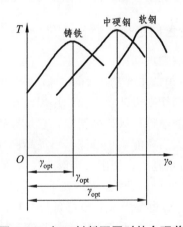

图 2.35　加工材料不同时的合理前角

• 粗加工，特别是断续切削，承受冲击性载荷，或对有硬皮的铸锻件粗切时，为保证刀具有足够的强度，应适当减小前角。但在采取某些强化切削刃及刀尖的措施之后，也可增大前角。

• 成形刀具和前角影响刀刃形状的其他刀具，为防止刃形畸变，常取较小的前角，甚至取 $\gamma_o = 0$。但这些刀具的切削条件不好，应在保证切削刃成形精度的前提下，设法增大前角。

• 刀具材料的抗弯强度较大、韧性较好时，应选用较大的前角。

• 工艺系统刚性差和机床功率不足时，应选取较大的前角。

• 数控机床和自动机、自动线用刀具，为使刀具的切削性能稳定，宜取较小的前角。

（2）带卷屑槽的刀具前面形状：

加工韧性材料，为使切屑卷成螺旋形，或折断成 C 形，使之易于排出和清理，常在前面磨出卷屑槽，可做成直线圆弧形、直线形、全圆弧形，如图 2.36 所示等不同形式。一般，直线圆弧形的槽底圆弧半径 $R_n = (0.4 \sim 0.7)W_n$；直线形槽底角（$180° - \sigma$）为 $110° \sim 130°$。这两种槽形较适于加工碳素钢、合金结构钢、工具钢等，一般 γ_o 为 $5° \sim 15°$。全圆弧槽形，可获得较大的前角，且不致使刃部过于削弱，较适于加工紫铜、不锈钢等高塑性材料，γ_o 可增至 $25° \sim 30°$。

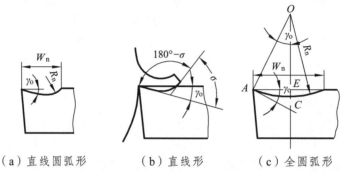

（a）直线圆弧形   （b）直线形   （c）全圆弧形

图 2.36　刀具前面上卷屑槽的形状

卷屑槽宽度根据工件材料和切削用量决定，一般可取 $W_n = (7° \sim 10°)f$。

3. 后角的选择

（1）后角的功用：

① 后角的主要功用是减小后面与过渡表面之间的摩擦。由于切屑形成过程中的弹性、塑性变形和切削刃钝圆半径的作用，在过渡表面上有一个弹性恢复层。后角越小，弹性恢复层同后面的摩擦接触长度越大，它是导致切削刃及后面磨损的直接原因之一。从这个意义上来看，增大后角能减小摩擦，可提高已加工表面质量和刀具使用寿命。

② 后角越大，切削刃钝圆半径 R_n 值越小，切削刃越锋利。

③ 在同样的磨钝标准 VB 下，后角大的刀具由新用到磨钝，所磨去的金属体积较大（见图 2.37），这也是增大后角可延长刀具使用寿命的原因之一。但带来的问题是刀具径向磨损值 NB 增大。当工件尺寸精度要求较高时，就不宜采用大后角。

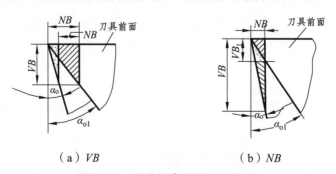

（a）VB （b）NB

图 2.37　后角与磨损体积的关系

④ 增大后角将使切削刃和刀头的强度削弱，导热面积和容热体积减小；且 NB 一定时的磨耗体积小，刀具使用寿命降低，如图 2.37 所示。这些是增大后角的不利方面。

因此，同样存在一个后角合理值 α_{opt}。

（2）合理后角的选择原则：

① 粗加工、强力切削及承受冲击载荷的刀具，要求切削刃有足够的强度，应取较小的后角；精加工时，刀具磨损主要发生在切削刃区和后面上，为减小后面磨损和增加切削刃的锋利程度，应取较大的后角。车刀合理后角在 $f \leqslant 0.25$ mm/r 时，可取 $\alpha_o = 10° \sim 12°$；在 $f > 0.25$ mm/r 时，$\alpha_o = 5° \sim 8°$。

② 工件材料硬度、强度较高时，为保证切削刃强度，宜取较小的后角；工件材质较软、塑性较大或易加工硬化时，后面的摩擦对已加工表面质量及刀具磨损影响较大，应适当加大后角；加工脆性材料，切削力集中在刃区附近，宜取较小的后角；但加工特别硬而脆的材料，在采用负前角的情况下，必须加大后角才能造成切削刃切入的条件。

③ 工艺系统刚性差，容易出现振动时，应适当减小后角。

④ 各种有尺寸精度要求的刀具，为了限制重磨后刀具尺寸的变化，宜取较小的后角。

⑤ 车刀的副后角一般取其等于后角。切断刀的副后角，由于受其结构强度的限制，只能很小，即 $\alpha_o = 1° \sim 2°$。

4. 主偏角、副偏角及刀尖形状的选择

（1）主偏角和副偏角的功用：

① 影响切削加工残留面积高度。从这个因素看，减小主偏角和副偏角，可以减小已加工表面粗糙度，特别是副偏角对已加工表面粗糙度的影响更大。

② 影响切削层的形状，尤其是主偏角直接影响同时参与工作的切削刃长度和单位切削刃上的负荷。在背吃刀量和进给量一定的情况下，增大主偏角时，切削层公称宽度将减小，切削层公称厚度将增大，切削刃单位长度上的负荷随之增大。因此，主偏角直接影响刀具的磨损和刀具的寿命。

③ 影响 3 个切削分力的大小和比例关系。在刀尖圆弧半径 r_ε 很小的情况下，增大主偏角，可使背向力减小，进给力增大。同理，增大副偏角也可使背向力减小。而背向力的减小，有利于减小工艺系统的弹性变形和振动。

④ 主偏角和副偏角决定了刀尖角 ε_r。故直接影响刀尖处的强度、导热面积和容热体积。

⑤ 主偏角还影响断屑效果。增大主偏角，使得切屑变得窄而厚，容易折断。

（2）合理主偏角 κ_r 的选择原则：

① 粗加工和半精加工，硬质合金车刀一般选用较大的主偏角，以利于减少振动，提高刀具寿命和断屑。

② 加工很硬的材料如冷硬铸铁和淬硬钢，为减小单位长度切削刃上的负荷，改善刀头导热和容热条件，提高刀具寿命，宜取较小主偏角。

③ 工艺系统刚性较好时，减小主偏角可提高刀具寿命；刚性不足时，应取大的主偏角，甚至主偏角 $\kappa_r \geqslant 90°$，以减小背向力，减少振动。

④ 单件小批量生产，希望一两把刀具加工出工件上所有的表面，则选取通用性较好的 45° 车刀或 90° 偏刀。

（3）合理副偏角的选择原则：

① 一般刀具的副偏角，在不引起振动的情况下可选取较小的数值，如车刀、端铣刀、刨刀，均可取 $\kappa_r' = 5° \sim 10°$。

② 精加工刀具的副偏角应取得更小一些，必要时，可磨出一段 $\kappa_r' = 0$ 的修光刃（见图 2.38），修光刃长度 b_ε' 应略大于进给量，即 $b_\varepsilon' \approx (1.2 \sim 1.5) f$。

③ 加工高强度高硬材料或断续切削时，应取较小的副偏角，即 $\kappa_r' = 4° \sim 6°$，以提高刀尖的强度。

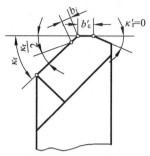

图 2.38 修光刃

④ 切断刀、锯片铣刀和槽铣刀等，为保证刀头强度和重磨后刀头宽度变化较小，只能取很小的副偏角，即 $\kappa_r' = 1° \sim 2°$。

（4）刀尖形状。

按形成方法的不同，刀尖可分为 3 种：交点刀尖、修圆刀尖和倒角刀尖（见图 2.4）。交点刀尖是主切削刃和副切削刃的交点，无所谓形状，故无须几何参数去描述。将修圆刀尖投影于基面上，刀尖成为一段圆弧，因此，可用刀尖圆弧半径 r_ε 来确定刀尖的形状。而倒角刀尖在基面上投影后，成为一小段直线切削刃，这段直线切削刃称为过渡刃，可用两个几何参数来确定，即过渡刃长度 b_ε 以及过渡刃偏角 $\kappa_{r\varepsilon}$。

① 圆弧刀尖高速车刀 $r_\varepsilon = 1 \sim 3$ mm；硬质合金和陶瓷车刀 $r_\varepsilon = 0.5 \sim 1.5$ mm；金刚石车刀 $r_\varepsilon = 1.0$ mm；立方氮化硼车刀 $r_\varepsilon = 0.4$ mm；

② 倒角刀尖过渡刃偏角 $\kappa_{r\varepsilon} \approx \dfrac{1}{2} \kappa_r$；过渡刃长度 $b_\varepsilon = 0.5 \sim 2$ mm 或 $b_\varepsilon = \left(\dfrac{1}{4} - \dfrac{1}{5} \right) a_{sp}$。

5. 刃倾角的选择

（1）刃倾角的功用：

① 控制切屑流出方向。当 $\lambda_s = 0°$ 时[见图 2.39(a)]，即直角切削，切屑在前面上近似沿垂直于主切削刃的方向流出；当 λ_s 为负值时[见图 2.39(b)]，切屑流向与 v_f 方向相反，可能缠绕、擦伤已加工表面，但刀头强度较好，常用于粗加工；当 λ_s 为正值时[见图 2.39(c)]，切屑流向与 v_f 方向一致，但刀头强度较差，适用于精加工。

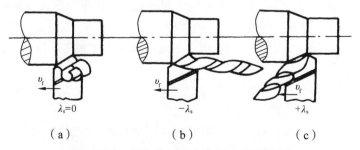

（a）　　　　　　（b）　　　　　　（c）

图 2.39 刃倾角 λ_s 对切屑流出方向的影响

② 影响切削刃的锋利性。由于刃倾角造成较小的切削刃实际钝圆半径，使切削刃显得

锋利，故用大刃倾角刀具工作时，往往可以切下很薄的切削层。

③ 影响刀尖强度、刀尖导热和容热性。在非自由不连续切削时，负的刃倾角使远离刀尖的切削刃处先接触工件，可使刀尖避免受到冲击；而正的刃倾角将使冲击载荷首先作用于刀尖。同时，负的刃倾角使刀头强固，刀尖处导热和容热条件较好，有利于延长刀具使用寿命。

④ 影响切削刃的工作长度和切入切出的平衡性。当 $\lambda_s = 0$ 时，切削刃同时切入切出，冲击力大；当 $\lambda_s \neq 0$ 时，切削刃逐渐切入工件，冲击小，而且刃倾角越大，切削刃工作长度越长，切削过程越平稳。

（2）合理刃倾角的选择原则和参考值：

① 加工一般钢料和灰铸铁，无冲击的粗车取 $\lambda_s = 0° \sim -15°$，精车取 $\lambda_s = 0° \sim +5°$。有冲击时，取 $\lambda_s = -5° \sim -15°$；冲击特别大时，取 $\lambda_s = -30° \sim -45°$。

② 加工淬硬钢、高强度钢、高锰钢，取 $\lambda_s = -20° \sim -30°$。

③ 工艺系统刚性不足时，尽量不用负刃倾角。

④ 微量精车外圆、精车孔和精刨平面时，取 $\lambda_s = 45° \sim 75°$。

2.2.6　切削用量的选择

1. 制定切削用量的原则

正确地选择切削用量，对于保证加工质量、降低加工成本和提高劳动生产率都具有重要意义。所谓合理的切削用量，是指充分利用刀具的切削性能和机床性能（功率、扭矩等），在保证加工质量的前提下，获得高的生产率和低的加工成本的切削用量。

对于粗加工，要尽可能保证较高的金属切削率和必要的刀具使用寿命。

提高切削速度，增大进给量和背吃刀量，都能提高金属切削率。但是，这 3 个因素中，对刀具使用寿命影响最大的是切削速度，其次是进给量，影响最小的则是背吃刀量。所以，在选择粗加工切削用量时，应优先考虑采用大的背吃刀量，其次考虑采用大的进给量，最后才能根据刀具使用寿命的要求，选择合理的切削速度。

半精加工、精加工时首先要保证加工精度和表面质量，同时应兼顾必要的刀具使用寿命和生产效率，此时的背吃刀量应根据粗加工留下的余量确定。为了减小工艺系统的弹性变形，减小已积屑瘤和鳞刺的产生，用硬质合金刀具进行精加工时一般多采用较高的切削速度，高速钢刀具则一般多采用较低的切削速度。

2. 切削用量三要素的确定

（1）背吃刀量的选择。背吃刀量根据加工余量确定。

① 在粗加工时，一次走刀应尽可能切去全部加工余量，在中等功率机床上，a_{sp} 可达 8 ~ 10 mm。

② 下列情况可分几次走刀：

• 加工余量太大，一次走刀切削力太大，会产生机床功率不足或刀具强度不够时。

• 工艺系统刚性不足或加工余量极不均匀，引起很大振动时，如加工细长轴或薄壁工件。

• 断续切削，刀具受到很大的冲击而造成打刀时。

在上述情况下，如分二次走刀，第一次的 a_{sp} 也应比第二次大，第二次的 a_{sp} 可取加工余量的 1/3 ~ 1/4。

③ 切削表面层有硬皮的铸锻件或切削不锈钢等冷硬较严重的材料时，应尽量使背吃刀量超过硬皮或冷硬层厚度，以防刀刃过早磨损或破损。

④ 在半精加工时，a_{sp} = 0.5 ~ 2 mm。

⑤ 在精加工时，a_{sp} = 0.1 ~ 0.4 mm。

（2）进给量的选择。粗加工时，对工件表面质量没有太高要求，这时切削力往往很大，合理的进给量应是工艺系统所能承受的最大进给量。这一进给量要受到下列一些因素的限制：机床进给机构的强度、车刀刀杆的强度和刚度、硬质合金或陶瓷刀片的强度及工件的装夹刚度等。精加工时，最大进给量主要受加工精度和表面粗糙度的限制。

工厂生产中，进给量常常根据经验选取。粗加工时，根据加工材料、车刀刀杆尺寸、工件直径及已确定的背吃刀量，从《切削用量手册》中查取进给量。

在半精加工和精加工时，则按粗糙度要求，根据工件材料、刀尖圆弧半径、切削速度，从《切削用量手册》中查得进给量。

然而，按经验确定的粗车进给量在一些特殊情况下，如切削力很大、工件长径比很大、刀杆伸出长度很大时，有时还需对选定的进给量进行校验（一项或几项）。

（3）切削速度的确定。根据已选定的背吃刀量 a_{sp}、进给量 f 及刀具使用寿命 T，就可按下列公式计算出切削速度 v_c 和机床转速 n。

$$v_c = \frac{C_v}{T^m \cdot a_{sp}^{x_v} \cdot f^{y_v}} \cdot K_v \quad (\text{m/min})$$

式中 C_v、x_v、y_v——根据工件材料、刀具材料、加工方法等在《切削用量手册》中查得；

           K_v——切削速度修正系数。

实际生产中也可从《切削用量手册》中选取 v_c 的参考值。通过 v_c 的参考值可以看出：

① 粗车时，a_{sp}、f 均较大，所以 v_c 较低；精加工时，a_{sp}、f 均较小，所以 v_c 较高。

② 工件材料强度、硬度较高时，应选较低的 v_c；反之，v_c 较高。材料加工件工性越差，v_c 越低。

③ 刀具材料的切削性能愈好，v_c 愈高。

此外，在选择 v_c 时，还应考虑以下几点：

① 精加工时，应尽量避免积屑瘤和鳞刺产生的区域。

② 断续切削时，为减小冲击和热应力，宜适当降低 v_c。

③ 在易发生振动的情况下，v_c 应避开自激振动的临界速度。

④ 加工大件、细长件、薄壁件以及带硬皮的工件时，应选用较低的 v_c。

2.2.7   切削液的选择

在金属切削过程中，合理选用切削液，可以改善金属切削过程的界面摩擦情况，减少刀具和切屑的黏结，抑制积屑瘤和鳞刺的生长，降低切削温度，减小切削力，提高刀具使用寿命和生产效率。所以，对切削液的研究和应用应当予以重视。

1. 切削液的作用

（1）冷却作用。切削液能够降低切削温度，从而提高刀具使用寿命和加工质量。在刀具材料的耐热性较差、工件材料的热膨胀系数较大以及两者的导热性较差的情况下，切削液的冷却作用显得更为重要。

（2）润滑作用。切削液渗入到切屑、刀具、工件的接触面间，黏附在金属表面上形成润滑膜，减小他们之间的摩擦系数，减轻黏结现象，抑制积屑瘤，改善加工表面质量，提高刀具使用寿命。

（3）清洗作用。在金属切屑过程中，有时产生一些细小的切屑（如切削铸铁）或磨料的细粉（如磨削）。为了防止碎屑或磨粉黏附在工件、刀具和机床上，影响工件已加工表面质量、刀具使用寿命和机床精度，要求切削液具有良好的清洗作用。为了增强切削液的渗透性、流动性，往往加入剂量较大的表面活性剂和少量矿物油，用大的稀释比（水占 95%～98%）制成乳化液，可以大大提高其清洗效果。为了提高其冲刷能力，及时冲走碎屑及磨粉，在使用中往往给予一定的压力，并保持足够的流量。

（4）防锈作用。为了减小工件、机床、刀具受周围介质（空气、水分等）的腐蚀，要求切削液具有一定的防锈作用。防锈作用的好坏，取决于切削液本身的性能和加入的防锈添加剂。在气候潮湿地区，对防锈作用的要求显得更为突出。

2. 切削液的选用

切削液的使用效果除取决于切削液的性能外，还与刀具材料、加工要求、工件材料、加工方法等因素有关，应综合考虑，合理选用。

（1）根据刀具材料、加工要求选用切削液。高速钢刀具耐热性差，粗加工时，切削用量大，切削热多，容易导致刀具磨损，应选用以冷却为主的切削液；精加工时，主要是获得较好的表面质量，可选用润滑性好的极压切削油或高浓度极压乳化液。硬质合金刀具耐热性好，一般不用切削液，如必要，也可用低浓度乳化液或水溶液，但应连续地、充分地浇注，不宜断续浇注，以免处于高温状态的硬质合金刀片在突然遇到切削液时，产生巨大的内应力而出现裂纹。

（2）根据工件材料选用切削液。加工钢等塑性材料时，需用切削液；而加工铸铁等脆性材料时，一般则不用，原因是作用不如钢明显，又易搞脏机床、工作地；对于铜、铝及铝合金等，加工时均处于极压润滑摩擦状态，应选用极压切削油或极压乳化液；对于铜、铝、铝合金，为了得到较好的表面质量和精度，可采用 10%～20% 乳化液、煤油或煤油矿物油的混合液；切削铜时不宜用含硫的切削液，因硫会腐蚀铜。

（3）根据加工方法选用切削液。钻孔、攻丝、铰孔、拉削等，排屑方式为封闭、半封闭状态，导向部、校正部与已加工表面的摩擦严重，对硬度高、强度大、韧性大、冷硬严重的难切削材料尤为突出，宜用乳化液、极压乳化液和极压切削油；成形刀具、齿轮刀具等，要求保持形状、尺寸精度等，应采用润滑性好的极压切削油或高浓度极压切削液；磨削加工温度很高，且细小的磨屑会破坏工件表面质量，要求切削液具有较好的冷却性能和清洗性能，常用半透明的水溶液和普通乳化液，磨削不锈钢、高温合金宜用润滑性能较好的水溶液和极压乳化液。

*车刀角度变换的矢量计算法（举例）

车刀不同剖面中的角度关系，用矢量法也可以得到证明。在某些情况下，矢量法比普通的几何、三角法简单得多。现在，作为一个例子，用矢量法来证明公式（2.9）。

图 2.40 中的单位矢量 i、j、k 组成直角坐标系。A 为刀刃的单位矢量；B 为正交剖面与前面交线的单位矢量；C 为任意剖面与前面交线的单位矢量。因 A 与 i 的夹角为刃顷角 λ_s，B 与 j 的夹角为前角 γ_o，C 与基面的夹角为任意剖面内的前角 γ_i，故可写出下列矢量式：

$$A = \cos\lambda_s \boldsymbol{i} + 0\boldsymbol{j} - \sin\lambda_s \boldsymbol{k}$$
$$B = 0\boldsymbol{i} + \cos\gamma_o \boldsymbol{j} - \sin\gamma_o \boldsymbol{k}$$
$$C = \cos\gamma_i \cos\gamma_s \boldsymbol{i} + \cos\gamma_i \sin\gamma_s \boldsymbol{j} - \sin\gamma_i \boldsymbol{k}$$

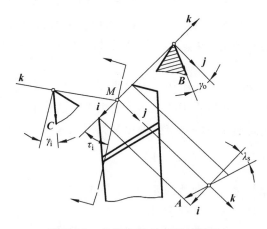

图 2.40　角度变换的矢量计算法

由于矢量 A、B、C 是在同一个面（前面）内，根据三矢量共面的条件，应有：

$$[ABC] = 0$$

$$\begin{vmatrix} A_i & A_j & A_k \\ B_i & B_j & B_k \\ C_i & C_j & C_k \end{vmatrix} = 0$$

将矢量式中的系数代入上面的行列式，则：

$$\begin{vmatrix} \cos\lambda_s & 0 & -\sin\lambda_s \\ 0 & \cos\gamma_o & -\sin\gamma_o \\ \cos\gamma_i \cos\gamma_s & \cos\gamma_i \sin\gamma_s & -\sin\gamma_i \end{vmatrix} = 0$$

根据行列性质，上式可简化成：

$$\begin{vmatrix} 1 & 0 & -\tan\lambda_s \\ 0 & 1 & -\tan\lambda_o \\ \cos\tau_i & \sin\tau_i & -\sin\gamma_i \end{vmatrix} = 0$$

将上式展开后即得：

$$\tan \gamma_i = \tan \gamma_o \sin \tau_i + \tan \lambda_s \cos \tau_i$$

这与式（2.9）相同。

习题与思考题

1. 何谓主运动和进给运动？试以外圆车削为例说明。

2. 何谓切削平面、基面、主剖面？

3. 当用主偏角 $\kappa_r = 45°$ 的车刀车削外圆时，工件加工前的直径为 $\phi = 62$ mm，加工后的直径为 $\phi = 54$ mm，工件每分钟转速为 $n = 240$ r/min，刀具每分钟沿工件轴向移动 98 mm。试求 v_c、f、a_{sp}、h_D、b_D 及 A_D。

4. 刀具切削部分材料必须具备哪些基本性能？

5. 常用刀具材料有哪几种？试比较其性能。

6. 粗、精加工钢料一般应分别采用什么牌号的硬质合金？为什么？

7. 粗、精加工铸铁一般应分别采用什么牌号的硬质合金？为什么？

8. 试画出切断刀具主剖面参考系的标注角度 γ_o、α_o、κ_r 和 κ_r'，设 $\kappa_r = 90°$，$\lambda_s = 0°$。

9. 切削力是怎样产生的？各分力有何作用？

10. 背吃刀量和进给量对切削力的影响有何不同？为什么？

11. 切削热是怎样传出的？影响切削热传出的因素有哪些？

12. 背吃刀量和进给量对切削温度的影响有何不同？为什么？

13. 刀具磨损过程分为哪几个阶段？各阶段的磨损特点如何？

14. 何谓刀具使用寿命？它与刀具总使用寿命有何不同？

15. 何谓积屑瘤？如何减少和避免它产生？

16. 为什么当加工工艺系统刚性差时，特别是车削细长轴时，应取大的主偏角？

第3章　机械加工方法与设备

机器种类繁多，构成机器的零件形状更是多种多样，但构成零件轮廓的表面不外乎是这样几种基本类型：平面、圆柱面、圆锥面、螺旋面和成形面等。加工机器零件实际上就是对这些表面的加工。常见的机械加工方法有：车削加工、铣削加工、刨削加工、钻削加工、磨削加工等。而金属切削机床是用切削的方法将金属毛坯加工成机器零件的机器，它是制造机器的机器，所以又称为"工作母机"或"工具机"，简称机床。

金属切削机床是加工机器零件的主要设备，它所担负的工作量，约占机器制造总工作量的 40%~60%。在一般机械制造企业的主要技术装备中，机床约占设备总台数的 60%~80%。因此，机床的技术水平直接影响机械制造工业的产品质量和劳动生产率。

从几千年前加工石器、木材等简易机床的产生、发展到现在，机床已具有高速度、高效率、自动化性能，具有数控化、柔性化和集成化特点，加工精度已进入纳米级（0.01 μm）。

3.1　金属切削机床概述

3.1.1　金属切削机床的分类

机床最基本的分类方法，是按加工性质和所用的刀具进行分类。根据我国制定的机床型号编制方法编制国家标准，将机床分为 11 个大类：车床、钻床、镗床、磨床、齿轮加工机床、螺纹加工机床、铣床、刨插床、拉床、锯床及其他机床。在每一类机床中，又按工艺范围、布局形式和结构等，分为 10 个组，每一组又细分为若干系（系列）。

除上述基本分类方法外，还可根据机床的其他特征进一步区分。

（1）按应用范围（通用性程度）又可分为：

① 通用机床（或称万能机床）。它可用于加工多种零件的不同工序，加工范围较广，通用性较大，但结构比较复杂，自动化程度低、生产率低，这种机床主要适用于单件小批量生产。例如，卧式车床、万能升降台铣床、万能外圆磨床等。

② 专门化机床。它的工艺范围较窄，专门用于加工某一类或几类零件的某一道（或几道）特定工序。如曲轴车床、凸轮轴车床等。

③ 专用机床。它的工艺范围最窄，只能用于加工某一种零件的某一道特定工序，适用于大批大量生产。如加工机床主轴箱的专用镗床、加工车床导轨的专用磨床等，大批大量生

产中使用的各种组合机床也属专用机床。

（2）同类型机床按工作精度又可分为：普通精度机床、精密机床和高精度机床。

（3）机床还可按自动化程度分为：手动、机动、半自动和自动机床。

（4）机床还可按其重量与尺寸分为：仪表机床、中型机床（一般机床）、大型机床（重量达 10 t）、重型机床（大于 30 t）和超重型机床（大于 100 t）。

（5）按机床主要工作部件的数目可分为：单轴、多轴或单刀、多刀机床等。

通常，机床根据加工性质进行分类，再根据其某些特点进一步描述，如多刀半自动车床、高精度外圆磨床等。

随着机床的发展，其分类方法也在不断发展。现代机床正向数控化方向发展，数控机床的功能日趋多样化，工序更加集中，一台数控机床集中了越来越多的传统机床的功能。例如，数控车床在卧式车床功能的基础上，又集中了转塔车床、仿形车床、自动车床等多种传统车床的功能；车削中心出现以后，又在数控车床功能的基础上，加入了钻、铣、镗等类型机床的功能。又如，具有自动换刀功能的镗、铣加工中心机床（习惯上所称的"加工中心"）集中了钻、铣、镗等多种类型机床的功能，有的加工中心的主轴既能立式又能卧式，这又集中了立式加工中心和卧式加工中心的功能。可见，机床数控化引起机床传统分类方法的变化，这种变化主要表现在机床品种不是越分越细，而应是趋向综合。

3.1.2　金属切削机床型号的编制

机床的型号是赋予每种机床的一个代号，用以简明地表示机床的类型、通用和结构特性、主要技术参数等。我国的机床型号，现在是按 1994 年颁布的标准 GB/T15375—1994《金属切削机床型号编制方法》编制的。此标准规定，机床型号由汉语拼音字母和阿拉伯数字按一定的规律组合而成，它适用于新设计的各类通用机床、专用机床和回转体加工自动线（不包括组合机床、特种加工机床）。本章仅介绍通用机床型号的编制方法。

通用机床的型号由基本部分和辅助部分组成，中间用"/"隔开，读作"之"。基本部分需统一管理，辅助部分纳入型号与否由机床生产厂家自定。

通用机床的型号表示方法如下：

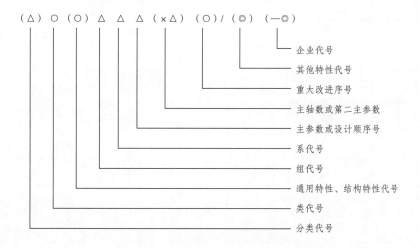

其中：

① 有"（ ）"的代号或数字，当无内容时则不表示，当有内容时则不带括号；

② 有"○"符号者，为大写的汉语拼音字母；

③ 有"△"符号者，为阿拉伯数字；

④ 有"◎"符号者，为大写的汉语拼音字母或阿拉伯数字，或两者兼有之。

1. 机床类、组、系的划分及其代号

（1）机床的类代号与分类代号。机床的类代号表示机床的类别，用大写的汉语拼音字母表示。必要时，每类可分为若干分类，分类代号用阿拉伯数字表示，作为型号的首位而位于类代号前。例如，磨床可分为 M、2M、3M。机床类别代号如表 3.1 所示。

表 3.1　普通机床类别代号

类别	车床	钻床	镗床	磨　　床			齿轮 加工机床	螺纹 加工机床	铣床	刨插床	拉床	锯床	其他 机床
代号	C	Z	T	M	2M	3M	Y	S	X	B	L	G	Q
读音	车	钻	镗	磨	2磨	3磨	牙	丝	铣	刨	拉	割	其他

（2）机床的组代号。每类机床划分为 10 个组，每组又划分为 10 个系（系列）。在同类机床中，主要布局或使用范围基本相同的机床，即为同一组；在同一组机床中，其主要参数相同、主要结构及布局形式相同的机床，即为同一系。

机床的组用一位阿拉伯数字表示，位于类代号或通用特性代号、结构特性代号之后，各类机床组的代号及划分如表 3.2 所示。

表 3.2　金属切削机床类、组的划分

类别＼组别	0	1	2	3	4	5	6	7	8	9
车床 C	仪表车床	单轴自动车床	多轴自动、半自动车床	回轮、转塔车床	曲轴及凸轮轴车床	立式车床	落地及卧式车床	仿形及多刀车床	轮、轴、辊、锭及铲齿车床	其他车床
钻床 Z		坐标镗钻床	深孔钻床	摇臂钻床	台式钻床	立式钻床	卧式钻床	铣钻床	中心孔钻床	其他钻床
镗床 T			深孔镗床		坐标镗床	立式镗床	卧式镗床	精镗床	汽车、拖拉机修理用镗床	其他镗床
磨床 M	仪表磨床	外圆磨床	内圆磨床	砂轮机	坐标磨床	导轨磨床	刀具磨床	平面及端面磨床	曲轴、凸轮轴、花键轴及轧辊磨床	工具磨床
磨床 2M		超精机	内圆珩磨床	外圆及其他珩磨机	抛光机	砂带抛光及磨削机床	刀具刃磨及研磨机床	可转位刀片磨削机床	研磨机	其他磨床
磨床 3M		球轴承套圈沟磨床	滚子轴承滚道磨床	轴承套圈超精机		叶片磨削磨床	滚子加工磨床	钢球加工磨床	气门、活塞及活塞环磨削机床	汽车、拖拉机修磨机床

续表　3.2

类别\组别	0	1	2	3	4	5	6	7	8	9
齿轮加工机床 Y	仪表齿轮加工机		锥齿轮加工机	滚齿机及铣齿机	剃齿机及珩齿机	插齿机	花键轴铣床	齿轮磨齿机	其他齿轮加工机	齿轮倒角及检查机
螺纹加工机床 S				套丝机	攻丝机		螺纹铣床	螺纹磨床	螺纹车床	
铣床 X	仪表铣床	悬臂及滑枕铣床	龙门铣床	平面铣床	仿形铣床	立式升降台铣床	卧式升降台铣床	床身铣床	工具铣床	其他铣床
刨插床 B		悬臂刨床	龙门刨床			插床	牛头刨床		边缘及模具刨床	其他刨床
拉床 L			侧拉床	卧式外拉床	连续拉床	立式内拉床	卧式内拉床	立式外拉床	键槽、轴瓦及螺纹拉床	其他拉插床
锯床 G			砂轮片锯床		卧式带锯床	立式带锯床	圆锯床	弓锯床	锉锯插床	
其他机床 Q	其他仪表机床	管子加工机床	木螺钉加工机床		刻线机	切断机	多功能机床			

2. 通用特性代号和结构特性代号

这两种特性代号，用大写的汉语拼音字母表示，位于类代号之后。通用特性代号有统一的固定含义，它在种类机床中表示的意义相同。

当某类型机床，既有普通型又有某种通用特性时，则在类代号之后加通用特性代号予以区别。如果某类型机床仅有某种通用特性，而无普通型者，则通用特性不予表示。如 C1312 型单轴转塔自动车床，由于这类自动车床没有"非自动"型，所以不必用"Z"表示通用特性。当在一个型号中需同时使用 2~3 个通用特性代号时，一般按重要程度排列顺序。通用特性代号如表 3.3 所示。

表 3.3　机床的通用特性代号

通用特性	高精度	精密	自动	半自动	数控	加工中心（自动换刀）	仿形	轻型	加重型	简式或经济型	柔性加工单元	数显	高速
代号	G	M	Z	B	K	H	F	Q	C	J	R	X	S
读音	高	密	自	半	控	换	仿	轻	重	简	柔	显	速

对主参数值相同而结构、性能不同的机床，常在型号中加结构特性代号予以区分。根据各类机床的具体情况，对某些结构特性代号，可以赋予一定含义。但结构特性代号与通用特性代号不同，它在型号中没有统一的含义，只在同类机床中起区分机床结构、性能不同的作用。当型号中有通用特性代号时，结构特性代号应排在通用特性代号之后。结构特性代号，用汉语拼音字母（通用特性代号已用的字母和"I、O"两个易与数字混淆的字母不能用）表示，当单个字母不够用时，可将两个字母组合起来使用，如 AD、EA…

3. 主参数、主轴数和第二主参数

（1）主参数与设计顺序号。机床主参数表示机床规格的大小，用折算值（主参数乘以折算系数）表示。常见机床主参数折算系数如表 3.4 所示。

表 3.4   常见机床主参数及折算系数

机床名称	主参数名称	折算系数
普通卧式车床	床身上最大回转直径	1/10
自动车床、六角车床	最大棒料直径	1
立式车床	最大车削直径	1/100
立式钻床、摇臂钻床	最大钻孔直径	1
卧式镗床	镗轴直径	1/10
坐标镗床	工件台面宽度	1/10
牛头刨床、插床	最大刨（插）削长度	1/10
龙门刨床	最大刨花削宽度	1/100
卧式及立式升降台铣床	工作台面宽度	1/10
龙门铣床	工作台面宽度	1/100
外圆磨床、内圆磨床	最大磨削直径	1/10
平面磨床	工作台面宽度（直径）	1/10
齿轮加工机床	最大工件直径	1/10

某些通用机床，当无法用一个主参数表示时，则在型号中用设计顺序号表示，设计顺序号由 1 起始。当设计顺序号小于 10 时，则在设计顺序号前加 "0"。

（2）主轴数与第二主参数。机床主轴数应以实际数值列入型号，并置于主参数之后，用 "×" 分开，主轴数是必须表示的。

第二主参数（多轴机床的主轴除外）一般不予表示，它是指最大模数、最大跨距、最大工件长度等。在型号中表示第二主参数时，一般应折算成两位数。折算时，一般属长度（如跨距、行程等）的参数采用 1/100 的折算系数；属直径、深度、宽度的参数采用 1/10 的折算系数；最大模数、厚度等，以实际数值列入（即折算系数为 1/1）。

4. 机床的重大改进顺序号

当机床的结构、性能有更高的要求，需按新产品重新设计、试制和鉴定时，按改进的先后顺序选用汉语拼音字母（但顺序按英文字母排列，如 A、B、C…且不得选用 "I、O" 两个字母）加在基本部分的尾部，以区别原机床型号。

5. 其他特性代号

其他特性代号主要用以反映种类机床的特性。如数控机床，可用它来反映所采用的不同控制系统。对于一般机床，可以反映同一型号的变形等。其他特性代号，置于辅助部分之首。其中同一型号机床的变型代号一般应放在其他特性代号的首位。

其他特性代号可用汉语拼音字母表示，也可用阿拉伯数字表示，还可以两者组合表示。

6. 企业代号及其表示方法

企业代号包括机床生产企业及研究所单位代号，置于辅助部分的尾部，用"—"与其他代号隔开。若辅助部分仅有企业代号，则可不加"—"。

通用机床型号示例：

例如，中捷友谊厂生产的摇臂钻床：Z3040×16/S2，型号中字母及数字的含义依次为：

Z——类别代号：钻床；

3——组代号：摇臂；

0——系代号：摇臂；

40——主参数：最大钻孔直径 40 mm；

16——第二主参数：最大跨距 1 600 mm；

S2——企业代号：中捷友谊厂。

应当指出，新标准颁布实施以前的机床型号，仍沿用 JB1838—1985 标准，甚至是更早的标准，其含义可查阅 1957 年、1959 年、1963 年、1971 年、1976 年和 1985 年颁布的机床型号编制方法。而现在的市场上，一些与国外合作生产或供出口的机床（主要是加工中心），则直接采用国外厂家规定的名称，或自行编制型号。如自贡长征机床有限责任公司生产的 KVC 系列加工中心，即是采用美国 KT 公司的技术生产的立式加工中心，该系列机床编号如 KVC800，即表示 X/Y/C 三向行程分别为 800/500/500 的立式加工中心。

3.1.3　金属切削机床的技术性能

为了能正确地选择机床、合理地使用机床，必须了解机床的技术性能。机床的技术性能是指机床的加工范围、使用质量和经济效益等方面的技术参数，包括工艺范围、技术规格、加工精度和表面粗糙度、生产率、自动化程度及精度保持性等。

1. 工艺范围

机床的工艺范围是指机床适应不同生产要求的能力，即机床上可以完成的工序种类，能加工的零件类型、毛坯和材料种类，适用的生产规模等。

如前所述，通用机床的工艺范围广，专门化机床和专用机床工艺范围较窄，数控机床（尤其是加工中心）加工精度和自动化程度都很高，一次安装后可以对多个表面进行加工，因此其工艺范围较大。

2. 技术规格

技术规格是反映机床尺寸大小和工作性能的各种技术数据。包括主参数和影响机床工作性能的其他各种尺寸参数，运动部件的行程范围、主轴、刀架、工作台等执行件的运动速度、电动机功率、机床的轮廓尺寸和重量。为了适应加工尺寸大小不同的各种零件的需要，每一种通用机床和专门化机床都有不同的规格。

3. 加工精度和表面粗糙度

加工精度和表面粗糙度是指在正常工艺条件下，机床上加工的零件所能达到的尺寸、形状和相互位置的精度以及所能控制的表面粗糙度。各种通用机床的加工精度和表面粗糙度在国家制定的机床精度标准中均有规定。普通精度级机床的加工精度较低，但生产率较高，制造成本较低，适用于加工一般精度要求的零件，是生产中使用最多的机床。精密级和高精度级机床的加工精度高，但生产率较低，且制造成本较高，仅适用于加工少数精度要求高的零件的精加工。

4. 生产率

机床的生产率是指在单位时间内机床所能加工的零件数量，它直接影响到生产效率和生产成本。

5. 自动化程度

提高机床的自动化程度，不仅可以提高劳动生产率，减轻工人的劳动强度，而且还可以减少由于工人的操作水平对机床加工质量的影响，有利于保证产品质量的稳定，因此是现代机床发展的一个方向。以往自动化程度高的机床一般只用于大批量生产，而现在由于数控技术的发展，高度自动化的机床也开始应用于小批量甚至单件生产中。

6. 机床的效率

机床的效率是指消耗于切削的有效功率与电动机输出功率之比，两者的差值是各种损耗。机床效率低，不但浪费能量，而且大量损耗的功率转变为热量，引起机床热变形，影响加工精度。对于大功率机床和精加工机床，效率更为重要。

7. 其　他

除上述几个方面外，机床的技术性能还包括精度保持性、噪声、人机关系等。

精度保持性是指机床保持其规定的加工质量的时间长短。机床在使用中由于磨损或变形等原因，会逐步地丧失其原始精度。因此，精度保持性是机床（特别是精密机床）的重要技术性能指标。

机床的运动、传动和生产均会产生噪声。噪声会影响工人的身心健康，应尽量降低。

机床的操纵、观察、调整、装卸工件和工具应方便省力，维护要简单，修理必须方便；机床工作时应不易发生故障和操作错误，以保证工人和机床的安全，提高机床的生产率。

机床是为完成一定工艺任务服务的，必须根据被加工对象的特点和具体生产条件（如被加工零件的类型、形状、尺寸和技术要求，生产批量和生产方式等），选择技术性能与之相适应的机床，才能充分发挥其效能，取得良好的经济效益。

3.1.4　金属切削机床的运动

不同的工艺方法所要求的机床运动的类型和数量是不相同的。机床上的运动按其功用可分为：表面成形运动（含主运动和进给运动）和辅助运动（包括分度运动、夹紧运动、测量运动、砂轮修整运动、退回运动等）；也可按运动的组成分为：简单运动和复合运动。

1. 成形运动

成形运动是保证得到工件要求的表面形状的最基本的运动。车削外圆柱面时，工件的旋转运动——主运动、刀具的纵向直线移动——进给运动即是机床上的成形运动。

2. 辅助运动

辅助运动是指成形运动以外的一切运动。

（1）切入运动。是保证被加工表面获得所需尺寸的运动，又叫切深运动。外圆车削时常为间歇运动。

（2）分度运动。工件上有许多相同形状、不同位置的表面，当其不能同时加工时，一个表面加工完成后应将工件转过一定角度（或移动一定距离），再加工另一位置的表面，这一运动称为分度运动。多工位工作台、刀具等的周期性转位和移动也是一种分度运动。

（3）送、夹料运动。指装卸、夹紧、松开工件的运动。自动线中工件或随行夹具的输送、定位、夹紧以及随行夹具的倒屑、回转运动等都属送、夹料运动。

（4）控制运动。包括机床的开车、停车、变速、换向、自动换刀、自动测量、自动补偿、控制各种动作及运动的先后顺序等。

（5）其他各种空行程运动。加工开始前，机床有关部件移动到要求位置的调位运动，包括切削前后刀具或工件的快速趋近和快速退回等。

3. 简单运动和复合运动

只包含一个单元运动的运动称为简单运动。由两个或两个以上单元运动组成的运动，称为复合运动。

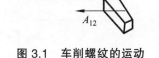

如图 3.1 所示，车削螺纹时，刀具与工件间应做相对的螺旋运动，一般将螺旋运动分解为工件的旋转运动 B_{11} 和刀具的直线运动 A_{12}。这两部分应保持严格的传动比关系，即当工件转一转时，刀具应准确地移动一个螺旋线导程。

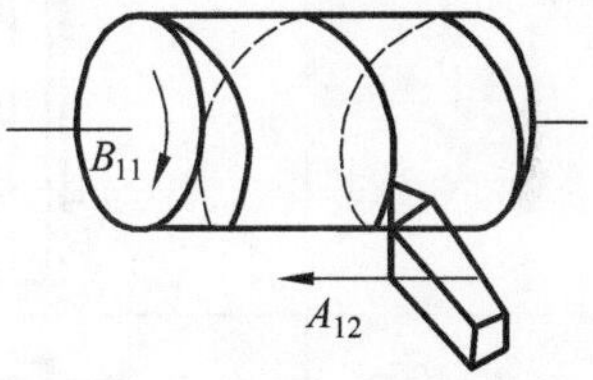

图 3.1　车削螺纹的运动

3.1.5　金属切削机床的传动

1. 机床传动的组成

为了实现加工过程中所需的各种运动，机床必须有执行件、运动源和传动装置三个基本部分。

（1）执行件。是执行机床运动的部件，如主轴、刀架、工作台等。其任务是装、夹刀具或工件，并直接带动它们完成一定形式的运动（旋转或直线运动），并保证其运动轨迹的准确性。

（2）运动源。是为执行件提供运动和动力的装置，如交流异步电动机、直流或交流调速电动机和伺服电动机等。可以几个运动共用一个运动源，也可以每个运动有单独的运动源。

（3）传动装置（传动件）。是传递运动和动力的装置，通过它把执行件和运动源或有关的执行件与执行件联系起来，使执行件获得一定速度和方向的运动，并使有关执行件之间保持某种确定的相对运动关系。机床的传动装置有机械、液压、电气、气压等多种形式。传动装置还有完成变换运动的性质、方向和速度的作用。

2. 机床的有级变速和无级变速传动

为适应工件和刀具材料、尺寸的变化，以满足不同加工工序要求，机床的主运动和进给运动速度需在一定范围内变化。根据速度调节特点的不同，机床的传动可分为无级变速传动和有级变速传动。无级变速传动的速度变换是连续的，在一定范围内可以调节到所需的任意速度；有级变速传动的速度变换是不连续的，在一定的变速范围内只能获得有限的若干种速度。

机床采用无级变速传动，可以在一定范围内获得最佳的切削用量，对提高生产率和适应加工工艺要求具有重要的意义。但因其可靠性、传动效率、使用寿命、制造成本等原因，无级变速传动目前仅用于某些精密机床和重型机床。而机械有级变速传动因具有结构紧凑、工作可靠、效率高、变速范围大和传动比准确等优点，被大多数通用机床所采用。

3. 机床常见的传动方式与传动比

机床在机械传动中常用皮带、齿轮、蜗杆蜗轮、丝杠螺母等传动副来传递运动并实现执行件的变速与换向。表 3.5 中列出了常用机械传动副及其传动比 i 或传动速度 v 的计算公式。

表 3.5　常用机械传动副及其传动比 i 或传动速度 v 的计算公式

传动副名称	简　图	传动比或传动速度	传　动　特　点
皮带传动		$i_{\text{I-II}} = \dfrac{n_{\text{II}}}{n_{\text{I}}} = \dfrac{d_1}{d_2}\eta$ η：传动效率，一般取 0.98 d_1、d_2：皮带轮直径	传动平稳，结构简单；两轴间中心距变化范围大；制造、维修方便；有过载保护作用。但带与带轮间易打滑，所以传动比不准确
齿轮传动		$i_{\text{I-II}} = \dfrac{n_{\text{II}}}{n_{\text{I}}} = \dfrac{Z_1}{Z_2}$	结构紧凑，传动比准确，传动效率高，可传递较大功率；但制造复杂，当精度不高时，传动不平稳，有噪声
蜗杆蜗轮传动		$i_{\text{I-II}} = \dfrac{n_{\text{II}}}{n_{\text{I}}} = \dfrac{k}{Z_k}$	可获得较大的降速比，运动传递不可逆；传动平稳，无噪声。但传动效率低，需良好润滑
齿轮齿条传动		$v = n\pi d = n\pi mZ$ n：齿轮转速 d：齿轮分度圆直径 m：齿轮模数	传动效率高，但制造精度不高时，易跳动，降低传动的平稳性和准确性
丝杠螺母传动		$v = \dfrac{knP}{60}$ k：丝杠螺旋线头数	工作平稳，无噪声。但高精度的丝杠螺母制造困难，传动效率低

注：表中 Ⅰ、Ⅱ 为传动轴号。

4. 机床的传动链

机床上为了得到所需要的运动，需要通过一系列的传动件把执行件与运动源（如把主轴和电动机），或者把执行件和执行件（如把主轴和刀架）之间联系起来，这种联系称为传动联系。构成一个传动联系的一系列顺序排列的传动件，称为传动链。其总传动比由下式计算：

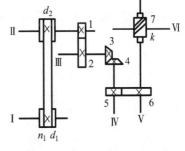

$$i_{I-k} = \frac{n_k}{n_1} = i_{I-II} \times i_{II-III} \times \cdots \times i_{(k-1)-k} \qquad (3.1)$$

如图 3.2 所示，运动由 I 轴输入，由 VI 轴输出。则有：

图 3.2　某机床的部分传动链

$$i_{I-VI} = \frac{n_{VI}}{n_1} = \frac{d_1}{d_2} \eta \cdot \frac{Z_1}{Z_2} \cdot \frac{Z_3}{Z_4} \cdot \frac{Z_5}{Z_6} \cdot \frac{k}{Z_7}$$

传动链中通常包含两类传动机构：一类是传动比和传动方向固定不变的传动机构，如定比齿轮副、蜗杆蜗轮副、丝杠螺母副等，称为定比传动机构；另一类是根据加工要求可以变换传动比和传动方向的传动机构，如挂轮变速机构、滑移齿轮变速机构、离合器变速机构等，统称为换置机构。

根据传动联系的性质，传动链可以分为以下两类：

（1）外联系传动链。它是联系运动源（如电动机）和机床执行件（如主轴、刀架、工作台等）之间的传动链。它能使执行件得到运动，而且能改变运动的速度和方向，但不要求运动源和执行件之间有严格的传动比关系。

（2）内联系传动链。当表面成形运动为复合成形运动时，它是由保持严格相对运动关系的几个单元运动（旋转或直线运动）所组成。为完成复合成形运动，必须有传动链把实现这些单元运动的执行件与执行件之间联系起来，并使其保持确定的运动关系，这种传动链叫做内联系传动链。

内联系传动链必须保证复合运动的两个单元运动严格的运动关系。其传动比是否准确，以及由其确定的两个单元运动的相对运动方向是否正确，将会直接影响被加工表面的形状精度。因此，内联系传动链中不能有传动比不确定或瞬时传动比变化的传动机构，如带传动、链传动和摩擦传动等。

5. 机床的变速机构与换向机构

机床的传动装置，应保证加工时能得到最有利的切削速度和运动方向。实际上，计算出来的理论切削速度只能在无级变速的机床上得到，而在一般的机床上，只能从机床现有的若干转速中，通过变速机构，来选取接近于所要求的转速。

变换机床的转速和方向的主要装置是机床的齿轮箱。齿轮箱中的变速机构和换向机构是由一些基本的机构组成的。变速机构是多种多样的，最常用的有以下几种：

（1）滑动齿轮变速机构。如图 3.3 所示，带长键的从动轴 II 上装有三联滑动齿轮（Z_2、Z_4 和 Z_6），通过手柄可使它分别与固定在主动轴 I 上的齿轮 Z_1、Z_3 和 Z_5 相啮合，轴 II 可得到三种转速，其传动比分别为：

$$i_1 = \frac{Z_1}{Z_2}\;; \qquad i_2 = \frac{Z_3}{Z_4}\;; \qquad i_3 = \frac{Z_5}{Z_6}$$

这种变速机构的传动路线表达式如下：

$$- \text{I} - \begin{bmatrix} \dfrac{Z_1}{Z_2} \\[2mm] \dfrac{Z_3}{Z_4} \\[2mm] \dfrac{Z_5}{Z_6} \end{bmatrix} - \text{II} -$$

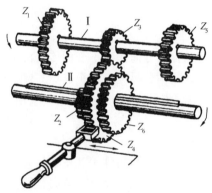

图 3.3　滑动齿轮变速机构

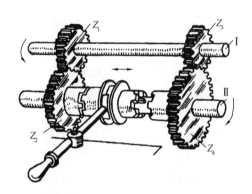

图 3.4　离合器式齿轮变速机构

（2）离合器式齿轮变速机构。如图 3.4 所示，从动轴 II 两端空套有齿轮 Z_2 和 Z_4，它们可以分别与固定在主动轴 I 上的齿轮 Z_1 和 Z_3 相啮合。轴 II 的中部带有键，并装有牙嵌式离合器。当用手柄左移或右移离合器时，可使离合器的左爪或右爪与齿轮 Z_2 或 Z_4 相啮合，轴 II 可得到两种不同的转速，其传动比分别为：

$$i_1 = \frac{Z_1}{Z_2}\;; \qquad i_2 = \frac{Z_3}{Z_4}$$

其传动路线表达式如下：

$$- \text{I} - \begin{bmatrix} \dfrac{Z_1}{Z_2} \\[2mm] \dfrac{Z_3}{Z_4} \end{bmatrix} - \text{II} -$$

（3）换向机构。换向机构改变机床部件的运动方向，如图 3.5 所示。当轴 I 上的固定齿轮 Z_1 与轴 II 上的空套齿轮 Z_2 啮合，轴 II 上的空套齿轮 Z_2' 与轴 III 上的滑动齿轮 Z_3 啮合时，轴 I 与轴 III 同向转动。当将轴 III 上的滑动齿轮 Z_3 移向左与轴 I 上的齿轮 Z_1 直接啮合时，则轴 I 与轴 III 反向转动。

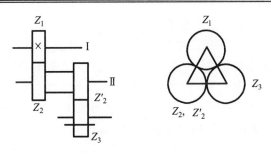

图 3.5　换向机构

6. 机床的传动原理图

为了便于研究机床的传动联系，常用一些简单的符号表示运动源与执行件及执行件与执行件之间的传动联系，这就是传动原理图。一般来说，传动原理图只表明机床最基本的表面成形运动和必要的辅助运动。图 3.6 所示为传动原理图常用的部分符号。

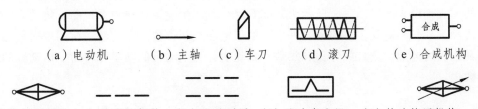

图 3.6　传动原理图常用的一些示意符号

图 3.7 给出了车削外圆柱面时设计的传动原理的几种方案。图中机床主轴用简单图形表示，工件装在机床主轴上，随主轴一起做旋转运动 B_1；车刀固定在刀架上，随刀架一起做直线进给运动 A_2。

主轴转动是主运动，因此称电动机到主轴这条传动链为主运动传动链；同理，组成进给运动的传动链成为进给运动传动链。加工时通常需要根据工艺要求选用不同的主轴转速和刀架的进给速度。因此，在传动链中需要有变换传动比的换置机构。图中的定比传动可以由齿轮副、蜗轮副、带轮副、链轮副或摩擦副等组成。换置机构中有时也包括改变运动方向的换向机构和运动启停机构等。主运动、进给运动以及必要的辅助运动等传动链构成了一台机床的传动系统。

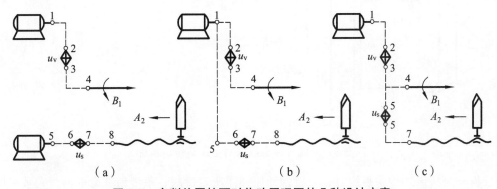

图 3.7　车削外圆柱面时传动原理图的几种设计方案

　　进给运动传动链既可以有自己单独的运动源，如图 3.7（a）所示；也可以与主运动共用一个运动源，如图 3.7（b）所示；还可以由另一个执行件（主轴）做间接运动源，如图 3.7（c）所示。这三种方式虽然在传动形式上不同，据此设计出的机床也会有相应的差别，但从完成车削外圆柱面的运动角度来看，本质是一样的。若车削螺纹，则只有图 3.7（c）中通过换置机构才能够保证主轴（工件）的旋转运动 B_1 和刀架（刀具）的直线进给运动 A_2 之间严格的比例关系，形成所需要的内联系传动链 4—5—u_s—6—7。

7. 机床的传动系统

　　由传动原理图所表示的机床各执行件的运动情况和它们之间的相互关系以及其他各种为切削加工所必需的辅助运动，最后均由机床的传动系统图表达出来。机床的传动系统图是表示机床全部运动传动关系的示意图，在图中用简单的规定符号代表各种传动元件。机床的传动系统图是画在一个能反映机床外形和主要部件相互位置的投影面上，并尽可能绘制在机床外形的轮廓线内。在传动系统图中，各传动链中的传动元件是按照运动传递的先后顺序，以展开图的形式画出来的。图 3.8 所示为万能升降台铣床的主运动传动系统图。传动系统图只能表示传动关系，不能代表各传动元件实际的尺寸和空间位置。在传动系统图中通常还需标明齿轮和蜗轮的齿数、丝杠的导程和头数、带轮直径、电动机的功率和转速、传动轴的编号等有关数据。

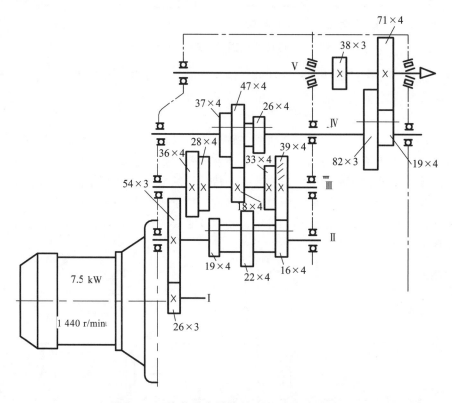

图 3.8　万能升降台铣床的主运动传动系统

　　分析一台机床的传动系统时，应以传动原理图所表达的各条传动链为依据，大致可按下列步骤进行。

（1）确定传动链两端件，找出该传动链的始端件和末端件。

（2）根据两端件相对运动的要求确定计算位移，这主要是对内联系传动链而言的。从而确定始端件和末端件之间的计算位移（指单位时间内两者的相对位移量）。

（3）写出传动链的传动路线表达式，从始端件向末端件顺次分析各传动轴之间的传动结构和运动传递关系。查明该传动链的传动路线，以及变速、换向、接通和断开的工作原理。

（4）列出运动平衡式，对于外联系传动链，因始端件为动力源（电动机），其转速为已知，故主要计算末端执行件的变速级数及各级转速（或速度）。对于内联系传动链，根据所确定的计算位移，从运动平衡式中，或整理出换置机构（通常为挂轮机构）的换置公式，计算所需采用的挂轮齿数，或确定对其他变速机构的调整要求。

如图 3.8 所示万能升降台铣床，主运动传动链的两端件是主电动机（7.5 kW，1 440 r/min）和主轴 V。由图可知，电动机的运动经弹性联轴器传给轴 I，然后经轴 I—II 之间的定比齿轮副 26/54 以及轴 II—III、III—IV 和 IV—V 之间的 3 个滑移齿轮变速机构，带动主轴 V 旋转。主轴的开、停及变向均由电动机实现。

主运动传动链的传动路线表达式为：

$$\text{电动机—I}-\frac{26}{54}-\text{II}-\begin{bmatrix}\dfrac{16}{39}\\[4pt]\dfrac{19}{36}\\[4pt]\dfrac{22}{33}\end{bmatrix}-\text{III}-\begin{bmatrix}\dfrac{18}{47}\\[4pt]\dfrac{28}{37}\\[4pt]\dfrac{39}{26}\end{bmatrix}-\text{IV}-\begin{bmatrix}\dfrac{19}{71}\\[4pt]\dfrac{82}{38}\end{bmatrix}-\text{V（主轴）}$$

主轴 V 获得的转速级数为：

$$1\times3\times3\times2=18\ \text{级}$$

根据齿轮的啮合位置，可以得出图示主轴转速为：

$$n_{主}=1\,440\times\frac{26}{54}\times\frac{16}{39}\times\frac{18}{47}\times\frac{19}{71}=30\quad(\text{r/min})$$

8. 机床的转速图

转速图是一种在对数坐标上表示变速传动系统运动规律的格线图。转速图能直观地反映变速传动过程中各传动轴和传动副的转速及运动输出轴获得各级转速时的传动路线等，是认识和分析机床变速传动系统的有效工具。

图 3.9 为某简单卧式车床主运动传动链及其转速图，其含义为：

（1）竖线代表传动轴。间距相等的竖线代表各传动轴，各传动轴按运动传递的先后顺序，从左向右依次排列。图示的传动链由 5 根传动轴组成，传动顺序为：电动机—I—II—III—IV。

（2）横线代表转速值。间距相等的横线由下至上依次表示由低到高的各级主轴转速。由于机床主轴的各级转速通常按等比数列排列，所以当采用对数坐标时，代表主轴各级转速的横线之间的间距则相等。该卧式车床的主轴转速值为 40 r/min、63 r/min、100 r/min…
1 000 r/min，标于横线的右端。

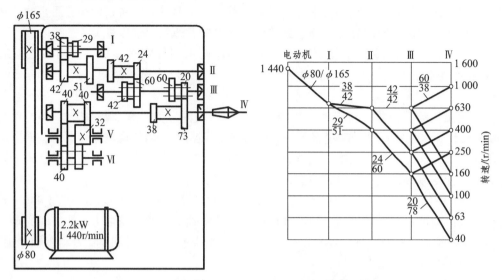

图 3.9　简单卧式车床主运动传动链及其转速图

（3）竖线上的圆点表示各传动轴实际具有的转速。转速图中每条竖线上有若干小圆点，
表示该轴可以实现的实际转速。如果电动机轴上只有一个圆点，表示电动机轴只有一个固
定转速，即 $n = 1 440$ r/min。主轴上虽标有 1 600 r/min，但此处无圆点，表示主轴不能实现
此种转速。

（4）两圆点之间的连线表示传动副的传动比，其倾斜程度表示传动副传动比的大小。从
左向右，连线向上倾斜，表示升速传动；连线向下倾斜，表示降速传动；连线为水平线，表
示等速传动。因此在同一变速组内倾斜程度相同的连线（平行线）表示其传动比相同，即代
表同一传动副。

由图 3.9 所示的转速图可以看出该传动链的组成及运动基本情况：

① 传动轴数及各轴运动传递的顺序。
② 变速组数及各变速组的传动副数。
③ 各传动副的传动比的值。
④ 各传动轴的转速范围及转速级数。
⑤ 实现主轴各级转速的传动路线。

3.2　车削加工与设备

车削加工是机械制造中应用最广泛的一类加工方法，车床是应用最广泛的一类机床（往
往可占机床总台数的 20% ~ 35%）。车床加工所使用的刀具主要是车刀，很多车床还可以使用
钻头、扩孔钻、铰刀、丝锥、板牙等孔加工刀具和螺纹刀具进行加工。加工时的主运动一般

为工件的旋转运动，进给运动则由刀具的直线移动来完成。

车床的种类很多，按其用途和结构不同，主要分为：落地及卧式车床，回轮、转塔车床，立式车床，仿形及多刀车床，单轴自动车床，多轴自动、半自动车床等。普通卧式车床是车床中应用最广泛的一种，约占车床总数的 60%。此外，还有各种专门化车床，如曲轴与凸轮轴车床，轮、轴、辊、锭及铲齿车床等，在大批大量生产中还使用各种专用车床。

3.2.1　车削的工艺特点及应用

1. 易于保证工件各加工面的位置精度

车削时，工件绕某一固定轴线回转，各表面具有相同的回转轴线，故易于保证加工表面间的同轴度要求。而工件端面与轴线的垂直度要求，则主要由车床本身的精度来保证，它取决于车床横溜板导轨与工件回转轴线的垂直度。

2. 切削过程比较平稳

除了车削断续表面之外，一般情况下车削过程是连续进行的（而铣削和刨削，在一次走刀过程中刀齿有多次切入和切出，会产生冲击），并且当车刀几何形状、背吃刀量和进给量一定时，切削层公称横截面积是不变的。因此，车削时切削力基本上不发生变化，车削过程比铣削和刨削平稳。

3. 适用于有色金属零件的精加工

某些有色金属零件，因材料本身的硬度较低，塑性较大，若用砂轮磨削，软的磨屑易堵塞砂轮，难以得到很光洁的表面。因此，当有色金属零件表面粗糙度 R_a 值要求较小时，不宜采用磨削加工，而要用车削或铣削等。

4. 刀具简单

车刀是刀具中最简单的一种，制造、刃磨和安装均较方便，这就便于根据具体加工要求，选用合理的角度。因此，车削的适应性较广，并且有利于加工质量和生产效率的提高。

在车床上使用不同的车刀或其他刀具，可以加工各种回转表面，如内外圆柱面、内外圆锥面、螺纹、沟槽、端面和成形面等。加工精度可达 IT8 ~ IT7，表面粗糙度 R_a 值为 1.6 ~ 0.8 μm。用金刚石刀具细车时，加工精度可达 IT6 ~ IT5，表面粗糙度 R_a 值为 0.4 ~ 0.1 μm。

3.2.2　CA6140 型普通卧式车床概述

1. CA6140 型普通卧式车床的作用及外观

CA6140 型普通卧式车床为目前最为常见的型号之一，是我国自行设计、制造的机床。该机床通用性好，适用于加工各种轴类、套筒类、轮盘类零件上的回转表面。图 3.10 是卧式车床所能加工的典型表面，其加工范围如图所示。

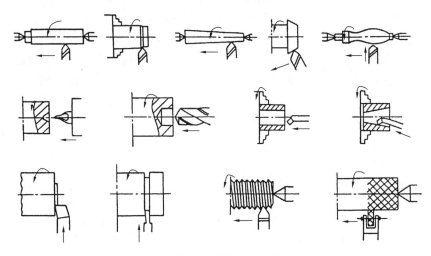

图 3.10　卧式车床所能加工的典型表面

CA6140 型卧式车床因加工范围广、结构复杂、自动化程度不高，所以，一般用于单件小批量生产。

图 3.11 是 CA6140 型普通卧式车床外观图，其主要组成部分包括：主轴箱、刀架、尾座、进给箱、溜板箱和床身。主轴箱的功用是支撑主轴并把动力经主轴箱内的变速传动机构传给主轴，使主轴带动工件按规定的转速旋转，以实现主运动，包括实现车床的启动、停止、变速和换向等。刀架部件的功用是装夹车刀，以实现纵横向或斜向运动。尾座的功用是用后顶尖支承长工件，也可以安装钻头、中心钻等刀具进行孔类表面加工。进给箱内装有进给运动的换置机构，包括变换螺纹导程和进给量的变速机构（基本组和增倍组）、变换公制与英制螺纹路线的移换机构、丝杠和光杠的转换机构、操纵机构以及润滑系统等。

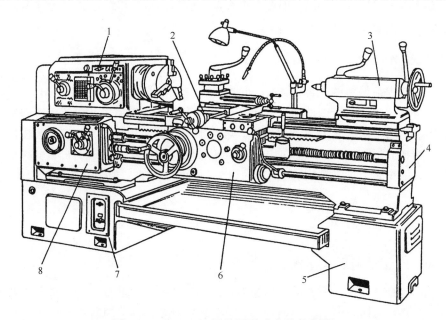

图 3.11　CA6140 型普通卧式车床外观图

1—主轴箱；2—刀架；3—尾座；4—床身；5、7—床腿；6—溜板箱；8—进给箱

溜板箱与刀架联结在一起做纵向运动，并把进给箱传来的运动传递给刀架，使刀架实现纵向和横向进给或快速移动或车削螺纹。床身用于安装车床的各个主要部件，使它们保持准确的相对位置或运动轨迹。

2. CA6140 型普通卧式车床的主要技术性能和参数

（1）几何参数：

床身最大工件回转直径：400 mm

最大工件长度：750、1 000、1 500、2 000 mm

最大车削长度：650、900、1 400、1 900 mm

刀架上最大工件回转直径：210 mm

主轴孔前端锥度：莫氏 6 号

主轴内孔直径：48 mm

普通卧式车床的中心高与最大车削直径如图 3.12 所示。

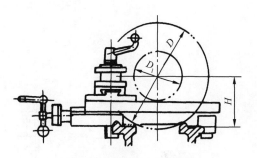

图 3.12　普通卧式车床的中心高与最大车削直径

（2）运动参数：

主轴转速：正转 24 级　10 ~ 1 400 r/min

　　　　　　反转 12 级　14 ~ 1 580 r/min

进给量：纵向进给量　64 级　　0.028 ~ 6.33 mm/r

　　　　横向进给量　64 级　　0.014 ~ 3.16 mm/r

溜板箱及刀架纵向快移速度：4 m/min

车削螺纹范围：公制螺纹　44 种　　1 ~ 192 mm

　　　　　　　英制螺纹　20 种　　2 ~ 24 扣/in

　　　　　　　模数螺纹　39 种　　0.25 ~ 48 mm

　　　　　　　径节螺纹　37 种　　1 ~ 96 牙/in

（3）动力参数：

主电机功率和转速：7.5 kW，1 450 r/min

（4）加工精度：

精车外圆的圆度：0.01 mm

精车外圆的圆柱度：0.01 mm/100 mm

精车端面的平面度：0.02 mm/300 mm

精车螺纹的螺距精度：0.06/300 mm

精车表面粗糙度：R_a 为 1.6 μm

3.2.3　CA6140 型普通卧式车床的传动系统

图 3.13 为 CA6140 型普通卧式车床的传动系统图。机床的传动系统由主运动传动链、车螺纹传动链、纵向及横向进给传动链和快速空行程运动传动链组成。

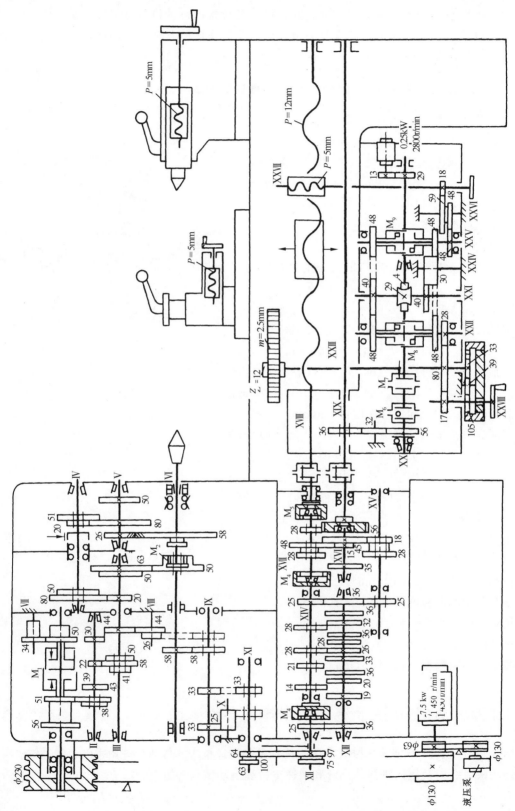

图 3.13 CA6140 型普通卧式车床的传动系统图

1. 主运动传动链

（1）传动路线。主运动的运动源是电动机，执行件是主轴。运动由电动机经三角带轮传动副传至主轴箱中的轴 I，轴 I 上装有一个双向多片式摩擦离合器 M_1，离合器左半部接合时，主轴正转；右半部接合时，主轴反转；左右都不接合时，轴 I 空转，主轴停止转动。轴 I 运动经 M_1 和轴 I—III 间变速齿轮传到轴 III，然后分成两条路线传给主轴 IV。当主轴上的滑移齿轮 Z_{50} 移至左边位置时，运动从轴 III 经齿轮副直接传给主轴，使主轴获得 6 种高转速；当滑移齿轮 Z_{50} 移至右边位置，使齿式离合器 M_2 接合时，则运动经轴 III—IV—V 间的齿轮副传到主轴 VI，使主轴获得中、低转速。主运动传动路线表达式如下：

$$\text{电动机}\frac{\phi130}{\phi230}\text{—I—}\begin{bmatrix}(\text{正转})\,M_1(\text{左})\begin{bmatrix}\dfrac{51}{43}\\[2pt]\dfrac{56}{38}\end{bmatrix}\\[10pt] M_1(\text{右})\dfrac{50}{34}\text{—VII—}\dfrac{34}{30}\\(\text{反转})\end{bmatrix}\text{—II—}\begin{bmatrix}\dfrac{22}{58}\\[2pt]\dfrac{30}{50}\\[2pt]\dfrac{39}{41}\end{bmatrix}\text{—III—}\begin{bmatrix}\begin{bmatrix}\dfrac{20}{80}\\[2pt]\dfrac{50}{50}\end{bmatrix}\text{—IV—}\begin{bmatrix}\dfrac{20}{80}\\[2pt]\dfrac{51}{50}\end{bmatrix}\text{—V—}\dfrac{26}{58}\text{—}M_2\\[10pt]\dfrac{63}{50}\end{bmatrix}\text{—VI(主轴)}$$

（2）主轴的转速级数与转速值计算。先计算主轴的正转转速。根据传动系统图和传动路线表达式，主轴正转时，利用各滑移齿轮轴向位置的各种不同组合，可得其转速级数：$2\times3\times(1+2\times2)=30$ 级，但经计算，轴 III—IV 间的四种传动比为：

$$u_1=\frac{20}{80}\times\frac{20}{80}=\frac{1}{16}\ ;\qquad u_2=\frac{50}{50}\times\frac{20}{80}=\frac{1}{4}\ ;$$

$$u_3=\frac{20}{80}\times\frac{51}{50}\approx\frac{1}{4}\ ;\qquad u_4=\frac{50}{50}\times\frac{51}{50}\approx1$$

其中，u_2 和 u_3 近似相等。故运动经由中、低速这条路线传动时，主轴实际上只能得到 $2\times3\times(2\times2-1)=18$ 级不同的转速，加上高速传动路线获得的 $2\times3=6$ 级转速，主轴实际可获得 24 级不同正转转速。

同理，主轴反转时，只能获得 $3+3\times(2\times2-1)=12$ 级转速。

主轴的转速可按下列运动平衡方程式计算：

$$n_{\text{主}}=1\,450\times\frac{130}{230}\times(1-\varepsilon)u_{\text{I—II}}\times u_{\text{II—III}}\times u_{\text{III—VI}} \tag{3.2}$$

式中　　$n_{\text{主}}$——主轴转速，r/min；

ε——三角带传动的滑动系数，一般取 $\varepsilon=0.02$；

$u_{\text{I—II}}$、$u_{\text{II—III}}$、$u_{\text{III—VI}}$——分别为轴 I—II、II—III、III—VI 间的可变传动比。

主轴反转主要用于车螺纹，在不断开主轴和刀架间传动联系的情况下，使刀架退回到起始位置。

（3）主运动的转速图。根据运动平衡方程式计算各级转速时，中间各级转速不易判断出所经过的各传动副。若利用转速图这种分析机床传动系统的有效工具则可清楚地看出各级转速的传动路线。CA6140 型普通卧式车床的主运动传动（正转）转速图如图 3.14 所示。

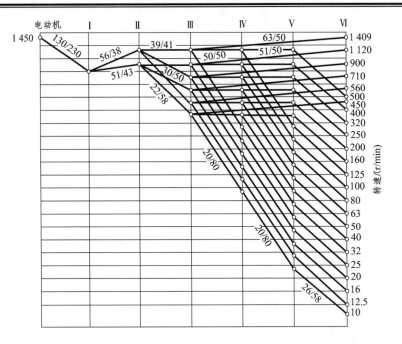

图 3.14 CA6140 型普通卧式车床的主运动（正转）转速图

2. 螺纹进给传动链

CA6140 型普通卧式车床的螺纹进给传动链可车削米制、英制、模数制和径节制 4 种标准螺纹。此外，还可车削大导程、非标准和较精密螺纹。这些螺纹可以是右旋的，也可以是左旋的。各种螺纹传动路线表达式如下：

根据上述传动路线表达式，可以列出每种螺纹的运动平衡式，并进行分析和计算。

在车螺纹时必须保证主轴每转 1 转，刀具准确地移动被加工螺纹一个导程 L 的距离，因此可列出运动平衡式如下：

$$1_{主轴} \times u_o \times u_x \times L_{丝} = L_{工} \tag{3.3}$$

式中　u_o——主轴至丝杠之间全部定比传动机构的固定传动比，是一个常数；

　　　u_x——主轴至丝杠之间换置机构的可变传动比；

　　　$L_{丝}$——机床丝杠的导程，CA6140 型车床的 $L = P = 12\ \text{mm}$，P 为螺距；

　　　$L_{工}$——被加工螺纹的导程，mm。

车螺纹时，其中 3 种螺纹的螺距和导程要换算成米制，以毫米为单位，换算关系如表 3.6 所示。

表 3.6　螺距参数及其与螺距的换算关系

螺纹种类	米制螺纹	模数螺纹	英制螺纹	径节螺纹
螺距参数	螺距：P/mm	模数：m/mm	每英寸牙数：$a/(牙/\text{in})$	径节：$DP/(牙/\text{in})$
螺距/mm	P	$P_m = \pi m$	$P_a = \dfrac{25.4}{a}$	$P_{DP} = \dfrac{25.4}{DP}\pi$

注：导程 $L = kP$，式中 k 为螺纹头数。

（1）车米制螺纹。米制螺纹是我国常用的螺纹，其标准螺距值在国家标准中有规定。米制螺纹标准螺距值的特点是按分段等差数列的规律排列的。

车削米制螺纹时，进给箱中的离合器 M_3、M_4 脱开（图 3.12 所示位置），M_5 接合。此时，运动由主轴 Ⅵ 经齿轮副 $\dfrac{58}{58}$、轴 Ⅸ—Ⅺ 间的左右螺纹换向机构、挂轮 $\dfrac{63}{100} \times \dfrac{100}{75}$，传至进给箱的轴 Ⅻ；然后再经齿轮副 $\dfrac{25}{36}$、轴 ⅩⅢ—ⅩⅣ 间的滑移齿轮变速机构（基本螺距机构）、齿轮副 $\dfrac{25}{36} \times \dfrac{36}{25}$，传至轴 ⅩⅤ；接下去再经轴 ⅩⅤ—ⅩⅦ 间的两组滑移齿轮变速机构（增倍机构）和离合器 M_5 传动丝杠 ⅩⅧ 旋转。合上溜板箱中的开合螺母，使其与丝杠啮合，便带动刀架纵向移动（见螺纹传动路线表达式）。

$u_{基}$ 为轴 ⅩⅢ—ⅩⅣ 间变速机构的可变传动比，共 8 种：

$$u_{基1} = \frac{26}{28} = \frac{6.5}{7}; \qquad u_{基2} = \frac{28}{28} = \frac{7}{7}; \qquad u_{基3} = \frac{32}{28} = \frac{8}{7}; \qquad u_{基4} = \frac{36}{28} = \frac{9}{7};$$

$$u_{基5} = \frac{19}{14} = \frac{9.5}{7}; \qquad u_{基6} = \frac{20}{14} = \frac{10}{7}; \qquad u_{基7} = \frac{33}{21} = \frac{11}{7}; \qquad u_{基8} = \frac{36}{21} = \frac{12}{7}.$$

它们近似按等差数列的规律排列。上述变速机构是获得各种螺纹导程的基本机构，故通常称其为基本螺距机构，或称基本组。

$u_{倍}$ 为轴 ⅩⅤ—ⅩⅦ 间变速机构的可变传动比，共 4 种：

$$u_{倍1} = \frac{28}{35} \times \frac{35}{28} = 1; \qquad u_{倍2} = \frac{18}{45} \times \frac{35}{28} = \frac{1}{2}; \qquad u_{倍3} = \frac{28}{35} \times \frac{15}{48} = \frac{1}{4}; \qquad u_{倍4} = \frac{18}{45} \times \frac{15}{48} = \frac{1}{8}.$$

它们按倍数关系排列。这个变速机构用于扩大机床车削螺纹导程的种数，称其为增倍机构或增倍组。

根据传动系统图或传动链的传动路线表达式，可列出车削米制螺纹时的运动平衡式如下：

$$L = kP = 1_{主轴} \times \frac{58}{58} \times \frac{33}{33} \times \frac{63}{100} \times \frac{100}{75} \times \frac{25}{36} \times u_{基} \times \frac{25}{36} \times \frac{36}{25} \times u_{倍} \times 12 \qquad （3.4）$$

将上式化简后得：

$$L = kP = 7u_{基}u_{倍} \qquad （3.5）$$

把 $u_{基}$ 和 $u_{倍}$ 的数值代入上式，可得 $8 \times 4 = 32$ 种导程值，其中符合标准的只有 20 种（如表 3.7 所示）。

表 3.7　CA6140 型普通卧式车床米制螺纹表

$u_{倍}$ ＼ $u_{基}$	$\frac{26}{28}$	$\frac{28}{28}$	$\frac{32}{28}$	$\frac{36}{28}$	$\frac{19}{14}$	$\frac{20}{14}$	$\frac{33}{21}$	$\frac{36}{21}$
$\frac{18}{45} \times \frac{15}{48} = \frac{1}{8}$	—	—	1	—	—	1.25	—	1.5
$\frac{28}{35} \times \frac{15}{48} = \frac{1}{4}$	—	1.75	2	2.25	—	2.5	—	3
$\frac{18}{45} \times \frac{35}{28} = \frac{1}{2}$	—	3.5	4	4.5	—	5	5.5	6
$\frac{28}{35} \times \frac{35}{28} = 1$	—	7	8	9	—	10	11	12

由表 3.7 可以看出，通过变换基本螺距机构的传动比，可以得到大体上按等差数列规律排列的导程值（或螺距值）。通过变换增倍机构的传动比，可把由基本螺距机构得到的导程值，按 1∶2∶4∶8 的关系增大或缩小，两种变速机构传动比不同组合的结果，便得到所需的导程（或螺距）数列。

用扩大螺距机构的两个传动比 4、16 与倍增机构的 4 个传动比适当配合，可得符合标准的大于 $P_{丝}$ 的公制螺纹螺距值 24 种。因此，CA6140 型车床可车削 1～192 mm 的公制螺纹共 44 种。

（2）车模数螺纹。模数螺纹主要用在米制蜗杆中，如 Y3150E 型滚齿机的垂直进给丝杠就是模数螺纹。

模数螺纹的螺距参数为模数 m（见表 3.6），国家标准规定的标准 m 值也是分段等差数列。因此，标准模数螺纹的导程（或螺距）排列规律和米制螺纹相同，但导程（或螺距）的数值不一样，且数值中还含有特殊因子 π，所以车削模数螺纹时的传动路线与米制螺纹基本相同。而为了得到模数螺纹的导程（或螺距）数值，必须将挂轮换成 $\frac{64}{100} \times \frac{100}{97}$，移换机构的滑移齿轮传动比为 $\frac{25}{36}$，使螺纹进给传动链的传动比作相应变化，以消除特殊因子 π（因为 $\frac{64}{100} \times \frac{100}{97} \times \frac{25}{36} \approx \frac{7\pi}{48}$）。化简后的运动平衡式为：

$$L = k \pi m = \frac{7\pi}{4}u_{基}u_{倍} \qquad （3.6）$$

即：

$$m = \frac{7}{4k}u_{基}u_{倍} \qquad （3.7）$$

变换 $u_基$ 和 $u_倍$，便可车削各种不同模数的螺纹。

（3）车英制螺纹。英制螺纹又称英寸制螺纹，在采用英寸制的国家中应用较广泛。我国的部分管螺纹采用英制螺纹。

英制螺纹的螺距参数为每英寸长度上螺纹的牙（扣）数 a。标准的 a 值也是按分段等差数列的规律排列的，所以英制螺纹的螺距和导程值是分段调和数列（分母是分段等差数列）。另外，将以英寸为单位的螺距或导程值换算成以毫米为单位的螺距或导程值时，即螺距 $P_a = 25.4/a$，数值中含有特殊因子 25.4。由此，为了车削出各种螺距（或导程）的英制螺纹，螺纹进给传动链必须做如下变动：

① 将车削米制螺纹时基本组的主动、从动传动关系对调，即轴 XIV 为主动，轴 XIII 为从动，这样基本组的传动比数列变成了调和数列，与英制螺纹螺距（或导程）数列的排列规律相一致。

② 改变传动链中部分传动副的传动比，使螺纹进给传动链总传动比满足英制螺纹螺距（或导程）数值上的要求，并使其中包含特殊因子 25.4。

车削英制螺纹时传动链的具体调整情况为，挂轮用 $\dfrac{63}{100} \times \dfrac{100}{75}$，进给箱中离合器 M_3 和 M_5 接合，M_4 脱开，同时轴 XV 左端的滑移齿轮 Z_{25} 左移，与固定在轴 XIII 上的齿轮 Z_{36} 啮合。于是运动便由轴 XII 经离合器 M_3 传至轴 XIV，然后由轴 XIV 传至轴 XIII，再经齿轮副 $\dfrac{36}{25}$ 传至轴 XV，同时轴 XII 与轴 XV 之间定比传动机构的传动比也由 $\dfrac{25}{36} \times \dfrac{25}{36} \times \dfrac{36}{25}$ 改变为 $\dfrac{36}{25}$，其余部分传动路线与车削米制螺纹时相同（见螺纹传动路线表达式）。

传动链的运动平衡式为：

$$L_a = 25.4k / a = 1_{主轴} \times \frac{58}{58} \times \frac{33}{33} \times \frac{63}{100} \times \frac{100}{75} \times \frac{1}{u_基} \times \frac{36}{25} \times u_倍 \times 12 \tag{3.8}$$

化简后得：

$$a = \frac{7k}{4} \frac{u_基}{u_倍} \tag{3.9}$$

当 $k = 1$ 时，a 值与 $u_基$、$u_倍$ 的关系如表 3.8 所示。

表 3.8　CA6140 型普通卧式车床英制螺纹表

$u_倍$ ＼ $u_基$	$\dfrac{26}{28}$	$\dfrac{28}{28}$	$\dfrac{32}{28}$	$\dfrac{36}{28}$	$\dfrac{19}{14}$	$\dfrac{20}{14}$	$\dfrac{33}{21}$	$\dfrac{36}{21}$
$\dfrac{18}{45} \times \dfrac{15}{48} = \dfrac{1}{8}$	—	14	16	18	19	20	—	24
$\dfrac{28}{35} \times \dfrac{15}{48} = \dfrac{1}{4}$	—	7	8	9	—	10	11	12
$\dfrac{18}{45} \times \dfrac{35}{28} = \dfrac{1}{2}$	$3\dfrac{1}{4}$	$3\dfrac{1}{2}$	4	$4\dfrac{1}{2}$	—	5	—	6
$\dfrac{28}{35} \times \dfrac{35}{28} = 1$	—	—	2	—	—	—	—	3

（4）车削径节螺纹。径节螺纹主要用于英制蜗杆，其螺距参数以径节 DP 表示。标准径节的数列也是分段等差数列，而螺距和导程值中有特殊因子 25.4，和英制螺纹类似，故可采用英制螺纹的传动路线。但因螺距和导程值中还有特殊因子 π，又和模数螺纹相同，所以需将挂轮换成模数螺纹用挂轮。其运动平衡式化简得：

$$L_{DP} = \frac{25.4k\pi}{DP} = \frac{25.4\pi}{7} \cdot \frac{u_{倍}}{u_{基}} \tag{3.10}$$

$$DP = 7k\frac{u_{基}}{u_{倍}} \tag{3.11}$$

（5）车削大导程螺纹。当需要车削导程超过标准螺纹螺距的范围时，如大导程多头螺纹、油槽等，则必须将轴Ⅸ右端滑移齿轮 Z_{58} 向右移动，使之与轴Ⅷ上的齿轮 Z_{26} 啮合，于是主轴Ⅵ与丝杠通过下列传动路线实现传动联系：

$$主轴（Ⅵ）-\frac{58}{26}-Ⅴ-\frac{80}{20}-Ⅳ-\begin{bmatrix}\dfrac{50}{50}\\[4pt]\dfrac{80}{20}\end{bmatrix}-Ⅲ-\frac{44}{44}-Ⅷ-\frac{26}{58}-Ⅸ\quad\cdots\cdots\quad Ⅹ\text{Ⅷ（丝杠）}$$

（正常螺纹传动路线）

此时，主轴Ⅵ—Ⅸ间的传动比为 4 或 16，车削正常螺纹时，主轴Ⅵ—Ⅸ间的传动比为 1。这表明，当螺纹进给传动链其他调整情况不变时，做上述调整可使主轴与丝杠间的传动比增大 4 倍或 16 倍，从而车削螺纹导程也相应地扩大了 4 倍或 16 倍，由此条传动路线，机床可车削 14～192 mm 的米制螺纹 24 种，模数为 3.25～48 mm 的模数螺纹 28 种，径节为 1～6 牙/in 的径节螺纹 13 种。

必须指出，由于扩大螺距机构的传动齿轮就是主运动的传动齿轮，所以只有当主轴上的 M_2 合上，主轴处于低速状态时，才能用扩大螺距机构。即主轴转速为 10～32 r/min 时，导程可扩大 16 倍，主轴转速为 40～125 r/min 时，导程可扩大 4 倍，主轴转速更高时，导程不能扩大，这也符合实际工艺需要。

（6）车削较精密螺纹和非标准螺纹。当车削比较精密的螺纹时，应尽可能地缩短传动链，以减少传动误差，从而提高被车削螺纹的螺距精度。在 CA6140 型车床的传动系统中，当进给箱中的 3 个离合器 M_3、M_4、M_5 全部接通时，轴Ⅻ、ⅩⅣ、ⅩⅦ 和丝杠ⅩⅧ连成一根轴，从而最大限度地缩短了进给箱中的传动路线，提高了车削螺纹的精度。通过调整挂轮来满足车削不同螺距螺纹（包括非标准螺纹）的要求。

传动链的运动平衡方程式为：

$$L = kP = 1_{主轴} \times \frac{58}{58} \times \frac{33}{33} \times u_{挂} \times 12 \tag{3.12}$$

将上式化简后得挂轮传动比的换置公式：

$$u_{挂} = \frac{a}{b} \cdot \frac{c}{d} = \frac{L_{工}}{P_{丝}} = \frac{L_{工}}{12} \tag{3.13}$$

按传动比计算出的配换齿轮，即使均是机床配换齿轮中包含的齿轮，也不一定都能安装到挂轮架上正常运转。它受到挂轮架结构尺寸和机床上安装挂轮架的固定轴间距离等因素限制，所以必须校核。

配换齿轮的正确啮合，除必须使其中间轴轴心位置处在挂轮架的两个极限位置范围内（可通过配换齿轮检查图表校核）外，还应保证所选挂轮齿顶不与挂轮轴发生干涉，可通过下列不等式校核：

$$\begin{cases} a+b>c+22 \\ c+d>b+22 \end{cases}$$

如上所述，CA6140 型普通卧式车床，通过改换挂轮，利用米制螺纹传动路线可车削模数螺纹；利用英制螺纹传动路线可车削径节螺纹；此外还可以通过扩大螺距的传动路线车削大导程螺纹，以及通过更换挂轮的方法，车削较精密螺纹，各种螺纹的传动特征与运动平衡式如表 3.9 所示。

表 3.9　各种螺纹的传动特征与运动平衡式

传动特征与运动平衡式 螺纹种类	挂　轮	离合器			轴XII上 Z_{25} 的位置	运 动 平 衡 式
		M_3	M_4	M_5		
米 制 螺 纹	63/100，100/75	开	开	合	右 位	$L=kP=7u_{基}u_{倍}$
模 数 螺 纹	64/100，100/97	开	开	合	右 位	$m=\dfrac{7}{4k}u_{基}u_{倍}$
英 制 螺 纹	63/100，100/75	合	开	合	左 位	$a=\dfrac{7k}{4}\dfrac{u_{基}}{u_{倍}}$
径 节 螺 纹	64/100，100/97	合	开	合	左 位	$DP=7k\dfrac{u_{基}}{u_{倍}}$
较精密及非标准螺纹	$a/b,c/b$	合	合	合	右 位	$u_{挂}=\dfrac{a}{b}\cdot\dfrac{c}{d}=\dfrac{L_{工}}{P_{丝}}=\dfrac{L_{工}}{12}$

注：① 表中前 4 种螺纹含大导程螺纹；
　　② 表中 a、b、c、d 挂轮由给定的导程值计算确定。

3. 纵向和横向进给传动链

实现一般车削时刀架机动进给的纵向和横向进给传动链，由主轴至进给箱轴 XVII 的传动路线与车削米制或英制常用螺纹时的传动路线相同，其后运动经齿轮副 $\dfrac{28}{56}$ 传至光杠 XIX（此时离合器 M_5 脱开，齿轮 Z_{28} 与轴 XIX 上的齿轮 Z_{56} 啮合），再由光杠经溜板箱中的传动机构，分别传至齿轮齿条机构和横向进给丝杠 XXVII，使刀架做纵向或横向机动进给，其传动路线表达式如下：

主轴 VI $-\left[\begin{array}{l}\text{米制螺纹传动路线} \\ \text{英制螺纹传动路线}\end{array}\right]-\text{XVII}-\dfrac{28}{56}-\text{XVII}-\dfrac{36}{32}\times\dfrac{32}{56}-\text{M}_6-$

（光杠）　　　　　　　（超越离合器）

$$\text{M}_5-\text{XX}-\dfrac{4}{29}-\text{XXI}-\left[\begin{array}{l}\left[\begin{array}{l}\dfrac{40}{48}-\text{M}_8\uparrow \\ \dfrac{40}{30}\times\dfrac{30}{48}-\text{M}_8\downarrow\end{array}\right]-\text{XVII}-\dfrac{28}{80}-\text{XVIII}-Z_{12}-\text{齿条}-\text{刀架（纵向进给）} \\[1.2em] \left[\begin{array}{l}\dfrac{40}{48}-\text{M}_9\uparrow \\ \dfrac{40}{30}\times\dfrac{30}{48}-\text{M}_9\downarrow\end{array}\right]-\text{XXV}-\dfrac{48}{48}\times\dfrac{59}{18}-\text{XXVII}-\text{刀架（横向进给）}\end{array}\right.$$

（安全离合器）　　　　　　　　　　　　　　　　　　　　　　　　　　　　（丝杠）

溜板箱中由双向牙嵌式离合器 M_8、M_9 和齿轮副 $\dfrac{40}{48}$、$\dfrac{40}{30}\times\dfrac{30}{48}$ 组成的两个换向机构，分别用于变换纵向和横向进给运动的方向。利用进给箱中的基本螺距机构和增倍机构，以及进给传动链的不同传动路线，可获得纵向和横向进给量各 64 种。纵向和横向进给传动链两端件的计算位移为：

纵向进给：主轴转 1r——刀架纵向移动 $f_{纵}$，mm；

横向进给：主轴转 1r——刀架横向移动 $f_{横}$，mm。

下面以纵向进给为例，说明按不同路线传动时进给量的计算。

（1）当运动经车削常用米制螺纹传动路线传动时，可得到 0.08 ~ 1.22 mm/r 的 32 种进给量，其运动平衡式为：

$$f_{纵}=1_{主轴}\times\frac{58}{58}\times\frac{33}{33}\times\frac{63}{100}\times\frac{100}{75}\times\frac{25}{36}\times u_{基}\times\frac{25}{36}\times\frac{36}{25}\times u_{倍}\times$$
$$\frac{28}{56}\times\frac{36}{32}\times\frac{32}{56}\times\frac{4}{29}\times\frac{40}{48}\times\frac{28}{80}\times\pi\times2.5\times12 \tag{3.14}$$

化简后得：

$$f_{纵}=0.71u_{基}u_{倍} \tag{3.15}$$

（2）当运动经车削英制螺纹传动路线传动时，类似地有：

$$f_{纵}=1.474\frac{u_{倍}}{u_{基}} \tag{3.16}$$

变换 $u_{倍}$，并使 $u_{倍}=1$，可得到 0.86 ~ 1.59 mm/r 的 8 种较大进给量。当 $u_{倍}$ 为其他值时，所得到的 $f_{纵}$ 值与上一条传动路线重复。

（3）当主轴为 10 ~ 125 r/min 时，运动经扩大螺距机构及英制螺纹传动路线传动，可获得 16 种供强力切削或宽刀精车用的加大进给量，其范围为 1.71 ~ 6.33 mm/r。

（4）当主轴为 450 ~ 1 400 r/min（其中 500 r/min 除外）时（此时主轴由轴 III 经齿轮副 $\dfrac{63}{50}$ 直接传动），运动经扩大螺距机构及米制螺纹传动路线传动，可获得 8 种供高速精车用的细进给量，其范围为 0.028 ~ 0.054 mm/r。

由传动分析可知，横向机动工作进给在其与纵向进给传动路线一致时，所得的横向进给量是纵向进给量的一半。横向进给量的种数与纵向进给量的种数相同。

4. 刀架快速移动传动链

刀架快速移动由装在溜板箱内的快速电动机（0.25 kW，2 800 r/min）传动。快速电动机的运动经齿轮副 $\frac{13}{29}$ 传至轴 XX，然后再经溜板箱内与机动工作进给相同的传动路线传至刀架，使其实现纵向和横向的快速移动。当快速电动机使传动轴 XX 快速旋转时，依靠齿轮 Z_{56} 与轴 XX 间的单向超越离合器 M_6，可避免与进给箱传来的慢速工作进给运动发生矛盾。

单向超越离合器 M_6 的结构原理如图 3.15 所示。它由空套齿轮 1（即溜板箱中的齿轮 Z_{56}）、星轮 2、滚柱 3、顶销 4 和弹簧 5 组成。当进给运动由空套齿轮 1 传入并逆时针旋转时，带动滚柱 3 挤向楔缝，使星轮 2 随同齿轮 1 一起转动，再经安全离合器 M_7 带动轴 XX 转动，实现机动工作进给。当电动机快速启动，星轮 2 由轴 XX 带动逆时针方向快速旋转时，由于星轮 2 超越齿轮 1 转动，滚柱 3 退出楔缝，使星轮 2 和齿轮 1 自动脱开，因而由进给箱传给齿轮 1 的慢速转动虽照常进行，却不能传给轴 XX。此时，轴 XX 由快速电动机传动做快速转动，实现刀架的快速运动。若快速电动机停止转动，刀架则又恢复正常的工作进给运动。显然，离合器 M_6 正常工作的条件是空套齿轮 1 和星轮 2 只准做逆时针的转动。

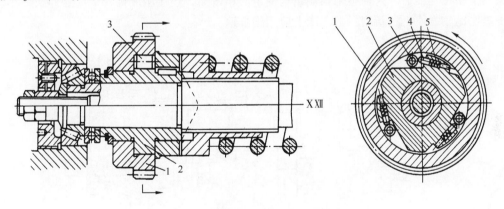

图 3.15　超越离合器 M_6 的结构原理图

1—空套齿轮；2—星轮；3—滚柱；4—顶销；5—弹簧

3.2.4　CA6140 型普通卧式车床的主要结构

1. 主轴箱

主轴箱的功用是支承主轴并使其实现启动、停止、旋转、变速和换向等。因此，主轴箱中通常包含有主轴及其轴承，传动机构，启动、停止以及换向装置，制动装置，操纵机构和润滑装置等。

（1）主轴及其轴承。主轴及其轴承是主轴箱最重要的部分。主轴前端可装卡盘，用于夹持工件，并由其带动旋转。主轴的旋转精度、刚度、抗振性和热变形等对工件的加工精度和表面粗糙度有直接影响，因此，对主轴及其轴承要求较高。

　　卧式车床的主轴支承大多采用滚动轴承，一般为前后两点支承。例如，CA6140 型普通卧式车床的主轴部件如图 3.16 所示，前支承装有一个双列短圆柱滚子轴承 3，后支承装有角接触球轴承 8 和一个推力球轴承 7。主轴径向力由双列短圆柱轴承 3 和角接触球轴承 8 承受。向左的轴向力由推力球轴承 7 承受；向右的轴向力由角接触球轴承 8 承受。前轴承 3 的间隙，可由螺母 2 通过套筒 4 进行调整，并由螺母 2 固定调好的轴向位置。后轴承 8 及推力球轴承 7 的间隙由螺母 9 来调整。主轴的轴承由液压泵供给润滑油进行充分的润滑。为防止润滑油外漏，前、后支承处都有油沟式密封装置。在螺母 2 和套筒 6 的外圆上有锯齿形环槽，主轴旋转时，依靠离心力的作用，把经过轴承向外流出的润滑油甩到前、后轴承端盖的接油槽里，然后经回油孔 a_2、b_2 流回主轴箱。卧式车床的主轴是空心阶梯轴。其内孔用于通过长棒料以及气动、液压等夹紧驱动装置（装在主轴后端）的传动杆，也用于穿入钢棒卸下顶尖。主轴前端有精密的莫氏锥孔，供安装顶尖或心轴之用。主轴前端安装卡盘、拨盘或其他夹具。CA6140 型普通卧式车床主轴前端为短锥法兰式结构，它以短锥和轴肩端面作定位面。卡盘、拨盘等夹具通过卡盘座 12，用 4 个螺栓 13 固定在主轴 1 上，由装在主轴轴肩端面上的圆柱形端面键 11 传递转矩。安装卡盘时，只需将预先拧紧在卡盘座上的螺栓 13 连同螺母 14 一起，从主轴轴肩和锁紧盘 10 上的孔中穿过，然后将锁紧盘转过一个角度，使螺栓进入锁紧盘上宽度较窄的圆弧槽内，把螺母 14 卡住（如图中所示位置），接着再把螺母 14 拧紧，就可把卡盘等夹具紧固在主轴上。这种主轴轴端结构的定心精度高，连接刚度好，卡盘悬伸长度小，装卸卡盘也比较方便，在新型号的车床上应用很普遍。

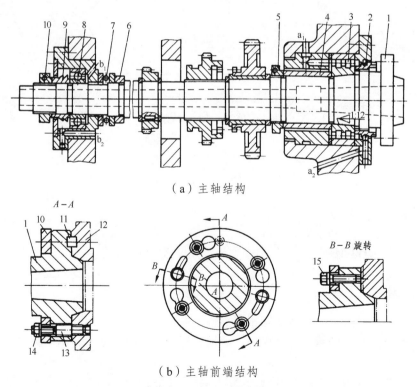

（a）主轴结构

（b）主轴前端结构

图 3.16　CA6140 型普通卧式车床的主轴部件

1—主轴；2、9—锁紧螺母；3—双列短圆柱滚子轴承；4、6—套筒；5、10—锁紧盘；7—推力球轴承；
8—角接触球轴承；11—端面键；12—卡盘座；13—螺栓；14—螺母；15—螺钉

（2）开停和换向装置。开停装置用于控制主轴的启动和停止。中型车床多用机械式摩擦离合器实现，少数机床也有采用电磁离合器或液压离合器的。尺寸较小的车床，由于电动机功率较小，为简化结构，常直接由电动机开停来实现。

换向装置用于改变主轴旋转方向。若主轴的开停由电动机直接控制，则主轴换向通常采用改变电动机转向来实现。若开停采用摩擦离合器，则换向装置由同一离合器（双向的）和圆柱齿轮组成，大部分中型卧式车床都采用这种换向装置。

图 3.17 为 CA6140 型普通卧式车床采用的控制主轴开停和换向的双向多片式摩擦离合器机构。它由结构相同的左、右两部分组成，左离合器接合时主轴正转，右离合器接合时主轴反转，左、右均不接合时主轴停止转动。下面以左离合器为例说明其结构原理。多个内摩擦片 3 和外摩擦片 2 相间安装，内摩擦片 3 以花键与轴Ⅰ相连接，外摩擦片 2 以其 4 个凸齿与空套双联齿轮 1 相连接。内、外摩擦片未被压紧时，彼此互不联系，轴Ⅰ不能带动双联齿轮转动。当用操纵机构拨动滑套 8 至右边位置时，滑套将羊角形摆块 10 的右角压下，使它绕销轴 9 顺时针摆动，其下端凸起部分推动拉杆 7 向左，通过固定在拉杆左端的圆销 5，带动压套 14 和螺母 4a 将左离合器内、外摩擦片压紧在止推片 12 和 11 上，通过摩擦片间的摩擦力，使轴Ⅰ和双联齿轮连接，于是主轴沿正向旋转。右离合器的结构和工作原理同左离合器一样，只是内、外摩擦片数量少一些。当拨动滑套 8 至左边位置时，右离合器接合，主轴反向旋转。滑套处于中间位置时，左、右两离合器的摩擦片都松开，断开主轴的传动，同时制动装置作用（见图），主轴迅速停转。

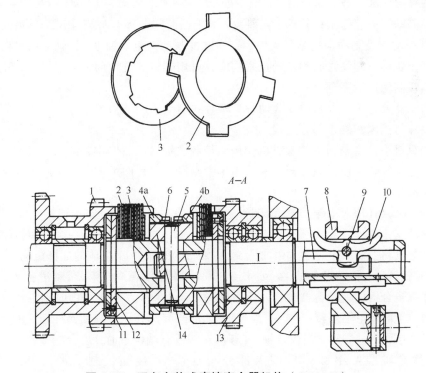

图 3.17　双向多片式摩擦离合器机构（CA6140）

1—双联齿轮；2—外摩擦片；3—内摩擦片；4a、4b—螺母；5—圆销；6—弹簧销；7—拉杆；
8—滑套；9—销轴；10—羊角形摆块；11、12—止推片；13—齿轮；14—压套摩擦片间的压紧力可用拧在压套上的螺母 4a 和 4b 来调整。压下弹簧销 6，然后转动螺母 4a、4b，使其相对压套 14 做小量轴向位移，即可改变摩擦片间的压紧力，从而也调整了离合器所能传递转矩的大小，调妥后弹簧销复位，插入螺母的槽口中，使螺母在运转中不能自行松开。

（3）制动装置。制动装置的功用是在车床停车过程中克服主轴箱中各运动件的惯性，使主轴迅速停止转动，以缩短辅助时间。卧式车床主轴箱中常用的制动装置有闸带式制动器和片式制动器。当直接由电动机控制主轴开停时，也可以采用电机制动方式，如反接制动、能耗制动等。

图 3.18 为 CA6140 型普通卧式车床上采用的闸带式制动器，它由制动轮 7、制动带 6 和杠杆 4 等组成。制动轮 7 是一个钢制圆盘，与传动轴 8（Ⅳ轴）用花键连接。制动带为一钢带，其内侧固定着一层铜丝石棉，以增加摩擦面的摩擦系数。制动带绕在制动轮上，它的一端通过调节螺钉 5 与主轴箱体 1 连接，另一端固定在杠杆 4 的上端。杠杆 4 可绕轴 3 摆动，当它的下端与齿条轴 2 上的圆弧形凹部 a 或 c 接触时，制动带处于

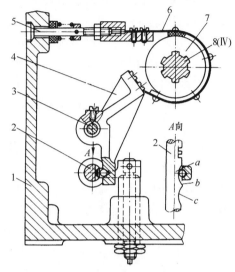

图 3.18　闸带式制动器（CA6140）

1—箱体；2—齿条轴；3—杠杆支承轴；4—杠杆；
5—调节螺钉；6—制动带；7—制动轮；8—传动轴

放松状态，制动器不起作用；移动齿条轴 2，其上凸起部分 b 与杠杆 4 下端接触时，杠杆绕轴 3 逆时针摆动，使制动带抱紧制动轮，产生摩擦制动力矩，轴 8（Ⅳ轴）通过传动齿轮使主轴迅速停止转动。制动时制动带的拉紧程度，可用螺钉 5 进行调整，使停车时主轴能迅速停转，开车时制动带能完全松开。

片式制动器分为多片式和单片式两种。多片式制动器的结构与摩擦离合器类似，只是其中的外摩擦片与机床的静止部分连接。

（4）操纵机构。主轴箱中的操纵机构用于控制主轴启动、停止、制动、变速、换向以及变换左、右螺纹等。为使操纵方便，常采用集中操纵方式，即用一个手柄操纵几个传动件，以控制几个动作。

图 3.19 为 CA6140 型普通卧式车床控制主轴开停、换向和制动操纵机构。为了便于操作，在操纵杆 8 上装有两个手柄，一个在进给箱右侧，如图中手柄 7；另一个在溜板箱右侧，见图 3.11。向上扳动手柄 7 时，通过由曲柄 9、拉杆 10 和曲柄 11 组成的杠杆机构，使轴 12 和齿扇 13 顺时针转动，传动齿条轴 14 及固定在其左端的拨叉 15 右移，带动滑套 4 右移，使双向多片式摩擦离合器的左离合器接合，使主轴正转。当手柄 7 扳至下面时，主轴反转；当手柄扳至中间位置时，主轴停转。此时，齿条轴 14 的凸起部分压着制动器杠杆 5 的下端，将制动带 6 拉紧，导致主轴制动。当齿条轴 14 移向左端或右端位置时，离合器接合，主轴启动旋转。此时齿条轴 14 上圆弧形凹入部分与杠杆 5 接触，制动带松开，主轴不受制动。

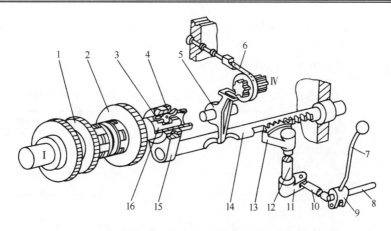

图 3.19　控制主轴开停、换向和制动操纵机构（CA6140）

1—双联齿轮；2—齿轮；3—羊角形摆块；4—滑套；5—杠杆；6—制动带；7—手柄；
8—操纵杆；9、11—曲柄；10、16—拉杆；12—轴；13—齿扇；14—齿条轴；15—拨叉

　　图 3.20 为 CA6140 型车床主轴箱中的一种变速操纵机构，它用一个手柄同时操纵轴Ⅱ、Ⅲ上的双联滑移齿轮和三联滑移齿轮，变换轴Ⅱ—Ⅲ间的 6 种传动比。转动变速手柄 9，通过链条 8 可使装在轴 7 上的曲柄 5 和盘形凸轮 6 转动，手柄轴和轴 7 间的传动比为 1∶1。曲柄 5 上装有拨销 4，其伸出端上套有滚子，嵌入拨叉 3 的长槽中。曲柄带着拨销做偏心运动时，可带动拨叉拨动轴Ⅲ上的三联滑移齿轮 2 沿轴Ⅲ左右移换位置。盘形凸轮 6 的端面上有一条封闭的曲线槽，它由不同半径的两段圆弧和过渡直线组成，凸轮曲线槽经圆销 10 通过杠杆 11 和拨叉 12，可拨动轴Ⅱ上的双联滑移齿轮 1 移换位置。

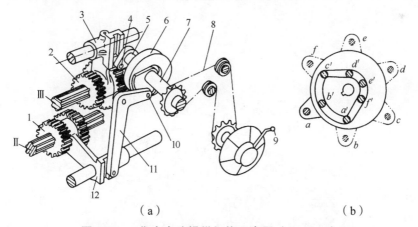

（a）　　　　　　　　　　　　　　　　（b）

图 3.20　集中变速操纵机构示意图（CA6140）

1—双联齿轮；2—三联齿轮；3、12—拨叉；4—拨销；5—曲柄；6—盘形凸轮；7—轴；
8—链条；9—变速手柄；10—圆销；11—杠杆；Ⅱ、Ⅲ—传动轴

　　曲柄 5 和凸轮 6 有 6 个变速位置，如图 3.20（b）所示。顺次转动变速手柄 9，每次转 60°，使曲柄 5 处于变速位置 a、b、c 时，三联滑移齿轮 2 相应地被拨至左、中、右位置。此时，杠杆 11 短臂上圆销 10 处于凸轮曲线槽大半径圆弧段中的 a'、b'、c' 处，双联滑移齿轮 1 在左端位置。这样，便得到了轴Ⅰ—Ⅲ间三种不同的变速齿轮组合情况。继续转动手柄 9，使曲柄 5 依次处于位置 d、e、f，则齿轮 2 相应地被拨至右、中、左位置。此时，杠杆 11 上

的圆销 10 进入凸轮曲线槽小半径圆弧段中的 d'、e'、f' 处，齿轮 1 被移换至右端位置，得到轴 I—III 间另外 3 种不同的变速齿轮组合情况。曲柄和凸轮在不同变速位置时，滑移齿轮 1 和 2 轴向位置的组合情况如表 3.10 所示。

表 3.10　CA6140 型主轴箱的集中变速操纵机构中相关元件的各种组合情况

曲柄 5 的位置	a	b	c	d	e	f
三联滑移齿轮 2 的位置	左	中	右	右	中	左
圆销 10 在凸轮曲线槽中的位置	a'	b'	c'	d'	e'	f'
双联滑移齿轮的位置	左	左	左	右	右	右

2. 溜板箱

溜板箱的功用是将丝杠或光杠传来的旋转运动转变为溜板箱的直线运动并带动刀架进给，并控制刀架运动的接通、断开和换向。当机床过载时，能使刀架自动停止；还可以手动操纵刀架移动或实现快速运动等。因此，溜板箱通常设有以下几种机构：接通丝杠传动的开合螺母机构，将光杠的运动传至纵向齿轮齿条和横向进给丝杠的传动机构，接通、断开和转换纵、横进给的转换机构，保证机床工作安全的过载保险装置，丝杠、光杠互锁机构以及控制刀架纵、横向机动进给的操纵机构。此外，有些车床的溜板箱中还具有改变纵、横向机动进给运动方向的换向机构，以及快速空行程传动机构等。下面介绍其中一些主要机构的结构：

（1）纵、横向机动进给操纵机构。

图 3.21 所示为 CA6140 型普通卧式车床的纵、横向机动进给操纵机构。它利用一个手柄集中操纵、横向机动进给运动的接通、断开和换向，且手柄扳动方向与刀架运动方向一致，直观方便。

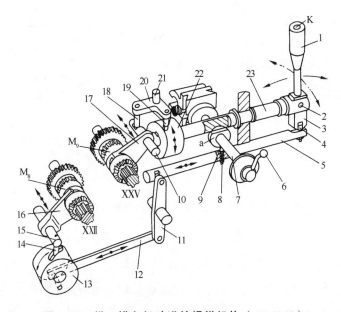

图 3.21　纵、横向机动进给操纵机构（CA6140）

1、6—手柄；2、21—销轴；3—手柄座；4—球头销；5、7、23—轴；8—弹簧销；9—球头销；10—拨叉轴；
11、20—杠杆；12—连杆；13、22—凸轮；14、18、19—圆销；15—拨叉轴；16、17—拨叉

　　向左或向右扳动手柄 1，使手柄座 3 绕着销轴 2 摆动（销轴 2 装在轴向位置固定的轴 23 上），手柄座下端的开口槽通过球头销 4 拨动轴 5 轴向移动，再经杠杆 11 和连杆 12 使凸轮 13 转动，凸轮上的曲线槽又通过圆销 14 带动拨叉轴 15 以及固定在它上面的拨叉 16 向前或向后移动，拨动离合器 M_8，使之与轴 XVII 上两个空套齿轮之一啮合，于是纵向机动进给运动接通，刀架相应向左或向右移动。向后或向前扳动手柄 1，通过手柄座 3 使轴 23 以及固定在它左端的凸轮 22 转动，凸轮上的曲线槽通过圆销 19 使杠杆 20 绕销轴 21 摆动，再经过杠杆 20 上的另一圆销 18，带动拨叉轴 10 以及固定在它上面的拨叉 17 向前或向后移动，拨动离合器 M_9，使之与轴 XXV 上两空套齿轮之一啮合，于是横向机动进给运动接通，刀架相应地向前或向后移动。

　　手柄 1 扳至中间直立位置时，离合器 M_8 和 M_9 均处于中间位置，机动进给传动链断开。当手柄搬至左、右、前、后任意位置时，如按下装在手柄 1 顶端的按钮 K，则电动机快速启动，刀架便在相应方向上快速移动。

　　（2）互锁机构。机床工作时，如因操作错误同时将丝杠传动和纵、横向机动进给（或快速运动）接通，则将损坏机床。为了防止发生上述事故，溜板箱中设有互锁机构，以保证开合螺母合上时，机动进给不能接通；而机动进给接通时，开合螺母不能合上。

　　图 3.22 所示为互锁机构的工作原理图，它由开合螺母操纵轴 7（见图 3.21）上的凸肩 a，轴 5 上的球头销 9 和弹簧销 8 及支承套 24 等组成。图 3.21 所示为丝杠传动和纵、横向机动进给均未接通的情况，此时可搬动手柄 1（见图 3.21），接通相应方向的纵向或横向机动进给，或扳动手柄 6，使开合螺母合上（此位置称中间位置）。

　　如果向下扳动手柄 6 使开合螺母合上，则轴 7 顺时针转过一个角度，其上凸肩 a 嵌入 23 的槽中，将轴 23 卡住，使其不能转动；同时，凸肩又将装在支承套 24 横向孔中的球头销 9 压下，使它的下端插入轴 5 的孔中，将轴 5 锁住，使其不能左右移动，如图 3.22（a）所示。这时横向机动进给都不能接通，如果接通纵向机动进给，则因轴 5 沿轴线方向移动了一定位置，其上的横孔与球头销 9 错位（轴线不在同一直线上），使球头销不能往下移动，因而轴 7 被锁住而无法转动，如图 3.22（b）所示。如果接通横向机动进给，由于轴 23 转动了位置，其上的沟槽再对准轴 7 的凸肩 a，使轴 7 无法转动，如图 3.22（c）所示。因此，接通纵向或横向机动进给后，开合螺母均不能合上。

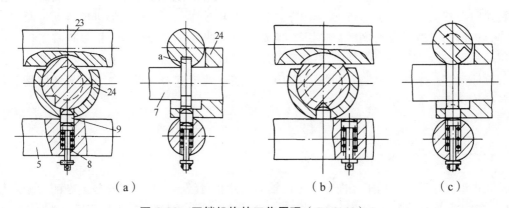

（a）　　　　　　　　　　　（b）　　　　　　　　　　　（c）

图 3.22　互锁机构的工作原理（CA6140）

5、7、23—轴；8—弹簧销；9—球头销；24—支承套

（3）过载保险装置。过载保险装置的作用是防止过载和发生偶然事故时损坏机床。卧式机床常用的过载保险装置有脱落蜗杆机构和安全离合器。前者由于结构比较复杂，新型号机床上采用较少；后者结构较简单，且过载现象消除后能自动恢复正常工作，因此采用较多。

图 3.23 所示为 CA6140 型普通卧式车床溜板箱中所采用的安全离合器。它由端面带螺旋形齿爪的左、右两半部 5 和 6 组成，其左半部 5 用键装在单向超越离合器 M_6 的星轮 4 上，且与轴 XX 空套，右半部 6 与轴 XX 用花键连接。在正常工作情况下，在弹簧 7 的压力作用下，

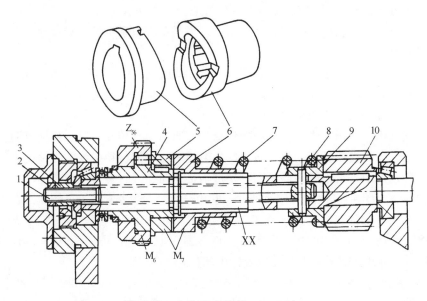

图 3.23　安全离合器（CA6140）

1—拉杆；2—锁紧螺母；3—调整螺母；4—超越离合器的星轮；5—安全离合器的左半部；
6—安全离合器的右半部；7—弹簧；8—圆销；9—弹簧座；10—蜗杆

离合器左、右两半部分相互啮合，由光杠传来的运动，经齿轮 Z_{56}、超越离合器 M_6 和安全离合器 M_7，传至轴 XX 和蜗杆 10，此时安全离合器螺旋齿面产生的轴向分力，由弹簧 7 的压力来平衡。刀架上的载荷增大时，通过安全离合器齿爪传递的转矩以及作用在螺旋齿面上的轴向分力都将随之增大。当轴向分力超过弹簧 7 的压力时，离合器右半部 6 将压缩弹簧而向右移动，与左半部 5 脱开，导致安全离合器打滑，于是机动进给传动链断开，刀架停止进给。过载现象消除后，弹簧 7 使安全离合器重新自动接合，恢复正常工作。机床许用的最大进给力，决定于弹簧 7 调定的压力。旋转调整螺母 3，通过装在轴 XX 内孔中的拉杆 1 和圆销 8，可调整弹簧座 9 的轴向位置，改变弹簧 7 的压缩量，从而调整安全离合器能传递转矩的大小。

3.2.5　立式车床

立式车床主要用于加工径向尺寸大而轴向尺寸相对较小、且形状比较复杂的大型或重型零件。立式车床是汽轮机、水轮机、重型电机、矿山冶金重型机械制造厂不可缺少的加工设备。立式车床结构布局的主要特点是主轴垂直布置，并有一个直径很大的圆形工作台，供安

装工件之用。由于工件及工作台的重量由床身导轨或推力轴承承受，大大减轻了主轴及其轴承的载荷，因此较易保证加工精度。

立式车床分单柱式和双柱式两种，前者加工直径一般小于 1 600 mm，后者加工直径一般大于 2 000 mm，重型立式车床其加工直径超过 2 500 mm。

如图 3.24 所示，单柱立式车床具有一个箱形立柱，并与底座固定地连成一整体，构成机床的支承骨架。工作台装在底座的环形导轨上，由它带动安装在它台面上的工件绕垂直轴线旋转，完成主运动。在立柱的垂直导轨上装有横梁 5 和侧刀架 7，在横梁的水平导轨上装有一个垂直刀

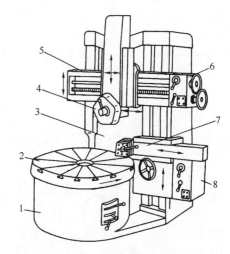

图 3.24　立式车床外形

1—底座；2—工作台；3—立柱；4—垂直刀架；5—横梁；
6—垂直刀架进给箱；7—侧刀架；8—侧刀架进给箱

架 4。垂直刀架可沿横梁导轨移动做横向进给，以及沿刀架滑座的导轨移动做垂直进给。刀架滑座可左右扳转一定角度，以便刀架做斜向进给。因此，垂直刀架可用来完成车内外圆柱面、内外圆锥面、车端面以及车沟槽等工序。在垂直刀架上通常带有一个五角形的转塔刀架，它除了可安装各种车刀以完成上述工序外，还可安装各种孔加工刀具，以进行钻、扩、铰等工序的加工。侧刀架 7 可以完成车外圆、车端面、车沟槽和倒角等工序。垂直刀架和侧刀架的进给运动或者由主运动传动链传来，或者由装在进给箱上单独的电动机传动。两个刀架在进给运动方向上都能做快速调位运动，以完成快速趋近、快速退回和调整位置等辅助运动。横梁连同垂直刀架一起，可沿立柱导轨上下移动，以适应加工不同高度工件的需要。横梁移至所需位置后，可手动或自动夹紧在立柱上。

各种常见车床性能比较如表 3.11 所示。

表 3.11　各种常见车床性能比较

类型 项目	卧式车床	回轮、转塔车床	自动、半自动车床	数控车床
工件几何形状	不限	较复杂为宜	较复杂为宜	较复杂为宜
生产批量	单件、小批	成批	大批	单件、小批
调整机床所需时间	少	中等	多	省时
生产效率	低	中等	高	高
适用场合	生产、机修车间	生产车间	生产车间	不限
工人劳动强度	高	中等	调好后无需人工操作	调好后无需人工操作
所用毛坯及要求	铸、锻件及棒料均可	棒料为宜	只宜用冷拔棒料	不限，但外形应粗加工成形

3.2.6 车 刀

车刀是一种单刃刀具，是最常用的刀具之一，也是研究铣刀、钻头、刨刀等其他切削刀具的基础。

1. 车刀的种类和用途

几种常用车刀如图 3.25 所示，其名称和用途分述如下：

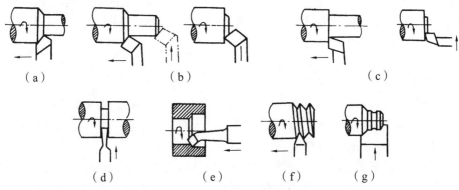

图 3.25　车刀种类及用途

（1）直头外圆车刀，如图 3.25（a）所示。主要用于车削工件外圆，也可切外圆倒角。

（2）弯头车刀，如图 3.25（b）所示。用于车削工件外圆、端面或倒角。

（3）偏刀，如图 3.25（c）所示。有左偏刀和右偏刀之分，用于车削工件外圆、轴肩或端面。

（4）车槽或切断刀，如图 3.25（d）所示。用于切断工件，或在工件上车槽。

（5）镗孔刀，如图 3.25（e）所示。用于镗削工件内孔，包括通孔和不通孔。

（6）螺纹车刀，如图 3.25（f）所示。图示螺纹车刀用于车削工件的外螺纹。

（7）成形车刀，如图 3.25（g）所示。用于加工工件的成形回转表面，这是一种专用刀具。

2. 车刀的结构形式

车刀的结构形式随着生产的发展和新刀具材料的应用也在不断地发展和变化。高速钢车刀虽仍有应用，但多采用高速钢扁条、方条或把刀头夹持在刀杆中的结构形式，由此节约高速钢材料。应用最广泛的是硬质合金车刀。硬质合金车刀有焊接式和机械夹固式两种结构形式，而机械夹固式又分为普通机夹式和可转位式两种。

（1）焊接式硬质合金车刀。制作焊接式车刀时，先在碳钢（一般为 45 钢）刀杆上按所要求的车刀切削角度开出刀片槽，然后用铜焊或银焊法将刀片焊在刀片槽中，最后用砂轮刃磨刀具角度。焊接式车刀结构简单、紧凑、刚性好，几何参数可根据加工条件和要求较灵活地选择，所以应用非常广泛。但焊接加热和刃磨会降低刀片的切削性能，影响其使用寿命，甚至使刀片产生裂纹而报废。焊接式车刀如图 3.26 所示。

（2）机械夹固式硬质合金车刀。普通机夹式车刀采用机械方法将普通硬质合金刀片夹固在刀杆上，刀杆可多次重复使用。这种结构可以避免刀片因焊接而产生裂纹的问题，但刀片的刃磨裂纹问题仍不能完全消除。

可转位车刀采用特制的可转位刀片,用机械夹固的方法将刀片直接紧固在刀杆上。可转位刀片常制成正三角形、正四边形、正五边形、菱形和圆形等。当刀片的一个切削刃用钝后,可将刀片转位,换一个切削刃继续使用,而这种转位不影响切削刃位置的精确性。因此,采用可转位式车刀可以缩短停机时间,提高生产率,这对于自动车床尤为重要。

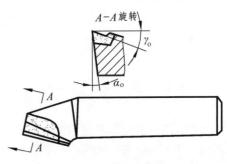

图 3.26　焊接式车刀

可转位车刀可有多种不同的刀片夹紧方式,一般常用的有如图 3.27 所示的 3 种方式。

① 上压式夹紧,如图 3.27(a)所示。这种夹紧方式利用压板和螺钉将刀片紧压在刀片槽中,刀片由槽的底面和两侧面定位。其特点是夹紧力大,定位可靠,适用于不带孔的刀片;缺点是夹紧螺钉及压板会阻碍切屑的流出,也易为切屑所擦伤。

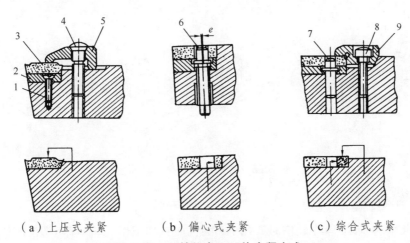

(a)上压式夹紧　　　(b)偏心式夹紧　　　(c)综合式夹紧

图 3.27　可转位车刀刀片夹紧方式

1—螺钉;2—刀垫;3—刀片;4、8—夹紧螺钉;5—压板;6—螺钉偏心柱;7—柱销; 9—压板

② 偏心式夹紧,如图 3.27(b)所示。这种夹紧方式所用的零件少,制造较简单,靠螺钉上部的偏心柱将刀片夹紧,并利用螺纹的自锁作用防止夹紧部分松动。切削时,切屑流出不受阻碍,也不会擦伤夹紧元件,但夹紧力不大,适用于切削力不大且连续切削的场合。

③ 综合式夹紧,如图 3.27(c)所示。这是利用上压和侧压二者相结合的夹紧方式,因此兼有上述两种夹紧方式的优点。这种结构的夹紧力大,适用于切削力大及有冲击负载的场合。

3.3　铣削加工与设备

用铣刀在铣床上的加工称为铣削,铣床是用铣刀进行加工的机床。铣削的加工范围广、生产率较高，而且还可以获得较好的加工表面质量，其加工精度一般为 IT9 ~ IT8，表面粗糙度 R_a 值为 6.3 ~ 1.6 μm。

3.3.1 铣削的工艺特点及其应用

铣床是用多齿刀具进行铣削加工的机床，它可以加工平面（水平面、垂直面等）、沟槽（键槽、T 形槽、燕尾槽等）、分齿零件（齿轮、链轮、棘轮、花键轴等）、螺旋形表面（螺纹和螺旋槽）及各种曲面等，如图 3.28 所示。

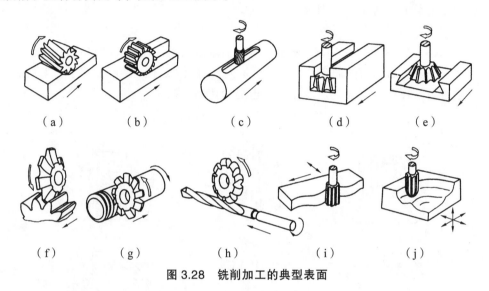

（a）　　　　（b）　　　　（c）　　　　（d）　　　　（e）

（f）　　　　（g）　　　　（h）　　　　（i）　　　　（j）

图 3.28　铣削加工的典型表面

1. 生产率较高

铣刀是典型的多齿刀具，铣削时有几个刀齿同时参加工作，并且参与切削的切削刃较长。铣削的主运动是铣刀的旋转，有利于高速铣削。因此，铣削的生产效率比刨削高。

2. 容易产生振动

铣刀的刀齿切入和切出时产生冲击，也将引起同时工作刀齿数的增减。在切削过程中每个刀齿的切削层厚度 h_i 随刀齿位置的不同而变化，如图 3.29 所示，引起切削层横截面积变化。因此，在铣削过程中铣削力是变化的，切削过程不平稳，容易产生振动，这就限制了铣削加工质量和生产效率的进一步提高。

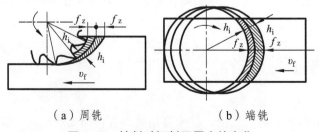

（a）周铣　　　　　　　　（b）端铣

图 3.29　铣削时切削层厚度的变化

3. 刀齿散热条件较好

铣刀刀齿在切离工件的一段时间内，可以得到一定的冷却，散热条件较好。但是，切入和切出时热和力的冲击将加速刀具的磨损，甚至可能引起硬质合金刀片的碎裂。

3.3.2　铣削方式

平面铣削有周铣和端铣两种方式，如图 3.30 所示。

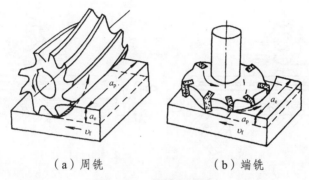

（a）周铣　　　　　　　　（b）端铣

图 3.30　周铣和端铣

1. 周　铣

周铣是用圆柱形铣刀圆周上的刀齿铣削工件表面的一种加工方式。根据铣刀旋转方向和工件移动进给方向的关系，周铣可分为逆铣和顺铣两种，如图 3.31 所示。在切削部位刀齿的运动方向和工件的进给方向相反时，为逆铣；相同时，为顺铣。

逆铣时，每个刀齿的切削层厚度是从零增大到最大值，由于铣刀刃口处总有圆弧存在，而不是绝对尖锐的，所以在刀齿接触工件的初期，不能切入工件，而是在工件表面上挤压、滑行，使刀齿与工件之间的摩擦加大，加速刀具磨损，同时也使表面质量下降。顺铣时，每个刀齿的切削层厚度是由最大减小到零，从而避免了上述缺点。

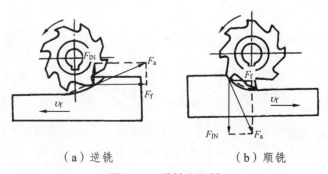

（a）逆铣　　　　　　　　（b）顺铣

图 3.31　逆铣和顺铣

逆铣时，铣削力上抬工件；而顺铣时，铣削力将工件压向工作台，从而减少了工件振动的可能性，尤其是在铣削薄而长的工件时，更为有利。

由上述分析可知，从提高刀具寿命和工件表面质量、增加工件夹持的稳定性等观点出发，一般以采用顺铣法为宜。但是，顺铣时忽大忽小的水平分力 F_f 与工件的进给方向是相同的，而工作台进给丝杠与固定螺母之间一般都存在间隙，如图 3.32 所示，该间隙在进给方向的前方。由于 F_f 的作用（当 F_f 大于进给力时），就会使工件连同工作台和丝杠一起向前窜动，造成进给量突然增大，甚至引起打刀。"窜动"产生后，间隙在进给方向的后方，又会造成丝杠仍在旋转，而工作台暂时不进给的现象。而逆铣时，水平分力 F_f 与进给方向相反，铣削过程中工作台丝杠始终压向螺母，不致因为间隙的存在而引起工件窜动。目前，一般铣床尚没有消除工作台丝杠与螺母之间间隙的装置，所以，在生产中仍多采用逆铣法。

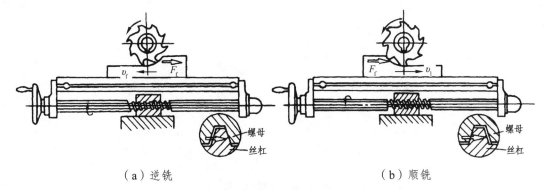

（a）逆铣　　　　　　　　　　　　　（b）顺铣

图 3.32　　逆铣和顺铣时丝杠与螺母之间的间隙

另外，当铣削带有黑皮的表面时，例如铸件或锻件表面的粗加工，若用顺铣法，因刀齿首先接触黑皮，将加剧刀齿的磨损，所以也应采用逆铣法。

2. 端　铣

端铣是以端铣刀端面上的刀齿铣削工件表面的一种加工方式。由于端铣刀具有较多的同时工作的刀齿，又使用了硬质合金刀片和修光刃口，所以加工表面粗糙度较低，并且铣刀的耐用度、生产效率都比周铣法高。根据铣刀和工件相对位置的不同，端铣法可以分为对称铣削法和不对称铣削法，如图 3.33 所示。

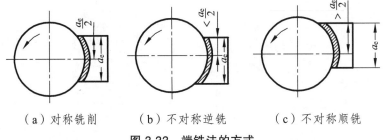

（a）对称铣削　　　（b）不对称逆铣　　　（c）不对称顺铣

图 3.33　端铣法的方式

工件相对铣刀回转中心处于对称位置时称为对称铣。此时，刀齿切入工件与切出工件时的切削厚度相同，每个刀齿在切削过程中，有一半是逆铣，一半是顺铣。当刀齿刚切入工件时，切屑较厚，没有滑行现象，但在转入顺铣阶段中，对称端铣与圆柱铣刀顺铣方式一样，会使工作台顺着进给方向窜动，造成不良后果。生产中对称端铣方式很适宜于加工淬硬钢件，因为它可以保证刀齿超越冷硬层切入工件，能提高端铣刀耐用度和获得光洁度较均匀的加工表面。

铣削中，指刀齿切入时的切削厚度小于或大于切出时的切削厚度，称为不对称铣削。这种铣削方式又可分为不对称逆铣和不对称顺铣两种。

不对称逆铣，刀齿切入工件时的切削厚度小于切出时的厚度。这种铣削方式在加工碳钢及高强度合金钢之类的工件时，可减少切入时的冲击，能提高硬质合金端铣刀耐用度 1 倍以上。不对称逆铣方式还可减少工作台窜动现象，特别是在铣削中采用大直径的端铣刀加工较窄平面时，切削很不平稳，若采用逆铣成分比较多的不对称端铣方式将是更为有利的。

不对称顺铣，指刀齿以最大的切削厚度切入工件，以最小的切削厚度切出。实践证明，不对称顺铣用于加工不锈钢和耐热合金时，可以减少硬质合金刀具的热裂磨损，可使切削速度提高 40%～60%，或提高刀具寿命达 3 倍之多。

端铣法可以通过调整铣刀和工件的相对位置，调节刀齿切入和切出时的切削层厚度，从而达到改善铣削过程的目的。一般情况，当工件宽度接近铣刀直径时，采用对称铣；当工件较窄时，采用不对称铣。

3. 周铣与端铣的比较

（1）端铣的加工质量比周铣高。端铣同周铣相比，同时工作的刀齿数多，铣削过程平稳；端铣的切削厚度虽小，但不像周铣时切削厚度最小时为零，它改善了刀具后面与工件的摩擦状况，提高了刀具寿命，并减小了表面粗糙度值；端铣刀的修光刃可修光已加工表面，使表面粗糙度值较小。

（2）端铣的生产率比周铣高。端铣的面铣刀直接安装在铣床主轴端部，其刀具系统刚性好，同时刀齿可镶硬质合金刀片，易于采用大的切削用量进行强力切削和高速切削，使生产率得到提高，而且工件已加工表面质量也得到提高。

（3）端铣的适应性比周铣差。端铣一般只用于铣平面，而周铣可采用多种形式的铣刀加工平面、沟槽和成形面等。因此周铣的适应性强，生产中仍常用。

3.3.3　铣　床

铣床的主要类型有：升降台式铣床、龙门铣床、工具铣床、圆台铣床、仿形铣床和各种专门化铣床等。

1. 升降台式铣床

升降台式铣床是铣床中应用最普遍的一种类型。升降台式铣床的结构特征是：主轴带动铣刀旋转实现主运动，其轴线位置通常固定不动；工作台可在相互垂直的三个方向上调整位置，带动工件在其中任意方向上实现进给运动。升降台式铣床根据主轴的布局可分为卧式和立式两种。

（1）卧式升降台铣床。如图 3.34 所示，其主轴水平布置。床身 1 固定在底座 8 上，用于安装和支承机床各部件，床身内装有主轴部件、主运动变速传动机构及其操纵机构等。床身 1 顶部的燕尾形导轨上装有可沿主轴轴线方向调整其前后位置的悬梁 2，悬梁上的刀杆支架 4

用于支承刀杆的悬伸端。升降台 7 装在床身 1 的垂直导轨上，可以上下（垂直）移动，升降台内装有进给电动机，进给运动变速传动机构及其操纵机构等。升降台的水平导轨上装有床鞍 6，可沿平行于主轴轴线的方向（横向）移动。工作台 5 装在床鞍 6 的导轨上，可沿垂直于主轴轴线的方向（纵向）移动。因此，固定在工作台上的工件，可随工作台一起在相互垂直的三个方向上实现任意方向的进给运动或调整位置。

万能卧式升降台铣床的结构与卧式升降台铣床基本相同，但在工作台 5 和床鞍 6 之间增加了一层转盘。转盘相对于床鞍在水平面内可绕垂直轴线在 ±45° 范围内转动，使工作台能沿调整后的方向进给，以便铣削螺旋槽。

卧式升降台铣床配置立铣头后，可作立式升降台铣床使用。

（2）立式升降台铣床。立式升降台铣床与卧式升降台铣床的主要区别在于，它的主轴是垂直布置的，可用端铣刀或立铣刀加工平面、斜面、沟槽、台阶、齿轮、凸轮等表面。图 3.35 所示为常见的一种立式升降台铣床，其工作台 3、床鞍 4 及升降台 5 的结构与卧式升降台铣床相同。铣头 1 可根据加工要求在垂直平面内调整角度，主轴 2 可沿其轴线进给或调整位置。

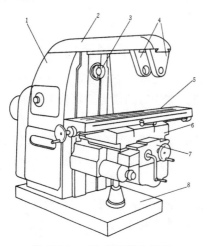

图 3.34　卧式升降台铣床

1—床身；2—悬梁；3—主轴；4—刀杆支架；
5—工作台；6—床鞍；7—升降台；8—底座

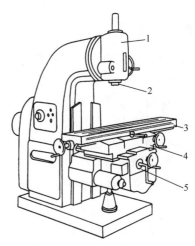

图 3.35　立式升降台铣床

1—铣头；2—主轴；3—工作台；
4—床鞍；5—升降台

2. 龙门铣床

龙门铣床是一种大型高效能的铣床，主要用于加工各类大型工件上的平面和沟槽，借助于附件还可完成对斜面、内孔等的加工。

图 3.36 所示为具有 4 个铣头的中型龙门铣床。每个铣头都是一个独立部件，其中包括单独的驱动电动机、主轴部件、变速传动机构及其操纵机构等。横梁 3 上的两个垂直铣头 4 和 8，可沿横梁的水平方向（横向）调整位置。横梁本身及立柱 5、7 上的两个水平铣头 2 和 9 可沿立柱导轨调整其垂直方向的位置。各铣刀的切削深度均由主轴套筒带动铣刀主轴沿轴向移动来实现。加工时，工作台 1 带动工件做纵向进给运动。龙门铣床可用多把铣刀同时加工几个表面，所以生产效率较高，在成批和大量生产中得到广泛应用。

3. 圆台铣床

圆台铣床可分为单轴和双轴两种形式，图 3.37 所示为双轴圆台铣床。主轴箱 5 的两个主轴上分别安装有用于粗铣和半精铣的端铣刀。滑座 2 可沿床身 1 的导轨横向移动，以调整工作台 3 与主轴间的横向位置。主轴箱 5 可沿立柱 4 的导轨升降；主轴也可在主轴箱中调整其轴向位置，以便使刀具与工件的相对位置准确。加工时，可在工作台 3 上装夹多个工件，工作台 3 做连续转动，由两把铣刀分别完成粗、精加工，装卸工件的辅助时间与切削时间重合，生产效率较高。这种铣床的尺寸规格介于升降台铣床与龙门铣床之间，适于成批大量生产中加工中、小型零件的平面。

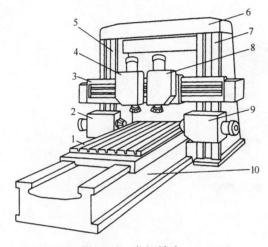

图 3.36　龙门铣床

1—工作台；2、9—水平铣头；3—横梁；4、8—垂直
铣头；5、7—立柱；6—顶梁；10—床身

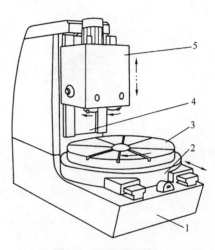

图 3.37　圆台铣床

1—床身；2—滑座；3—工作台；
4—立柱；5—主轴箱

3.3.4　铣　刀

铣刀是机械加工中使用最多的刀具之一。它是多刃回转刀具，规格、品种很多。根据用途，铣刀可分为以下几类，如图 3.38 所示。

1. 圆柱平面铣刀

如图 3.38（a）所示，该类铣刀用于在卧式铣床上加工平面，一般切削刃为螺旋形，其材料有整体高速钢和镶焊硬质合金两种。

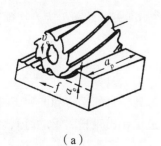

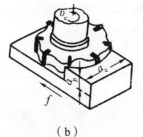

（a）　　　　　　　　　　（b）　　　　　　　　　　（c）

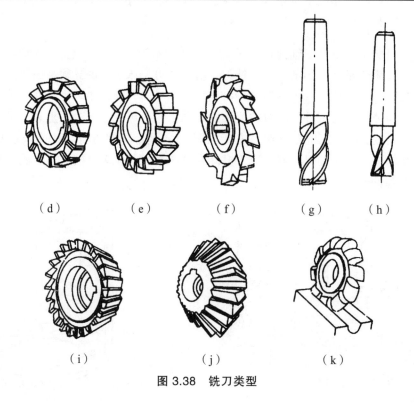

（d）　　　　　（e）　　　　　（f）　　　　　（g）　　　　　（h）

（i）　　　　　　　（j）　　　　　　　（k）

图 3.38　铣刀类型

2. 面铣刀

面铣刀又叫端铣刀，如图 3.38（b）所示。主切削刃分布在铣刀端面上，多用在立式铣床上加工平面，端铣刀主要采用硬质合金可转位刀片，生产效率较高。

3. 盘铣刀

盘铣刀分为单面刃、双面刃和三面刃 3 种，如图 3.38（c）、（d）、（e）所示。主要用于加工沟槽和台阶。图 3.38（f）为错齿三面刃铣刀，其刀齿左右交错，并分别为左右螺旋，可改善切削条件。这种铣刀多采用硬质合金机夹结构。

4. 锯片铣刀

锯片铣刀实际上是薄片盘铣刀，但齿数少，容屑空间大，主要用于切断和切窄槽。

5. 立铣刀

如图 3.38（g）所示。立铣刀圆柱面上的螺旋刃为主切削刃，端面刃为副切削刃，因此，它不能沿轴向进给，主要加工槽和台阶面。

6. 键槽铣刀

图 3.38（h）所示为键槽铣刀，它是铣键槽的专用刀具，它的端刃和圆周刃都可作为主刃。铣键槽时，先轴向进给切入工件，然后沿键槽方向进给铣出键槽，重磨时只磨端面刃。

7. 角度铣刀

角度铣刀分为单面角度铣刀如图 3.38（i）和双面角度铣刀如图 3.38（j）两种，用于铣削斜面、燕尾槽等。

8. 成形铣刀

图 3.38（k）是成形铣刀，用在普通铣床上加工各种成形表面。其廓形要根据被加工工件的廓形来确定。

3.4　磨削加工与设备

用磨料磨具（砂轮、砂带、油石和研磨剂等）为工具对工件表面进行加工的方法称为磨削。磨削可以加工内外圆柱面、圆锥面、平面、渐开线齿廓面、螺旋面以及成形面，还可以刃磨刀具和进行切断等工作，其应用范围十分广泛。磨削主要用于零件的精加工，尤其是淬硬钢和高硬度特殊材料零件的精加工，也有不少用于粗加工的高效磨削。磨削的加工精度可达 IT6～IT4，表面粗糙度 R_a 值为 1.25～0.01 μm。

磨削使用的机床，统称为磨床。为了适应磨削各种不同形状的工件表面及生产批量的要求，磨床的种类繁多，主要类型有：各类内外圆磨床、平面磨床、工具磨床、刀具刃磨机床以及各种专门化磨床。

3.4.1　磨削原理

1. 磨削运动

外圆、内圆和平面磨削时的切削运动如图 3.39 所示。

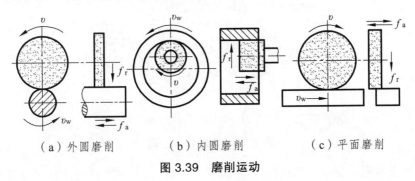

（a）外圆磨削　　　（b）内圆磨削　　　（c）平面磨削

图 3.39　磨削运动

（1）主运动。砂轮的旋转运动是主运动，砂轮旋转的线速度为磨削速度 v，单位为 m/s。

（2）进给运动：

① 外圆、内圆磨削：

圆周进给运动。工件的旋转运动，进给速度为工件被加工表面的切线速度 v_w，单位为 m/min。

轴向进给运动。工件相对砂轮的直线运动，用轴向进给量 f_a 表示（指工件每转一转，相对于砂轮在轴线方向的移动量），单位为 m/min。

② 平面磨削：

纵向进给运动。工作台的往复运动，用运动速度 v_w 表示，单位为 m/min。

轴向进给运动。砂轮相对于工件的轴向直线运动，用工作台每往复行程（双行程）或每单行程砂轮的轴向移动量 f_a 表示，单位为 mm/单行程或 mm/双行程。

（3）切入运动。在外圆、内圆和平面磨削时，为得到所需的工件尺寸，除上述成形运动外，在加工中砂轮还需沿径向做切入运动，其大小用工作台（或工件）每单行程或双行程、砂轮沿径向的切入深度 f_r 表示，也称为磨削深度，单位为 mm/单行程或 mm/双行程。

2. 磨削过程及特点

如图 3.40 所示，砂轮上的磨粒是无数又硬又小且形状很不规则的多面体，磨粒的顶尖角在 90°～120° 之间，并且尖端均带有若干微米的尖端圆角半径 r_β，磨粒尖端随机分布在砂轮上。经修整后的砂轮，磨粒前角可达 −80°～−85°，因此磨削过程与其他切削方法相比具有自己的特点。

磨削时，其切削厚度由零开始逐渐增大。由于磨粒具有很大负前角和较大尖端圆角半径，当磨粒开始以高速（砂轮圆周速度可高达 60 m/s）切入工件时，在工件表面上产生强烈的滑擦，这时切削表面产生弹性变形；当磨粒继续切入工件，磨粒作用在工件上的法向力 F_n 从而增大到一定值时，工件表面产生塑性变形，使磨粒前方受挤压的金属向两边塑性流动，在工件表面上耕犁出沟槽，而沟槽的两侧则微微隆起；当磨料继续切入工件，其切削厚度增大到一定数值后，磨粒前方的金属在磨粒的挤压作用下，发生滑移而成为切屑。

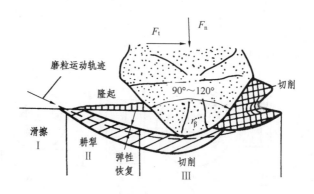

图 3.40　磨粒切入过程

由于各个磨粒形状、分布和高低各不相同，其切削过程也有差异。其中一些突出和比较锋利的磨粒，切入工件较深，经过滑擦、耕犁和切削三个阶段，形成非常微细的切屑；比较钝的、突出高度较小的磨粒，切不下切屑，只是起刻画作用，在工件表面上挤压出微细的沟槽；更钝的、隐藏在其他磨粒下面的磨粒只是稍微滑擦工件表面，起抛光的作用。由此可见，磨削过程是包含切削、刻画和抛光作用的综合的复杂过程。

从磨削的过程看，滑擦、耕犁和切削使工件有挤压变形，并导致工件与磨粒之间的摩擦增加，同时切削速度很快，磨削过程经历的时间极短（只有 0.000 05 ~ 0.000 1 s）。所以磨削时产生的瞬时局部温度是极高的（可达到 800 ~ 1 200℃ 以上），磨削时见到的火花，就是高温下燃烧的切屑。当磨粒被磨钝和砂轮被切屑堵塞时，温度还会更高，甚至能使切屑熔化，烧伤工件表面及改变工件的形状和尺寸，在磨削淬硬钢时还会出现极细的裂纹。为了降低磨削温度和冲去砂轮空隙中的磨粒粉末和金属微尘，通常磨削时必须加冷却液。把它喷射到磨削区域，来提高磨削生产率，并改善加工表面的质量。冷却液应具有黏性小、冷却迅速的性质，又不致腐蚀机件和损害操作者健康。通常采用的冷却液是碳酸钠液和乳化液。

3.4.2　砂轮的性质和使用选择

砂轮是一种用结合剂把磨粒黏结起来，经压坯、干燥、焙烧及车整而成，且具有很多气孔，并用磨粒进行切削的工具。砂轮的结构如图 3.41 所示。可见，砂轮是由磨料、结合剂和气孔所组成。它的特性主要由磨料、粒度、结合剂、硬度和组织 5 个参数所决定。

1. 磨　料

磨料分天然磨料和人造磨料两大类。天然磨料为金刚砂、天然刚玉、金刚石等。天然金刚石价格昂贵，其他天然磨料杂质较多，质地较不均匀，故主要用人造磨料来制造砂轮。

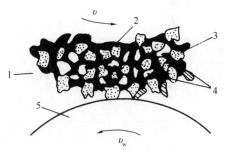

图 3.41　砂轮的结构

1—砂轮；2—结合剂；3—磨料；4—气孔；5—工件

目前常用的磨料可分为刚玉系、碳化物系和超硬磨料系 3 类。其具体分类、代号、主要成分、性能和适用范围如表 3.12 所示。

表 3.12　常用磨料的分类、代号、主要成分、性能和适用范围

种　类	名　称	代号	主要成分	颜　色	性　　能	适用范围
刚玉类	棕刚玉	A	Al_2O_3: 92.5% ~ 97% TiO_2: 2% ~ 3%	棕褐色	硬度高，韧性好，抗弯强度大，化学性能稳定，耐热，价廉	碳钢、合金钢、可锻铸铁与青铜
	白刚玉	WA	Al_2O_3: >99%	白色		淬火钢、高速钢
碳化物类	黑碳化硅	C	SiC: >95%	黑色	硬度更大，强度高，性脆，很锐利，与铁有反应，热稳定性较好	铸铁、黄铜、非金属
	绿碳化硅	CC	SiC: >99%	绿色		硬质合金
高硬度磨料类	人造金刚石	D	碳结晶体	乳白色	极硬，强度高，高温时与水碱有反应，高温石墨化	硬质合金、宝石、陶瓷
	立方氮化硼	CBN	立方氮化硼	黑色		硬质合金、高硬钢

2. 粒　度

粒度指磨料的颗粒大小（单位为：μm）。粒度有两种表示方法：对于用机械筛选法获得的磨粒（筛选法）来说，粒度号是指用 1 英寸长度有多少孔的筛网来命名的，粒度号为 4# ~ 240#，粒度号越大，颗粒越小；而用显微镜分析法来测量获得的粒度（微粉法），其粒度号为 W63 ~ W0.5，W 后的数字（粒度号）是表示磨料颗粒最大尺寸的微米数，粒度号越小，颗粒越小。常用粒度和适用范围如表 3.13 所示。

砂轮粒度选择的原则如下：

（1）粗磨时，选粒度较小（颗粒粗）的砂轮，可提高磨削生产率。

（2）精磨时，选粒度较大（颗粒细）的砂轮，可减小已加工表面粗糙度。

（3）磨软而韧的金属，用颗粒较粗的砂轮。这是因为用粗粒砂轮可减少同时参加磨削的磨粒数，避免砂轮过早堵塞，并且磨削时发热也小，工件表面不易烧伤。

（4）磨硬而脆的金属，用颗粒较细的砂轮，此时增加了参加磨削的磨粒数，可提高磨削生产率。

表 3.13　常用磨料的粒度和适用范围

类别	粒　度	颗粒尺寸/μm	应用范围	类别	粒　度	颗粒尺寸/μm	应用范围
磨　　　　　　粒	12# ~ 36#	2 000 ~ 1 600	荒　磨	微　　　　　　粉	W40 ~ W28	40 ~ 28	珩　磨
		500 ~ 400	去毛刺			28 ~ 20	研　磨
	46# ~ 80#	400 ~ 315	粗　磨 半精磨		W20 ~ W14	20 ~ 14	研　磨 超精磨
		200 ~ 160	精　磨			14 ~ 10	
	100# ~ 280#	160 ~ 125	精　磨		W10 ~ W5	10 ~ 7	研　磨 超精磨 镜面磨
		50 ~ 40	珩　磨			5 ~ 3.5	

3. 结合剂

结合剂是把许多细小的磨粒黏结在一起而构成砂轮的材料。砂轮是否耐腐蚀、能否承受冲击和经受高速旋转而不致裂开等，主要取决于黏结剂的成分和性能。常用结合剂的性能和适用范围如表 3.14 所示。

表 3.14　常用结合剂的性能和适用范围

结合剂	代　号	性　　能	适用范围
陶　瓷	V	耐热、耐腐蚀，气孔率大，易保持轮廓形状，弹性差	最常用，适用于各类磨削加工
树　脂	B	强度较 V 高，弹性好，耐热性差	适用于高速磨削、切断、开槽等
橡　胶	R	强度较 B 高，弹性更好，气孔率大，耐热性差	适用于切断、开槽及作无心磨的导轮
青　铜	J	强度最高，导电性好，磨耗少，自锐性差	适用于金刚石砂轮

4. 砂轮的硬度

砂轮硬度并不是指磨粒本身的硬度，而是指砂轮工作表面的磨粒在外力作用下脱落的难易程度。即磨粒容易脱落的，砂轮硬度为软；反之，为硬。同一种磨料可做出不同硬度的砂轮，它主要取决于黏结剂的成分。砂轮硬度从"超软"到"超硬"可分成 7 级，其中再分小级，硬度等级如表 3.15 所示。

表 3.15　砂轮的硬度等级名称及代号（GB/T2484—2006）

大级名称	超	软		软			中	软	中		中		硬	硬		超硬
小级名称	超	软	软 1	软 2	软 3		中软 1	中软 1	中 1	中 2	中硬 1	中硬 2	中硬 3	硬 1	硬 2	超硬
代　号	D	E	F	G	H	J	K	L	M	N	P	Q	R	S	T	Y

砂轮硬度的选用原则是：

（1）工件材料愈硬，应选用愈软的砂轮。这是因为硬材料易使磨粒磨损，需用较软的砂轮以使磨钝的磨粒及时脱落，但是磨削有色金属（铝、黄铜、青铜等）、橡皮、树脂等软材料，却要用较软的砂轮。因为这些材料易使砂轮堵塞，选用软的砂轮可使堵塞处较易脱落，露出尖锐的新磨粒。

（2）砂轮与工件磨削接触面积大时，磨粒参加切削的时间较长，较易磨损，应选用较软的砂轮。

（3）半精磨与粗磨相比，需用较软的砂轮，以免工件发热烧伤；但精磨和成形磨削时，为了使砂轮廓形保持较长时间，则需用较硬一些的砂轮。

（4）砂轮气孔率较低时，为防止砂轮堵塞，应选用较软的砂轮。

（5）树脂结合剂砂轮由于不耐高温，磨粒容易脱落，其硬度可比陶瓷结合剂砂轮选高 1~2 级。

在机械加工中，常用的砂轮硬度等级是软 2 至中 2，荒磨钢锭及铸件时常用至中　硬 2。

5. 砂轮的组织

砂轮的组织是指磨粒、黏结剂、气孔三者在砂轮内分布的紧密或疏松的程度。磨粒占砂轮体积百分率较高而气孔较少时，属紧密级；磨粒体积百分率较低而气孔较多时，属疏松级。砂轮组织的等级划分是以磨粒所占砂轮体积的百分率为依据的，如表 3.16 所示。

表 3.16　砂 轮 的 组 织 代 号

组织代号	0	1	2	3	4	5	6	7	8	9	10	11	12	13	14
磨料/%	62	60	58	56	54	52	50	48	46	44	42	40	38	36	34
疏密度	紧　密				中　等				疏　松				大气孔		
使用范围	重负荷、成形、精密磨削、间断及自由磨削，或加工硬脆材料				外圆、内圆、无心磨及工具磨，淬火钢工件及刀具刃磨等				粗磨及磨削韧性大、硬度低的工件，适合磨削薄壁细长的工件，或砂轮与工件接触面大以及平面磨削等				有色金属及塑料等非金属，以及热敏感性大的合金		

砂轮组织代号大，则组织松，砂轮不易被磨屑堵塞，切削液和空气能带入磨削区域，可

降低磨削区域的温度，减少工件因发热引起的变形和烧伤，故适用于粗磨、平面磨、内圆磨等磨削接触面积较大的工序，以及磨削热敏感性较强的材料、软金属和薄壁工件。

砂轮组织代号小，则组织紧密，气孔百分率小，使砂轮变硬，容易被磨屑堵塞，磨削效率低，但可承受较大磨削压力，砂轮廓形可保持长久，故适用于重压力下磨削，如手工磨削以及精磨、成形磨削。

6. 砂轮的形状及选择

为了适应在不同类型的磨床上磨削各种形状和尺寸工件的需要，砂轮有许多种形状和尺寸，常用砂轮的形状、代号及用途如表 3.17 所示。

表 3.17　常用砂轮的形状、代号及用途

代号	名称	形状	尺寸标记	主要用途
1	平形砂轮		1—$D \times T \times H$	外圆磨、内圆磨、平面磨、无心磨、工具磨
2	筒形砂轮		2—$D \times T \times W$	端磨平面
4	双斜边砂轮		4—$D \times T/U \times H$	磨齿轮及螺纹
6	杯形砂轮		6—$D \times T \times H\text{-}P, E$	磨平面、内圆、刃磨刀具
7	双面凹一号砂轮		7—$D \times T \times H\text{-}P, F, G$	磨外圆、无心磨的砂轮和导轮、刃磨车刀后面
11	碗形砂轮		11—$D/J \times T \times H\text{-}W, E, K$	端磨平面、刃磨刀具
12a	碟形一号砂轮		12a—$D/J \times T/U \times H\text{-}E, K$	刃磨刀具前面
41	薄片砂轮		41—$D \times T \times H$	切断及切槽

砂轮的标志印在砂轮端面上，其顺序是：形状代号、尺寸、磨料、粒度代号、硬度、组织代号、结合剂、线速度。例如，外径 300 mm、厚度 50 mm、孔径 75 mm、棕刚玉、粒度 60、硬度 L、5 号组织、陶瓷结合剂、最高工作线速度 35 m/s 的平形砂轮标记为：砂轮 1—300×50×75—A60L5V—35 m/s GB2485—1997。

选用砂轮时，其外径在可能情况下尽量选大些，可使砂轮圆周速度提高，以降低工件表面粗糙度和提高生产率；砂轮宽度应根据机床的刚度、功率大小来决定。机床刚性好、功率大，可使用宽砂轮。

3.4.3　磨削方式

磨削分为外圆磨削、内圆磨削、平面磨削和无心磨削等几种主要磨削方式。

1. 外圆磨削

外圆磨削是用砂轮外圆周面来磨削工件的外回转表面的磨削方式，其工作方式如图 3.42 所示。它能磨削外圆柱面、圆锥面、球面和特殊形状的外表面，基本的磨削方法有两种：纵磨法和横磨法（切入磨法）。

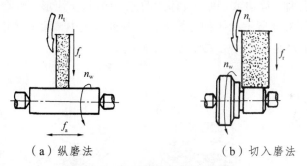

（a）纵磨法　　　　　　　（b）切入磨法

图 3.42　外圆磨削的工作方式

（1）纵磨法，如图 3.42（a）所示。砂轮旋转做主运动。进给运动有：工件旋转做圆周进给运动；工件沿其轴线往复移动做纵向进给运动；在工件的每一往复行程终了时，砂轮做一次横向进给运动，工件全部余量在多次行程中逐步被磨去。

（2）切入磨法，如图 3.42（b）所示。切入磨时，工件只做圆周进给，而无纵向进给运动；砂轮则连续地做横向进给，直到磨去全部余量为止。

2. 内圆磨削

内圆磨削，可磨削各种圆柱孔和圆锥孔，其工作方式如图 3.43 所示。它有纵磨法和切入磨法两种基本磨削方法。

（1）纵磨法，如图 3.43（a）所示。砂轮旋转做主运动。进给运动有：工件旋转做圆周进给运动；砂轮或工件沿工件轴向往复移动做纵向进给运动；每一往复移动终了时，砂轮架带动砂轮主轴在工件径向做一次横向切入运动，工件的全部余量，在多次横向进给运动中逐步被磨去。若调整工件轴线成一倾斜角度即能磨出锥孔。

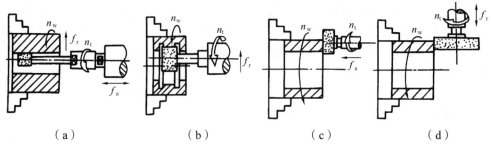

（a）   （b）   （c）   （d）

图 3.43   内圆磨削的工作方式

（2）切入磨法，如图 3.43（b）所示。与纵磨法的不同点在于砂轮宽度大于被磨表面的长度，磨削过程中没有纵向进给运动，砂轮仅做连续地横向进给运动，在进给过程中逐渐地磨去工件的全部余量。

某些普通内圆磨床上装备有专门的端磨装置，采用这种端磨装置，可在工件一次装夹中完成内孔和端面的磨削，如图 3.43（c）、（d）所示，这样既容易保证孔和端面的垂直度，又可提高生产效率。

3. 平面磨削

根据砂轮工作表面（周边或端面）和机床工作台形状（矩形工作台或圆形工作台）的不同，平面磨削有如图 3.44 所示的 4 种工作方式。各种方式中，除了砂轮均需要做高速旋转实现主运动外，进给运动是随工作方式而各有不同。

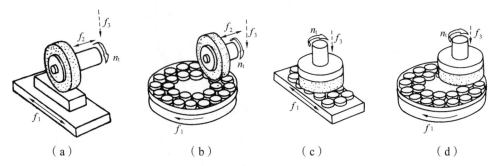

（a）   （b）   （c）   （d）

图 3.44   平面磨削的工作方式

（1）卧轴矩形工作台式，如图 3.44（a）所示。磨削时，工件由电磁工作台面吸住，磨削工件全长是由工作台做纵向往复运动实现的，为了逐步地磨削工件表面的宽度和切除表面的全部余量，砂轮架还需间歇地做横向、垂直进给运动。属砂轮圆周磨削的工作方式。

（2）卧轴圆形工作台式，如图 3.44（b）所示。机床圆工作台旋转，实现圆周进给。为了使砂轮能磨削至工作台的全部面积，砂轮架做连续的径向（工作台）进给运动，工件表面的全部余量由间歇的垂直切入运动完成。属砂轮圆周磨削的工作方式。

（3）立轴矩形工作台式，如图 3.44（c）所示。由于砂轮主轴的垂直布局且砂轮直径大于工件被磨表面的宽度，故机床进给运动不再需要横向进给，而砂轮架仅做间歇的垂直切入运动，就能磨削工件表面至规定尺寸。属砂轮端面磨削的工作方式。

（4）立轴圆形工作台式，如图 3.44（d）所示。由于砂轮主轴的垂直布局且砂轮直径大于工作台半径，所以进给运动和卧轴圆台式的区别在于不需要横向进给就能磨削工件全部面积。属砂轮端面磨削的工作方式。

　　上述 4 种平面磨削的工作方式中，用砂轮端面磨削与用砂轮周边磨削相比较，由于端面磨削的砂轮直径往往较大，又能磨出工件的全宽，因而生产效率较高。特别是圆台式，由于是连续进给，其生产效率更高。但是，端面磨削时，砂轮和工件表面是呈弧形线或面接触，冷却排屑均不便，所以加工精度和表面粗糙度稍差。在生产中，圆台式只适用于磨削大直径的环形小零件端面，不能磨削狭长零件。而矩台式工艺范围广，可方便地磨削各种常用零件的平面、沟槽和台阶等的垂直侧平面，而且加工精度也比圆台式要高。目前，以卧轴矩形工作台式平面磨床和立轴圆台式平面磨床应用最为广泛。

4. 无心外圆磨削

　　无心外圆磨削时，工件不是支承在顶尖上或夹持在卡盘中，而是直接被放在砂轮和导轮之间，由托板和导轮支承，并以工件被磨削的外圆表面本身作为定位基准面，如图 3.45 所示。磨削时砂轮高速旋转，导轮 3 则以较低的速度旋转，工件在磨削力以及导轮和工件间摩擦力的作用下被带动旋转，实现圆周进给运动。导轮是摩擦系数较大的树脂或橡胶结合剂砂轮，它不起磨削作用，而是用于支承工件并控制工件的进给速度。在正常磨削情况下，高速旋转的砂轮通过磨削力 $F_切$ 带动工件旋转，导轮则依靠摩擦力 F_1 限制工件的圆周速度，使之基本上等于导轮的圆周线速度，从而在砂轮和工件间形成很大的速度差，产生磨削作用。改变导轮的转速，便可调节工件的圆周进给速度。

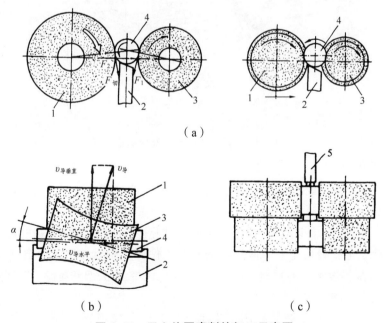

图 3.45　无心外圆磨削的加工示意图

1—砂轮；2—托板；3—导轮；4—工件；5—挡块

　　无心外圆磨床有两种磨削方式：纵磨法和切入磨法。

　　（1）纵磨法，如图 3.45（a）、（b）所示。由于导轮轴线相对工件轴线倾斜 α 角度，所以产生了水平分速度，使工件做轴向进给。为了保证导轮在倾斜了 α 角后还能与工件间的接触成直线，把导轮的形状修正成回转双曲面形；又为了避免磨出棱圆形工件，应使工件中心略高于砂轮中心（高出工件直径的 15%～25%），这样，就可使工件在多次转动中逐步地被磨圆。

（2）切入磨法，如图 3.45（c）所示。由砂轮横向切入工件做进给运动。导轮轴线仅倾斜不到 1°（约 30′左右），这时对工件有微小的轴向推力，使它靠住挡块 5，工件得到可靠的轴向定位。

无心磨削法适用于大量生产中磨削短小工件的外圆表面。对于小直径的细长轴加工，可用纵磨法；对具有阶梯式成形回转表面的工件，宜用切入法加工。

3.4.4　M1432A 型万能外圆磨床

1. 机床的布局

图 3.46 为 M1432A 型万能外圆磨床的外形图，它由下列主要部件组成：

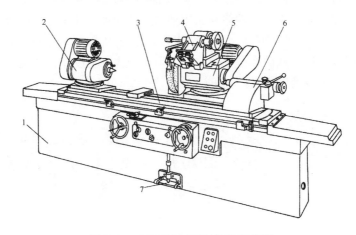

图 3.46　M1432A 型万能外圆磨床
1—床身；2—头架；3—工作台；4—内圆磨装置；5—砂轮架；6—尾座；7—脚踏操纵板

（1）床身。床身是支承部件，用于安装砂轮架、头架、尾座及工作台等部件。床身内部装有液压缸及其他液压元件，用来驱动工作台和横向滑鞍的移动。

（2）头架。头架用于安装及夹持工件，并带动其旋转，可在水平面内逆时针方向转动 90°。

（3）工作台。工作台由上、下两层组成，上工作台可相对于下工作台转动很小的角度（±10°），用来磨削锥度不大的长圆锥面。上工作台顶面装有头架和尾座，它们随工作台沿床身导轨做纵向往复运动。

（4）内圆磨装置。内圆磨装置用于支承磨内孔的砂轮主轴部件，它由单独的电动机驱动。

（5）砂轮架。砂轮架用于支承并传动高速旋转的砂轮主轴。砂轮架装在滑鞍上，当需磨削短圆锥时，砂轮架可在 ±30° 内调整角度位置。

（6）尾座。尾座和头架的顶尖一起支承工件。

2. 机床的运动

图 3.47 所示是万能外圆磨床几种典型加工方法的示意图。机床必须具备以下运动：外磨或内磨砂轮的旋转为主运动，工件做圆周进给运动，工件（工作台）直线往复为纵向进给运动，砂轮做周期或连续横向进给运动。此外，机床还有砂轮架快速进退和尾座套筒缩回两个辅助运动。

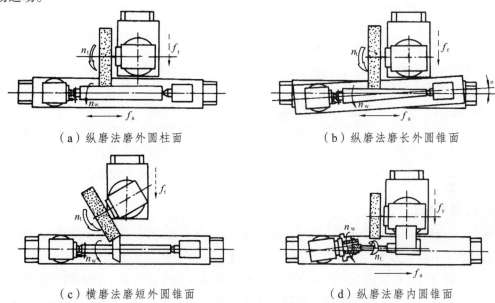

（a）纵磨法磨外圆柱面　　　　　　　　　　（b）纵磨法磨长外圆锥面

（c）横磨法磨短外圆锥面　　　　　　　　　　（d）纵磨法磨内圆锥面

图 3.47　万能外圆磨床加工示意图

3. 机床的传动

图 3.48 所示为 M1432A 型万能外圆磨床的传动系统图。

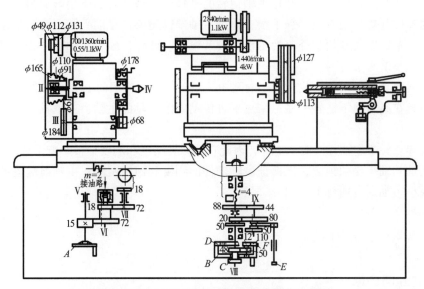

图 3.48　M1432A 型万能外圆磨床传动系统

（1）头架拨盘（带动工件）的传动。这一传动用于实现工件的圆周进给运动，其传动路线为：电机—Ⅰ—三级塔轮—Ⅱ—Ⅲ—拨盘。头架电动机是双速的，轴Ⅰ和轴Ⅱ间有 3 级变速，故工件可获得 6 级转速。

（2）砂轮的传动。外圆磨削砂轮只有一种转速，由电动机通过 V 带传动。内圆磨削砂轮由电动机经平带传动，通过更换带轮可获得两种转速。

（3）砂轮架的横向进给运动。砂轮架的横向进给是用操作手轮来实现的，手轮固定在轴ⅩⅢ上。由手轮至砂轮架的传动路线为：手轮—ⅤⅢ—Ⅸ（两组齿轮变速）—横向丝杆—砂轮架。

（4）工作台的纵向往复运动。可通过手动和液压驱动。

① 手动驱动。传动路线为：手轮 A—Ⅴ—Ⅵ—Ⅶ—齿轮齿条—工作台。

② 液压驱动。工作台的纵向往复运动要求平稳，无"爬行"，换向无冲击，并能实现无级调速等。因此，该运动一般由液压传动来实现。

工作台的液压驱动和手动驱动之间有互锁装置。当工作台由液压驱动做纵向进给运动时，压力油进入液压缸，推动轴Ⅵ上的双联滑移齿轮，使齿轮 18 与轴Ⅶ上的齿轮 72 脱离啮合，此时工作台移动而手轮 A 不转，故可避免因工作台移动带动手轮转动可能引起的伤人事故。

4. 主要部件结构

（1）砂轮架。砂轮架由壳体、砂轮主轴部件、传动装置等组成。其中砂轮主轴部件结构直接影响工件的加工质量，应具有较高的回转精度、刚度、抗振性及耐磨性。

砂轮主轴前后径向支承为"短三瓦"动压滑动轴承。每个滑动轴承都由均布在圆周上的 3 块扇形轴瓦组成，每块轴瓦均支承在球面支承螺钉的球头上。当主轴向一个方向高速旋转时，3 块轴瓦自动地摆动到一个平衡位置，其内表面与主轴轴颈间形成楔形缝隙，于是在轴和轴瓦之间形成 3 个压力油楔，将主轴悬浮在 3 块轴瓦的中间，不与轴瓦直接接触，因而主轴具有较高的回转精度，所允许的转速也较高。

由于砂轮的磨削速度很快，砂轮主轴运转的平稳性对磨削表面质量影响很大，所以对装在主轴上的零件都要仔细校正其静平衡，整个主轴部件还要校正动平衡。为安全起见，砂轮必须安装防护罩，以防砂轮意外碎裂击伤人员及设备。此外，砂轮主轴部件必须浸在油中，主轴两端用橡胶油封进行密封。

（2）内圆磨具。内圆磨具装在支架的孔中，不工作时，应翻向上方，如图 3.46 所示。为了使内圆磨具在高转速下运转平稳，采用平带传动内圆磨具的主轴，主轴轴承应具有足够的刚度和寿命。

（3）头架。头架主轴直接支承工件，因此它的回转精度和刚度直接影响工件的加工精度。支承头架主轴的轴承必须预紧，以保证主轴部件的刚度和回转精度；主轴前端皮带采用卸荷结构，以减小主轴的弯曲变形。

3.4.5　其他类型磨床

1. 普通外圆磨床

这类磨床的砂轮架和头架都不能像万能外圆磨床那样绕其垂直轴线调整角度。此外，头架主轴不能转动，机床又没有内圆磨具。因此，工艺范围较窄，只能磨削外圆，但生产效率较高，也较易保证磨削质量。

2. 普通内圆磨床

图 3.49 所示为一种普通内圆磨床的布局形式。磨床的砂轮架安装在工作台上，随工作台做纵向进给运动，横向进给运动由砂轮架实现，工件头架可绕其垂直轴线调整角度，以便磨削锥孔。

3. 平面磨床

平面磨床主要用于磨削各种工件的平面。在其主要的 4 种类型（卧轴矩形工作台式、卧轴圆形工作台式、立轴矩台形工作式和立轴形工作圆台式）中，应用较多的是卧轴矩形工作台式和立轴圆形工作台式平面磨床。

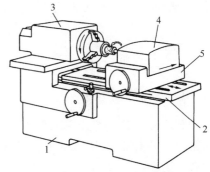

图 3.49　普通内圆磨床

1—床身；2—工作台；3—头架；
4—砂轮架；5—滑座

图 3.50 所示是一卧轴矩形工作台式平面磨床的外形（砂轮架移动式）。工作台 4 只做纵向往复运动，而由砂轮架 1 沿滑鞍 2 上的燕尾形导轨移动来实现周期的横向进给运动，滑鞍和砂轮架一起可沿立柱 3 的导轨垂直移动，完成周期的垂直进给运动。

图 3.51 所示是一立轴圆形工作台式平面磨床的外形。圆形工作台 4 除了做旋转运动以实现圆周进给外，还可以随床鞍 5 一起沿床身 3 的导轨做纵向快速运动，以便装卸工件。砂轮架可做垂直快速调位运动，砂轮主轴轴线的位置，可根据加工要求进行微量调整，使砂轮端面和工作台台面平行或倾斜一个微小的角度。

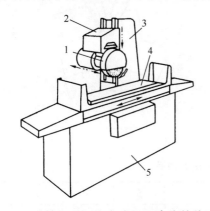

图 3.50　卧轴矩形工作台式平面磨床的外形

1—砂轮架；2—滑鞍；3—立柱；4—工作台；5—床身

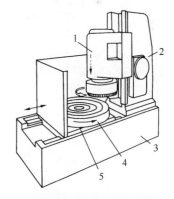

图 3.51　立轴圆形工作台式平面磨床的外形

1—砂轮架；2—立柱；3—床身；4—工作台；5—床鞍

3.5　齿面加工方法与设备

齿轮是最常用的传动件，在现代各种工业部门得到了广泛应用。常用的有：直齿、斜齿和人字齿的圆柱齿轮，直齿和弧齿圆锥齿轮，蜗轮以及应用很少的非圆形齿轮。加工这些齿轮轮齿表面的机床称为齿轮加工机床。本节把齿轮齿面的加工称为齿轮的加工。

3.5.1　概　述

1. 齿轮加工方法

制造齿轮的方法很多，但铸造、辗压（热轧、冷轧）等方法的加工精度还不够高，精密齿轮现在仍主要靠切削法。按形成齿形的原理分类，切削齿轮的方法可分为两大类：成形法和展成法。

（1）成形法（也称仿形法）。成形法加工齿轮所采用的刀具为成形刀具，其切削刃形状与被切齿轮的齿槽形状相吻合。例如，在铣床上用盘形铣刀或指状铣刀铣削齿轮，在刨床或插床上用成形刀具刨削或插削齿轮等。图 3.52（a）所示为用盘形铣刀加工直齿圆柱齿轮，图 3.52（b）所示为用指状铣刀加工直齿圆柱齿轮。这种方法的优点是不需要专门的齿轮加工机床，而可以在通用机床（如配有分度装置的铣床）上进行加工。由于轮齿的齿廓为渐开线，其廓形取决于齿轮的基圆直径，故对于同一模数的齿轮，只要齿数不同，其渐开线齿廓形状就不相同，需采用不同的成形刀具。而在实际生产中，为了减少成形刀具的数量，每一种模数通常只配有 8 把一套或 15 把一套的成形铣刀，每把刀具适用于一定的齿数范围，如表 3.18 所示。

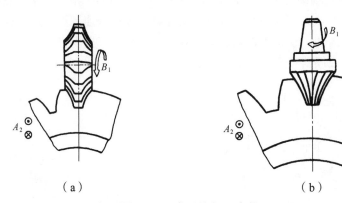

（a）　　　　　　　　　　　　　　　（b）

图 3.52　成形法加工齿轮

表 3.18　盘形齿轮铣刀刀号

刀　号	1	2	3	4	5	6	7	8
加工齿数范围	12～13	14～16	17～20	21～25	26～34	35～54	55～134	135 以上

标准齿轮铣刀的模数、压力角和加工的齿数范围都标记在铣刀的端面上。由于每种编号的刀齿形状均按加工齿数范围中的最小齿数设计，因此，加工该范围内的其他齿数的齿轮时，就会产生一定的齿廓形状误差。盘状齿轮铣刀适用于加工 $m \leq 8\ \text{mm}$ 的齿轮，指状齿轮铣刀可用于加工较大模数的齿轮。

当所加工的斜齿圆柱齿轮精度要求不高时，可以借用加工直齿圆柱齿轮的铣刀。但此时铣刀的号数不应根据斜齿圆柱齿轮的实际齿数选择，而应按照法向截面内的当量齿数（假想齿数）$Z_当$ 来选择。如斜齿圆柱齿轮的螺旋角为 β，则其当量齿数 $Z_当$ 可按下式求出：

$$Z_{当} = \frac{Z}{\cos^3 \beta} \tag{3.17}$$

铣齿加工出来的渐开线齿廓是近似的，加工精度较低。而且，每加工完一个齿槽后，工件需要分度一次，生产效率也较低。所以，本方法常用于修配行业中加工精度要求不高的齿轮，或用于重型机器制造业中，以解决缺乏大型齿轮加工机床的问题。

在大批量生产中，也有采用多齿廓成形刀具加工齿轮，如用齿轮拉刀、齿轮推刀或多齿刀盘等刀具，此时，其渐开线齿形可按工件齿廓的要求精确制造。加工时在机床的一个工作循环中即可完成全部齿槽的加工，生产效率较高，但刀具制造比较复杂且成本较高。

（2）展成法（也称范成法或包络法）。展成法加工齿轮是利用齿轮的啮合原理进行的，即把齿轮啮合副（齿条与齿轮、齿轮与齿轮）中的一个转化为刀具，另一个转化为工件，并强制刀具和工件做严格的啮合运动，在工件上切出齿廓。由于齿轮啮合副正常啮合的条件是模数相同，故展成法加工齿轮所用刀具切削刃的渐开线廓形仅与刀具本身的齿数有关，而与被切齿轮的齿数无关。因此，每一种模数，只需用一把刀具就可以加工各种不同齿数的齿轮。此外，还可以用改变刀具与工件的中心距来加工变位齿轮。这种方法的加工精度和生产效率一般比较高，因而在齿轮加工机床中应用最为广泛，如插齿、滚齿、剃齿和展成法磨齿等。

2. 齿轮加工机床的类型

按照被加工齿轮种类的不同，齿轮加工机床可分为圆柱齿轮加工机床和圆锥齿轮加工机床两大类。圆柱齿轮加工机床主要有滚齿机、插齿机等。圆锥齿轮加工机床可分为直齿锥齿轮加工机床和弧齿锥齿轮加工机床。直齿锥齿轮加工机床主要有刨齿机、铣齿机和拉齿机等。弧齿锥齿轮加工机床主要有加工各种不同弧齿锥齿轮的铣齿机和拉齿机等。另外，用于精加工齿面的机床有剃齿机、珩齿机和磨齿机等。

3.5.2　滚齿原理

1. 滚齿原理

滚齿加工是按照展成法的原理来加工齿轮的。用滚刀来加工齿轮相当于一对交错轴的螺旋齿轮啮合，其中一个齿轮的齿数很少（只有一个或几个），且螺旋角很大，就变成了一个蜗杆，再将其开槽并铲背，就成为齿轮滚刀。在齿轮滚刀螺旋线法向剖面内各刀齿面成了一根齿条，当滚刀连续转动时就相当于一根无限长的齿条沿刀具轴向连续移动。因此，滚齿时滚刀与工件按齿轮齿条啮合关系传动，在齿坯上切出齿槽，形成渐开线齿面，如图 3.53（a）所示。在滚切过程中，分布在滚刀螺旋线的各刀齿相继切出齿槽中一薄层金属，每个齿槽在滚刀旋转中由几个刀齿依次切出，渐开线齿廓则由切削刃一系列瞬时位置包络而成，如图 3.53（b）所示。滚齿时的成形运动是由滚刀的旋转运动和工件的旋转运动组成的复合运动（$B_{11} + B_{12}$），这个复合运动称为展成运动。当滚刀与工件连续转动时，便在工件整个圆周上依次切出所有齿槽。在这一过程中，齿面的形成与齿轮的分度是同时进行的，因而展成运动也就是分度运动。

由上所述，为了得到渐开线齿廓和齿轮齿数，滚齿时，滚刀和工件之间必须保持严格的相对运动关系，即当滚刀转过 1 转时，工件相应地转过 K/Z 转（K 为滚刀头数，Z 为工件齿数）。

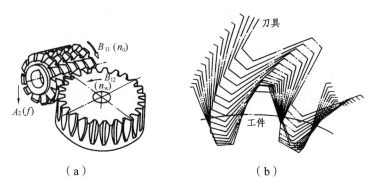

（a）   （b）

图 3.53   滚齿原理

2. 加工直齿圆柱齿轮的传动原理

用滚刀加工直齿圆柱齿轮必须具备以下两个运动：形成渐开线齿廓的展成运动和形成直线齿面（导线）的运动。图 3.54 是滚切直齿圆柱齿轮的传动原理图。

（1）主运动传动链。在图 3.54 中，主运动传动链为：电动机—1—2—u_v—3—4—滚刀（B_{11}），这条传动链产生切削运动，是外联系传动链。其传动链中的换置装置 u_v 用于调整渐开线齿廓的成形速度（变换滚刀的转速），该转速是由滚刀材料、直径、工件材料、硬度以及加工质量要求来确定的。

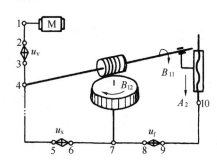

图 3.54   滚切直齿圆柱齿轮的传动原理

（2）展成运动传动链。渐开线齿廓是由展成法形成的，由滚刀的旋转运动 B_{11} 和工件的旋转运动 B_{12} 组成复合运动，展成运动传动链为：刀具—4—5—u_x—6—7—工作台，其中置换装置 u_x 适于工件齿数和滚刀头数的变化。显然这是一条内联系传动链，不仅要求传动比准确，而且要求滚刀和工件两者的旋转方向必须符合一对交错轴螺旋齿轮啮合时的相对运动方向。

（3）垂直进给运动传动链。为了切出整个齿宽，滚刀在自身旋转的同时，必须沿工件轴线做直线进给运动 A_2，这种形成导线的方法是相切法。在这里，滚刀的垂直进给运动是由滚刀刀架沿立柱导轨移动实现的。垂直进给运动传动链为：工作台—7—8—u_f—9—10—刀架。传动链中的置换装置 u_f 用于调整垂直进给量的大小和进给方向，以适应不同加工表面粗糙度的要求。由于刀架的垂直进给运动是简单运动，所以，这条传动链是外联系传动链。这里采用工作台作为间接动力源，不仅可满足工艺上的需要而且能简化机床的结构。

3. 加工斜齿圆柱齿轮的传动原理

滚切斜齿圆柱齿轮同样需要两个成形运动，即形成渐开线齿廓的运动和齿面线的运动。但是，斜齿圆柱齿轮的齿面线是一条螺旋线，它应由展成法实现。图 3.55（b）是滚切斜齿圆柱齿轮的传动原理图，其中展成运动传动链、垂直进给运动传动链、主运动传动链与直齿圆柱齿轮的情形相同，为了形成螺旋形齿面线，在滚刀做轴向进给运动的同时，工件还应做附加旋转运动 B_{22}。附加旋转运动传动链为：刀架（滚刀移动 A_{21}）—12—13— u_y —14—15—合成—6—7— u_x —8—9—工作台（工件附加转动 B_{22}），以保证形成螺旋形齿面线，其中置换装置 u_y 用于适应工件螺旋线导程 L 和螺旋方向的变化。图 3.55（a）形象地说明了这个问题，设工件螺旋线为右旋，螺旋角为 β，当滚刀沿工件轴向进给 f（单位为 mm）时，滚刀由 a 点到 b 点，这时为了形成螺旋线，工件除了做展成运动 B_{12} 以外，还要再附加转动 $b'b$；同理，当滚刀移动至 c 点时，工件应附加转动 $c'c$。依次类推，当滚刀移动至 p 点时（一个工件螺旋线导程 L），工件附加转动 $p'p$，正好附加转一转。附加运动 B_{22} 与工件展成运动 B_{12} 旋转方向是否相同，取决于工件的螺旋线方向及滚刀的进给方向。如果 B_{22} 和 B_{12} 同向，计算时附加运动取 + 1 转，反之，则取 – 1 转。由于附加运动 B_{22} 与工件展成运动 B_{12} 均是由滚刀传给工件的，为使这两个运动同时传到工件上又不发生干涉，需要在传动系统中配置运动合成机构，将两个运动合成之后，再传给工件。所以，工件的旋转运动是由齿廓展成运动 B_{12} 和螺旋轨迹运动的附加运动 B_{22} 合成的。

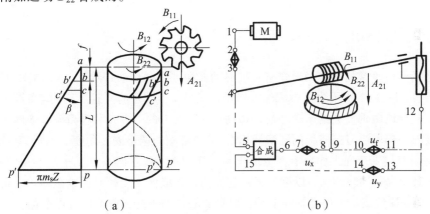

图 3.55　滚切斜齿圆柱齿轮的传动原理

4. 滚齿机的运动合成机构

滚齿机既可用于加工直齿圆柱齿轮，又可用于加工斜齿圆柱齿轮，所以滚齿机的传动设计必须满足两者的要求。通常，滚齿机是根据加工斜齿圆柱齿轮的要求设计的。在传动系统中设有一个运动合成机构，以便将展成运动传动链中工作台的旋转运动 B_{12} 和附加运动传动链中工作台的附加运动 B_{22} 合成为一个运动后传送到工作台。加工直齿圆柱齿轮时，应断开附加运动传动链，使运动合成机构成为一个如同"联轴器"的结构形式。

滚齿机所用的运动合成机构通常是圆柱齿轮或锥齿轮行星机构。图 3.56 所示为 Y3150E 型滚齿机所用的运动合成机构，由模数 $m = 3$、齿数 $Z = 30$、螺旋角 $\beta = 0°$ 的 4 个弧齿锥齿轮构成。当需要附加运动时，先在轴 X 上装上套筒 G（用键与轴连接），再将离合器 M_2 空套在套筒 G 上。离合器 M_2 的端面齿与空套齿轮 Z_y 的端面齿以及转臂 H 的端面齿同时啮合，将它们连接为一个整体，来自刀架的运动可通过齿轮 Z_y 传递给转臂 H，与来自滚刀的运动（由 Z_x 传入）经 4 个锥齿轮合成后，由 X 轴经齿轮 e 传往工作台。

加工直齿圆柱齿轮时，不需要工作台的附加运动，可卸下离合器 M_2 和套筒 G，然后将离合器 M_1 装在轴 X 上，M_1 通过键与轴 X 连接，其端面齿只与转臂 H 的端面齿连接。此时，转臂 H、轴 X 与轴 IX 之间不能做相对运动，三者连成一个整体。

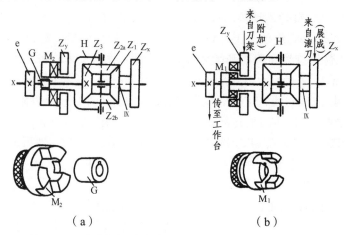

（a）　　　　　　　　　　　（b）

图 3.56　滚齿机运动合成机构的工作原理（Y3150E）

3.5.3　Y3150E 型滚齿机传动系统及其调整计算

中型通用滚齿机常见的布局形式有立柱移动式和工作台移动式两种。Y3150E 型滚齿机的布局属于后者，图 3.57 所示为该机床的外形图。床身 1 上固定有立柱 2，刀架溜板 3 带动刀架体 5 可沿立柱导轨做垂直进给运动和快速移动，安装滚刀的刀杆 4 装在刀架体 5 的主轴上，刀架体连同滚刀一起可沿刀架溜板的圆形导轨在 240° 范围内调整安装角度。工件安装在工作台 9 的心轴 7 上或直接安装在工作台上，随工作台一起转动。后立柱 8 和工作台 9 安装在床鞍 10 上，可沿床身的水平导轨移动，以调整工件的径向位置或做手动径向进给运动。后立柱的支架 6 可通过轴套或顶尖支承工件心轴的上端，以提高心轴的刚度，使滚切过程平稳。

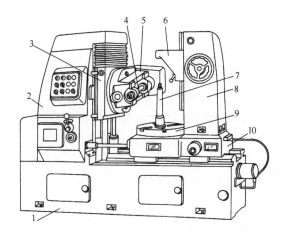

图 3.57　Y 3150E 滚齿机

1—床身；2—支柱；3—刀架溜板；4—刀杆；5—刀架体；6—支架；
7—心轴；8—后立柱；9—工作台；10—床鞍

通用滚齿机一般要求它能加工直齿、斜齿圆柱齿轮和蜗轮。因此，其传动系统应具备下列传动链：主运动传动链、展成运动传动链、轴向进给传动链、附加运动传动链、径向进给传动链和切向进给传动链，其中前 4 种传动链是所有通用滚齿机都具备的，后两种传动链只有部分滚齿机具备。此外，大部分滚齿机还具备刀架快速空行程传动链，由快速电动机直接传动刀架溜板做快速运动。

图 3.58 所示为 Y3150E 型滚齿机的传动系统图。

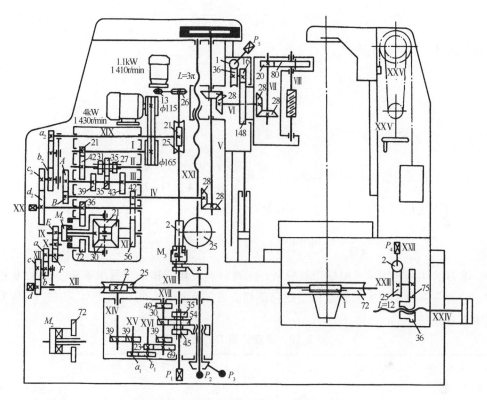

图 3.58　Y3150E 型滚齿机的传动系统图

其传动路线表达式为：

$$\text{电动机 } 4\text{kW } (1\,430\text{r}/\text{min}) \frac{\phi115}{\phi165}\text{—I—}\frac{21}{42}\text{—II—}\begin{bmatrix}\dfrac{31}{39}\\[4pt]\dfrac{35}{35}\\[4pt]\dfrac{27}{43}\end{bmatrix}\text{—III—}\frac{A}{B}\text{—IV—}\frac{28}{28}\text{—V—}\frac{28}{28}\text{—VI—}\frac{28}{28}\text{—VII—}\frac{20}{80}\text{—滚刀主轴 VIII}$$

$$\frac{42}{56}\text{—IX—}\frac{E}{F}\text{—XII—}\frac{a}{b}\frac{c}{d}\text{—XIII}\quad(\text{合成机构})$$

$$\frac{1}{72}\text{—工件主轴}$$

$$\frac{2}{25}\text{—XIV—}\begin{bmatrix}\dfrac{39}{39}\text{—XV—}\dfrac{a_1}{b_1}\\[6pt]\dfrac{a_1}{b_1}\end{bmatrix}\text{—XVI—}\frac{23}{69}\text{—XVI'—}\begin{bmatrix}\dfrac{39}{45}\\[4pt]\dfrac{30}{54}\\[4pt]\dfrac{49}{35}\end{bmatrix}\text{—XVIII}\frac{2}{25}\text{—刀架轴向进给丝杠 XXIII }(T=3\pi)$$

$$\frac{36}{72}\text{—XXI—}\frac{c_2}{d_2}\text{—}\boxed{\dfrac{a_2}{b_2}\ 惰轮}\text{—XX—}\boxed{\dfrac{a_2}{b_2}\ 惰轮}\text{—XIX—}\frac{2}{25}$$

$$\text{快速电动机 }(1.1\text{kW }1\,410\text{r}/\text{min})\frac{13}{26}$$

1. 滚切直齿圆柱齿轮的调整计算

（1）主运动传动链。滚齿机的主运动是滚刀的旋转运动。传动链的两端件是主电动机和滚刀主轴。运动平衡方程式如下：

$$n_{电} \times \frac{115}{165} \times \frac{21}{42} \times u_{\text{II-III}} \frac{A}{B} \times \frac{28}{28} \times \frac{28}{28} \times \frac{28}{28} \times \frac{20}{80} = n_{刀} \qquad (3.18)$$

将上式整理，得换置公式：

$$u_{\text{v}} = u_{\text{II-III}} \frac{A}{B} = \frac{n_{刀}}{124.583} \qquad (3.19)$$

式中 $u_{\text{II-III}}$——II轴到III轴之间的 3 个可变传动比，$u_{\text{II-III}} = \frac{27}{43}$、$\frac{35}{35}$、$\frac{31}{39}$；

$\frac{A}{B}$——主运动变速挂轮齿数比，共 3 种：$\frac{A}{B} = \frac{22}{44}$、$\frac{33}{33}$、$\frac{44}{22}$。

滚刀转速 $n_{刀}$（r/min）可由下式计算：

$$n_{刀} = \frac{1\,000\,v}{\pi D} \quad (\text{m/min}) \qquad (3.20)$$

式中，滚刀的切削速度 v 可根据刀具材料，工件材料及粗、精加工要求确定。表 3.19 是高速钢滚刀的切削规范（表中数据适用于逆向滚切，若顺向滚切，可提高 20% ~ 25%）。D 为所选用的滚刀直径。

表 3.19　高速钢滚刀的切削规范

工 件 材 料	切削速度/(m/min)	
	粗 切	精 切
铸　铁	16 ~ 20	20 ~ 25
钢（极限强度 600 MPa 以下）	25 ~ 28	30 ~ 35
钢（极限强度 600 MPa 以上）	20 ~ 25	25 ~ 30
青　铜	25 ~ 50	
塑　料	25 ~ 40	

根据选定的切削速度和滚刀直径，可以计算出对应的滚刀转速并由此确定速度挂轮 A/B 的值，如表 3.20 所示；并选择对应的 $u_{\text{II-III}}$ 的滑移齿轮传动比，再由此调整机床。

表 3.20　Y3150E 型滚刀转速及挂轮表

手柄位置 \ 滚刀转速/(r/min) 挂轮 A/B	22/44	33/33	44/22
I（$u_{\text{II-III}} = 27/43$）	40	80	160
II（$u_{\text{II-III}} = 35/35$）	63	125	250
III（$u_{\text{II-III}} = 31/39$）	50	100	200

必须注意，当工件齿数较少时，为避免工作台转速过高，使分度蜗轮（$Z=72$）过早磨损，切削速度应取小些，可用公式 $n_{工作台}=n_刀\dfrac{k}{Z_工}\leqslant 5.5$ r/min 进行验算。

（2）展成运动传动链。该传动链的首件为滚刀主轴，末件为工件。从图 3.53 的传动原理图中可以看出，滚刀的旋转运动 B_{11} 经定比传动机构、运动合成机构及传动比可变的换置机构 u_x 使工件获得旋转运动 B_{12}。两端件的计算位移是：滚刀主轴转 1 转时，工件应准确地转 $k/Z_工$ 转，其运动平衡方程式为：

$$1_滚刀\times\frac{80}{20}\times\frac{28}{28}\times\frac{28}{28}\times\frac{28}{28}\times\frac{42}{56}\times u_合\times\frac{E}{F}\times\frac{a}{b}\times\frac{c}{d}\times\frac{1}{72}=\frac{k}{Z_工}\qquad（3.21）$$

式中　$u_合$——展成运动传动链通过合成机构的传动比。滚切直齿时，$u_合=1$。

将上式整理后可得换置机构传动比的计算式：

$$u_x=\frac{a}{b}\times\frac{c}{d}=\frac{F}{E}\times\frac{24k}{Z_工}\qquad（3.22）$$

式中　挂轮 E、F——一对结构性挂轮，用以调节分度挂轮 $\dfrac{a}{b}\times\dfrac{c}{d}$ 的传动比，使之不致过大或过小，以便选取挂轮齿数和安装挂轮。E/F 值根据滚刀头数和工件齿数选用。当 $5\leqslant\dfrac{Z_工}{k}\leqslant 20$ 时，$\dfrac{E}{F}=\dfrac{48}{24}$；当 $21\leqslant\dfrac{Z_工}{k}\leqslant 142$ 时，$\dfrac{E}{F}=\dfrac{36}{36}$；当 $143\leqslant\dfrac{Z_工}{k}$ 时，$\dfrac{E}{F}=\dfrac{24}{48}$。

当右旋滚刀加工直齿、左旋滚刀加工斜齿时，要配加惰轮，其他情况下不加惰轮。

（3）轴向进给传动链。传动链的两端件是工件和滚刀刀架，其计算位移是：工件每转 1 转，滚刀刀架垂直移动 f（mm/r）。运动平衡方程式如下：

$$1\times\frac{72}{1}\times\frac{2}{25}\times\frac{39}{39}\times\frac{a_1}{b_1}\times\frac{23}{69}\times u_进\times\frac{2}{25}\times 3\pi=f\qquad（3.23）$$

将上式整理并化简可得换置公式：

$$u_f=\frac{a_1}{b_1}\times u_进=\frac{f}{0.460\ 8\pi}=\frac{f}{1.44}\qquad（3.24）$$

式中　$\dfrac{a_1}{b_1}$——轴向进给挂轮；

$u_进$——轴 XVII — XVIII 间的三级可变传动比，$u_进=\dfrac{39}{45}$、$\dfrac{30}{54}$、$\dfrac{49}{35}$。

轴向进给量 f 可根据工件材料，粗、精加工性质，齿面粗糙度等要求选择。一般取 $f=0.5\sim 3$ mm/r。轴向进给量确定后，可从表 3.21 中查出对应的进给挂轮 $\dfrac{a_1}{b_1}$ 和 $u_进$ 的值。

表 3.21　轴向进给量及挂轮齿数

$\dfrac{a_1}{b_1}$	$\dfrac{26}{52}$			$\dfrac{32}{46}$			$\dfrac{46}{32}$			$\dfrac{52}{26}$		
$u_\text{进}$	$\dfrac{30}{54}$	$\dfrac{39}{45}$	$\dfrac{49}{35}$	$\dfrac{30}{54}$	$\dfrac{39}{45}$	$\dfrac{49}{35}$	$\dfrac{30}{54}$	$\dfrac{39}{45}$	$\dfrac{49}{35}$	$\dfrac{30}{54}$	$\dfrac{39}{45}$	$\dfrac{49}{35}$
$f/(\text{mm/r})$	0.4	0.63	1	0.56	0.87	1.41	1.16	1.8	2.9	1.6	2.5	4

2. 滚切斜齿圆柱齿轮的调整计算

（1）主运动传动链。其调整计算与滚切直齿圆柱齿轮时完全相同。

（2）展成运动传动链。其两端件和计算位移与滚切直齿圆柱齿轮相同时，由于附加运动传动链的存在，因此，必须使用运动合成机构。此时，$u_{合1} = -1$，代入前式化简，得换置机构的计算式为：

$$u_\text{x} = \frac{a}{b} \times \frac{c}{d} = -\frac{F}{E} \times \frac{24k}{Z_\text{工}} \tag{3.25}$$

上式中，负号说明展成运动传动链中轴X与IX的转向相反，而在实际加工时，是要求两轴的转向相同（换置公式中符号应为正）。因此，必须按机床说明书规定在调整展成运动挂轮 u_x 时，配加一个惰轮，以消除"－"号的影响。为叙述方便，以下有关斜齿圆柱齿轮展成运动传动链的计算，均已考虑配加惰轮，故都取消"－"号。

（3）轴向进给传动链。其调整计算仍同于滚切直齿圆柱齿轮，但因工件的螺旋角大小、滚刀与工件螺旋线方向的异同会使实际进给量发生变化。因此，将根据工件材料、粗、精加工要求选择的进给量进行修正，其影响因素和修正系数见表 3.22。

表 3.22　滚切斜齿时的进给量修正系数

斜齿圆柱齿轮螺旋角	15°	30°	45°	60°
滚刀与工件螺旋线旋向相同时	0.87	0.78	0.63	0.54
滚刀与工件螺旋线旋向相反时	0.72	0.65	0.5	0.45

（4）附加运动传动链。附加运动传动链的首件是滚刀刀架，末件是工件。其计算位移为：刀架移动一个工件的螺旋线导程 L（mm）时，工件应附加转动 ±1 转，其运动平衡方程式为：

$$\frac{L}{3\pi} \times \frac{25}{2} \times \frac{2}{25} \times \frac{a_2}{b_2} \times \frac{c_2}{d_2} \times \frac{36}{72} \times u_{合2} \times \frac{E}{F} \times u_\text{x} \times \frac{1}{72} = \pm 1 \tag{3.26}$$

式中　3π——轴向进给丝杠的导程，mm；

$u_{合2}$——运动合成机构在附加运动传动链中的传动比，$u_{合2} = 2$；

u_x——展成运动链挂轮传动比，$u_\text{x} = \dfrac{a}{b} \times \dfrac{c}{d} = -\dfrac{F}{E} \times \dfrac{24k}{Z_\text{工}}$；

　　L ——被加工齿轮螺旋线的导程，mm，$L = \dfrac{\pi \, m_n \, Z_\text{工}}{\sin\beta}$；

　　m_n ——法向模数，mm。

将上式化简得：

$$u_y = \frac{a_2}{b_2} \times \frac{c_2}{d_2} = \pm\, 9\frac{\sin\beta}{m_n k} \tag{3.27}$$

对于附加运动传动链的运动平衡式和换置公式，做如下分析：

　　① 式中"＋"号为附加运动方向和展成运动方向相同的情况，"－"号为附加运动方向和展成运动方向相反的情况。根据机床说明书配加惰轮。

　　② 附加运动传动链是形成螺旋线齿线的内联系传动链，其传动比数值的精确度，影响工件轮齿的齿向精度，所以挂轮传动比应配算准确。但是，换置公式中包含有无理数 $\sin\beta$，又因与展成运动传动链共用一套挂轮，为保证展成挂轮传动比绝对准确，一般先选定展成挂轮，所以往往无法精确配算挂轮 $\dfrac{a_2}{b_2} \times \dfrac{c_2}{d_2}$，但误差不能太大。对于 8 级精度的斜齿轮，要精确到小数点后第四位数字；对于 7 级精度的斜齿轮，要精确到小数点后第五位数字，才能保证不超过精度标准中规定的齿向允差。

　　③ 运动平衡式中，不仅包含了 u_y，而且还包含有 u_x。这样的设置方案，可使附加运动传动链换置公式中不包含工件齿数 Z 这个参数，就是说附加运动挂轮配算与工件的齿数无关。它的好处在于：一对互相啮合的斜齿轮（平行轴传动），只需计算和调整挂轮一次。附加运动的方向，则通过惰轮的取舍来保证，所产生的螺旋角误差，对于一对斜齿轮是相同的，因此仍可使其获得良好的啮合。

3. 滚刀的安装角及其调整

　　滚齿时，应使滚刀的螺旋线方向与被加工齿轮的齿面线方向一致，即滚刀和工件处于正确的啮合位置。这一点无论对直齿圆柱齿轮还是斜齿圆柱齿轮都是一样的。因此，需将滚刀轴线与被切齿轮端面安装成一定的角度，这个角度叫做安装角 δ。

　　当加工直齿圆柱齿轮时，滚刀安装角等于滚刀的螺旋升角 ω，即：

$$\delta = \omega \tag{3.28}$$

滚刀搬动方向取决于滚刀的螺旋线方向，具体见表 3.23。

　　当加工斜齿圆柱齿轮时，滚刀的安装角不仅与滚刀螺旋线方向及螺旋升角 ω 有关，而且还与被加工齿轮的螺旋线方向及螺旋角 β 有关，此时滚刀的安装角为：

$$\delta = \beta \pm \omega \tag{3.29}$$

当 β 与 ω 反向时，取"＋"；同向时，取"－"。滚刀的扳动方向见表 3.23。

　　加工斜齿圆柱齿轮时，应尽量用与工件螺旋方向相同的滚刀，使滚刀的安装角较小些，有利于提高机床的运动平稳性及加工精度。

表 3.23　滚刀安装角

	右旋滚刀	左旋滚刀
ω——滚刀螺旋升角 β——工件螺旋角 δ——滚刀安装角 A、A_{21}——刀架沿工件轴向移动 B_{11}、B_{12}——展成运动 B_{22}——附加运动		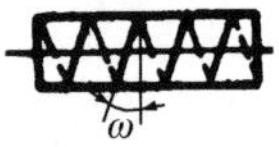
直齿轮 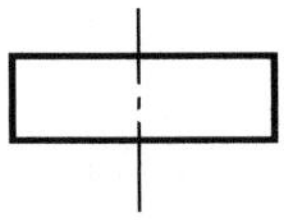	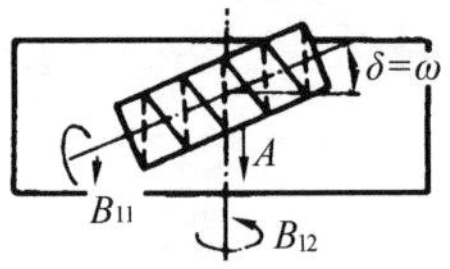	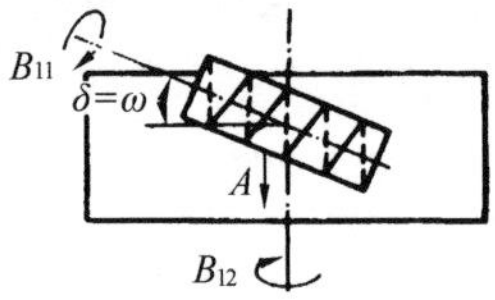
右旋斜齿轮 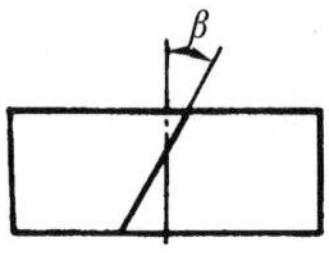	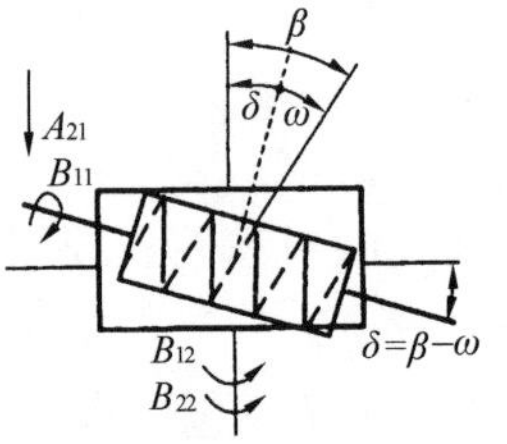	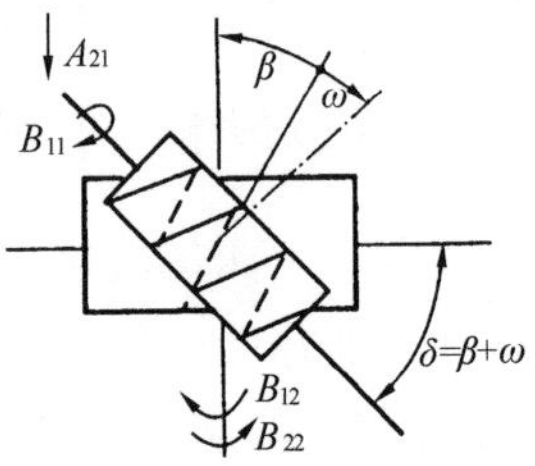
左旋斜齿轮 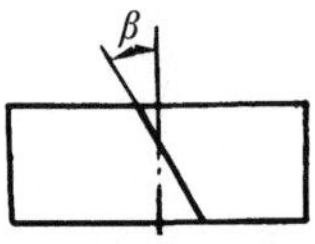	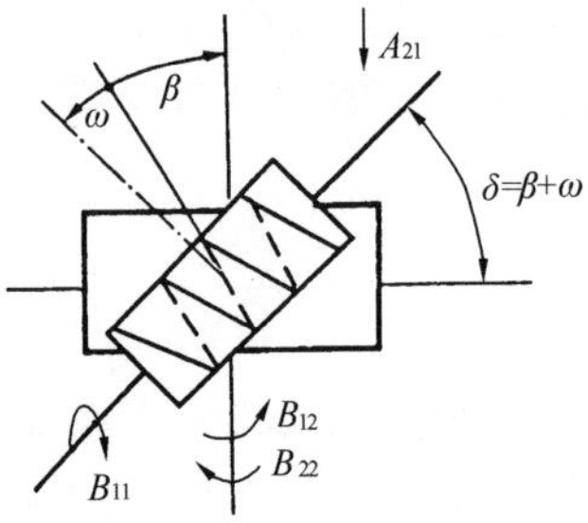	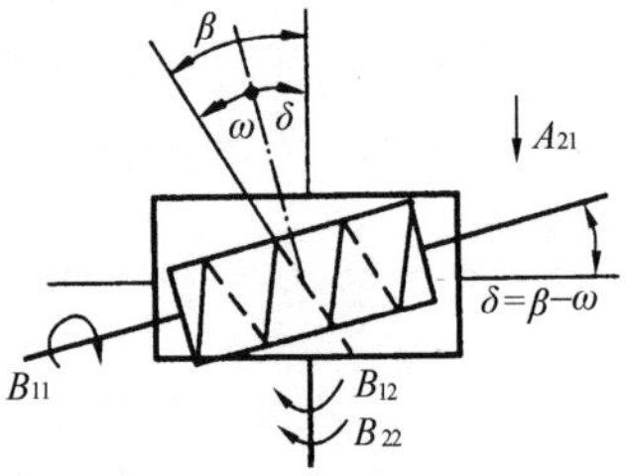

3.5.4　其他齿形加工方法与机床

1. 插齿与插齿机

常用的圆柱齿轮加工机床除滚齿机外，还有插齿机。插齿机主要用于加工内、外啮合的圆柱齿轮，尤其适用于加工在滚齿机上不能加工的多联齿轮、内齿轮和齿条，但插齿机不能加工蜗轮。

插齿机也是按展成法原理来加工的。插齿刀实质上是一个端面磨有前角，齿顶及齿侧均磨有后角的齿轮，如图 3.59 所示，其模数和压力角与被加工齿轮相同。插齿时，插齿刀沿工件轴向做直线往复运动以完成切削运动，在刀具与工件轮坯做"无间隙啮合运动"的过程中，在轮坯上逐渐地切出全部齿廓。刀具每往复一次，仅切出工件齿槽的一小部分，齿廓曲线渐开线是在插齿刀刀刃多次相继切削中，由刀刃各瞬时位置的包络线所形成的。

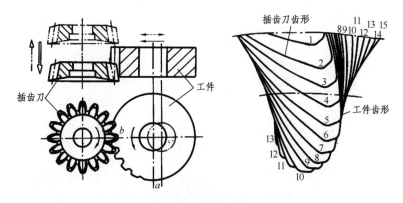

图 3.59　插齿原理

图 3.60 是 Y5132 型插齿机。该机床能实现主运动、展成运动、圆周进给运动、让刀运动、径向切入运动等 5 个运动。

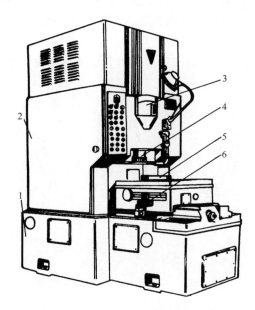

图 3.60　Y5132 型插齿机

1—床身；2—立柱；3—刀架；4—刀具；5—工作台；6—挡块

2. 磨齿与磨齿机

磨齿是用磨削方法对淬硬齿轮的齿面进行精加工。通过磨齿可以消除预加工的各项误差，并能消除淬火后的变形；加工精度较高，磨齿后齿轮精度可达 6 级或更高。磨齿机有两大类，即成形法磨齿和展成法磨齿。成形法磨齿机应用较少，多数磨齿机为展成法。

（1）按成形法工作的磨齿机。这类磨齿机又称成形砂轮型磨齿机。它所用砂轮的截面形状被修整成工件轮齿间的齿廓状。图 3.61 所示是成形砂轮磨齿的工作原理。成形法磨齿时，砂轮高速旋转并沿工件轴线方向做往复运动。一个齿磨完后，工件需分度一次，再磨第二个齿。砂轮对工件的切入进给运动，由安装工件的工作台做径向进给运动得到。这种磨齿方法使机床的运动比较简单。

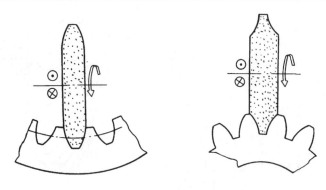

图 3.61　成形砂轮磨齿的工作原理

　　成形砂轮型磨齿机的优点是加工时砂轮和工件接触面积大，生产率较高。缺点是砂轮修整时容易产生误差，并且在磨削过程中，由于砂轮各部分的磨损不均匀，直接影响加工精度表面质量。这种类型的磨齿机一般用于大量生产中磨削精度要求不太高的齿轮。此外，展成法由于结构上的限制，难以用来磨削内齿轮，因此，内齿轮的磨齿一般均采用成形法进行加工。

　　（2）按展成法工作的磨齿机。展成法磨齿机有连续磨齿和分度磨齿两大类，其工作原理如图 3.62 所示。

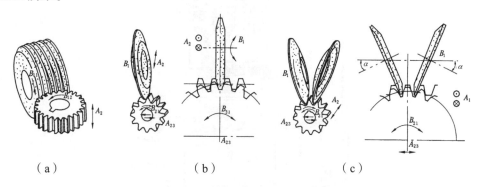

　　（a）　　　　　　　　　　　（b）　　　　　　　　　　　（c）

图 3.62　展成法磨齿机的工作原理

　　① 蜗杆砂轮磨齿机。这种磨齿机用直径很大的修整成蜗杆形的砂轮磨削齿轮，其工作原理与滚齿机相似。如图 3.62（a）所示，蜗杆形砂轮相当于滚刀与工件一起转动做展成运动 B_{11}、B_{12}，磨出渐开线。工件同时做轴向直线往复运动 A_2，以磨削出直齿圆柱齿轮的轮齿。如果做倾斜运动，就可磨削斜齿圆柱齿轮。这类机床在加工过程中因是连续磨削，其生产率很高。但缺点是砂轮修整困难，不易达到高精度，磨削不同模数的齿轮时需要更换砂轮。砂轮的转速很高，联系砂轮与工件的展成传动链如果用机械传动易产生噪声，磨损较快。为克服这一缺点，目前常用的方法有两种：一种用同步电动机驱动；另一种是用数控的方式保证砂轮和工件之间严格的速比关系。这种机床适用于中、小模数齿轮的成批生产。

　　② 锥形砂轮磨齿机。锥形砂轮磨齿机是利用齿条和齿轮的啮合原理来磨削齿轮的，它所用的砂轮截面形状是按照齿条的齿廓修整的。当砂轮按切削速度旋转，并沿工件导线方向做直线往复运动时，砂轮两侧锥面的母线就形成了假想齿条的一个齿廓，如图 3.62（b）所示。加工时，被磨削齿轮在假想齿条上滚动。当被磨削齿轮转动一个齿的同时，其轴心线移

动一个齿距的距离，便可磨出工件上一个轮齿一侧的齿面。经多次分度，才能磨出工件上全部轮齿齿面。

③ 双碟形砂轮磨齿机。双碟形砂轮磨齿机用两个碟形砂轮的端平面（实际是宽度约为 0.5 mm 的工作棱边所构成的环形平面）来形成假想齿条的不同轮齿两侧面，同时磨削齿槽的左右齿面，如图 3.62（c）所示。磨削过程中的成形运动和分度运动与锥形砂轮磨齿机基本相同，但轴向进给运动通常是由工件来完成。由于砂轮的工作棱边很窄，且为垂直于砂轮轴线的平面，易获得高的修整精度。磨削接触面积小，磨削力和磨削热很小。机床具有砂轮自动修整与补偿装置，使砂轮能始终保持锐利和良好的工作精度。因而磨齿精度较高，最高可达 4 级，是各类磨齿机中磨齿精度最高的一种。其缺点是砂轮刚性较差，磨削用量受到限制，所以生产率较低。

图 3.63 所示为 Y7132A 型磨齿机。

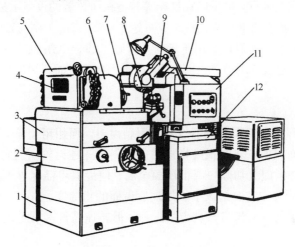

图 3.63　Y7132A 型磨齿机

1—床身；2—升降工作台；3—工作台；4—滚圆盘和钢带；5—钢带支架；6—工件头架；
7—工件主轴；8—砂轮；9—砂轮修正器；10—砂轮架滑座；11—立柱；12—床身

3. 剃　齿

剃齿在原理上属展成法加工。所用刀具称为剃齿刀，它的外形很像一个斜齿圆柱齿轮，齿形做得非常准确，并在齿面上开出许多小沟槽，以形成切削刃，如图 3.64 所示。在与被加工齿轮啮合运转过程中，剃齿刀齿面上众多的切削刃，从工件齿面上剃下细丝状的切屑，从而提高了齿形精度，减小了齿面粗糙度。

加工直齿圆柱齿轮时，剃齿刀与工件之间的位置关系及运动情况如图 3.64 所示。工件由剃齿刀带动旋转，时而正转，时而反转。正转时剃工件轮齿的一个侧面，反转时则剃工件轮齿的另一个侧面。由于剃齿刀刀齿是倾斜的，其螺旋角为 β，要使它与工件啮合，必须使其轴线与工件轴线倾斜 β 角。这样，剃齿刀在 A 点的圆周速度 v_A 可以分解为两个分速度，即沿工件圆周切线的分速度 v_{An} 和沿工件轴线的分速度 v_{At}。v_{An} 使工件旋转，v_{At} 为齿面相对滑动速度，也就是剃齿时的切削速度。为了能沿轮齿齿宽进行剃削，工件由工作台带动做往复直线运动。在工作台的每一往复行程终了时，剃齿刀相对于工件做径向进给，以便逐渐切除余量，得到所需的齿厚。

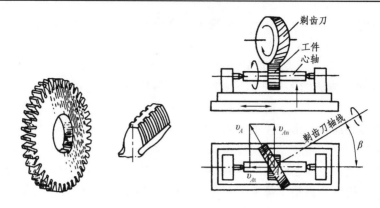

图 3.64 剃齿刀与剃齿机原理

剃齿一般在剃齿机上进行，也可以在铣床等其他机床改装的设备上进行。剃齿的精度主要取决于剃齿刀的精度，较剃齿前约提高一级，可达 5 ~ 6 级。由于剃齿刀的寿命和生产率较高，所用机床简单，调整方便，所以广泛用于齿面未淬硬（低于 35HRC）的直齿和斜齿圆柱齿轮的精加工。当齿面硬度超过 35HRC 时，就不能用剃齿加工，而要用珩齿或磨齿进行精加工。

4. 珩 齿

珩齿与剃齿的原理完全相同，只不过是不用剃齿刀，而用珩磨轮。珩磨轮是用磨料与环氧树脂等浇注或热压而成的、具有很高齿形精度的斜齿圆柱齿轮。当它以很高的速度带动工件旋转时，就能在工件齿面上切除一层很薄的金属，使齿面粗糙度 R_a 值减小到 0.4 μm 以下。珩齿对齿形精度改善不大，主要是减小热处理后齿面的粗糙度。

珩齿在珩齿机上进行，珩齿机与剃齿机近似，但转速高得多。图 3.65 所示为珩磨轮与珩磨原理。

5. 研 齿

研齿是齿轮的精整加工方法之一，图 3.66 为其加工示意图。被研齿轮安装在 3 个研磨轮之间，同时带动 3 个轻微制动的研磨轮做无间隙的自由啮合运动，并在啮合的齿面间加入研磨剂，利用齿面间的相对滑动，从齿面上切除一层极薄的金属。研磨直齿圆柱齿轮时，3 个研磨轮中，一个是直齿圆柱齿轮，另两个是斜齿圆柱齿轮。为了在全齿宽上研磨齿面，工件还要沿其轴向做快速短行程的往复运动。研磨一定时间后，改变旋转方向，研磨另一齿面。

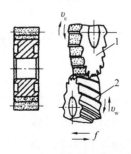

图 3.65 珩磨轮与珩磨原理

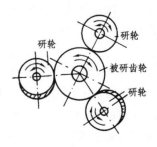

图 3.66 研齿

研齿的精度主要取决于研齿前齿轮的精度和研磨轮的精度，并且仅能有效地提高齿面质量及稍微修正齿形、齿向误差，对其他精度改善不大。它主要用于没有磨齿机或不便磨齿时的淬硬齿面的精加工。

3.6　孔的加工方法与设备

孔是各种机器零件上最多的几何表面之一，按照它和其他零件之间的连接关系来区分，可分为非配合孔和配合孔。前者一般在毛坯上直接钻、扩出来；而后者则必须在钻孔、扩孔等粗加工的基础上，根据不同的精度和表面质量的要求，以及零件的材料、尺寸、结构等具体情况做进一步的加工。无论后续的半精加工和精加工采用何种方法，总的来说，在加工条件相同的情况下，加工一个孔的难度要比加工外圆大得多，这主要是由于孔加工刀具有以下一些特点：

（1）大部分孔加工刀具为定尺寸刀具，刀具本身的尺寸精度和形状精度不可避免地对孔的加工精度有着重要的影响。

（2）孔加工刀具（含磨具）切削部分和夹持部分的有关尺寸受被加工孔尺寸的限制，致使刀具的刚性差，容易产生弯曲变形和相对正确位置产生偏离，也容易引起振动。孔的直径越小，深径比（孔的深度与直径之比的比值）越大，这种影响越显著。

（3）孔加工时，刀具一般是被封闭或半封闭在一个窄小的空间内进行的，切削液难以被输送到切削区域；切屑的折断和及时排出也较困难，散热条件不佳，对加工质量和刀具寿命都产生不利的影响。此外，在加工过程中对加工情况的观察、测量和控制，都比外圆和平面加工复杂得多。

（4）切削速度受孔径限制，一般较低。

孔加工的方法很多，除了常用的钻孔、扩孔、铰孔、锪孔、镗孔、磨孔外，还有金刚镗、珩磨、研磨、挤压以及孔的特种加工等。其加工精度通常为 IT15 ~ IT5，表面粗糙度 R_a 为 12.5 ~ 0.006 μm。

3.6.1　钻削加工与设备

1. 钻削加工

用钻头做回转运动，并使其与工件做相对轴向进给运动，在实体工件上加工孔的方法称为钻孔。钻孔一般要占机械加工厂切削加工总量的 30% 左右。钻削的精度较低，表面较粗糙（加工精度为 IT13 ~ IT12，表面粗糙度 R_a 在 12.5 ~ 6.3 μm 的范围），生产效率也比较低。因此，钻孔一般只用于直径在 $\phi 80$ mm 以下的次要孔（例如，精度和粗糙度要求不高的螺纹底孔、油孔等）的最终加工和精度较高或高的孔的预加工。

钻削可以在各种钻床上进行，也可以在车床、镗床、铣床和组合机床、加工中心上进行。单件小批量生产中，中、小型工件上的小孔（D <13 mm），常用台式钻床加工；中、小型工

件上直径较大的孔（一般 $D < 50$ mm），常用立式钻床加工；大、中型工件上的孔应采用摇臂钻床加工；回转体工件上的孔常在车床上加工。在成批和大量生产中，为了保证加工精度，提高生产效率和降低加工成本，广泛使用钻模在多轴钻或组合机床上进行孔的加工。

精度高、粗糙度小的中小直径孔（$D < 50$ mm）在钻削之后，常常需要采用扩孔和铰孔进行半精加工和精加工。

2. 扩　孔

扩孔是用扩孔钻对工件上已有孔（铸孔、锻孔、预钻孔）的孔径扩大的加工，如图 3.67 所示。其加工精度和表面粗糙度为 IT12 ~ IT10，表面粗糙度 R_a 在 6.3 ~ 3.2 μm 的范围，加工孔径一般不超过 $\phi 100$ mm。扩孔除了可用作高和较高的孔的预加工（铰削和镗削以前的加工）外，还由于其加工质量比钻孔高，可用于一些要求不高的孔的最终加工。

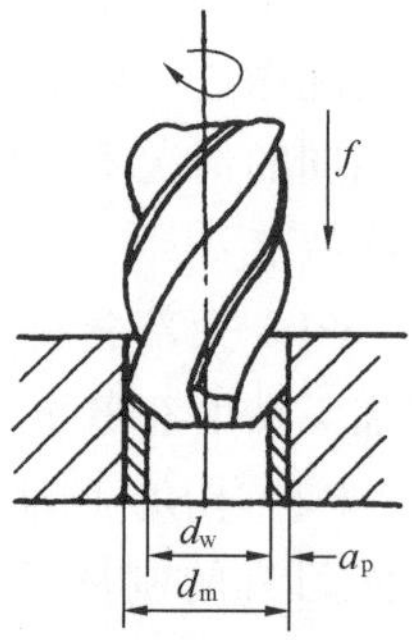

由于扩孔的背吃刀量比钻孔时小得多，因而刀具的结构（如图 3.68 所示）和切削条件比钻孔时好得多，主要原因如下：

（1）切削刃不必自外圆延续到中心，避免了横刃和由横刃所引起的一些不良影响。

（2）切屑窄，易排出，不易擦伤已加工表面。同时容屑槽也可做得较小、较浅，从而可以加粗钻心，大大提高扩孔钻的刚度，有利于加大切削用量和改善加工质量。

（3）刀齿多（3 ~ 4 个），导向作用好，切削平稳，生产率高。

图 3.67　扩孔

考虑到扩孔比钻孔有较多的优越性，在钻直径较大的孔（一般 $D \geqslant 30$ mm）时，可先用小钻头（直径为孔径的 0.5 ~ 0.7）预钻孔，然后再用原尺寸的大钻头钻孔。实践表明，这样虽分两次钻孔，生产效率也比用大钻头一次钻时高。若用扩孔钻扩孔，则效率将更高，精度也比较高。

扩孔常作为孔的半精加工，当孔的精度和表面粗糙度要求更高时，则要采用铰孔或其他孔的加工方法。

3. 铰　孔

铰孔是应用较为普遍的孔的精加工方法之一，一般加工精度可达 IT9 ~ IT7，表面粗糙度 R_a 在 1.6 ~ 0.4 μm 的范围。

铰孔加工质量较高的原因，除了具有上述扩孔的优点之外，还由于铰刀结构（如图 3.69 所示）和切削条件比扩孔更为优越，主要原因如下：

（1）铰刀切削刃数目更多（6 ~ 12 个），又有修光部分（其作用是校准孔径、修光孔壁），所以切削更加平稳，从而进一步提高了孔的加工质量。

（2）铰孔的余量小（粗铰为 0.15 ~ 0.35 mm，精铰为 0.05 ~ 0.15 mm），切削力较小；铰孔时的切削速度一般较低（$v_c = 1.5 ~ 10$ m/min），产生的切削热较少。因此，工件的受力变形和受热变形较小，加之低速切削，可避免积屑瘤的不利影响，使得铰孔质量比较高，但铰孔不能保证孔与其他相关表面的位置精度。

麻花钻、扩孔钻和铰刀都是标准刀具，市场上比较容易买到。对于中等尺寸以下较精密的孔，在单件小批量乃至大批大量生产中，"钻—扩—铰"是经常采用的典型工艺。钻、扩、铰只能保证孔本身的精度，而不易保证孔与孔之间的尺寸精度及位置精度。为了解决这一问题，可以利用夹具（钻模）进行加工，或者采用镗孔。

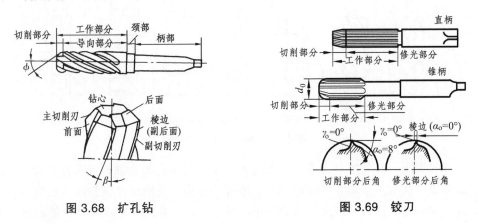

图 3.68　扩孔钻　　　　　　　　　　　　　图 3.69　铰刀

4. 锪孔

用锪钻加工各种沉头螺钉孔、锥孔、凸台面等的方法称为锪孔。锪孔一般在钻床上进行。图 3.70（a）所示为带导柱的平底锪钻，它适用于加工六角螺栓、带垫圈的六角螺母、圆柱头螺钉的沉头孔；图 3.70（b）、（c）所示是带导柱和不带导柱的锥面锪钻，用于加工锥面沉孔；图 3.70（d）所示为端面锪钻，用于加工凸台，锪钻上带有的定位导柱 d_1 是用来保证被锪孔或端面与原来孔的同轴度或垂直度。

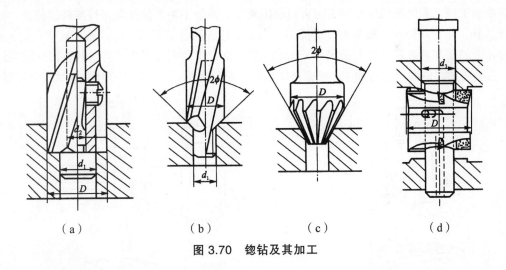

（a）　　　　　　　（b）　　　　　　　（c）　　　　　　　（d）

图 3.70　锪钻及其加工

5. 钻　床

钻床是一种孔加工机床，它一般用于加工直径不大、精度要求不高的孔。其主要加工方法是用钻头在实心材料上钻孔，此外还可以在原有孔的基础上扩、铰孔、铣平面、攻螺纹等加工。在钻床上加工时，工件固定不动，主运动是刀具（主轴）的旋转，刀具（主轴）沿轴向的移动即为进给运动。钻床的加工方法及其所需运动如图 3.71 所示。

钻床分为：坐标镗钻床、深孔钻床、摇臂钻床、台式钻床、立式钻床、卧式钻床、铣钻床、中心孔钻床等。

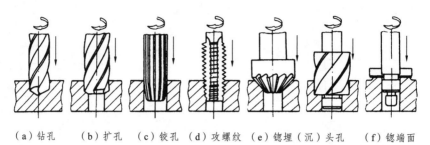

（a）钻孔　　（b）扩孔　　（c）铰孔　（d）攻螺纹　（e）锪埋（沉）头孔　　（f）锪端面

图 3.71　钻床的加工方法

（1）立式钻床。图 3.72 所示是立式钻床的外形，其特点为主轴轴线垂直布置，且位置固定。主轴箱 3 中装有主运动和进给运动的变速传动机构、主轴部件以及操纵机构等。主轴箱固定不动，用移动工件的方法使刀具旋转中心线与被加工孔的中心线重合，进给运动由主轴 2 随主轴套筒在主轴箱中做直线移动来实现。利用装在主轴箱上的进给操纵机构 5，可以使主轴实现手动快速升降、手动进给以及接通或断开机动进给。被加工工件可直接或通过夹具安装在工作台 1 上。工作台和主轴箱都装在方形立柱 4 的垂直导轨上，可上下调整位置，以适应加工不同高度的工件。

（2）摇臂钻床。图 3.73 所示为摇臂钻床的外形。它的主轴箱 4 装在摇臂 3 上，可沿摇臂的导轨水平移动，而摇臂 3 又可绕立柱 2 的轴线转动，因而可以方便地调整主轴 5 的坐标位置，使主轴的旋转轴线与被加工孔的中心线重合。此外，摇臂 3 还可以沿立柱升降，以适应加工不同高度的工件。为保证机床在加工时有足够的刚度，并使主轴在钻孔时保持准确的位置，摇臂钻床具有立柱、摇臂及主轴箱的夹紧机构，当主轴位置调整完毕后，可以迅速地将它们夹紧。底座 1 上的工作台 6 可用于安装尺寸不大的工件，如果工件尺寸很大，可将其直接安装在底座上，甚至就放在地面上进行加工。摇臂钻床适用于单件和中、小批量生产中加工大、中型零件。

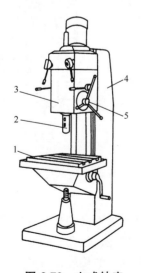

图 3.72　立式钻床

1—工作台；2—主轴；3—主轴箱；
4—立柱；5—进给操纵机构

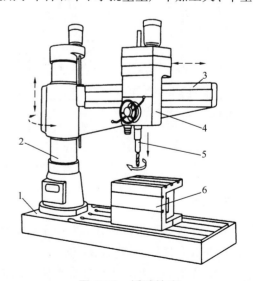

图 3.73　摇臂钻床

1—底座；2—立柱；3—摇臂；4—主轴箱；
5—主轴；6—工作台

（3）其他钻床。台式钻床实质上是加工小孔的立式钻床，简称台钻，其钻孔直径一般在 16 mm 以下，如图 3.74 所示。主要用于小型零件上各种小孔的加工。台钻的自动化程度较低，通常采用手动进给，但其结构简单，小巧灵活，使用方便。

在成批和大批大量生产中，广泛使用多轴钻床（可用通用钻床改制）和组合钻床，如图 3.74 所示。

上述各类钻床在配以专用的钻模后，也能加工具有位置精度要求的孔系。

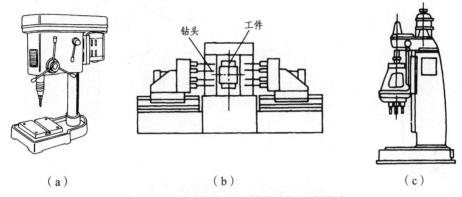

图 3.74　台式钻床、多轴钻床与组合钻床

3.6.2　镗削加工与设备

用镗刀对已有的孔进行再加工，称为镗孔。对于直径较大的孔（一般 $D > 80 \sim 100$ mm）、内成形面或孔内环槽等，镗削是唯一合适的加工方法。一般镗孔精度可达 IT8 ～ IT7，表面粗糙度 R_a 在 1.6 ～ 0.8 μm 的范围；精细镗时，精度可达 IT7 ～ IT6，表面粗糙度 R_a 在 0.8 ～ 0.2 μm 的范围之间。

镗孔可以在多种机床上进行。回转体零件上的孔多在车床上加工，箱体类零件上的孔或孔系（指要求相互平行或垂直的若干个孔）则常用镗床加工。

镗床的主要功用是用镗刀镗削工件上已铸出或已钻出的孔。除镗孔外，大部分镗床还可以进行铣削、钻孔、扩孔、铰孔等工作。镗床的主要类型有卧式铣镗床、坐标镗床和精镗床等。

1. 卧式铣镗床

图 3.75 所示为卧式铣镗床的外形。由下滑座 11、上滑座 12 和工作台 3 组成的工作台部件装在床身导轨上，工作台通过下滑座和上滑座可在纵向和横向实现进给运动和调位运动。工作台还可在上滑座 12 的环形导轨上绕垂直轴线转位，以便在工件一次安装中对其互相平行或成一定角度的孔或平面进行加工。主轴箱 8 可沿前立柱 7 的垂直导轨上下移动，以实现垂直进给运动或调整主轴轴线在垂直方向的位置。此外，机床上还有坐标测量装置，以实现主轴箱和工作台的准确定位。加工时，根据加工情况不同，刀具可以装在镗轴 4 前端的锥孔中，或装在平旋盘的径向刀具溜板 6 上。镗轴 4 除完成旋转主运动外，还可沿其轴线移动做轴向进给运动（由后尾筒 9 内的轴向进给机构完成），平旋盘 5 只能做旋转主运动。装在平旋盘径向导轨上的径向刀具溜板 6，除了随平旋盘一起旋转外，还可做径向进给运动。后支架 1 用

以支承悬伸长度较长的镗杆的悬伸端，以增加刚性。后支架可沿后立柱 2 的垂直导轨与主轴箱 8 同步升降，以保证其支承孔与镗轴在同一轴线上。为适应不同长度的镗杆，后立柱还可沿床身导轨调整纵向位置。

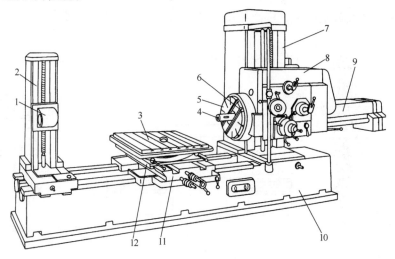

图 3.75　卧式铣镗床

1—后支架；2—后立柱；3—工作台；4—镗轴；5—平旋盘；6—径向刀具溜板；
7—前立柱；8—主轴箱；9—后尾筒；10—床身；11—下滑座；12—上滑座

综上所述，卧式铣镗床的主运动有：镗轴和平旋盘的旋转运动。进给运动有：镗轴的轴向进给运动，平旋盘刀具溜板的径向进给运动，主轴箱的垂直进给运动，工作台的纵向和横向进给运动。辅助运动有：工作台的转位，后立柱的纵向调位，后支架的垂直方向调位，以及主轴箱沿垂直方向和工作台沿纵、横方向的调位运动。

图 3.76 所示为卧式铣镗床的几种典型加工方法。图 3.76（a）所示为用装在镗轴上的悬伸刀杆镗孔；图 3.76（b）所示为利用长刀杆镗削同轴线上的两孔；图 3.76（c）所示为用装在平旋盘上的悬伸刀杆镗削大直径的孔；图 3.76（d）所示为用装在镗轴上的端铣刀铣平面；图 3.76（e）、（f）所示为用装在平旋盘径向刀具溜板上的车刀车内沟槽和端面。

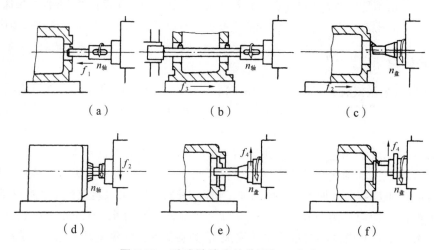

（a）　　　　　　　（b）　　　　　　　（c）

（d）　　　　　　　（e）　　　　　　　（f）

图 3.76　卧式铣镗床的典型加工方法

2. 坐标镗床

坐标镗床主要用于精密孔及位置精度要求很高的孔系的加工。例如，钻模、镗模和量具等零件上的精密孔和孔系加工。坐标镗床的主要特点是具有工作台、主轴箱等移动部件的精密坐标位置测量装置，能实现工件和刀具的精确定位。坐标镗床除镗孔外，还可进行钻、扩和铰孔、锪端面及铣平面和沟槽等加工。此外，因其具有很高的定位精度，故还可用于精密刻线、精密划线、孔距及直线尺寸的精密测量等。坐标镗床过去主要用于工具车间进行单件生产，近年来也逐渐用于生产车间成批地加工具有精密孔系的零件。

坐标镗床按其布局形式可分为立式单柱、立式双柱和卧式等主要类型。

（1）立式单柱坐标镗床。如图 3.77 所示，主轴箱 3 装在立柱 4 的垂直导轨上，可上下调整位置。主轴 2 由精密轴承支承在主轴套筒中，主运动是主轴的旋转运动。当进行镗孔、钻孔、铰孔等工序时，主轴连同主轴套筒，可由机动或手动实现垂直进给运动。镗孔坐标位置由工作台 1 沿床鞍 5 的导轨纵向移动和床鞍沿床身 6 的导轨横向移动来确定；当进行铣削时，则由工作台 1 通过在纵向或横向移动来完成进给运动。

立式单柱坐标镗床的工作台三面敞开，结构比较简单，操作比较方便。但由于工作台和床身之间的层次较多，主轴箱又悬臂安装，削弱了刚度，在机床尺寸较大时，主轴中心线离立柱较远，影响主轴的加工精度。因此，立式单柱一般为中、小型坐标镗床采用的布局形式。

立式双柱坐标镗床具有由两侧立柱、顶梁和床身构成的龙门框架式结构。主轴箱（装在龙门框架上）其悬伸距离较小，并且工作台和床身之间层次少，所以，刚度较高，承载能力较强。因此，大、中型坐标镗床常采用这种布局形式。

（2）卧式坐标镗床。如图 3.78 所示，其主轴水平布置，与工作台台面平行。安装工件的工作台由下滑座 7、上滑座 1 以及可作精密分度的回转工作台 2 等三层组成。镗孔的坐标位置由下滑座沿床身 5 的导轨纵向移动和主轴箱 5 沿立柱 4 的导轨垂直移动来确定。镗孔时的进给运动，可由主轴 3 轴向移动来完成，也可由上滑座 1 横向移动来完成。

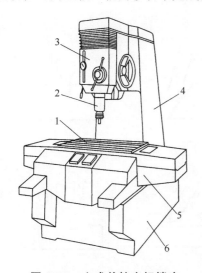 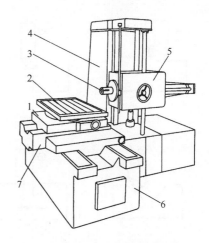

图 3.77　立式单柱坐标镗床

1—工作台；2—主轴；3—主轴箱；4—立柱；
5—床鞍；6—床身

图 3.78　卧式坐标镗床

1—上滑座；2—回转工作台；3—主轴；4—立柱；
5、6—床身；7—下滑座

3.7 其他加工方法与设备

3.7.1 刨削加工与刨床

刨削是用刨刀对工件做水平相对直线往复运动的切削加工方法。刨削是加工平面和沟槽的主要方法之一。常见的刨床类机床有牛头刨床、龙门刨床和插床等。

1. 刨削的工艺特点及应用

（1）通用性好。根据切削运动和具体的加工要求，刨床的结构比车床、铣床简单，价格低，调整和操作也较简便，所用的单刃刨刀与车刀基本相同，形状简单，制造、刃磨和安装均较方便。

（2）生产效率较低。刨削的主运动为往复直线运动，反向时受惯性力的影响，加之刀具切入和切出时有冲击，从而限制了切削速度的提高。单刃刨刀实际参加切削的切削刃长度有限，一个表面往往要经过多次行程才能加工出来，加工时间较长，刨刀返回行程时不进行切削，又增加了辅助时间。因此，刨削的生产效率低于铣削。但是对于狭长表面（如导轨、长槽等）的加工，刨削的生产效率则高于铣削，因为铣削进给的长度与工件的长度有关，而刨削进给的长度则与工件的宽度有关。工件较窄可减少进给次数，且常可多件刨削。

（3）加工精度低。刨削的主运动为往复直线运动，冲击力较大，只能采用中、低速切削，当用中等切削速度刨削钢件时易产生积屑瘤，增大表面粗糙度值。刨削的精度可达IT8～IT7，表面粗糙度 R_a 在 6.3～1.6 μm 的范围。当采用宽刀精刨时，加工精度会更高一些。

由于刨削的特点，刨削主要用在单件小批量生产中，在维修车间和模具车间应用较多。如图 3.79 所示为刨削的主要应用与运动。

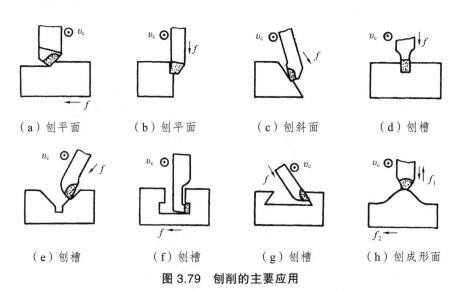

|（a）刨平面|（b）刨平面|（c）刨斜面|（d）刨槽|
|（e）刨槽|（f）刨槽|（g）刨槽|（h）刨成形面|

图 3.79　刨削的主要应用

2. 刨　床

刨床类机床主要用于加工各种平面和沟槽。其主运动是刀具或工件所做的直线往复运动（所以也称为直线运动机床）。它只在一个运动方向上进行切削，称为工作行程；返程时不切削，称为空行程。进给运动是刀具或工件沿垂直于主运动方向所做的间歇运动。

（1）牛头刨床。牛头刨床主要用于加工小型零件，其外形如图 3.80 所示。主运动为滑枕 3 带动刀具在水平方向所做的直线往复运动。滑枕 3 装在床身 4 顶部的水平导轨中，由床身内部的曲柄摇杆机构传动实现主运动。刀架 1 可沿刀架座 2 的导轨上下移动，以调整刨削深度，也可在加工垂直平面和斜面时做进给运动。调整刀架座 2，可使刀架左右回转 60°以便加工斜面或斜槽。加工时，工作台 6 带动工件沿横梁 5 做间歇的横向进给运动。横梁 5 可沿床身 4 的垂直导轨上下移动，以调整工件与刨刀的相对位置。

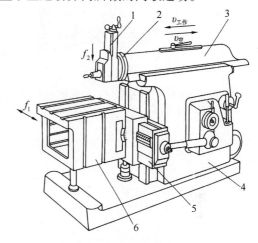

图 3.80　牛头刨床

1—刀架；2—刀架座；3—滑枕；4—床身；
5—横梁；6—工作台

（2）龙门刨床。龙门刨床主要用于加工大型或重型零件上的各种平面、沟槽和各种导轨面，也可在工作台上一次装夹数个中、小型零件进行多件加工。

图 3.81 所示为龙门刨床的外形。其主运动是工作台 9 沿床身 10 的水平导轨所做的直线往复运动。床身 10 的两侧固定有左右立柱 3 和 7，两立柱顶部用顶梁 4 连接，形成结构刚性较好的龙门框架。横梁 2 上装有两个垂直刀架 5 和 6，可在横梁导轨上沿水平方向做进给运动。横梁 2 可沿左右立柱的导轨上下移动，以调整垂直刀架的位置，加工时由夹紧机构夹紧在两个立柱上。左右立柱上分别装有左、右侧刀架 1 和 8，可分别沿立柱导轨做垂直进给运动，以加工侧面。

由于刨削时返程不切削，为避免刀具碰伤工件表面，龙门刨床刀架夹持刀具的部分都设有返程自动让刀装置，通常均为电磁式。

（3）插床。插床实质上是立式刨床，其主运动是滑枕带动插刀所做的直线往复运动，图3.82 所示为插床的外形。滑枕 2 向下移动为工作行程，向上为空行程。滑枕导轨座 3 可以绕销轴 4 在小范围内调整角度，以便加工倾斜的内外表面。床鞍工作台 6 和溜板 7 可分别带动工件实现横向和纵向进给运动。圆工作台 1 可绕垂直轴线旋转，实现圆周进给运动或分度运动。圆工作台 1 在各个方向上的间歇进给运动是在滑枕空行程结束后的短时间内进行的。圆工作台的分度运动由分度装置 5 实现。

插床主要用于加工工件的内表面，如内孔中的键槽及多边形孔等，有时也用于加工成形内外表面。

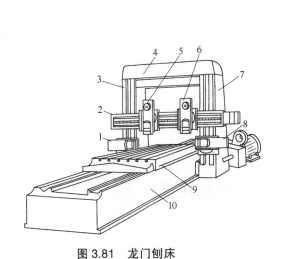

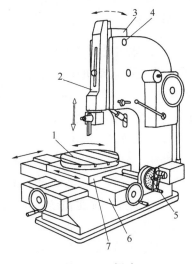

图 3.81　龙门刨床

图 3.82　插床

1、8—左、右侧刀架；2—横梁；3、7—立柱；4—顶梁；
5、6—垂直刀架；9—工作台；10—床身

1—圆工作台；2—滑枕；3—滑枕导轨座；4—销轴；
5—分度装置；6—床鞍工作台；7—溜板

3.7.2　拉削加工与拉床

拉削是用拉刀加工工件内外表面的加工方法。拉刀的直线运动为主运动，进给运动是由后一个刀齿高出前一个刀齿（称为齿升量）来完成的。拉削可以认为是刨削的进一步发展，如图 3.83 所示。它是利用多齿的拉刀，逐齿依次从工件上切下很薄的金属层，使表面达到较高的精度和较小的粗糙度值。加工时，若刀具所受的力不是拉力而是推力则称为推削，所用刀具称为推刀。推削加工时，为避免推刀弯曲，其长度比较短，总的金属切除量较少。所以，推削只适用于加工余量较小的各种形状的内表面，或者用来修整工件热处理后（硬度低于45HRC）的变形量，其应用范围远不如拉削广泛。拉削所用的机床称为拉床，推削则多在压力机上进行。

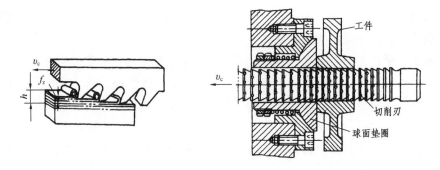

图 3.83　拉削加工

1. 拉削的特点及应用

与其他加工相比，拉削加工主要具有如下特点：

（1）生产效率高。虽然拉削加工的切削速度一般并不高，但由于拉刀是多齿刀具，同时参加工作的刀齿数较多，同时参与切削的切削刃较长，并且在拉刀的一次工作行程中能够完成粗—半精—精加工，大大缩短了基本工艺时间和辅助时间。一般情况下，班产可达 100 ~ 800 件，自动拉削时班产可达 3 000 件。

（2）加工精度高、表面粗糙度较小。如图 3.84 所示，拉刀具有校准部分，其作用是校准尺寸，修光表面，并可作为精切齿的后备刀齿。校准刀齿的切削量很小，仅切去工件材料的弹性恢复量。另外，拉削的切削速度较低（目前 v_c<18 m/mim），切削过程比较平稳，可避免积屑瘤的产生。一般拉孔的精度为 IT8 ~ IT7，表面粗糙度 R_a 在 0.8 ~ 0.4 μm。

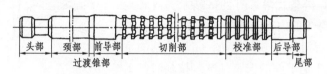

图 3.84　圆孔拉刀

（3）拉床结构和操作比较简单。拉削只有一个主运动，即拉刀的直线运动。进给运动是靠拉刀的后一个刀齿高出前一个刀齿来实现的，相邻刀齿的高出量称为齿升量。

（4）拉刀价格昂贵。由于拉刀的结构和形状复杂，精度和表面质量要求较高，故制造成本很高。但拉削时切削速度较低，刀具磨损较慢，刃磨一次可以加工数以千计的工件，加之一把拉刀又可以重磨多次，所以拉刀的寿命长。当加工零件的批量大时，分摊到每个零件上的刀具成本并不高。

（5）加工范围较广。内拉削可以加工各种形状的通孔，如图 3.85 所示，例如，圆孔、方孔、多边形孔、花键孔和内齿轮等。还可以加工多种形状的沟槽，例如，键槽、T 形槽、燕尾槽和涡轮盘上的样槽等。外拉削可以加工平面、成形面、外齿轮和叶片的榫头等。

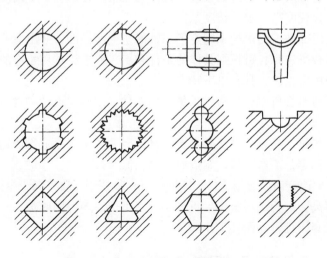

图 3.85　拉削加工的范围

由于拉削加工具有以上特点，所以主要适用于成批和大量生产，尤其适用于在大量生产中加工比较大的复合型面，如发动机的气缸体等。在单件小批量生产中，对于某些精度要求较高、形状特殊的表面，用其他方法加工很困难时，也有采用拉削加工的。但对于盲孔、深孔、阶梯孔及有障碍的外表面，则不能用拉削加工。

2. 拉 床

拉床是用拉刀进行加工的机床。拉床的运动比较简单，它只有主运动而没有进给运动，被加工表面在一次拉削中成形。考虑到拉刀承受的切削力很大，同时为了获得平稳的切削运动，所以拉床的主运动通常采用液压驱动。

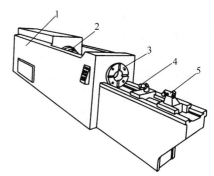

拉床按用途可分为内拉床和外拉床，按机床布局可分为卧式、立式、链条式等。图 3.86 所示为卧式内拉床的外形。在床身 1 的内部有水平安装的液压缸 2，通过活塞杆带动拉刀沿水平方向移动，实现拉削的主运动，工件支承座 3 是工件的安装基准。拉削时，工件以其端面紧靠在支承座 3 上，护送夹头 5 及滚柱 4 用以支承拉刀；开始拉削前，护送夹头 5 及滚柱 4 向左移动，将拉刀穿过工件预制孔，并将拉刀左端柄部插入拉刀夹头，加工时滚柱 4 下降不起作用。

图 3.86 拉削加工的范围
1—床身；2—液压缸；3—支承座；
4—滚柱；5—护送夹头

3.7.3 组合机床

1. 组合机床的组成及特点

组合机床是由已经系列化、标准化的通用部件为基础，配以少量专用部件组合而成的一种高效专用机床。它常用多刀、多面、多工位同时加工，是一种工序高度集中的加工方法，其生产效率和自动化程度高，加工精度稳定。

组合机床的通用部件，已由国家制定了完整的系列和标准，并由专业厂家预先设计制造好。设计、制造组合机床时，可根据具体的工件和工艺要求，选用相应的通用部件。因而组合机床与一般专用机床相比，具有以下特点：

（1）设计和制造组合机床，只限于少量专用部件，故不仅设计和制造周期短，而且便于使用和维修。

（2）通用部件经过了长期生产实践考验，且由专业厂家集中成批制造，质量易于保证，因而机床加工精度稳定，工作可靠，制造成本也较低。

（3）当加工对象改变时，通用零件、部件可以重复使用，故有利于企业产品的更新换代。

（4）生产效率高，因为工序集中，可多面、多工位、多刀同时加工；加工精度稳定，因为常与专用夹具配套，且自动循环工作。

2. 组合机床的通用部件及其配套

通用部件是具有特定功能、按标准化、系列化、通用化原则设计制造的组合机床基础部件。它有统一的主要技术参数和联系尺寸标准，在设计、制造各种组合机床时，可以互相通用。组合机床的通用化程度是衡量其技术水平的重要标志。

通用部件按其尺寸大小不同，可分为大型和小型两类。它们通常指动力滑台台面宽度 $B \geqslant 200$ mm 和 $B < 200$ mm 的动力部件及其配套部件。

通用部件按其功用，可分为以下几类：

（1）动力部件。用于传递动力，实现主运动或进给运动的部件，包括动力箱、各种动力头和动力滑台。动力部件是通用部件中最主要的一类部件。

（2）支承部件。组合机床的基础件，包括侧底座、立柱、立柱底座和中间底座等。侧底座用于与滑台等动力部件组成卧式机床，立柱用于组成立式机床，立柱底座供支承立柱之用，中间底座用于安装夹具和输送部件。

（3）输送部件。用于多工位组合机床上完成工件在工位间的输送，其定位精度直接影响多工位机床的加工精度。它包括回转工作台、移动工作台和回转鼓轮等。

（4）控制部件。用于控制组合机床按预定程序进行工作循环。它包括可编程控制器、液压传动装置、分级进给机构、自动检测装置及操纵台电器柜等。

（5）辅助部件。它主要包括冷却、润滑、排屑等辅助装置，以及实现自动夹紧的液压或气动装置、机械扳手等。

3. 组合机床的工艺范围及配置形式

在组合机床上可以完成的工序很多，但就目前使用的大多数组合机床来说，则主要用于箱体类零件的平面加工和孔加工。前者包括铣平面、车平面和镗平面等；后者包括钻、扩、铰、镗孔以及孔口倒角、攻螺纹、锪沉头孔和滚压孔等。随着组合机床技术的不断发展，其工艺范围也在不断扩大，例如，车外圆、行星铣削、拉削、磨削、珩磨、抛光、冲压等工序也可在组合机床上完成。此外，组合机床还可以完成焊接、热处理、自动测量和自动装配、清洗和零件分类等非切削工作。

组合机床上主要加工箱体类零件，如气缸体、气缸盖、变速箱体、阀门壳体和电动机座等；也可以完成轴、套、盘、叉和盖板类零件，如曲轴、气缸套、飞轮、连杆、法兰盘、拨叉等的部分或全部加工工序。目前，组合机床应用最广泛的是大批大量生产的场合，如汽车、拖拉机、电机、阀门和缝纫机等行业。此外，一些中、小批量生产的企业，如机床制造厂等，为了保证加工质量，也采用组合机床来完成某些重要零件的关键加工工序。随着组合机床技术水平的不断提高，组合机床的应用将会更加广泛。

组合机床的配置形式主要有单工位组合机床和多工位组合机床两大类。

单工位组合机床的工作特点是，加工过程中工件位置固定不变，由动力部件移动来完成各种加工。这类机床能保证较高的相互位置精度，它特别适合于大、中型箱体类零件的加工。

多工位组合机床的工作特点是，工件在加工过程中，按预定的工作循环做周期移动或转动，以便顺次地在各个工位上，对同一加工部位进行多工步加工，或者对不同部位顺序地进行加工，从而完成一个或数个面的比较复杂的加工工序。这类机床的生产效率比单工位组合机床高，但由于存在转位或移位所引起的定位误差，所以加工精度不如单工位机床，且结构复杂，造价较高，多用于大批大量生产中比较复杂的中、小型零件的加工。

图 3.87（a）所示为移动工作台式组合机床，其工作台带动夹具和工件可先后在 2~3 个工位上，从单面或双面对工件进行加工。这种机床适用于加工孔间距较小的工件。图 3.87（b）

所示为中央立柱式组合机床，这类机床的动力部件安装在工作台四周和中央立柱上，夹具和工件安装在回转工作台上，工作台绕中央立柱转位，依次进行加工。这类机床的工位数很多，工序集中程度高，但结构复杂。

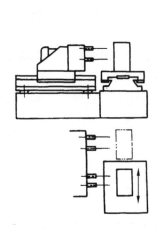

（a）移动工作台式组合机床

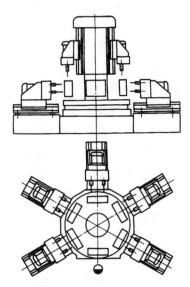

（b）中央立柱式组合机床

图 3.87　组合机床的配置形式

习题与思考题

1. 用简图表示用下列方法加工所需表面时，需要哪些成形运动？其中哪些是简单运动？哪些是复合运动？

（1）用成形车刀车削外圆锥面。

（2）用尖头车刀纵、横向同时运动车削外圆锥面。

（3）用钻头钻孔。

（4）用拉刀拉削圆柱孔。

（5）插齿刀插削直齿圆柱齿轮。

2. 举例说明何谓外联系传动链？何谓内联系传动链？其本质区别是什么？对这两种传动链有何不同要求？

3. 如题图 3.1 所示的某机床传动系统图，试列出其传动路线表达式，并求：

（1）主轴有几种转速？

（2）主轴的最高转速和最低转速各是多少？

（3）图示齿轮啮合位置主轴的转速是多少？

4. 一般情况下，车削的切削过程为什么比刨削、铣削等平稳？对加工有何影响？

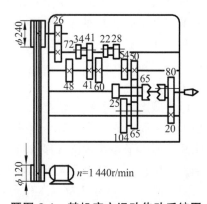

题图 3.1　某机床主运动传动系统图

5. 试写出 CA6140 型普通卧式车床的主轴在下列转速时的运动平衡式：主轴正转转速 25 r/min、710 r/min、反转 14 r/min。

6. 分析 CA6140 型普通卧式车床的传动系统。

（1）证明 $f_{纵} = 0.5 f_{横}$。

（2）当主轴转速分别为 40 r/min、160 r/min 及 400 r/min 时，能否实现螺距扩大 4 倍及 16 倍？为什么？

（3）为何使用丝杠和光杠传动分别担任切螺纹和车削工作？如果只用其中的一个传动，既做切削螺纹又做车削进给，将会有何问题？

（4）说明 M_3，M_4 和 M_5 的功用？是否可取消其中之一？

（5）为了提高传动精度，车螺纹的进给传动链是不应该有摩擦传动的，而超越离合器却是靠摩擦传动的，为何可以用于进给传动链中？

（6）溜板箱中为什么要设置互锁机构？

7. 根据题图 3.2 所示的车螺纹进给传动链，确定挂轮变速机构的换置公式，并选择车削下列螺纹时的挂轮：

（1）米制螺纹 $P = 3$ mm（$P = 8$ mm），$K = 2$。

（2）英制螺纹 $a = 4\frac{1}{2}$ 牙/ in。

（3）模数螺纹 $m = 4$ mm，$K = 2$。

（4）径节螺纹 $DP = 4$ 牙/ in。

（该机床的备用挂轮为：20、25、30、35、40、45、50、55、60、65、70、75、80、85、90、95、100、105、110、113、115、120、127）

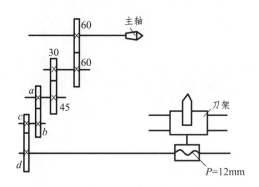

题图 3.2　某机床进给运动传动链

8. 为何在机床传动链中需要设置换置机构？机床传动链的换置计算一般可以分为几个步骤？在何种条件下机床传动链可以不必设置换置机构？

9. 用周铣法铣平面时，顺铣和逆铣各有什么特点？实际生产中，多采用哪种铣削方式？为什么？

10. 磨削为什么能够达到较高的精度和较小的表面粗糙度？

11. 砂轮粒度怎样表示？简述砂轮粒度的选择原则。

12. 何谓砂轮的硬度？与砂轮磨粒的硬度有何区别？简述砂轮硬度的选择原则。

13. 用盘状模数铣刀加工齿轮时，为什么不能得到较高的加工精度？

14. 当用头数为 K，右旋，螺旋升角为 β 的滚刀去滚切齿数为 $Z_\text{工}$、螺旋线导程为 L（mm）的右旋斜齿圆柱齿轮时，若刀具轴向移动距离和工件转过的转数如下表所示，问滚刀转过多少转？

刀具移动距离	工件转过转数	刀具转过转数
S/(mm/r)	1	
L/mm	L/S	

15. 在 Y3150E 型滚齿机上采用差动法滚切斜齿圆柱齿轮时，如果使用单头右旋滚刀滚切齿数 $Z_\text{工} = 35$，螺旋导程 $L = 643$ mm 的右旋斜齿轮，在选择滚刀转速为 $n_\text{刀} = 125$ r/min、轴向进给量 $S = 1$ mm/r 的条件下，回答下列问题：

（1）在加工时工件（工作台）的实际转速 $n_\text{刀}$ 是多少？

（2）如果脱开差动挂轮，工件的转速 $n_\text{刀}$ 是多少？

16. 扩孔和铰孔为什么能达到较高的精度和较小的表面粗糙度？

17. 镗孔与钻、扩、铰孔比较，有何特点？

18. 一般情况下，刨削的生产效率为什么比铣削低？

19. 拉削加工有哪些特点？适用于何种场合？

第 4 章　机械加工质量

4.1　概　述

产品质量取决于零件机械加工质量和装配质量，而零件的机械加工质量既与零件的材料性能有关，也与机械加工精度、表面粗糙度等几何因素及表层组织状态有关。零件的机械加工质量决定着产品的性能、质量和使用寿命。随着科学技术的不断发展，对产品质量的要求越来越高。在机械加工方面，近年来普通机械加工精度已从 0.01 mm 级提高到了 0.005 mm 级，精密加工精度从 1 μm 级提高到目前的 0.02 μm 级，超精密加工进入纳米（0.001 μm）级。在表面粗糙度方面，日本已成功获得小于 0.000 5 μm 的表面粗糙度。

机械加工质量包含机械加工精度和机械加工表面质量。

1. 机械加工精度

机械加工精度是指零件加工后的几何参数（尺寸、形状和位置）与图纸规定的理想零件的几何参数相符合的程度。符合程度愈高，加工精度愈高。所谓理想零件，对表面形状而言，就是绝对准确的平面、圆柱面、圆锥面等；对表面相对位置而言，就是绝对的平行、垂直、同轴和一定的角度关系；对于尺寸而言，就是零件尺寸的公差带中心。

机械加工精度包括三个方面：

（1）尺寸精度。指加工后零件的实际尺寸与理想尺寸相符合的程度。

（2）形状精度。指加工后零件的实际几何形状与理想的几何形状相符合的程度。

（3）位置精度。指加工后零件有关表面的实际位置与理想位置相符合的程度。

2. 机械加工表面质量

任何机械加工方法所获得的加工表面，实际上都不可能是绝对理想的表面。加工表面质量是指表面粗糙度和波度与表面层的物理机械性能。

（1）表面粗糙度和波度。表面粗糙度是工件表面纹理的微观不平度，即微观几何形状。它主要由机械加工中切削刀具的运动轨迹所形成，其波高与波长的比值一般小于 1：50。

波度是工件表面是纹理中一种宽间距的不平度，即中间几何形状。它主要由切削刀具的振动和偏移所造成，其波高与波长的比值一般为 1：50 ~ 1：1 000。

（2）表面层的物理机械性能。主要指表面层冷作硬化、金相组织变化和残余应力。

表面层冷作硬化是指工件在机械加工时，表面层金属受到切削力和切削热的作用，产生强烈的塑性变形，使表面层金属的强度和硬度提高，塑性下降，这种现象称为表面层冷作硬化。

表面层金相组织变化是指在机械加工过程中，工件表面加工区及其周围在切削热的作用下温度上升，当温度升高到超过金相组织变化的临界值时，金相组织就要发生变化。

表面层残余应力是指由于在切削加工中，表面层金属产生了强烈的塑性变形，同时，金相组织变化造成的体积变化也是产生残余应力的原因。机械加工后的表面，一般都存在一定的残余应力。

4.1.1　机械加工精度

采用任何加工方法对零件进行加工，都不可能在尺寸、形状和相互位置等方面的几何要素加工得绝对准确，总会存在一定的加工误差，加工误差越小，加工精度越高。

1. 零件的尺寸精度

零件的尺寸精度是零件的几何要素本身及其相互之间在尺寸方面的精度要求。如轴类零件各部分的直径与长度尺寸；箱体零件的孔径、孔心距；槽的深度、宽度、长度尺寸，等等。

在机械加工中获得零件尺寸精度的方法有以下四种：

（1）试切法。试切法的步骤是：先对刀具与工件的相对位置初步调整并试切一次，测量试切所得尺寸，并根据测量数据调整刀具或工件的位置，进行第二次试切。这样反复试切，直到试切尺寸符合工序尺寸要求为止。

试切法所能达到的精度可以很高，但与操作工人的技术水平关系较大。试切尺寸的测量精度、刀具的调整精度及材料的切削性能是影响加工精度的主要因素。试切法由于需经多次调整、试切和测量，加工时间较长，因此只适用于单件小批量生产。

（2）调整法。是根据工序尺寸要求、机床调整卡片或利用对刀样板，一次调整、确定刀具与工件的相对位置，并在一批零件的加工中，保持此位置不变。其加工精度取决于调整精度和测量精度。

（3）定尺寸刀具法。是指使用具有一定尺寸的刀具来保证加工表面的尺寸精度。一般多用于封闭或半封闭表面的加工，如铰孔、拉孔、铣槽等。

定尺寸刀具法加工，生产效率高，尺寸精度也较稳定，几乎与操作技术水平无关。影响尺寸精度的主要因素是刀具本身的尺寸精度、磨损和安装精度。

（4）自动控制法。是指在加工过程中，通过由尺寸测量装置、自动进给装置和控制系统等组成的自动控制加工系统，使加工过程的尺寸测量、刀具调整和切削加工等一系列工作自动完成，从而获得所要求的尺寸精度。如在数控机床上加工工件时，通过数控装置、测量装置及伺服驱动装置，控制刀具在加工时的位置，从而获得工件的尺寸精度

2. 零件的形状精度

零件的形状精度是构成零件各几何要素在几何形状方面的精度要求，即圆度、柱度、直

线度、平面度、线轮廓度和面轮廓度 6 项指标。

在机械加工中，主要依靠成形运动法，即依靠刀具和工件做相对成形运动，获得零件表面形状。成形运动法可归纳为如下四种：

（1）轨迹法。这种加工方法是依靠刀尖运动的轨迹来获得所要求的表面几何形状，也称为点（刀尖）成形运动法，其加工精度取决于各成形运动的精度。例如，在车削加工中，刀尖的运动轨迹与工件的回转运动构成了相对成形运动，从而获得了零件的表面形状。

（2）成形法。这种加工方法是在加工过程中，使用与零件表面（或其在基面上的投影）形状相同的成形刀具，从而获得所要求的加工表面形状。例如，使用成形车刀和成形砂轮加工回转曲面，使用成形铣刀铣削成形面，使用螺纹车刀加工螺纹等。

（3）展成法。这种加工方法是在加工过程中，在采用成形刀具的条件下，刀具相对于工件做展成啮合后的成形运动，从而加工出工件的复杂表面。例如，在花键铣床上加工工件的花键表面和在滚齿机上加工齿轮等。

（4）非成形运动法。这种加工方法是指在加工过程中，零件表面形状精度的获得不是依靠刀具相对于工件的准确成形运动，而是依靠在加工过程中对工件的不断检验和工人的熟练操作技术完成对工件的成形表面加工。例如，精密块规、陀螺球的手工研磨加工，精密平台、平尺的精密刮研，模具型腔的钳工加工等。

3. 零件的位置精度

零件的位置精度是零件上各有关几何要素之间在位置方面的精度要求，即平行度、垂直度、倾斜度、同轴度、对称度、位置度、圆跳动和全跳动 8 项指标。在机械加工中，零件位置精度的获得主要有以下三种方法：

（1）找正定位法。这种方法在加工前使用辅助工具和量具对工件进行找正定位，使工件基准面处于正确位置，然后夹紧，进行加工。例如，在磨床上磨削轴套的内孔时，使用千分表对其外圆表面找正，再磨削内孔，以保证内孔对外圆的同轴度；在车床、铣床上使用划针、千分表对工件进行找正定位。

（2）使用夹具定位法。这种方法依靠夹具上的定位元件对工件基准面定位，然后进行加工，从而保证位置精度。此种方法操作简单，节约时间，精度较稳定，是成批大量生产中较为理想的方法。

（3）使用机床夹紧面定位法。这种方法是直接利用机床的装夹面（如工作台表面）对工件定位，而后夹紧工件进行加工，使之在整个加工过程中都不脱离这个位置，保证加工面对基准面的相对位置精度。例如，在磨削平面时，将工件基准面放于磁力工作台上，靠磁力夹紧，即可保证被加工面对基准面的平行度。

4.1.2　影响机械加工精度的因素

机械加工精度是加工质量的重要组成部分，而质量是第一位的。无论是大批大量生产或单件小批量生产，分析加工精度对保证质量和提高生产率与降低成本都有重大意义。特别是对于大批大量生产，一旦产生质量问题时，所造成的直接经济损失是十分惊人的；对于单件小批量生产中的贵重金属零件的加工，分析其加工精度以保证质量有很大的经济效益。

在相同的生产条件下所加工出来的一批零件，由于机械加工中各种因素的影响，其精度不会完全一致，因此要寻求精度规律，分析影响机械加工精度的各个工艺因素，从而可以控制机械加工精度。

在机械加工中，机床、夹具、刀具和工件构成了零件的机械加工工艺系统，工艺系统的误差在不同条件下，以不同的程度反映为机械加工误差。工艺系统误差是产生机械加工误差的主要根源，因此把工艺系统的误差称为原始误差。

在完成零件加工的任何一道机械加工工序时，都有很多原始误差影响机械加工的精度。研究原始误差的物理和几何特性，分析原始误差与机械加工误差之间的定性、定量关系是保证和提高零件机械加工精度的理论基础。下面对主要原始误差进行分析：

1. 原理误差

原理误差是由于采用了近似的加工成形运动或者使用近似刃带形状的刀具而产生的加工误差。采用理论上完全正确的加工方法，有时会使机床及刀具的结构极为复杂，以致制造困难；或者由于环节过多，增加了机构运动中的误差，反而得不到高的加工精度。所以在生产实际中常采用近似的加工原理以获得实效。因此决不能认为有了原理误差就不是一种完善的加工方法。

（1）由于使用形状近似的刀具来加工所造成的误差。用成形刀具加工复杂的形面，往往采用圆弧或直线等简单线形代替理论轮廓，或用一种线形刃带的刀具加工多种形面。

① 使用齿轮模数铣刀铣削渐开线圆柱齿轮。用齿轮模数铣刀铣削渐开线圆柱齿轮时，理论上同一模数不同齿数的齿轮应有相应的模数铣刀，才能获得理想齿形。这样一来就必须对每一种模数的每一种齿数的齿轮制造一把铣刀，这对于刀具的制造、管理和使用是极不方便的。而实际上为每一模数的齿轮制造一组铣刀（每一组有 8 把、15 把或 26 把），分别用来铣削某一齿数范围内的齿轮。为了避免齿轮啮合时的干涉，每一刀号的模数铣刀都是按最小齿数的齿形来进行设计的，因此在齿形上对加工其他齿数齿轮时就会产生齿形误差。

② 使用齿轮滚刀切削渐开线齿轮。用齿轮滚刀切削渐开线齿轮时，滚刀应为一渐开线蜗杆。而实际上，为了滚刀的制造方便，多用阿基米得蜗杆来代替，因此是用阿基米得滚刀去加工齿轮，加工出的齿轮齿形实际上是一根根折线。可见齿轮滚刀使用了近似的刀具，从而在加工原理上产生了误差。

（2）由于使用了近似的加工方法所造成的误差：

① 展成法切削齿轮。当用滚刀切削齿轮、花键轴时，是利用展成法原理，为了得到切削刃口，在滚刀上形成了刀齿。这些刀齿是有限的，因此滚刀只能是断续切削，齿形是由各个刀齿轨迹的包络线所形成，是一些近似的折线。在加工渐开线齿轮时，加工出的齿轮的齿形也是一条近似渐开线的折线。

② 用数控电火花线切割机床加工工件。在数控电火花线切割机床上加工工件的曲线轮廓表面时，工件的曲线轮廓由机床 x、y 工作台分别依次提供微小脉冲进给而合成所要求的曲线廓形。因此该曲线实际上是由微小折线构成，即存在着原理误差。

一般来说，原理误差数值将 1∶1 地反映为零件的加工误差，因此，应选择原理误差小于工件公差的加工方法或刀具。

2. 机床误差

机床存在着原始误差，且在长期生产使用中的逐渐磨损，使其几何误差进一步扩大，从而使被加工零件的精度降低。机床的几何精度既与各成形运动本身的精度有关，也与它们之间的关系精度有关。

对加工精度有重大影响的机床误差有主轴回转误差、导轨误差和传动链误差。机床的制造误差、安装精度和使用过程中的磨损是机床误差的根源。

（1）主轴回转误差。无论是工件回转型主轴（如车床主轴）还是刀具回转主轴（镗、铣床主轴），做回转运动时，在主轴的各个截面上必然有它的回转中心。机床主轴工作时，理论上其回转中心线在回转过程中应保持在某一位置不变。但是，由于在主轴部件中存在着主轴轴颈的不圆度误差、前后轴颈的不同轴度误差、主轴轴承本身的各种误差、轴承孔之间的不同轴度误差、主轴的挠度及支承端面对轴颈轴线的不垂直度误差等原因，导致主轴在每瞬时回转轴线的空间位置都是变动的，即存在回转误差。

主轴回转误差定义为：主轴实际回转中心的瞬时位置与主轴回转中各个位置的平均轴线之间的最大偏差。

为了分析主轴回转误差对加工精度的影响，一般把它分解为 3 种独立的运动形式：主轴的纯轴向窜动、主轴的纯径向跳动和主轴的纯角度摆动。

① 主轴的纯轴向窜动对加工精度的影响。在加工工件端面时，主轴的纯轴向窜动会造成工件端面与轴心线的不垂直度误差；在车削螺纹时，主轴的纯轴向窜动会造成单个螺距内的周期误差，即螺距的小周期误差；在孔和外圆表面的加工中，主轴的轴向窜动不会造成加工误差。

② 主轴的纯径向跳动对加工精度的影响。工件回转型主轴和刀具回转型主轴是不一样的，以工件在镗床或车床上加工为例来说明。设主轴的纯径向跳动使主轴几何轴线在 Y 坐标方向做简谐直线运动，其运动频率与主轴回转频率相等，振幅为 A。

如图 4.1 所示，在镗床上加工时，设主轴中心偏移最大（偏移 A 时），镗刀刀尖正好通过水平位置 1，当镗刀转过一个角度 φ 时，刀尖轨迹的水平分量和垂直分量各为：

$$Y = A\cos\varphi + R\cos\varphi = (A + R)\cos\varphi \tag{4.1}$$
$$Z = R\sin\varphi \tag{4.2}$$

式中各值含义如图 4.1 所示。

由式（4.1）和式（4.2）得刀尖轨迹：

$$\left(\frac{Y}{R+A}\right)^2 + \left(\frac{Z}{R}\right)^2 = 1 \tag{4.3}$$

式（4.3）是一个椭圆方程式，即镗出的孔呈椭圆形。如图中双点画线所示。

如图 4.2 所示，在车床上加工时，同样当主轴中心偏移最大（偏移 A 时），则工件在 1 处，此时切出的要比在 2、4 处切出的工件半径小一个振幅值 A。而工件在 3 处，主轴中心偏离理想中心，此时切出的工件半径要比 2、4 处切出的半径大一个振幅值 A。而在 1、2、3、4 处，工件直径都相等。可以证明，在其他各点所形成的直径只有二次项的误差，所以车削工件表面接近一个真圆。

③ 主轴的纯角度摆动对加工精度的影响。主轴的纯角度摆动表现为主轴瞬时回转轴线

与平均回转轴线呈一倾斜角，但其交点位置固定不变，它主要影响工件的形状精度。

　　主轴实际工作中，主轴几何轴线的误差运动是上述 3 种误差的综合。而且也不只是简谐性质，除基波外还有高次谐波，并且具有随机特性。目前常用动态测试的手段对其进行测试和研究。

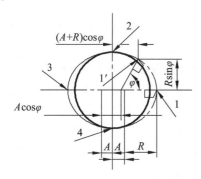

图 4.1　纯径向跳动对镗孔圆度的影响

1—理想形状；2—镗出孔的实际形状

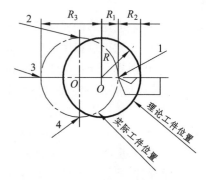

图 4.2　车削时纯径向跳动对圆度的影响

　　（2）机床导轨误差。机床移动部件的运动精度，主要取决于机床导轨精度。机床导轨是确定机床移动部件的相对位置及其运动的基础。它的各项误差直接影响零件的加工精度。

　　机床上移动部件的直线运动精度是导轨精度及部件与导轨配合精度的综合反映，为此，对机床导轨规定如下几个方面的要求：

　　机床导轨在水平面内的直线度；机床导轨在垂直面内的直线度；机床前后导轨的平行度；导轨面的配合精度。

　　对一般机床，要求导轨的两个直线度和前后导轨的平行度公差为 1 000∶0.02；其导轨面的配合精度要求接触斑点为 16 点/25 mm × 25 mm。对精密机床，则要求导轨的两个直线度和前后导轨的平行度公差为 1000∶0.01；导轨面配合精度为接触斑点 20 点/25 mm × 25 mm。

　　机床导轨误差对加工精度的影响，以车床导轨为例。

　　① 机床导轨水平面内的直线度误差对加工精度的影响。当车床导轨在水平面内有了弯曲，在纵向切削过程中，刀尖的运动轨迹相对于工件轴心线之间就不能保持平行，当导轨向前凸出时，就产生鞍形加工误差。当导轨在水平面内的弯曲使刀尖在水平面内位移 ΔY 时，引起工件在半径上的误差为 $\Delta R' = \Delta Y$ 或 $\Delta D' = 2\Delta Y$，如图 4.3（a）所示。

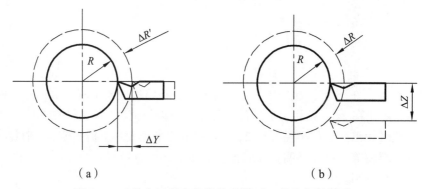

（a）　　　　　　　　　　　　　　　　（b）

图 4.3　刀具在不同方向的位移量对工件直径的影响

② 机床导轨在垂直面内的直线度误差对加工精度的影响。当车床的床身导轨在垂直面内有弯曲，会使工件在纵剖面内形成双曲线的一部分，近似地可以看成锥形或鞍形，此时引起工件的半径误差 ΔR。当导轨在垂直面内的弯曲使刀尖在垂直面内有位移 ΔZ 时，如图 4.3（b）所示，则有：

$$(R + \Delta R)^2 = \Delta Z^2 + R^2$$

化简，并忽略 ΔR^2 项得：

$$\Delta R \approx \frac{\Delta Z}{2R} \quad 或 \quad \Delta D = \frac{\Delta Z}{R} \tag{4.4}$$

假设 $\Delta Y = \Delta Z = 0.1$ mm，$D = 40$ mm，则有：

$$\Delta R = 0.000\ 25 \text{ mm} \qquad \Delta R' = \Delta Y = 0.1 \text{ mm} = 400\ \Delta R$$

可见，在垂直面内导轨的弯曲对加工精度的影响很小，可以忽略不计；而在水平面内同样大小的导轨弯曲就不能忽视。

③ 机床前后导轨的平行度误差对加工精度的影响。当机床前后导轨存在平行度误差，即前后导轨存在扭曲误差时，刀架产生摆动，使刀尖的成形运动轨迹为一空间曲线。如图 4.4 所示，前后导轨在任意横截面内的扭曲量为 ΔX 时，则工件半径变化量 $\Delta R \approx \Delta Y$（由于 ΔX 很小，$\alpha = \alpha'$），即：

$$\Delta R = \Delta Y = \frac{H}{B} \Delta X \tag{4.5}$$

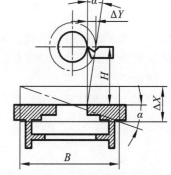

图 4.4　车床导轨扭曲对工件的影响

一般车床，$H/B \approx 2/3$，外圆磨床 $H \approx B$，因此导轨扭曲误差 ΔX 对加工形状误差的影响是十分明显的，不容忽略。因为 ΔX 在机床纵向不同位置上的值不同，所以加工出的零件产生圆柱度误差。

同理，平面磨床上工作台导轨和砂轮架导轨在垂直面内的弯曲误差将直接影响被加工平面的形状精度。

（3）传动链误差。机床传动链误差是指机床内联系传动的实际传动关系与理论计算的传动关系之间的偏差，反映了机床各运动件之间的速比关系。当加工中要求有内联系传动，如在滚齿机上用单头滚刀加工齿轮时，要求滚刀每转一转，工件转过一个齿；又如在车床、螺纹磨床上加工螺纹时，要求工件每转一转，刀具移动一个导程。这些运动件之间的速比关系将直接影响加工精度，因此分析传动链中各个元件的制造误差，减少传动链的误差，就可以提高工件的加工精度。

以 Y3150E 型滚齿机为例，图 4.5 所示是 Y3150E 型滚齿机的部分传动系统图，这里主要是分析从滚刀到工件之间的传动链，其传动路线为：

$$工件 - 72 - \frac{d}{c} \cdot \frac{b}{a} \cdot \frac{f}{e} - i_{差} - \frac{56}{42} \cdot \frac{28}{28} \cdot \frac{28}{28} \cdot \frac{20}{80} - 滚刀主轴$$

工件转角 $\theta_工$ 和 $\theta_刀$ 之间的关系为：

$$\theta_{\text{工}} = \frac{1}{72} \times \frac{c}{d} \times \frac{a}{b} \times \frac{e}{f} \times i_{\text{差}} \times \frac{42}{56} \times \frac{28}{28} \times \frac{28}{28} \times \frac{28}{28} \times \frac{80}{20} \times \theta_{\text{刀}}$$

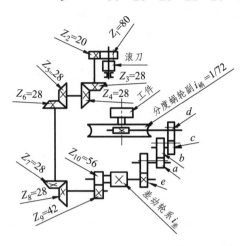

图 4.5 Y3150E 型滚齿机部分传动示意图

由于传动误差最终是反映在工件的转角误差上，假定滚刀的转动是均匀的，就可以用工作台的转角误差来代表传动误差，这样就可以分析出各个传动元件的误差与总的传动误差的关系，例如：

齿轮 Z_1 的转角误差 $\Delta\theta_{Z_1}$ 使工作台产生的转角误差 $\Delta\theta_{Z_1\text{工}}$ 为：

$$\Delta\theta_{Z_1\text{工}} = \Delta\theta_{Z_1} \times \frac{80}{20} \times \frac{28}{28} \times \frac{28}{28} \times \frac{28}{28} \times \frac{42}{56} \times i_{\text{差}} \times \frac{e}{f} \times \frac{a}{b} \times \frac{c}{d} \times \frac{1}{72} = K_{Z_1\text{工}}\Delta\theta_{Z_1}$$

式中，$K_{Z_1\text{工}}$ 称为齿轮 Z_1 的传递系数。

齿轮 Z_2 的转角误差 $\Delta\theta_{Z_2\text{工}}$ 使工作台产生的转角误差为：

$$\Delta\theta_{Z_2\text{工}} = \Delta\theta_{Z_2} \times \frac{28}{28} \times \frac{28}{28} \times \frac{28}{28} \times \frac{42}{56} \times i_{\text{差}} \times \frac{e}{f} \times \frac{a}{b} \times \frac{c}{d} \times \frac{1}{72} = K_{Z_2\text{工}}\Delta\theta_{Z_2}$$

式中，$K_{Z_2\text{工}}$ 称为齿轮 Z_2 的传递系数。

同理，分度挂轮 d 的转角误差 $\Delta\theta_d$ 使工作台产生转角误差 $\Delta\theta_{d\text{工}}$ 为：

$$\Delta\theta_{d\text{工}} = \Delta\theta_d \times \frac{1}{72} = K_{d\text{工}}\Delta\theta_d$$

式中，$K_{d\text{工}}$ 称为分度挂轮 d 的传递系数。

分度蜗杆的转角误差 $\Delta\theta_{\text{杆}}$ 使工作台产生的转角误差 $\Delta\theta_{\text{杆工}}$ 为：

$$\Delta\theta_{\text{杆工}} = \Delta\theta_d \times \frac{1}{72} = K_{\text{杆工}}\Delta\theta_d$$

式中，$K_{\text{杆工}}$ 称为蜗杆的传递系数。

分度蜗轮的转角误差 $\Delta\theta_{\text{轮}}$ 使工作台产生的转角误差 $\Delta\theta_{\text{轮工}}$ 为：

$$\Delta\theta_{\text{轮工}} = \Delta\theta_{\text{轮}} \times 1 = K_{\text{轮工}}\Delta\theta_{\text{轮}}$$

式中，$K_{轮工}$ 称为蜗轮的传递系数。

由上述传动系统可知，滚刀的转速高于工作台的转速，因此传递系数愈大的传动元件对工作台转角误差的影响愈大。

推广而得：若传动链中第 j 个元件有转角误差 $\Delta\theta_j$ 时，则工作台产生的转角误差为：

$$\Delta\theta_{jn} = K_j \times \Delta\theta_j \tag{4.6}$$

式中，K_j 称为第 j 个元件的误差传递系数。

所以，传动链总误差应为：

$$\Delta\theta_\Sigma = \sum_{j=1}^n \Delta\theta_{jn} = \sum_{j=1}^n K_j \Delta\theta_j \tag{4.7}$$

值得注意的是：式（4.7）中的求和是向量和，因为转角误差是有方向的。目前均采用动态测试的方法和富氏级数分析方法研究传动链误差。

从（4.7）式可得出提高传动链精度的措施：

① 当 $K_j>1$，即升速传动，则误差被扩大；反之，则误差被缩小。

② 减少传动链中的元件数目，n 减少，即缩短传动链，可以减少误差来源。

③ 提高传动元件，特别是末端元件的制造精度和装配精度，可以减少传动链误差。

④ 减少末端传动副的传动比，有利于提高传动精度。

⑤ 消除传动副间存在的间隙可以使末端元件瞬时速度均匀，尤其可以改善反向运动的滞后现象，减少反向死区对运动精度的影响。

3. 调整误差

调整主要是指使刀具切削刃与工件定位基准间从切削开始到切削终了都保持正确的相对位置。主要包括机床调整、夹具调整、刀具调整等。由于调整不可能绝对准确，也就带来了一项原始误差，即调整误差。不同的调整方式，调整误差产生的原因不同。

（1）试切法加工的调整误差。单件小批量生产中广泛采用试切法调整，这种方法产生误差的原因有：度量误差，加工余量的影响和微进给误差。

① 加工余量的影响。粗加工试切时，由于余量比较大，试切余量小于切削余量，试切部分受力变形小，让刀小，不会产生打滑，所以粗加工所得尺寸比试切尺寸大。精加工试切时，试切的最后一刀，被吃刀量很小，容易产生刀具没有切入工件金属层而在其上打滑的现象。

② 度量误差。零件在加工时或加工后进行度量，总会产生度量误差，这实际上就会影响加工精度，因此，一定的加工精度应该采用相应的度量方法和度量仪器。造成度量误差的原因如下：

• 度量方法和度量仪器误差。任何测量仪器和测量方法都是有一定误差的，通常测量仪器和测量方法的误差约占被测零件公差的 10%～30%，对于高精度的零件可占 30%～50%。

• 测量力引起的变形误差。进行接触测量时，测量力使测量仪器本身或被测零件变形所造成的度量误差。

• 度量环境的影响。测量时环境的温度、洁净度都必须进行控制，精密测量应在恒温室及洁净室内进行。

- 读数误差。测量者的视角误差和主观读数误差。

③ 微进给误差。在试切最后一刀,对刀具(或砂轮)的径向进给进行进给调整时,由于进给机构的刚度及传动链间隙的影响,会产生爬行现象,使刀具实际的径向移动比手轮上转动的刻度数偏大或偏小,以致难于控制尺寸精度,造成加工误差。

(2)调整法加工的调整误差。在大批大量生产中广泛采用行程挡块、靠模、凸轮等机构控制刀具的轨迹和行程,批量生产中也大量使用对刀装置来调整刀具与工件的相对位置。这种情况下,这些装置和机构的制造精度和调整精度,以及与它们配合使用的离合器、电器开关和控制阀等的灵敏度就成了影响调整误差的主要因素。

4. 刀具的制造和安装误差

在调整法加工中,靠刀具的调整位置来保证零件的加工尺寸。在成形法加工中,即使刀具制造和刃磨都非常准确,但在机床的安装有误差时,也会影响加工表面的形状精度。对旋转体成形表面,成形刀具的准确安装是要求其成形刃口所在平面必须通过被加工工件的轴线。若成形刀具安装不准确,其刃口偏离了这个位置,加工出来的表面就会产生相应的形状误差。

5. 夹具精度和工件定位精度

在成批和大批大量生产中,被加工零件有关几何要素的位置精度是用夹具获得的。当夹具直接安装到机床上时,由于增加了夹具这个环节,故影响位置精度的因素除了机床的几何精度外,还与夹具的制造精度和安装精度有关。当夹具安装到机床上是采用调整安装时,则影响位置精度的主要因素转化为夹具的调整精度。工件在夹具的定位面上定位,工件定位基准面与夹具定位元件的定位面不可能完全重合,要产生定位误差。工件的定位基准面靠紧夹具定位元件的定位面并固定时,如果工件定位基准面较粗糙,硬度较低,压力过大,而使基准面的位置发生变动,从而带来加工误差。

6. 工艺系统受力变形造成的误差

工艺系统在完成对工件的加工过程中,始终受到切削力、惯性力、重力、夹紧力等外力的作用。力的作用使工艺系统产生变形,从而破坏了已调整好的刀具与工件之间的相对位置和机床预定的规律,使工件产生加工误差。

4.1.3　机械加工表面质量

机械加工表面质量是加工质量的重要组成部分。它对产品的工作性能和可靠性方面有很大影响,本节侧重讨论表面质量形成的原因及其影响因素。

1. 机械加工表面粗糙度及影响因素

(1)切削加工后的表面粗糙度:

① 切削加工表面粗糙度的形成。在切削加工表面上，垂直于切削速度方向的粗糙度不同于切削速度方向的粗糙度。一般来说前者较大，由几何因素和物理因素共同形成；后者主要由物理因素产生。此外，机床—刀具—工件工艺系统的振动也是形成表面粗糙度的重要因素。

a. 几何因素。在理想的切削条件下，刀具相对于工件做进给运动时，在工件表面上留下一定的残留面积。残留面积高度形成了理论粗糙度，其最大高度 R_{max} 可按下式计算：

$$刀尖圆弧半径为零时：R_{max} = \frac{f}{\cos \kappa_r + \cos \kappa_r'}；\tag{4.8}$$

$$刀尖圆弧半径为 r_\varepsilon 时：R_{max} = \frac{f^2}{8r_\varepsilon}。\tag{4.9}$$

式中　f——进给量，mm；

　　　κ_r——刀具主偏角，°；

　　　κ_r'——刀具副偏角，°。

b. 物理因素。切削加工后表面的实际粗糙度与理论粗糙度有较大的差别，这是由于存在着与被加工材料的性能及切削机理有关的物理因素的缘故。

• 切削脆性材料（如铸铁）时，产生崩碎切屑，这时切屑与加工表面的分界面很不规则，从而使表面粗糙度恶化，同时石墨由铸铁表面脱落产生痕迹，也影响表面粗糙度。

• 切削塑性材料时，刀具的刃口圆角及刀具后面的挤压和摩擦使金属产生塑性变形，导致理论残留面积的挤歪或沟纹加深，增大了表面粗糙度。

• 切削过程中出现的刀瘤与鳞刺，会使表面粗糙度严重恶化。在加工塑性材料时，是影响表面粗糙度的主要因素。

刀瘤是切削过程中切削底层与刀具前面冷焊的结果。刀瘤是不稳定的，它不断形成、长大、前端受冲击而崩碎。碎片黏附在切屑上被带走，或嵌在工件表面上，使表面粗糙度增大。刀瘤还会伸出切削刃之外，在加工表面上划出深浅和宽窄都不断变化的刀痕，使表面质量更加恶化。

鳞刺是已加工表面上产生的周期性的鳞片状毛刺。在较低及中高切削速度下，切削塑性材料时，常常出现鳞刺，它会使表面粗糙度等级降低 2～4 级。

② 影响切削加工表面粗糙度的因素：

• 工件材料。工件材料的力学性能中影响表面粗糙度的最大因素是塑性。韧性较大的塑性材料，加工后粗糙度大，而脆性材料的加工粗糙度比较接近理论粗糙度。对于同样的材料，晶粒组织愈是粗大，加工后的粗糙度也愈大。为减小加工后的表面粗糙度，常在切削加工前进行调质或正常化处理，以便得到均匀细密的晶粒组织和较高的硬度。

• 刀具几何形状、材料、刃磨质量。刀具的前角 γ_o 对切削加工中的塑性变形影响很大。γ_o 增大，塑性变形减小，粗糙度值也就减小。γ_o 为负值时，塑性变形增大，粗糙度值增大。

增大后角，可以减小刀具后面与加工表面间的摩擦，从而减小表面粗糙度。刃倾角 λ_s 影响着实际前角的大小，对表面粗糙度亦有影响。主偏角 κ_r 和副偏角 κ_r'、刀尖圆弧半径 r_ε 从几何因素方面影响着加工表面粗糙度。

刀具材料及刃磨质量对产生刀瘤、鳞刺等影响甚大，选择与工件摩擦系数小的刀具材料

（如金刚石）及提高刀刃的刃磨质量有助于降低表面粗糙度。此外，合理选择冷却液，提高冷却液润滑效果，也可以降低表面粗糙度。

• 切削用量。切削用量中对加工表面粗糙度影响最大的是切削速度 v。实践证明，v 越高，切削速度过程中切屑和加工表面的塑性变形程度就越小，粗糙度就越小。刀瘤和鳞刺都在较低的速度范围内产生。采用较高的切削速度能避免刀瘤和鳞刺对加工表面的不良影响。

（2）磨削加工后的表面粗糙度。磨削加工与切削加工有许多不同之处。从几何因素看，由于砂轮上磨削刃的形状和分布都不均匀、不规则，并随着磨削过程中砂轮的自砺而随时变化。定性地讨论可以认为：磨削加工表面是由砂轮上大量的磨粒刻画出无数的沟槽而形成的。单位面积上的刻痕数愈多，即通过单位面积的磨粒愈多，刻痕的等高性愈好，则粗糙度也就愈小。

从物理因素来看，磨削刀刃即磨粒，大多数具有很大的负前角，使磨削加工产生比切削加工大得多的塑性变形。磨削时金属材料沿磨粒的侧面流动形成沟槽的隆起现象增大了表面粗糙度。磨削热使表面层金属软化，更易塑性变形，从而进一步加大了表面粗糙度。

从上述两方面分析可知，影响磨削加工表面粗糙度的主要因素有：

① 磨削砂轮的影响。砂轮的参数中砂轮的粒度影响最大，粒度愈细，则砂轮工作表面的单位面积上磨粒数愈多，因而在工件表面上的刻痕也愈密，粗糙度愈小。

砂轮的硬度影响着砂轮的自砺能力。砂轮太硬，钝化后的磨粒不易脱落而继续参与切削，并与工件表面产生强烈的摩擦和挤压，从而加大了工件的塑性变形，使表面粗糙度急增。

此外，砂轮的磨料、结合剂与组织对磨削表面粗糙度都有影响，应根据加工情况进行合理的选择。

② 砂轮的修整。修整砂轮时切深与走刀量愈小，修出的砂轮愈光滑，磨削刃等高性愈好，磨出工件表面的粗糙度愈小。即使砂轮粒度大，经过细修整后在磨粒上车出微刃，也能加工出低粗糙度表面。

③ 砂轮速度。提高砂轮速度可以增加砂轮在工件单位面积上的刻痕。同时，提高磨削速度可以使每个刃口切除的金属量减小，即塑性变形量减少；还可以使塑性变形不能充分进行，从而使加工表面粗糙度减小。

④ 磨削深度与工件速度。增大磨削深度和工件速度将增加塑性变形程度，从而增大粗糙度。

实际磨削中，常在磨削开始时采用较大的磨削深度以提高生产效率，而在最后采用小的磨削深度或无进给磨削以降低粗糙度。

磨削加工中的其他因素，如工件材料的硬度及韧性，冷却液的选择与净化，轴向进给速度等都是不容忽视的重要因素，在实际生产中解决粗糙度问题时应给予综合考虑。

2. 机械加工表面物理机械性能变化

（1）加工表面的冷作硬化。加工表面的冷作硬化程度取决于产生塑性变形的力、速度及变形时的温度。切削力愈大，塑性变形愈大，因而硬化程度愈高。切削速度愈大，塑性变形愈不充分，硬化程度也就愈小。变形时的温度不仅影响塑性变形程度，还会影响塑性变形的回复，即当切削温度达到一定值时，已被拉长、扭曲、破碎的晶粒恢复到变形前的状态。回复过程中，冷作硬化现象逐渐消失。可见，切削过程中使工件产生变形及回复的因素对冷作硬化都有影响。

① 刀具的影响。刀具前角、刃口圆角半径和刀具后面的磨损量对冷作硬化影响较大。减小前角、增大刃口圆角半径和刀具后面的磨损量，冷硬层深度和硬度随之增大。

② 切削用量的影响。影响较大的是切削速度和进给量，切削速度增大，则硬化层深度和硬度都减小。这一方面是由于切削速度增加会使温度升高，有助于冷硬的回复；另一方面是由于切削速度增加后，刀具与工件接触时间短，使塑性变形程度减小。进给量增大时，切削力增大，塑性变形程度也增大，使硬化现象严重。但在进给量较小时，由于刀具刃口圆角对工件表面的挤压作用加大而使硬化现象增大。

（2）加工表面层的金相组织变化——热变质层。机械加工中，在工件的切削区域附近要产生一定的温升，当温度超过金相组织的相变临界温度时，金相组织将发生变化。对于切削加工而言，一般达不到这个温度，且切削热大部分被切屑带走。磨削加工中切削速度特别高，单位切削面积上的切削力是其他加工方法的数十倍，因而消耗的功率比切削加工大得多。所消耗的功率中大部又都转变为热量，而且 70% 以上的热量传给工件表面，使工件表面温度急剧升高。所以磨削加工中很容易产生加工表面金相组织的变化，在表面上形成热变质层。

现代测试手段测试结果表明，磨削时在砂轮磨削区磨削温度超过 1 000℃，磨削淬火钢时，在工件表面层上形成的瞬时高温将使金属产生以下两种金相组织变化：

① 如果磨削区温度超过马氏体转变温度（中碳钢约为 250～300℃），工件表面原来的马氏体组织将转化成回火屈氏体、索氏体等与回火组织相近似的组织，使表面层原来硬度低于磨削前的硬度，一般称为回火烧伤。

② 当磨削区温度超过淬火钢的相变温度（720℃）时，马氏体转变为奥氏体，又由于冷却液的急剧冷却，发生二次淬火现象，使表面出现二次淬火马氏体组织，硬度比磨削前的回火马氏体硬度高，一般称为二次淬火烧伤。

磨削时的瞬时高温作用会使表面呈现黄、褐、紫、青等烧伤氧化膜的颜色，从外观上展示出不同程度的烧伤。如果烧伤层很深，在无进给磨削中虽然可能将表面的氧化膜磨掉，但不一定能将烧伤全部磨除，所以不能从表面没有烧伤色来断言没有烧伤层存在。

磨削烧伤除改变了金相组织外，还会形成表面残余应力，导致磨削裂纹。因此，研究并控制烧伤有着重要的意义。烧伤与热的产生和传播有关，凡是影响热的产生和传导的因素，都是影响表面层金相组织变化的因素。

（3）加工表面层的残余应力：

① 表面层残余应力的产生。各种机械加工所得的零件表面层都残留有应力。应力的大小随深度而变化，其最外层的应力和表面层与基体材料的交界处（以下简称里层）的应力符号相反，并相互平衡。残余应力产生的原因可归纳为以下三个方面：

• 冷塑性变形的影响。切削加工时，在切削力的作用下，已加工表面层受拉应力作用产生塑性变形而伸长，表面积有增大的趋势，里层在表面层的牵动下也产生伸长的弹性变形。当切削力去除后，里层的弹性变形要恢复，但受到已产生塑性变形外层的限制而恢复不到原状，因而在表面层产生残余压应力，里层则为与之相平衡的残余拉应力。

• 热塑性变形的影响。当切削温度高时，表面层在切削热的作用下产生热膨胀，此时基体温度较低，表面层热膨胀受到基体的限制而产生热压缩应力。当表面层的应力大到超过材料的屈服极限时，则产生热塑性变形，即在压力作用下材料相对缩短。当切削过程结束后，表面温度下降到与基体温度一致，因为表面层已经产生了压缩塑性变形而缩短了，所以要拉着里层金属一起缩短，从而使里层产生残余压应力，表面层则产生残余拉应力。

• 金相组织变化的影响。切削时产生的高温会引起表面层金相组织的变化。由于不同的金相组织有不同的比重，表面层金相组织变化造成了体积的变化。表面层体积膨胀时，因为受到基体的限制而产生残余压应力。反之，表面层体积缩小，则产生残余拉应力。马氏体、珠光体、奥氏体的比重大致为：$\gamma_m \approx 7.75$，$\gamma_z \approx 7.78$，$\gamma_0 \approx 7.96$。磨削淬火钢时若表面层产生回火烧伤，马氏体转化为索氏体或屈氏体（这两种组织均为扩散度很高的珠光体），因体积缩小，表面层产生残余拉应力，里层产生残余压应力。若表面层产生二次淬火烧伤，则表面层产生二次淬火马氏体，其体积比里层的回火组织大，因而表面层产生残余压应力，里层产生残余拉应力。

② 机械加工后表面层的残余应力。机械加工后实际表面层上的残余应力是复杂的，是上述三方面原因综合作用的结果。在一定条件下，其中某一方面或两个方面的原因可能起主导作用。例如，在切削加工中如果切削温度不高，表面层中没有热塑性变形产生，而是以冷塑性变形为主，此时表面层中将产生残余压应力。切削温度较高，以致在表面层中产生热塑性变形时，热塑性变形产生的拉应力将与冷塑性变形产生的压应力相抵消一部分。当冷塑性变形占主导地位时，表面层产生残余压应力；当热塑性变形占主导地位时，表面层产生残余拉应力。磨削时因磨削温度较高，常以相变和热塑性变形产生的残余拉应力为主，所以表面层常带有残余拉应力。

③ 磨削裂纹。磨削加工一般是最终加工，磨削加工后表面残余拉应力比切削加工大，甚至会超过材料的强度极限而形成表面裂纹。

实验表明，磨削深度对残余应力的分布影响较大。减小磨削深度可以使表面层残余拉应力减小。

磨削热是产生残余拉应力而形成磨削裂纹的根本原因，防止裂纹产生的途径在于降低磨削热及改善散热条件。前面所提到的能控制金相组织变化的所有方法对防止磨削裂纹的产生都是有效的。

为了获得表面残余压应力、高精度、低粗糙度的最终加工表面，可以对加工表面进行喷丸、挤压、滚压等强化处理或采用精密加工或光整加工作为最终加工工序。

磨削裂纹的产生与材料及热处理工序有很大关系。硬质合金脆性大，抗拉强度低，导热性差，磨削时极易产生裂纹。含碳量高的淬火钢晶粒脆弱，磨削时也容易产生裂纹。淬火后如果存在残余应力，即使在正常磨削条件下出现裂纹的可能性也比较大。渗碳及氮化处理时如果工艺不当，会使表面层晶界面上析出脆性的碳化物、氮化物，在磨削热应力作用下容易沿晶界面发生脆性破坏而形成网状裂纹。

磨削裂纹对机器的性能和使用寿命影响极大，重要零件上的微观裂纹甚至是机器突发性破坏的诱因，应该在工艺上给予足够的重视。

4.2　工艺系统的刚度及受力变形

机械加工过程中机床、刀具、夹具、工件所组成的工艺系统并非纯粹刚体,在切削力、夹紧力、传动力、惯性力、重力等外力作用下,使工艺系统产生变形,从而破坏已调整好的刀具与工件之间的相对位置,产生加工误差。

4.2.1　概　述

工艺系统是各种零件和部件按不同连接方式或运动方式组合起来的总体,因此受其他力后的变形是复杂的,其中既有弹性变形,也有塑性变形、间隙和摩擦等问题。为了比较工艺系统抵抗变形的能力,就需要建立刚度概念。

在外力作用下,系统抵抗变形的能力,称为系统刚度 K。即指系统承受的作用力 F 与其新引起的位移(变形)Y 之比:

$$K = \frac{F}{Y} \quad (\text{N/mm})$$

机械加工中,工艺系统刚度的概念是指工艺系统抵抗变形的能力,即作用于工件加工表面的切削力与工件在切削力方向的位移(变形)之间的比值。

在零件加工过程中,工艺系统各部分在切削力作用下将在受力方向产生相应的变形。但从对零件加工精度的影响程度来看,则以在加工表面法线方向变形影响最大,因此工艺系统刚度 K_{st} 定义为:

$$K_{st} = \frac{F_p}{Y_{st}} \quad (\text{N/mm}) \tag{4.10}$$

式中　F_p——背向力;

　　　Y_{st}——在切削力、背向力、进给力共同作用下的法向变形。

由于 F_p 和 Y_{st} 是在静态条件下的力和变形,所以 K_{st} 又称工艺系统的静刚度。从动力学的观点出发,工艺系统是一个有一定质量、弹性和阻力的多自由度的振动系统,在干扰力的作用下会产生振动,振动情况与系统刚度有关。

由于工艺系统由一系列零件、部件按一定的连接方式组合而成,因此受力后的变形与单个物体受力后的变形不同。

在外力作用下,组成工艺系统的各个环节都要受力,各受力环节将产生不同程度的变形,这些变形又不同程度地影响到工艺系统的总变形。工艺系统的变形是各组成环节变形的综合结果。即工艺系统的变形应为机床有关部件、夹具、刀具和工件在总切削力作用下,使刀尖和加工表面法线在误差敏感方向产生相对位移的代数和,可以记为:

$$Y_{st} = Y_{jc} + Y_{jj} + Y_d + Y_g \tag{4.11}$$

式中　Y_{st}——工艺系统受力后 Y 方向的总位移;

Y_{jc}、Y_{jj}、Y_d、Y_g——机床、夹具、刀具、工件受力后 Y 方向的位移。

如果已知各组成部分的位移和在位移方向的受力 F_p，则可求出各部分的刚度分别为：

$$K_{jc} = \frac{F_p}{Y_{jc}} ; \qquad K_{jj} = \frac{F_p}{Y_{jj}} ; \qquad K_d = \frac{F_p}{Y_d} ; \qquad K_g = \frac{F_p}{Y_g}$$

故工艺系统的刚度为：

$$K_{st} = \frac{F_p}{Y_{st}} = \frac{F_p}{Y_{jc} + Y_{jj} + Y_d + Y_g} = \frac{1}{\dfrac{1}{K_{jc}} + \dfrac{1}{K_{jj}} + \dfrac{1}{K_d} + \dfrac{1}{K_g}} \qquad (4.12)$$

式中 K_{jc}、K_{jj}、K_d、K_g ——机床、夹具、刀具、工件的刚度。

1. 工件的刚度

可以把工件视为简单构件，用材料力学的公式做近似计算。

（1）棒料夹持在卡盘中时，按材料力学中的悬臂梁公式计算工件最远处刚度为：

$$K_g = \frac{F_p}{Y_g} = \frac{3EI}{L^3}$$

式中 L——棒料悬臂长度，mm；

　　　E——棒料弹性模量，N/mm^2，钢材 $E = 2 \times 10^5$（N/mm^2）；

　　　I——棒料截面惯性矩，$I = \dfrac{\pi d^4}{64}$（mm^4），d 为棒料直径（mm）。

则　　　　　　　　　$K_g = 3 \times 10^4 \dfrac{d^4}{L^3}$　（N/mm）

（2）两顶尖支承棒料时，按材料力学中的简支梁公式计算。若棒料两顶尖间距离为 L，则工件的刚度为：

$$K_g = \frac{48EI}{L^3}$$

2. 刀具的刚度

一般刀具在切削力作用下产生的变形对加工精度影响不大。但在镗孔时，由于镗杆悬伸很长，其次变形对加工精度的影响仍很严重。镗刀杆可以看成一悬臂梁，其刚度为：

$$K_d = \frac{3EI}{L^3}$$

3. 机床和夹具的刚度

机床和夹具都是由若干零件和部件组成，受力变形情况要复杂得多。因此，为确定机床的刚度，一般采用试验测定法。即在机床上模拟实际受力状态，做出受力变形曲线，再根据受力变形曲线进行分析计算。

4.2.2　工艺系统受力变形对加工精度的影响

在机械加工中，工艺系统的作用力除切削力之外，还有传动力、惯性力、夹紧力、重力等，其中切削力对加工精度影响最大。

1. 由于切削力作用点位置变化而对加工精度的影响

以在车床上用两顶针支承光轴车削为例，研究切削力对加工精度的影响。当车刀做纵向走刀运动时，切削力作用点随之移动。而车床、工件纵向各个位置上的刚度各不相同，系统的变形不一，从而车出的光轴在纵向各处直径尺寸不一致，存在几何形状误差。为了分析方便，假定在走刀过程中切削力不变，加工精度只受系统刚度变化的影响，而与背吃刀量、工件材料等其他因素无关；在分析机床刚度时，又假定工件为绝对刚体，如图 4.6 所示，在切削力作用下车床床头顶尖和尾架顶尖产生位移，当刀具作用在不同位置时，两顶尖的位移量也各不相同，并随切削力作用位置变化而改变。

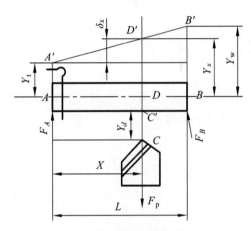

图 4.6 中，工件两支点的距离为 L，背向力 F_p 随刀具纵向切削而改变位置。当刀具作用点在距床头前顶尖 X 处时，通过工件作用在床头（含顶尖）部件和尾架（含后顶尖）部件的力分别为 F_A 和 F_B，刀架受力 F_p，从而使床头位置由 $A \to A'$、尾架位置由 $B \to B'$、刀架位置由 $C \to C'$，

图 4.6　工艺系统的位移随施力点位置变化的情况

其值分别为 Y_t、Y_w、Y_d。相应地使工件中心位置由 $AB \to A'B'$，在 X 处位移为 Y_x。因机床的床头刚度比尾架好，所以 $Y_t < Y_w$。在刀具作用点 C 处的总位移为：

$$Y_{jc} = Y_x + Y_d \qquad (4.13)$$

由图示可见：

$$Y_x = Y_t + \delta_x$$

$$\delta_x = (Y_w - Y_t) \times \frac{X}{L}$$

按刚度定义：

$$Y_t = \frac{F_A}{K_t}; \qquad Y_w = \frac{F_B}{K_w}; \qquad Y_d = \frac{F_Y}{K_d}$$

式中　K_t、K_w、K_d ——床头、尾架、刀架的刚度。

由理论力学可算出：

$$F_A = F_p \frac{L - X}{L}; \qquad F_B = F_p \frac{X}{L}$$

将各式代入式（4.13）得：

$$Y_{jc} = F_p\left[\frac{1}{K_d} + \frac{1}{K_t}\left(\frac{L-X}{L}\right)^2 + \frac{1}{K_w}\left(\frac{X}{L}\right)^2\right] \tag{4.14}$$

则机床的刚度为：

$$K_{jc} = \frac{F_p}{Y_{jc}} = \cfrac{1}{\cfrac{1}{K_d} + \cfrac{1}{K_t}\left(\cfrac{L-X}{L}\right)^2 + \cfrac{1}{K_w}\left(\cfrac{X}{L}\right)^2} \tag{4.15}$$

如前所述，顶尖装夹车削光轴可简化为简支梁，则距离前顶尖 X 处工件的变形为：

$$Y_g = \frac{F_g}{3EI} \times \frac{(L-X)^2 X^2}{L} \tag{4.16}$$

车削时 F_Y 引起的刀具变形甚微，可以忽略不计；切削力 F 的作用使刀具产生弯曲，使它相对于加工表面产生切向位移，因为不是在加工表面的误差敏感方向，所以也可以忽略不计。

因 Y_d 可忽略不计，Y_{jj} 即顶尖变形，已考虑在 Y_{jc} 中，可不计。将式（4.14）、（4.16）代入式（4.11）中得：

$$Y_{st} = Y_{jc} + Y_g = F_g\left[\frac{1}{K_d} + \frac{1}{K_t}\left(\frac{L-X}{L}\right)^2 + \frac{1}{K_w}\left(\frac{X}{L}\right)^2 + \frac{(L-X)^2 X^2}{3EIL}\right] \tag{4.17}$$

则

$$K_{st} = \frac{1}{K_d} + \frac{1}{K_t}\left(\frac{L-X}{L}\right)^2 + \frac{1}{K_w}\left(\frac{X}{L}\right)^2 + \frac{(L-X)^2 X^2}{3EIL} \tag{4.18}$$

从以上两式可知，工艺系统刚度沿工件轴线的各位置是变化的，因此各点的位移量也不相同，加工后横截面上的直径尺寸随 X 值变化而变化，即形成加工表面纵截面的几何形状误差。设 $F_g = 300$ N，$K_t = 6\,000$ N/mm，$K_w = 5\,000$ N/mm，$K_d = 40\,000$ N/mm，$L = 600$ mm，工件直径 $d = 50$ mm，$E = 2 \times 10^5$ N/mm^2，则沿工件长度方向工艺系统的变形量如表 4.1 所示。

表 4.1　工 艺 系 统 变 形 量

X L/mm	0 床头处	$\frac{1}{6}L$	$\frac{1}{3}L$	$\frac{1}{2}L$	$\frac{2}{3}L$	$\frac{5}{6}L$	L 床尾处
Y_{jc}	0.012 5	0.011 1	0.010 4	0.010 3	0.010 7	0.011 8	0.013 5
Y_g	0	0.006 5	0.016 6	0.021 0	0.016 6	0.006 5	0
Y_{st}	0.012 5	0.017 6	0.027 0	0.031 2	0.027 3	0.018 3	0.013 5

从表中可以看出，一般情况下，加工后的工件呈鼓形，最大的圆柱度误差为：

$$\Delta R_{max} = Y_{stmax} - Y_{stmin} = 0.031\,2 - 0.012\,5 = 0.018\,7 \quad (\text{mm})$$

当机床的刚度低而工件刚度较大时，若忽略工件的变形，则加工出的工件出现鞍形的圆柱度误差。

2. 切削力在加工过程中发生变化对加工精度的影响

切削加工中，由于毛坯本身的误差（几何形状和相互位置误差）将使背吃刀量处于不断变化状态，从而引起切削力的相应变化，使工艺系统产生相应的变形，因而会在工件表面保留与毛坯表面相类似的形状误差与位置误差。或由于工件余量或材料硬度不均，而引起切削力变化，使工艺系统受力变形发生变化，从而造成工件的尺寸误差和形状误差，这种现象称为误差复映。当然，加工后工件表面残留的误差比起毛坯表面的误差从数值上看，已大大减小了，误差复映规律可由图 4.7 所示实例加以说明。

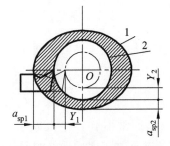

图 4.7　毛坯形状的误差复映

如图 4.7 所示，假设毛坯有椭圆度误差，毛坯轮廓曲线为 1，刀具调整到双点画线位置。在工件每转一转的过程中，背吃刀量将从最大值 a_{sp1} 减小到 a_{sp2}，然后又增加到 a_{sp1}。由于背吃刀量的变化，引起切削力的变化，从而使工艺系统的受力也产生相应的变化。设对应于 a_{sp1} 系统的变形为 Y_1，对应于 a_{sp2} 系统的变形为 Y_2，从而使加工出的工件形状仍存在着椭圆形的圆度误差，如图 4.7 中曲线 2 所示。按切削力计算公式：

$$F_p = C_{F_p} a_{sp}^{X_{F_p}} f^{Y_{F_p}}$$

式中　C_{F_p} ——与切削条件有关的系数；

　　　a_{sp} ——背吃刀量；

　　　f ——进给量；

　　　X_{F_p}、Y_{F_p} ——指数。

假设在一次走刀中，切削条件和进给量不变，即：

$$C_{F_p} \times f^{Y_{F_p}} = C$$

式中　C ——常数，在车削加工中 $X_{F_p} \approx 1$，所以：

$$F_p = C a_{sp}^{X_{F_p}} = C a_{sp}$$

当切削力有椭圆形圆度误差的毛坯时，最大和最小背吃刀量 a_{sp1} 和 a_{sp2} 产生的切削力分别为：

$$F_{p1} = C a_{sp1} \qquad F_{p2} = C a_{sp2}$$

由此引起的工艺系统受力变形为：

$$Y_1 = \frac{F_{p1}}{K_{st}} = \frac{C a_{sp1}}{K_{st}} \qquad Y_2 = \frac{F_{p2}}{K_{st}} = \frac{C a_{sp2}}{K_{st}}$$

则工件误差为：

$$\Delta_g = Y_1 - Y_2 = \frac{C}{K_{st}}(a_{sp1} - a_{sp2}) ;$$

又毛坯误差为：

$$\Delta_m = a_{sp1} - a_{sp2}$$

所以

$$\Delta_g = \frac{C}{K_{st}} \times \Delta_m \qquad (4.19)$$

定义加工后工件的某项误差值与毛坯的相应误差值之比为误差复映系数 ε，则有：

$$\varepsilon = \frac{\Delta_g}{\Delta_m} = \frac{C}{K_{st}} \qquad (4.20)$$

ε 值通常小于 1，它反映了毛坯误差在工件上的复映程度，说明工艺系统在受力变形这一因素影响下加工前后误差的变化关系，定量地表示了毛坯误差经加工后减少的程度。工艺系统刚性越高，ε 越小，毛坯误差在工件上的复映也就越小。当一次走刀工步不能满足精度要求时，则必须进行第二次、第三次走刀……若每次走刀工步的误差复映系数为 ε_1、ε_2、ε_3…

则总复映系数为：

$$\varepsilon = \varepsilon_1 \times \varepsilon_2 \times \varepsilon_3 \cdots$$

可见，经过几次走刀后，ε 会很小，工件的误差就会减小到工件公差许可的范围内。

通过以上分析，还可以把误差复映概念做如下推广：

（1）在工艺系统弹性变形条件下，毛坯的各种误差（圆度、圆柱度、同轴度、平直度误差等），都会由于余量不均而引起切削力变化，并以一定的复映系数复映成工件的加工误差。

（2）由于误差复映系数通常小于 1，多次加工后，减小很快，所以当工艺系统的刚度足够时，只有粗加工时用误差复映规律估算才有现实意义；在工艺系统刚度较低的场合，如镗一定深度的小直径孔、车细长轴和磨细长轴等，则误差复映现象比较明显，有时需要从实际反映的复映系数着手分析提高加工精度的途径。

（3）在大批大量生产中，一般采用调整法加工。即刀具调整到一定背吃刀量后，对同一批零件一次走刀加工到该工序所要求的尺寸。这时，毛坯的"尺寸分散"使每件毛坯的加工余量不等，而造成一批工件的"尺寸分散"。要使一批零件尺寸分散在公差范围内，必须控制毛坯的尺寸公差。

（4）毛坯材料硬度的不均匀将使切削力产生变化，引起工艺系统受力变形的变化，从而产生加工误差。而铸件和锻件在冷却过程中的不均匀是造成毛坯硬度不均匀的根源。

例　在车床上车削 $\phi 50 \times 200$ 的锻钢轴，材料 $\sigma_b = 75 \times 10^7$ Pa，刀具为 YT15 型硬质合金，主偏角 $\kappa_r = 45°$，前角 $\gamma_0 = 0°$，直径上的加工余量为 (4 ± 1) mm，背吃刀量 $a_{sp} = 2$ mm，进给量 $f = 0.3$ mm/r，切削速度 $v = 100$ m/mm。① 若选走刀次数为 1 次，工件径向截面几何形状精度要求为 0.008 mm，即考虑工件要求达到 h6，尺寸公差为 0.016 mm，取几何形状误差占尺寸公差的 50%，求算这时工艺系统的刚度要多少？② 若已知工艺系统刚度为 20 000 N/mm（主要指机床的刚度），问需要走刀几次才能达到 0.008 mm 的径向截面几何形状精度要求？

解

① 由 $\varepsilon = \frac{\Delta_g}{\Delta_m} = \frac{C}{K_{st}}$；$C = C_{Fp} \times f^{Y_{Fp}}$；$\Delta_g = 0.008$（mm）；$\Delta_m = 2$（mm）

由《切削用量手册》中可以查出 $C_{Fp} = 655.195$；$Y_{Fp} = 0.75$；$C = 655.195 \times 0.3^{0.75}$；$\varepsilon = \dfrac{0.008}{2}$。

则有：

$$K_{st} = \frac{C}{\varepsilon} = \frac{655.195 \times 0.3^{0.75}}{\dfrac{0.008}{2}} = 66\,397.5 \quad （\text{N/mm}）$$

可见车削工艺系统中很难有这样高的刚度，也就是不能一次走刀就达到这样高的几何形状精度。

② 由 $\varepsilon = \dfrac{\varDelta_g}{\varDelta_m} = \dfrac{0.008}{2} = 0.004$ ，可知总的误差复映系数应小于或等于 0.004。

设进行两次走刀，第二次走刀进给 $f_2 = 0.2$（mm/r），用了另一把车刀，$\lambda_2 = 0.5$，实际为两工步。

$$\varepsilon = \varepsilon_1 \times \varepsilon_2 = \frac{C_1}{K_{st1}} \times \frac{C_2}{K_{st2}}$$

$$C_1 = C_{Fp} \times f^{\,Y_{Fp1}} = 655.195 \times 0.3^{0.75} \qquad C_2 = C_{Fp} \times f^{\,Y_{Fp2}} = 655.195 \times 0.2^{0.75}$$

$$K_{st1} = K_{st2} = 20\,000 \quad （\text{N/mm}）$$

$$\varepsilon = \frac{655.195 \times 0.3^{0.75}}{20\,000} \times \frac{655.195 \times 0.2^{0.75}}{20\,000} = 0.013\,3 \times 0.014\,0 = 0.000\,2$$

可知两次走刀就可以达到精度要求。

3. 由于传动力而引起的误差

在车床、磨床上加工轴类零件时，往往用顶尖孔定位，通过装在主轴上的拨盘、传动销拨动装在左端的卡头使工件回转。拨盘上的传动销拨动装在工件上的卡头使工件回转的力称为传动力，在拨盘转动过程中，传动力与切削力 F_p 有时同向，有时反向，当然有时成某一角度，因为传动力的方向是变化的。当传动力与切削力方向相同时，切深将减小，切削力减小，但两者方向相反时，切深将增加，切削力就大。由于切削力不等，变形各异，因而引起加工误差。

4. 由于惯性力而引起的误差

工艺系统因旋转的零件不平衡而产生离心力，转速越高，离心力越大。在恒速转动时，其大小不变。但方向是变化的，有时与切削力同向，有时反向。同向时，减小了实际切深，切削力增大；反向时，增加了实际切深，切削力减小。从而造成在各个方向上工艺系统的变形程度不同，因此产生了加工误差。

5. 由于夹紧力引起的误差

对于刚度比较差的零件，在加工时由于夹紧力安排不当使零件产生弹性变形。加工后，卸下工件，这时弹性恢复，结果造成形状误差。例如：① 在车床或内圆磨床上，用三爪卡盘夹紧薄壁套筒零件来加工其内孔，夹紧后零件内孔变形成三棱形，内孔加工后成圆形，但松开后因弹性恢复，该孔便呈三棱形。② 在平面磨床上加工薄片零件，如薄垫圈、薄垫片等，由于零件本身原来有形状误差，当用电磁吸盘夹紧时，零件产生弹性变形，磨削后松开工件，弹性恢复，结果仍有形状误差。

6. 由于机床、工件自重引起的误差

在加工中，由于机床部件或工件产生移动，其重力作用点变化而产生的弹性变形，如大型立车、龙门铣床、龙门刨床等。其主轴箱或刀架在横梁上面移动时，由于主轴箱的重力使横梁的变形在不同位置是不同的，从而影响刀架成形运动的精确性，造成工件的形状误差和相对位置误差。

工件的自重也会导致自身的弹性变形，从而影响加工精度和相对位置精度。

7. 工件内应力的重新分布及对加工精度的影响

工件系统的受力变形总的来说可以分为两个方面，即内力与外力。

工件的内应力或残余应力。指零件在没有外加载荷的情况下，在加工后内部存在的应力。

工件在铸造、锻造及切削加工后，内部存在的各个内应力互相平衡，可以保持形状精度的暂时稳定，但只要外界的条件产生变化，例如环境温度的改变，继续进行切削加工，受到撞击等，内应力的暂时平衡会被打破而进行重新分布。这时工件将产生变形，甚至造成裂纹等现象，影响加工精度。因此在精密加工中，内应力是影响加工精度的一个隐患。零件内应力的重新分布，不仅影响其本身的精度，而且对装配精度有很大的影响。

4.3 工艺系统受热变形

在零件加工过程中，工艺系统因各种热的影响而产生变形，使原有的精度遭到破坏，引起加工误差。热变形的影响在大型精密零件加工中，由于热变形而引起的加工误差尤为明显。据统计，在精密加工中，由于热变形引起的误差约占总加工误差的 40% ~ 70%。在近代的自动化生产中，要想撇开热变形问题而保持机床的精度及传输系统的可靠运行，简直是不可能的。

4.3.1 工艺系统热变形的概述

在加工过程中，工艺系统有大量热的作用，形成一个复杂的热场，破坏了零件的形状、尺寸及相互位置，从而影响了加工精度。引起热变形的根源是工艺系统在加工过程中出现的各种"热源"。

引起工艺系统变形的热源，大致可分为两大类：内部热源和外部热源。前者来自切削过程本身，后者来自切削时的外部条件，其组成部分如下：

1. 内部热源

（1）切削热和磨削热。工件加工过程中，消耗于工件加工表面的弹塑性变形及刀具和工件、切屑之间摩擦的能量，绝大部分（99.5% 左右）转化为热能。切削热 Q 的大小与被加工材料的性质和切削用量及刀具的几何参数有关。

车削加工时，大量切削热被切屑带走，切削速度越高，切屑带走的热量越多，传给工件的热量越少，一般为总热量的 30% 左右，高速切削时可降低至 10% 以下；传给刀具的热量最少，一般在 5% 以下，高速切削时甚至在 1% 以下。

铣削加工和刨削加工时，传给工件的热量一般在总切削热的 30% 以下。

钻削加工和卧式镗孔时，因有大量切屑留在孔内，传给工件的热量就比车削加工时高，一般在 50% 以上。

磨削加工时，传给磨屑的热量较少，一般为 4%，传给砂轮的热量为 12% 左右，而 84% 的热量传入工件。由于很短时间内大量热传给工件，且热源面积又很小，故热量相当集中，以致磨削区温度可达 800 ~ 1 000℃。磨削热既影响加工精度也影响表面质量，造成局部磨削烧伤。

（2）运动摩擦热。机床内各运动副，如齿轮、溜板与导轨、丝杆与螺母、摩擦离合器等，这些运动件在做相对运动时，一部分摩擦力或摩擦力矩转化为摩擦热而形成热源。这些热源将导致机床零件、部件的温度升高。其温升程度由于距离热源位置的不同而有所不同，即使同一零件，其各部分的温升也可能不相同。因而机床各部分的热变形并不均匀。

动力源的能量消耗也部分地转化为热。如电动机、液压马达、液压系统、冷却系统工作时所发出的热，也同样形成热源。

2. 外部热源

（1）环境温度。主要指室温的变化和室温的均匀性。前者是指室温的高低，如一般的恒温室，温度保持在（20 ± 1）℃。后者是指在房间内的各个区域，包括不同高度的室温相差，这主要和采暖通风的方式有关。工艺系统周围环境的温度随气温及昼夜温度的变化而变化。局部室温差，室内不同高度的温度差，空气对流、热风、冷风等都使工艺系统温度发生变化，或各部分温度不一致，从而影响工件的加工精度。特别是在加工大型精密零件时影响更为明显，一个大型工件要经过几个昼夜的连续加工，由于昼夜温差的影响会使被加工表面产生形状误差及尺寸误差。

精密加工和精密机械的装配一般都在恒温室内进行，以避免环境温度的影响。

（2）辐射热。阳光、灯光、取暖设备和人体都会发出辐射热，由于对机床的辐射热经常是单面的或局部的，受到照射（或热辐射）的部分与未经照射的部分之间出现温差，这就导致机床产生变形。例如，在车间里的机床，由于阳光的直接照射，使机床各部受热不均而产生变形；大型零件受热辐射也会出现各点温升不均，从而产生凸凹变形、扭曲变形等。

3. 工艺系统的热平衡

机床、刀具和工件受到各种热源的影响时，其温度逐渐升高。与此同时，它们也通过各种方式向周围的零件或空间散发热量。当单位时间内传入的热量与其散出的热量趋于相等时，系统不再升温，则认为工艺系统达到了热平衡状态，系统温度便保持在一定的数值上，而其热变形也就相应地趋于稳定。

4.3.2　工艺系统热变形对加工精度的影响

由于组成工艺系统各个环节的结构、尺寸、材质及受热程度的不同，使各个环节的温升不同，产生的变形也不同。这样，使工艺系统各环节的相对位置发生变形，从而产生加工误差。

1. 机床的热变形对加工精度的影响

由于机床各部件尺寸不同、形状不同，它们达到热平衡所需时间也各不相同。当整台机床达到热平衡后，各部件相互位置便达到相对稳定。此时的几何精度称为热态几何精度。在机床达到热平衡之前，机床的几何精度是变化不定的，它对加工精度的影响也变化不定。

（1）机床的温升与热平衡。机床开动以后，温度逐渐升高。由于各部件的热源不同，尺寸不一，因此不仅各部件的温升不同，而且各部件本身各处的温升也都不相同，致使机床各部件的相互位置发生变化，机床出厂时的静态几何精度遭到了丧失。

当机床各部件的热源发热量在单位时间内基本不变时，机床在运行一段时间之后传入各部件的热量与由各部件散失的热量相等或接近时，各部件的温度便停止上升而达到热平衡状态，各部件的热变形也就停止。

由于机床各部件的尺寸差异较大，它们达到热平衡所需的时间因而并不相同。热容量越大的部件所需的热平衡时间越长。机床的床身、立柱、横梁等大型零件所需的时间一般要比主轴箱所需的时间长。当整个机床达到热平衡后，机床各部件的位置便相对稳定。此时，它的几何精度就称为动态几何精度。在机床达到热平衡状态之前，机床的几何精度变化不定，它对加工精度的影响也变化不定。因此，精密加工常在机床达到热平衡状态之后进行。

对于磨床和其他精加工机床，引起其热变形的热量主要是机床空运转时发出的热量，切削热比重小。因此，机床空运转的热平衡时间及其所达到的动态几何精度，便成为衡量精加工机床质量的主要指标。

机床各部件由于体积都比较大，因此其温升一般不大。车床主轴箱的最大温升（即最热部位的温升）一般不大于 60℃，磨床温升一般不大于 15～25℃，车床床身与主轴箱接合处的温升一般不大于 20℃，磨床床身的温升一般在 10℃ 以下，其他精密机床部件的温升还要低得多。

一般机床如车床、磨床，其空转的热平衡时间为 4～6 h，中、小型精密机床经过不断改进之后其空转热平衡时间已控制到 1～2 h，如 Sip-2P 坐标镗床在空转 2 h 之后即达到热平衡状态。但大型精密机床的大部件热容量较大，虽经努力其热平衡时间仍然较长，如 Sip—8P 坐标镗床的热平衡时间需要 12 h，尽管它的温升仅为 1℃ 左右。英国国家标准规定，A 级大型滚齿机的温升应控制在 1.1℃ 以内，并需在空转 40 h 后才能进行切齿和校正。这是由于在该机床上加工的 A 级汽轮机减速齿轮的线速度大（大于 50 m/s），加工精度要求高，而大型机床部件的尺寸大、温差低、导热慢、热平衡时间长的缘故。

（2）车、铣、镗床类机床的热变形。车床的主要热源是床头箱的发热，它能使箱体和床发生变形和翘曲，从而造成主轴的位移和倾斜，如图 4.8 所示。主轴在垂直面内的热位移一般比水平面大得多。例如，一普通车床空转温升和热位移试验表明：主轴水平方向热位移在 10 μm 以下，而垂直方向则高达 180～200 μm。在普通车床上，刀具通常安装在水平方向，主轴在垂直面内的热位移对工件精度影响不大。但对精密车床，则应给予充分注意。

铣、镗床的主轴箱是主要热源，它除使箱体变形外，还会使立柱弯曲或倾斜如图 4.9 所示，从而使铣削后的平面与基面之间出现平行度误差。立式单柱镗床与立铣床相似，同样会导致所镗孔的轴线与基面之间的垂直度误差。

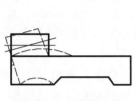 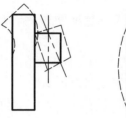 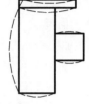

　　图 4.8　车床的热变形　　　　　　图 4.9　铣床的热变形

（3）磨床的热变形。磨床一般都是液压传动并具有高速磨头，因此其主要热源是砂轮轴轴承和液压系统的发热。砂轮轴轴承的热位移使主轴升高并使砂轮架向工件趋近，这将引起工件的直径误差。如主轴前后轴承温升不同砂轮轴会出现倾斜。液压系统的发热使床身各处温升不一致，导致床身弯曲和前倾。

外圆磨床的热变形会使砂轮轴线和工件轴线之间的距离缩短，并可能产生平行度误差。例如，某外圆磨床空转 5 h 后，两轴间距缩小 27～28 μm。对于纵磨加工，它不仅影响加工直径还可能产生圆柱度误差。

无心磨床的液压油温升和砂轮轴承发热会使两砂轮轴间距增大，有的机床增大量达 0.044 mm，从而使工件直径尺寸增大。

双端面磨床的冷却液喷向床身中部，使局部受热而产生中凸变形，致使两砂轮轴线倾斜，从而影响工件厚度及两端面的平行度。

平面磨床的热变形与双端面磨床相似，将产生工件的厚度尺寸及两端面平行度误差。

导轨磨床由于车间室温上高下低，特别是室温高于地面温度较多时，床身中凸相当明显，这将影响工件导轨面的平面度与直线度。

（4）大型机床的热变形。龙门刨、龙门铣、立式车床等大型机床，除了因导轨摩擦发热引起机床变形外，车间温度变化是一个必须重视的因素。车间室温一般上部高、下部低，大型立式机床立柱上下温差亦很大，由此引起的热变形也不可低估。

（5）减少机床热变形的措施。机床热变形的减少可以从结构设计和工艺两个方面来考虑，具体措施如下：

① 使机床的热变形方向尽量不要在误差敏感方向。

② 减少零件变形部分的长度。

③ 采用热对称结构。

④ 采用热补偿结构。

⑤ 采取隔热措施。

⑥ 机床达到热平衡后再进行加工。

⑦ 精密机床在恒温室内工作。

⑧ 充分冷却，冷却液保持恒温。

⑨ 机床连续运转工作。

在采取减少机床热变形的措施时，应根据机床的具体情况来决定，机床可分为现有机床和新设计机床两个方面，对机床的这两个方面分别采取减少热变形的措施如下：

对现有机床采取的工艺措施：

① 开始精加工之前，先让机床空转一段时间，待机床达到或接近于热平衡状态后再进行加工。在精密磨削时常采用这种方法，有时采用比工作速度更高的速度空转以迅速预热机床而缩短空转的时间。

② 当顺序加工一批零件时，间断时间内不要停车或尽量减少停车时间，以免破坏机床的热平衡，使调整好的位置尽量保持不变。

③ 对加工中心机床等具有二坐标、三坐标精度要求的机床，在加工中采用冷冻机来强制冷却，以便使加工区域保持一定的温度。但需注意，冷冻机应置于离机床较远处并采取隔热措施，以减少其本身发热对机床的影响。

④ 严格控制切屑用量以减少工件的发热。如坐标镗床的背吃刀量和进给量分别不要超过 0.5 ~ 1 mm 和 0.05 ~ 0.07 mm/r，并将粗、精加工分开，待工件冷却后再进行精加工。

⑤ 把精密机床安装于恒温室内，以减少环境温度变化对加工精度的影响。如无恒温设备，精密加工宜在夜间进行（20：00 ~ 次晨 6：00 之间），此时环境温度的变化较小。不装在恒温车间内的大型机床（如龙门刨床、龙门铣床和导轨磨床）宜根据季节温差的变化，调节底脚螺钉的压力，给机床床身以反方向的变形。夏天车间温度高于地面温度，床身易呈中凸，宜在机床床身中部加压（将中部的底脚螺钉收紧一些），使其略呈中凹；冬天则相反，将两端的底脚螺钉收紧一些，使床身的中标微凸，以补偿温度变形的影响。

对新设计机床采取的结构措施：

① 减少热源发热量的影响。这是一个治本的办法，没有发热即没有热变形。但在加工中发热是不可避免的，然而采取一些有效措施之后，发热量还是可以减少的。

在精密加工中，机床空转的发热量是机床部件变形的主要原因，而主轴轴承的发热又占据着主要的地位。因此改善轴承的润滑条件，便成为减少主轴箱发热的主要手段。如用低黏度的润滑油、锂基润滑脂或用油雾润滑，均为减少主轴轴承发热的常用方法。在传动轴上采用小直径滚动轴承可以减少它的发热量。提高齿轮传动精度（如采用磨削齿轮，提高轴孔的位置精度及改善装配质量）并配以油雾润滑（使传动表面之间产生薄油膜，以减少润滑油的发热）从而减少传动副的发热等。

此外把热源移到适当位置，如将立式机床的主电动机置于主轴箱的顶部（易于通风散热）或把液压系统（特别是溢流阀）置于床身的外部，都可以减少主轴箱、床身的发热。

② 采用风冷散热装置。用风冷减少安装于机床内部的电动机和变速系统的发热量是一种常用的方法。

③ 均匀机床零部件的温升。采用机床发出的热量预热重要部件温升较低的部位，以均匀机床零部件的温升。当机床零部件的温升均匀时，其变形量的减小显而易见。在设计时尽

量使机床的主要零部件温度均匀，以使机床本身呈现热稳定的状态。这样，就可以把机床置于一般车间之内而无需使用昂贵的恒温车间。

④ 注意结构的对称性。在主轴箱的内部结构中，注意传动元件（轴、轴承及传动齿轮等）安放的对称性可以均衡箱壁的温升从而减少其变形，如铣床立柱及升降台内部的传动元件的安排就应力求对称。此外，大件结构也应对称，如双立柱结构在加工中心机床上的应用。

以上只是择要进行讨论，其他的措施还很多，应用时必须根据具体情况决定。

2. 工件热变形对加工精度的影响

在加工过程中，工件受切削、磨削热的影响一般是不均匀的。例如，在车削过程中，靠近切削点处温度最高，但与大件（如床身）的刨削（或磨削）加工相比，其受热情况要均匀得多。后者在整个加工过程中工件温度始终单面受热。为便于分析，将车削或磨削内、外圆时的工件作为均匀受热看待，而把刨削、铣削和平面磨削时的工件作为不均匀受热看待。

（1）长圆柱体类工件加工时的热变形。在假定工件切削受热均匀，工件温度均匀的条件下，其加工终了时的长度尺寸变化为：

$$\Delta L = \alpha L(t_2 - t_1) = \alpha L \Delta t \tag{4.21}$$

式中　L——工件的原长；

　　　α——工件材料热膨胀系数；

　　　t_1、t_2——切削开始、终了温度。

一般来讲，轴类零件的直径尺寸要求较为严格。加工过程中工件温度逐渐上升，直径随之增大，加工终了时直径的增大量为最大。但此增大量被切除，因此工件冷却后将出现倒锥（前大后小）。为使工件达到较高的形状精度，粗加工后经冷却再进行精加工是十分必要的。

工件受热后的轴向伸长，有时对工件精度并不产生影响。但当工件在两顶尖加工时，工件受热伸长导致两顶尖产生轴向力，当轴向力大于压杆稳定条件所允许的压力时，将使工件产生弯曲。这时工件的热变形对加工精度的影响会明显增大，细长轴在受轴向热变形应力之后相当于不稳定的压杆，再受切削力作用，有可能导致切削的不稳定。因此，使用刀架和弹性尾座顶尖，并改变车刀几何角度，减小切削用量是必要的。

在精密丝杠加工中，工件的受热伸长会引起螺距累积误差。根据实验，一般螺纹磨削时工件温度平均高出室温 3.5℃ 左右，并高于机床母丝杠的温度。如果母丝杠与工件丝杠温差为 1℃，400 mm 长的工件将出现 4.4 μm 的螺距累积误差，而 5 级精密丝杠的允许误差仅为 5 μm。可见控制切削热之重要。

（2）板类工件单面加工的热变形。薄板零件（如摩擦离合器等）和大型平板零件的加工热变形基本相似。如图 4.10（a）所示，在磨削长 L、厚 H 的板类工件时，工件单面受热，上、下两面温差 Δt 导致工件上凸弯曲变形，从而造成加工后冷却表现出上凹，其热变形挠度 f 可做如下近似计算：

如图 4.10（b）所示，由于中心角 θ 很小，故中性层的弦长可近似为原长 L，于是

$$f = \frac{1}{2} L \sin \frac{\theta}{4} \approx \frac{L\theta}{8}$$

做 $AE /\!/ CD$，BE 可近似等于 L 的伸长量 ΔL，则：

$$BE \approx \Delta L = \alpha \Delta t L$$

$$\theta = \frac{BE}{AB} \approx \frac{\alpha \Delta t L}{H}$$

$$f = \frac{L\theta}{8} \approx \frac{\alpha \Delta t L^2}{8}$$

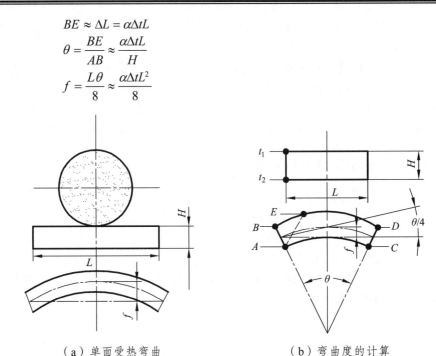

（a）单面受热弯曲　　　　　　　（b）弯曲度的计算

图 4.10　板类零件磨削时的热变形计算

可以看出，虽然热变形随挠度 f 和温差 Δt 增大而急剧增大，但式中 L、H、α 均为定值，故欲控制热变形量 f 就必须减少温差 Δt，即减少热的传入。

此外，精密孔的钻、扩、绞、镗削加工，用尺寸调整法的精密轴类零件的自动化磨削加工等都是切削热较大、变形较大的加工。另外对于铜、铅等有色金属材料，它们的热变形系数比钢大得多，热变形尤为显著，均应采取措施减小影响。

3. 刀具热变形对加工精度的影响

在切削过程中，虽然传入刀具的热量占总热量的百分比很小，但由于刀具的体积小、热容量小，故仍有相当程度的温升。特别是悬伸出来的刀体部分，温升可能非常高，从而引起刀具热伸长较大，产生加工误差，故其热变形对加工精度的影响有时是不可忽视的。

例如，用高速钢车刀切削时，刀刃部分温升可达 700～800℃，刀具伸长量可达 0.03～0.05 mm。

在车削长轴或立车上加工大端面时，刀具连续长时间工作，车刀的热伸长量与切削时间的关系曲线如图 4.11 曲线所示。图中曲线 A 是车刀连续切削时的热伸长曲线，在切削开始时车刀热伸长增长较快，随后趋于缓和，最后达到热平衡状态。其热伸长量 ξ 的计算公式如下：

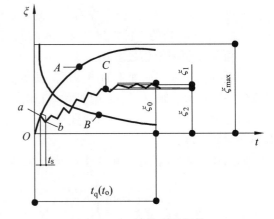

图 4.11　刀具热变形规律

$$\xi = \xi_{\max}\left(1 - e^{-\frac{t}{t_c}}\right)$$

式中　$\xi_{\max}$——车刀达到热平衡时的热伸长量，μm；

　　　t——切削时间，s；

　　　t_c——时间常数，s，它与刀具质量、比热、截面积及散热系数有关。根据试验，$t_c = 180 \sim 360$ s，计算时一般取 $t_c = 180 \sim 240$ s。

刀具达到热平衡的时间 t_q 在连续切削时为 $t_q = 4 t_c$，此时刀具的热伸长为 $\xi = 0.98 \xi_{\max}$。加工大型工件或连续切削时间大于或接近 $4 t_c$ 时，刀具热变形对加工精度的影响可以通过上述公式或用实验绘制的图形进行估算。

当切削停止后，刀具的冷却过程如图 4.11 中曲线 B 所示，其变化规律为：

$$\xi = \xi_{\max} e^{-\frac{t}{t_c}}$$

式中　t_c——冷却时间常数，s。

当加工一批短小轴类工件时，刀具工作时间是间断的，其热伸长曲线如图 4.11 中曲线 C 所示。在一个工件车削时间 t_w 内，刀具由 O 伸长到 a，在工件装卸时间 t_s 内，刀具伸长量由 a 减到 b，一般不回到 O。以后加工依次进行，刀具温升时上时下，其伸长或冷缩交替进行，而总趋势是逐渐伸长而趋于热平衡状态。达到热平衡时间为 t_0，$t_0 < t_q$。在 t_0 前后，每加工一个零件，刀具热伸长量为 ξ_1，而总伸长量 $\xi_0 = \xi_1 + \xi_2 < \xi_{\max}$。

若在调整好的机床上加工一批零件，由于刀具热伸长较快，它们直径尺寸的变化以及锥度都较大。在刀具达到热平衡后，其长度基本稳定，仅有微小的变动（ξ_1）。因此，此后加工的零件，尺寸基本不变，锥度也较小（因 ξ_1 较小）。总的来讲，在调整好的机床（如六角车床，自动、半自动车床）上加工一批小零件时，刀具热伸长对每一个零件的影响是不显著的，这与连续加工长轴的情况有着明显的不同。在长轴加工中，刀具逐渐伸长，工件逐渐出现锥度（尾座处的直径比头架附近的直径为大），直至 $t_q = 4 t_c$ 时，工件直径才开始稳定下来。而对于小件成批加工，刀具的热伸长主要影响前后加工的各工件的尺寸不一致，对工件形状精度的影响较小。

我们这里只谈了刀具热伸长对工件尺寸的影响。然而，工件的尺寸和形状精度还受到机床—工件—刀具工艺系统的受力变形、受热变形及刀具磨损等因素的综合影响。故其他因素及其综合影响都必须注意。

我们通过分析刀具磨损与刀具热伸长对加工精度的综合影响，来说明机床—工件—刀具组成的工艺系统的受力变形、受热变形及刀具磨损等因素的综合影响。刀具磨损后，刀尖离工件定位基准点（线或面）的距离增大，加工后工件尺寸也相应增大。而刀具受热伸长后，刀尖离工件定位基准点（线或面）的距离减小，加工后工件尺寸相应减小。由此看来，刀具磨损对加工精度的影响与刀具热伸长对加工精度的影响刚好相反。这就出现一个问题，刀具磨损与刀具热伸长是否可以相互补偿呢？这需要根据具体情况进行分析才行。

对于短零件的成批加工（调整法加工），在开始加工几个零件时，由于刀具处于初期磨损阶段而磨损迅速，刀具热伸长也很快，两者有较大的补偿作用。但刀具达到热平衡后就不再伸长，此时刀具也进入正常磨损阶段，刀具尺寸均匀而缓慢地磨损，使工件的尺寸也做相应的缓慢变大。此时，刀具的磨损起着主要作用。等到刀具磨损接近或进入磨钝阶段时，工件就会出现较大的误差，就需要进行刀具的重磨合机床的重新调整。

对于中等长度（其加工时间在 3～6 min 之间）的零件，由于刀具热伸长始终大于刀具磨损，加工后的工件将产生锥度。此时刀具的热伸长将占主要地位。如果不考虑对起初几个零件起作用的刀具的初期磨损，则刀具磨损的影响将微不足道。由于刀具初期磨损的形成原因是刃磨后的表面粗糙度，因此，在精加工中，常常精研刃口的前后面以消除初期磨损。

对于细长零件的精加工，如刀具材料和刃口的刃磨质量良好，则刀具的磨损就可控制得很小，而车刀的热伸长仍将起着主导作用。

4.4　影响零件加工精度与使用性能的其他因素

4.4.1　工艺系统磨损的影响

工艺系统各部分有关表面之间，由于存在着相互作用力和相对运动，经过一段时间运行之后就不可避免地要产生磨损。无论是机床，还是夹具、量具和刀具，有了磨损就会影响工艺系统的原有精度。

机床经过长期使用，由于有关部件结构、工作条件和维护情况等方面的不同，而在有相对运动的表面上产生不同程度的磨损。将会影响机床的主轴、工作台（拖板）两大系统的运动精度及它们之间的位置关系和速度关系精度，从而造成被加工零件的各种加工误差。例如，当机床主轴轴承产生较大磨损时，使主轴回转精度下降。对车床主轴而言，将影响被加工零件横截面的形状精度。当机床导轨产生不均匀磨损时，将破坏移动部件的运动直线性及其与主轴回转轴线的位置精度。对车床来说将产生工件纵截面的形状误差。当机床内传动链中传动的齿轮、丝杠螺母或蜗杆蜗轮副有过大的磨损时，将引起成形运动速度关系精度下降。对车床来说，它将使被加工螺纹产生大的螺旋线误差。总之，机床的磨损破坏了原有的成形运动精度，从而造成工件的形状和位置误差。

夹具和量具经过长期使用后，有关零件也会磨损，从而影响工件的定位精度和测量精度，例如，当夹具定位元件产生较大的磨损后，将造成加工表面与工件基准面之间的位置误差。量具磨损后失准，而影响工件尺寸精度是显而易见的。

在工艺系统中，刀具或磨具的磨损速度最快，因而产生的加工误差也最为显著，甚至有时在加工一个工件的过程中就可能出现磨损过大，这在尺寸大的工件精加工中表现得更为突出。刀具磨损和刀具热伸长一样，同样会产生工件的形状误差和尺寸误差。但磨损方向与热伸长方向相反，产生误差的趋势也与热伸长引起的误差趋势相反。

4.4.2　工艺系统残余应力的影响

1. 残余应力的概念及其特点

零件在没有外加载荷的情况下，其内部仍存在的应力称之为残余应力。这种残余应力的特点是始终要求处于相互平衡的状态,且在外观上没有什么表现,只有当它大到超过材料的强度极限时才会出现裂纹。

零件内部的残余应力,往往开始时处于平衡状态。当切削加工切去了一部分应力层或在切削力的作用下由于冷作硬化等原因而产生了新的应力层时,将会进行残余应力的重新分配,以达到新的平衡,而在重新平衡过程的同时零件也产生了相应的变形。即使在无切削的情况下,残余应力也会受到周围其他因素的影响而逐渐消失,并引起零件相应变形。例如,一些零件加工后放了一段时间就出现了变形;一些机器产品装配检验时是合格的,但出厂后不久使用一个时期后发现精度有明显下降等,这些大多与零件内部的残余应力有关。

2. 残余应力产生的原因及对精度的影响

在毛坯制造过程中,若毛坯各部分冷却的速度不均,且又相互受到牵制时,则会产生残余应力。如图 4.12 所示,毛坯具有厚薄不一致的三部分Ⅰ、Ⅱ、Ⅲ,其中部分Ⅰ与部分Ⅲ相等。一般情况下,在 620℃ 以上时工件在砂箱内冷却,各部分同步冷却;当进入 620℃ 以下弹性状态时,是在箱外冷却,这时部分Ⅱ冷却快而收缩快,但部分Ⅰ、Ⅲ冷却慢且收缩慢。这样,薄壁部分Ⅱ受拉而产生拉应力,厚壁部分Ⅰ、Ⅲ则受压而产生压应力。其拉、压变形量分别为 δ_1、δ_2,内部残余应力分别为:

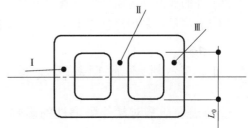

图 4.12　铸件残余应力

$$\sigma_1 = \sigma_3 = E\frac{\delta_1}{L_0} \quad (压) \tag{4.22}$$

$$\sigma_2 = E\frac{\delta_2}{L_0} \quad (拉) \tag{4.23}$$

其大小与材料弹性模量 E 成正比,并随其增大而增大。例如,铸钢件的残余应力比铸铁件高 1 倍左右。

在机械加工过程中,工件表面层的塑性变形也会产生残余应力。对切削加工来说,几乎各种加工方法都会引起工件残余应力的产生。例如,在对工件进行粗加工时,切削加工后的表面产生了塑性变形,其表面层长度将趋向缩短,但表面层以下的其他部分限制表面层的收缩,从而产生残余应力。当取下工件时,由于残余应力而使刚度较低的工件产生相应的变形。

在磨削加工中,由于磨削时的局部高热也会引起工件的局部塑性变形,冷却后产生残余应力和工件相应的变形。一般在平面磨床上磨削薄板零件,大都会产生弯曲变形,其原因就在于此。

3. 减少或消除残余应力的方法

（1）进行时效处理。毛坯在进行铸造、锻造、焊接等后,零件在进行粗加工时都要进行时效处理。时效可分为自然时效、人工时效及振动时效。

自然时效就是把毛坯或工件放在露天下，长期搁置，经过夏热冬寒，日暖夜凉的反复作用，残余应力将逐渐消除。这种方法一般要半年至五年时间，且造成再制品和资金的积压，但效果很好。

人工时效是进行热处理，又分高温时效和低温时效，前者是将工件加热到 $500 \sim 680°C$，保温炉冷却至 $200 \sim 300°C$ 出炉，又称去应力退火、低温退火及高温回火。低温时效是加热到 $100 \sim 160°C$，保温几十小时出炉，低温时效效果好，但时间长。

振动时效是工件受到激振器的敲击，或工件在大滚筒中回转互相撞击，一般振动 $30 \sim 50 \text{ min}$ 即可消除残余应力。这种方法可节省能源，对于大小零件都适用，但有噪音污染。

（2）铸、锻件设计时，在结构上应尽量考虑壁厚均匀，不要相差过大。

（3）零件的结构上应考虑刚度问题。

（4）机械加工时应注意减小切削力，如减小切削余量，减小背吃刀量进行多次走刀，以避免工件的变形。运输过程、储存中都应避免工件变形。

（5）尽量不采用冷校直工序，对于精密零件，严禁进行冷校直。

4.4.3 机械加工表面质量对零件使用性能的影响

1. 表面质量对零件耐磨性的影响

（1）表面粗糙度及波度对耐磨性的影响。零件的磨损过程分为三个阶段：初期磨损阶段，磨损比较显著，也称跑合阶段；正常磨损阶段，磨损缓慢，也是零件的正常工作阶段。急剧磨损阶段，磨损突然加剧，致使工件不能继续正常工作。零件表面粗糙度对零件初期磨损的影响为：当零件摩擦副表面粗糙度较小时，金属的亲和力增加，不易形成润滑油膜，从而使磨损增加。而当零件摩擦副表面粗糙度较大时，使实际接触面积减小，单位面积压力加大，也不易形成润滑油膜，同样使磨损加剧。在一定条件下，零件摩擦副表面有一个最佳粗糙度值，最佳粗糙度的值与工作条件有关，在 $0.32 \sim 1.2 \text{ μm}$ 的范围。

（2）表面物理机械性能对耐磨性的影响。表面冷作硬化一般能提高零件的耐磨性，原因是冷作硬化提高了表面层的强度，减低了摩擦副进一步的塑性变形和咬焊的可能。但过度的冷作硬化会使金属组织疏松，甚至出现裂纹和剥落现象，降低耐磨性。表面层金相组织的变化改变了原有的金相组织，从而改变了原来的硬度，直接影响零件的耐磨性。

2. 表面质量对零件疲劳强度的影响

（1）表面粗糙度对零件疲劳强度的影响。零件表面的粗糙度、划痕和裂纹等缺陷容易引起应力集中，形成疲劳裂纹并扩展之，从而降低了疲劳强度。

（2）表面层物理机械性能对疲劳强度的影响。表面残余应力的性质和大小对疲劳强度的影响极大。当表面层具有残余压应力时，可以抵消部分交变载荷引起的拉应力，延缓疲劳裂纹的扩展，因而提高了零件的疲劳强度。而残余拉应力容易使加工表面产生裂纹，使疲劳强度降低。带有不同残余应力的同样零件，疲劳寿命可相差数倍至数十倍。为此，生产中常用一些表面强化的加工方法，如滚压、挤压、喷丸等，既提高了零件表面的强度和硬度，又使零件表面产生残余压应力，从而提高疲劳强度。磨削烧伤会降低疲劳强度，其原因是烧伤后，表面层的硬度、强度都将下降。如果出现烧伤裂纹，疲劳强度的降低更为明显。

3. 表面质量对配合精度的影响

表面粗糙度对配合精度的影响很大。对于间隙配合表面，如果粗糙度过大，初期磨损就比较严重，从而使间隙增大，降低配合精度和间隙配合的稳定性。对于过盈配合表面，轴压入孔内时表面粗糙度的部分凸峰会挤平，使实际过盈量减小，影响了过盈配合的联结强度和可靠性。

4. 表面质量对零件耐腐蚀性的影响

当零件在潮湿的空气中或腐蚀性的介质中工作时，会发生化学腐蚀和电化学腐蚀。前者是由于在粗糙表面凹谷处积聚腐蚀介质而产生；后者是两种不同金属材料的表面相接触时，在表面粗糙度顶峰间产生的化学作用而被腐蚀掉，降低表面粗糙度可以提高零件的抗腐蚀性。

5. 其他影响

表面质量对零件的使用性能还有一些其他影响，如对密封性能、零件的接触刚度、滑动表面间的摩擦系数等。

影响零件加工精度与使用性能的因素很多，其性质和程度各不相同，在实际生产中应认真加以分析，找出主要因素，才能采取相应措施，予以消除或补偿。

习题与思考题

1. 在车床的使用过程中，当出现主轴前锥孔或三爪卡盘卡爪定心表面的径向跳动过大时，常在刀架上安装内圆磨头进行修磨加工。修磨后仍在修磨方位放置千分表测量，如题图 4.1 所示，结果其径向跳动确实大量下降。试分析修磨后的车床主轴回转精度能否提高？为什么？

2. 在卧式镗床上对箱体零件进行镗孔加工，试分析当采用刚性镗杆或采用浮动镗杆与镗模夹具加工时，影响镗杆回转精度的主要因素。

3. 当采用一次安装法获得加工表面之间的位置精度时，试分析在下述各种加工工序中，被加工工件有关加工表面之间位置精度与所使用机床几何精度之间的关系：

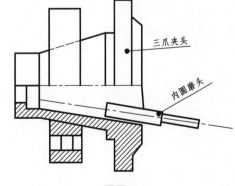

题图 4.1

（1）在车床上加工阶梯轴上相互垂直的外圆及端面。

（2）在龙门铣床或龙门刨床上加工箱体上相互垂直和平行的平面。

（3）在多工位机床上分别加工阶梯套上有同轴度要求的外圆和内孔表面。

（4）在坐标镗床上加工箱体上相互平行的孔系表面。

4. 在机床上直接安装工件，当只考虑机床几何精度的影响时，试分析下述各种加工工序中影响工件位置精度的主要因素：

（1）在车床或内圆磨床上加工与外圆有同轴度要求的套类零件的内孔。

（2）在卧式铣床或牛头刨床上加工与工件底面平行和垂直的平面。

（3）在立式钻床上钻、扩和绞削加工与工件底面垂直的内孔。

（4）在卧式镗床上采用主轴进给方式加工与工件底面平行的箱体零件内孔。

5. 题图 4.2 所示为 Y3180 型滚齿机的传动系统图，欲在此机床上加工模数 $m = 2\ \text{mm}$，$Z_工 = 48$ 的直齿圆柱齿轮。已知 $i_差 = 1$，

$$i_分 = \frac{e}{f} \times \frac{a}{b} \times \frac{c}{d} = \frac{24K_刀}{Z_1} = \frac{1}{2}$$，若传动链中齿轮 Z_1 的周节误差 $\Delta P_1 = 0.08\ \text{mm}$，齿轮 Z_d 的周节误差 $\Delta P_d = 0.10\ \text{mm}$，蜗轮的周节误差 $\Delta P_蜗 = 0.13\ \text{mm}$，$Z_1 = 64$，$Z_2 = 16$，$Z_3 = Z_4 = 23$，$Z_5 = Z_6 = 23$，$Z_7 = Z_8 = 46$，$Z_d = 30$，蜗轮蜗杆传动

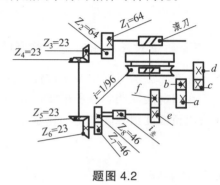

题图 4.2

比 $i = \frac{1}{96}$。试分别计算由于它们各自的周节误差，所造成的被加工齿轮的周节误差各为多少？

6. 在加工平板零件的平面时，若只考虑机床受力变形的影响，试问采用龙门刨床或牛头刨床哪一个加工方案可获得较高的形状和位置精度？

7. 在车床上半精镗一短套工件的内孔，现已知半精镗内孔之前内孔的圆度误差为 0.4 mm，$K_头 = 40\,000\ \text{N/mm}$，$K_架 = 3\,000\ \text{N/mm}$，$C_{Fp} = 1\,000\ \text{N/mm}^2$，$f = 0.05\ \text{mm/r}$ 及 $Y_{Fp} = 0.75$。试分析计算，在只考虑机床刚度的影响时，需几次走刀方可使加工后孔的圆度误差控制在 0.01 mm 以内？又若想一次走刀达到要求时需选用多大的走刀量。

8. 在普通车床上精车工件上的螺纹表面，工件总长为 2 650 mm，螺纹部分长度为 2 000 mm，工件材料与车床传动丝杠材料均为 45 钢。加工时的室温为 20℃，工件温度升至 45℃，车床传动丝杠精度等级为 8 级，且温度升至 30℃。试计算加工后工件上的螺纹部分可能产生多大的螺距累积误差？

第 5 章　机械加工工艺规程

机械加工工艺规程是说明并规定机械加工工艺过程和操作方法，并以一定形式写成的工艺文件。生产规模的大小、工艺水平的高低以及各种解决工艺问题的方法和手段都要通过机械加工工艺规程来实现。本章将阐述机械加工工艺规程编制的基本原理和所遇到的主要问题。

5.1　机械制造过程概述

5.1.1　生产过程和工艺过程

1. 生产过程

机械产品制造时，将原材料或半成品变为产品的各有关劳动过程的总和，称为生产过程。

一台机器往往是由几十个甚至上千个零件组成，其生产过程是相当复杂的。而零件又是由原材料通过一系列的加工而形成的，那么，将原材料或半成品变为产品的各有关劳动过程的总和称为生产过程。它包括：生产技术准备工作（如产品的开发设计、工艺设计和专用工艺装备的设计与制造、各种生产资料及生产组织等方面的准备工作）；原材料及半成品的运输和保管；毛坯的制造；零件的各种加工、热处理及表面处理；部件和产品的装配、调试、检测及包装等。

应该指出，上述的"原材料"和"产品"的概念是相对的，一个工厂的"产品"可能是另一个工厂的"原材料"，而另一个工厂的"产品"又可能是其他工厂的"原材料"。因为在现代制造业中，产品通常是专业化生产的，如汽车制造，汽车上的轮胎、仪表、电器元件、标准件及其他许多零部件都是由其他专业厂生产的，汽车制造厂只生产一些关键零部件和配套件，并最后组装成完整的产品 —— 汽车。产品按专业化组织生产，使工厂的生产过程变得较为简单，有利于提高产品质量，提高劳动生产率和降低成本，是现代机械工业的发展趋势。

2. 工艺过程

在生产过程中，凡直接改变生产对象的形状、尺寸及其材料性能而最终成为零件，以及将零件、部件装配成产品的全部过程，称为工艺过程。如毛坯制造、机械加工、热处理、表面处理及装配等，它是生产过程中的主要过程。

5.1.2 机械加工工艺过程及其组成

机械加工工艺过程是指用机械加工的方法，直接改变毛坯或原材料的形状、尺寸和材料性能，使其成为合格零件所经过的过程。

一个零件的加工工艺往往是比较复杂的，根据它的技术要求和结构特点，在不同的生产条件下，常常需要采用不同的加工方法和设备，通过一系列的加工步骤，才能使毛坯变成零件。我们在分析研究这一过程时，为了便于描述，需要对工艺过程的组成单元给出科学的定义。

机械加工工艺过程是由一个或若干个顺序排列的工序组成，即构成机械加工工艺过程的基本单元是工序。

1. 工 序

由一个（或一组）工人在一台机床上（或一个工作地点）对一个（或同时几个）工件所连续完成的那部分工艺过程，称为工序。

区分工序的主要依据是工作地点是否改变以及加工是否连续。这里所说的连续是指该工序的全部工作要不间断地连续完成。

一个工序内容由被加工零件结构的复杂程度、加工要求及生产类型来决定，同样的加工内容，可以有不同的工序安排。例如，加工如图 5.1 所示的阶梯轴，当加工数量较少时，可按表 5.1 所示划分工序；当加工数量较大时，可按表 5.2 所示划分工序。

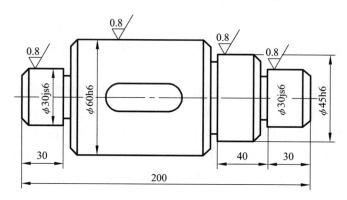

图 5.1 阶梯轴

表 5.1 阶梯轴工艺过程（产量较低时）

工序号	工 序 内 容	设 备
1	车端面，钻中心孔	车 床
2	车外圆，车槽、倒角	车 床
3	铣键槽，去毛刺	铣 床
4	粗磨外圆	磨 床
5	热 处 理	高频淬火机
6	精磨外圆	磨 床

表 5.2　阶梯轴工艺过程（产量较高时）

工序号	工 序 内 容	设 备
1	两边同时铣端面，钻中心孔	铣端面、钻中心孔机床
2	车一端外圆，车槽和倒角	车 床
3	车另一端外圆，车槽和倒角	车 床
4	铣键槽	铣 床
5	去 毛 刺	钳工台
6	粗磨外圆	磨 床
7	热 处 理	高频淬火机
8	精磨外圆	磨 床

从表 5.1 和表 5.2 可以看出，当工作地点变动时，即构成另一道工序。同时，在同一道工序内所完成的工作必须是连续的，若不连续，也即构成另一道工序。

工序是组成机械加工工艺过程的基本单元，也是制订生产计划和进行成本核算的基本单元。

在实际加工中，对每道工序都应该有一个简单的用来表示这道工序所要达到的加工要求的简图，即工序简图。

工序简图用来表达本道工序所要达到的加工精度，除此之外，还应反映本工序工件的安装情况。

工件是按工序由一台机床送到另一台机床顺序地进行加工，因此，工序不仅说明加工的阶段性规律，同时，还是组织生产和管理生产的主要依据。

根据工序的内容，工序又分为：安装、工位、工步、走刀。

2. 安 装

工件在机床工作台上装夹一次所完成的那一部分工序内容称为安装。在一道工序中，工件可能需要装夹一次或多次才能完成加工。如表 5.1 所示，工序 1 要进行两次装夹：先夹工件一端，车端面、钻中心孔，称为安装 1；再调头车另一端面、钻中心孔，称为安装 2。

工件在加工中，应尽量减少装夹次数，以减少装夹误差和装夹工件所花费的时间。

3. 工 位

为了完成一定的工序内容，一次装夹工件后，工件与夹具或设备的可动部分一起，相对于刀具或设备的固定部分所占据的每一个位置称为工位。工位可以借助于夹具的分度机构或机床工作台实现工件工位的变换（圆周或直线变位）。

图 5.2 所示是一个利用移动工作台或移动夹具，在一次装夹中顺次完成铣端面、钻中心孔两个工位的加工。这样不仅减少了安装工件所花的辅助时间，而且在一次安装中加工完毕，

避免了重复安装带来的误差，提高了加工精度。

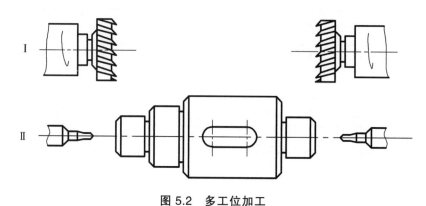

图 5.2 多工位加工

4. 工 步

在一道工序的一次安装中，可能要加工几个不同的表面，也可能用几把不同的刀具进行加工，还有可能用几种不同的切削用量（不包括背吃刀量）分几次进行加工。为了描述这个过程，工序又可细分为工步。工步是指加工表面、切削刀具和切削用量（不包括背吃刀量）都不变的情况下，所完成的那一部分工序内容。一般情况下，上述 3 个要素中任意改变一个，就认为是不同的工步了。

但下述两种情况可以作为一种例外。第一种情况，对那些连续进行的若干个相同的工步，可看作一个工步。如图 5.3 所示零件，连续钻 4 个 ϕ15 mm 的孔，看作一个钻 4 个 ϕ15 mm 孔的工步。另一种情况，有时为了提高生产率，用几把不同的刀具，同时加工几个不同表面，如图 5.4 所示，也可看作一个工步，称为复合工步。

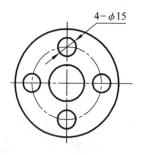

图 5.3 钻 4 个相同孔的工步

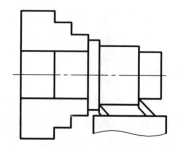

图 5.4 复合工步

5. 走 刀

在一个工步内，如果被加工表面需切去的金属层很厚，需要分几次切削，每进行一次切削称为一次走刀。一个工步可以包括一次走刀，也可以包括几次走刀。

5.1.3 生产纲领、生产类型及工艺特征

机械产品的制造工艺不仅与产品的结构、技术要求有很大关系，而且也与产品的生产类

型有很大关系，而产品的生产类型是由产品的生产纲领所决定的。

1. 生产纲领

生产纲领是计划期内产品的产量。而计划期常定为一年。所以年生产纲领也就是年产量。零件的生产纲领要计入备品和允许的废品数量，可按下式计算：

$$N = Qn(1 + \alpha + \beta) \tag{5.1}$$

式中　N——零件的年产量；

　　　Q——产品的年产量；

　　　n——每台产品中该零件的数量；

　　　α——备品率；

　　　β——平均废品率。

2. 生产类型

根据生产纲领的大小和产品品种的多少，机械制造企业的生产可分为 3 种生产类型：单件生产、大量生产、成批生产。

（1）单件生产。产品品种很多，同一产品的产量很少，而且很少重复生产，各工作地加工对象经常改变。如重型机械制造、专用设备制造和新产品试制等均属这种生产类型。

（2）大量生产。每年制造的产品数量相当多，大多数工作地长期重复地进行某一工件的某一道工序的加工。如汽车、拖拉机、轴承和自行车等产品的制造多属大量生产类型。

（3）成批生产。一年中分批轮流制造几种产品，工作地的加工对象周期性地重复。如机床、机车、纺织机械等产品制造，一般属成批生产类型。

同一产品（或零件）每批投入的生产数量称为批量。批量可根据零件的年产量及一年中的生产批数计算确定。一年的生产批数需根据市场需要、零件的特征、流动资金的周转及仓库容量等具体情况确定。

生产类型可根据生产纲领和产品及零件的特征（轻重、大小、结构复杂程度、精度等）具体划分。表 5.3 根据重型机械、中型机械和轻型机械的年产量列出了不同生产类型的规范，可供编制工艺规程时参考。

表 5.3　生 产 类 型 的 划 分

生产类型	零件的年生产纲领/（件/年）		
	重型机械	中型机械	轻型机械
单件生产	≤5	≤20	≤100
小批生产	5～100	20～200	100～500
中批生产	100～300	200～500	500～5 000
大批生产	300～1 000	500～5 000	5 000～50 000
大量生产	>1 000	>5 000	>50 000

从工艺特点上看，小批生产和单件生产的工艺特点相似，大量生产和大批生产的工艺特

点相似。因此，生产中常按单件小批生产、中批生产和大批大量生产来划分生产类型，并且按这 3 种生产类型归纳它们的工艺特点，见表 5.4。生产类型不同，其工艺特点也有很大差异。

表 5.4　各种生产类型的工艺特点

工艺特征	生 产 类 型		
	单件小批生产	中批生产	大批大量生产
零件的互换性	用修配法、钳工修配，缺乏互换性	大部分具有互换性。装配精度要求高时，灵活应用分组装配法和调整法，同时还保留某些修配法	具有广泛的互换性。少数装配精度较高时，采用分组装配法和调整法
毛坯的制造方法与加工余量	木模手工造型或自由锻造。毛坯精度低，加工余量大	部分采用金属模铸造或模锻。毛坯精度和加工余量中等	广泛采用金属模机器造型、模锻或其他高效方法。毛坯精度高，加工余量小
机床设备及其布置形式	广泛采用通用机床。按机床类别布置设备	采用部分通用机床和高效率设备。按工件类别排列设备	广泛采用高生产率专用机床、组合机床、半自动或自动机床和自动生产线
生产组织	零件生产无流水线。按零件类别划分车间或工段	成批轮番生产。部分零件按流水线生产，部分按同类零件组织生产	组织流水线或自动生产线生产
工艺装备	大多采用通用夹具、标准附件、通用刀具和万能量具。靠划线和试切法达到零件精度要求	部分采用专用夹具，部分采用找正安装以达到精度要求。较多采用专用刀具和量具	广泛采用专用高效率夹具、复合刀具、专用量具或自动检验装置。靠调整法达到精度要求
对工人技术要求	技术熟练	技术比较熟练	调整工技术熟练，操作工要求熟练程度较低
工艺文件	工艺过程卡，关键工序需工序卡	工艺过程卡，关键零件需工序卡	工艺过程卡和工序卡，关键工序需调整卡和检验卡
成　本	较　高	中　等	较　低

由表 5.4 可知，同一产品的生产，由于生产类型的不同，其工艺方法完全不同。一般说来，生产同样一个产品，大量生产要比单件生产与成批生产的生产效率高，成本低，产品质量稳定、可靠。但市场对机械产品的需求呈现多元化，需求量的大小也因产品而异。据资料显示，目前在机械制造中，单件和小批生产占多数。随着科学技术的发展，产品更新换代的周期越来越短，产品的品种规格越来越多，多品种、小批量的生产是今后发展的趋势。为了让品种多而批量不大的产品也能按大批量的方式组织生产，应使产品的结构尽可能地标准化、通用化、系列化。如果产品结构的标准化、通用化、系列化系数达到 70%～80% 以上，那么就可以按协作方式组织专业化生产，将多品种小批量生产转化为大批量生产，可取得明显的

经济效益。另外，表 5.4 的结论是在传统生产条件下归纳的。随着科学技术的发展和市场需求的变化，生产类型的划分正在发生着深刻的变化，传统的大批大量生产由于采用高效专用设备及工艺装备，往往不能适应产品及时更新换代的需要；而单件小批生产的能力又跟不上市场的急需，因此各种生产类型都朝着生产柔性化的方向发展。

5.1.4　制定机械加工工艺规程的步骤

制定机械加工工艺规程的原则是，在保证产品质量的前提下，尽量提高生产效率和降低成本。同时，在充分利用现有生产条件的基础上，尽可能采用国内外先进的工艺和经验，并保证良好的劳动条件。

遵循这一原则，按以下步骤制定工艺规程：

（1）仔细阅读零件图。对零件的材料、形状、结构、尺寸精度、形位精度、表面粗糙度、性能以及数量等的要求进行全面系统的了解和分析。进行零件的结构工艺性分析。

（2）选择毛坯的类型。常用的毛坯有型材、铸件、锻件、焊接件等。应根据零件的材料、形状、尺寸、批量和工厂的现有条件等因素综合考虑。

（3）确定工件在加工时的定位基准及方案。

（4）拟订机械加工工艺路线。其主要内容有：加工方法的确定、加工阶段的划分、加工顺序和热处理的安排等。

（5）工艺装备的选择。

（6）确定各工序的加工余量，计算工序尺寸和公差。

（7）确定各主要工序的技术要求及检验方法。

（8）确定各工序的切削用量和时间定额。

（9）填写工艺文件。

5.2　工件的定位及定位误差

5.2.1　工件的安装方式

1. 工件的安装

机械加工中，为了保证工件的位置精度和用调整法获得尺寸精度时，工件相对于机床与刀具必须占有一个正确位置，即工件必须定位。工件定位后，为避免加工中受到切削力、重力等外力的作用而破坏定位，还必须将工件压紧夹牢，即工件必须夹紧。只有在工件定位而且夹紧之后，才能保证在加工过程中始终保持已确定的正确位置，确保加工的顺利进行。

工件的定位和夹紧称为安装。工件安装的好坏将直接影响零件的加工精度，而安装的快慢则影响生产效率的高低。因此，工件的安装，对保证质量、提高生产效率和降低加工成本有着重要的意义。

2. 工件安装的方式

在不同的生产条件下可采用不同的安装方式。

（1）直接找正安装。是用百分表、划针或目测在机床上直接找正工件位置的方法。

图 5.5 所示为在磨床上用四爪单动卡盘安装套筒磨内孔，先用百分表找正工件外圆表面再夹紧，以保证磨削后的内孔与外圆同轴。

所以，直接找正安装是根据工件上的某一表面来找正实现的。该方法一般精度不高，生产效率低，对工人技术水平要求高，一般适用于单件小批生产。

对形状复杂的零件，用直接找正安装比较困难，这时可采用划线找正安装。

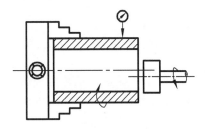

图 5.5　直接找正安装

（2）划线找正安装。这种方法是先在毛坯上按照零件图划出中心线、对称线和各待加工表面的加工线，然后将工件装在机床工作台上，根据工件上划好的线来找正工件在机床上的安装位置。图 5.6 所示为某车床床身毛坯，为保证床身各处壁厚均匀及各加工面的加工余量，先在平台上将毛坯按图划好加工线，然后在龙门刨床工作台上用千斤顶支起床身毛坯，用划线盘按线找正后夹紧，再对床身毛坯底面进行粗刨。这种安装方法效率低、精度低，且对工人技术水平要求高，一般用于单件、小批生产中加工复杂而笨重的零件，或毛坯尺寸公差大而无法直接用夹具安装的场合。

划线找正法的精度受到划线精度和找正精度的影响。这种方法适用于单件、小批生产中精度不高、形状比较复杂的较大箱体或基础零件。

（3）用专用夹具安装。工件放在为其加工专门设计和制造的夹具中，工件上的定位表面一经与夹具上的定位元件的工作表面配合或接触，即完成了定位，然后在此位置上夹紧工件。这种方法可以迅速而方便地使工件在机床上处于所要求的正确位置，生产效率高，在成批大量生产中广泛应用。

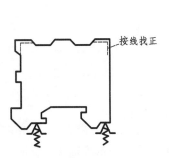

图 5.6　划线找正安装

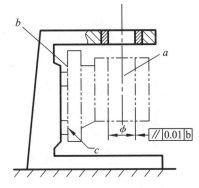

图 5.7　用专用夹具安装

工件安装在专用夹具上，由于采用了专用的定位元件和夹紧装置，所以能直接保证工件和刀具之间的相对位置并且在整个加工过程中保持这个正确的加工位置。

图 5.7 所示为一钻床夹具示意图，需在一支架上钻孔 a，孔 a 与支架底面 b 的平行度要求是由夹具上的钻套孔轴线与夹具定位元件 c 平面的平行度来获得的，孔 a 到支架底面的尺

寸精度是由钻套孔轴线到夹具定位元件 c 平面的距离尺寸决定的。

3. 三种安装方式的工艺特点

（1）直接找正安装。这是根据工件上某些表面用工具或肉眼来找正工件的位置。它的安装精度取决于工人的经验及所采用的找正工具，但存在下列缺点：

① 要求操作者工作细心并且技术要熟练。

② 找正时间长。

③ 工件要有可供找正的表面。

但是，由于这种安装方式无需专用夹具，在单件、小批生产或新产品试制中采用较多。

（2）划线找正安装。这种安装方式是根据工件上划好的线找正工件的位置，它存在下列缺点：

① 增加划线工序，且划线时间较长。

② 划线时会产生测量误差，线条有一定的宽度，找正时也会产生误差，所以安装精度较低。

③ 安装所花时间较长。

因此，在大批量生产中不采用，即使是单件、小批生产中，如果可以用直接找正安装方式，也最好不用划线找正安装。但是，在单件、小批生产或在生产大型零件时，在采用专用夹具较为昂贵而又无直接找正表面的情况下，应该采用划线找正安装。有时，虽然有条件使用专用夹具，但毛坯制造误差很大，表面粗糙，或者工件结构复杂，以至于使用专用夹具安装不能保证加工面的余量，或者使余量不均匀，以及不能保证工件的加工面与不加工面之间的位置精度，这时也可以采用划线找正安装。

（3）使用专用夹具安装。工件安装在专用夹具上，由于采用了专用的定位元件和夹紧装置，能够保证工件和刀具之间的相对位置正确且能在加工过程中始终保持此正确位置。

在成批、大量生产中，为了提高生产效率，保证加工质量及质量的稳定，减轻工人的劳动强度以及可能由技术水平较低的工人来加工技术要求较高的工件，从而降低生产费用，所以广泛使用专用夹具安装工件。

5.2.2　基准的概念及分类

基准是用来确定生产对象上几何要素之间的几何关系所依据的那些点、线、面。根据其功用的不同，可分为设计基准和工艺基准两大类。

1. 设计基准

在零件图上用于确定零件上的某些点、线、面位置所依据的点、线、面，称为设计基准。换言之，在零件图上标注设计尺寸的起始位置称为设计基准。如图 5.8 所示，图（a）所示长方体零件，对尺寸 20 mm 而言，A、B 面互为设计基准；图（b）所示阶梯轴零件，$\phi50$ mm 圆柱面的设计基准是 $\phi50$ mm 的轴线，$\phi30$ mm 圆柱面的设计基准是 $\phi30$ mm 的轴线，就同轴度而言，$\phi50$ mm 的轴线是 $\phi30$ mm 轴线的设计基准；图（c）所示带键槽的轴，圆柱面下素线 D 是槽底面 C 的设计基准。

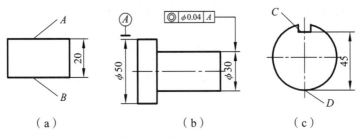

图 5.8　设计基准实例

从图中可以看出，设计基准可以是实际存在的点、线、面，也可以是假想的点、线、面（轴线、对称面等），除此之外，对设计基准而言（不管是否假想），还可以互为设计基准。

零件图上，还经常标注位置公差，如图 5.8（b）中的同轴度公差，同样存在设计基准问题。

2. 工艺基准

零件在加工工艺过程中所采用的基准的总和称为工艺基准。工艺基准又可进一步分为：工序基准、定位基准、测量基准和装配基准。

（1）工序基准。工序图上用来确定本工序被加工表面的尺寸、形状、位置的基准。简言之，它是工序图上的基准。而在工序图上确定被加工表面位置的尺寸叫工序尺寸。

图 5.9 所示是在套筒零件上钻小孔的两种加工方案，图（a）所示工序基准为 A 面，图（b）所示工序基准为 B 面。可以看出，由于工序基准不同，相应的工序尺寸也不同。

图 5.10 所示为车削法兰盘的工序图，端面 F 为表面 1 和 2 的工序基准，表面 1 和 2 通过尺寸 L 及 l 与工序基准 F 相联系。外圆 d 和内孔 D 的工序基准是轴线。

联系被加工表面与工序基准的尺寸，是这道工序应直接得到的尺寸，称为工序尺寸。因此，工序基准也就是工序图上工序尺寸、位置公差标注的起始点。

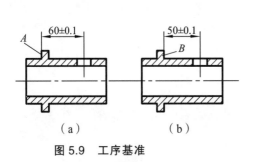

图 5.9　工序基准

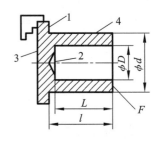

图 5.10　法兰盘工序图

从上述可知，工序基准可以是实际存在的点、线、面，也可以是假想的点、线、面。零件加工时，应尽量使工序基准与设计基准重合，否则就要进行尺寸换算。

（2）定位基准。指在加工中使工件在机床上或夹具中占据正确位置所依据的基准。即安装工件时，用以确定被加工表面位置的基准。如图 5.10 中，大端面 3 为表面 1 及端面 F 的定位基准。如果用直接找正法安装工件，找正基面是定位基准；如用划线找正法安装工件，所划线为定位基准；如用夹具安装工件，工件与定位元件工作表面接触的面是定位基准。作为定位基准的点、线、面，可以是实际存在的，也可以是假想的。假想的定位基准是由实际存在的表面来体现的，这些体现定位基准的表面称为定位基面。

工件上用作定位基准的表面可以是经过加工的表面，也可以是未经加工的表面。未经加工的表面作定位基准，叫粗基准；经过加工的表面作定位基准，叫精基准。

（3）测量基准。指测量时所采用的基准，即用来确定被测量尺寸、形状和位置的基准，称为测量基准。如图 5.10 中，以端面 F 为基准，用深度卡尺测量表面 1、2 的尺寸 L、l，端面 F 就是表面 1、2 的测量基准。用卡尺测量外圆的直径 ϕd，卡尺量爪与外圆接触的两点就是测量基准。

（4）装配基准。装配时用来确定零件或部件在产品中的相对位置所采用的基准，称为装配基准。

5.2.3　工件定位的基本规律及定位误差计算

工件的定位应满足六点定位原理。

1. 六点定位原理

工件在夹具中定位的目的，是要使同一工序中的所有工件在加工时按加工要求在夹具中占有一致的正确位置（不考虑定位误差的影响）。怎样才能使每个工件按加工要求在夹具中保持一致的正确位置呢？要弄清楚这个问题，我们先来讨论与定位相反的问题，即工件放置在夹具中的位置可能有哪些变化？如果消除了这些可能的位置变化，那么工件也就定好了位。

任何一个工件在夹具中未定位时，可以看成是空间直角坐标系中的自由物体，它可以沿三个坐标轴平行方向放在任意位置，即具有沿三个坐标轴移动的自由度，记为 $\vec{x}$、$\vec{y}$、$\vec{z}$，如图 5.11（b）所示；同样，工件沿三个坐标轴转动方向的位置也是可以任意放置的，即具有绕三个坐标轴转动的自由度，记为 $\overset{\frown}{x}$、$\overset{\frown}{y}$、$\overset{\frown}{z}$，如图 5.11（c）所示。因此，要使一批工件在夹具中占有一致的正确位置，就必须限制工件的 $\vec{x}$、$\vec{y}$、$\vec{z}$、$\overset{\frown}{x}$、$\overset{\frown}{y}$、$\overset{\frown}{z}$ 六个自由度。

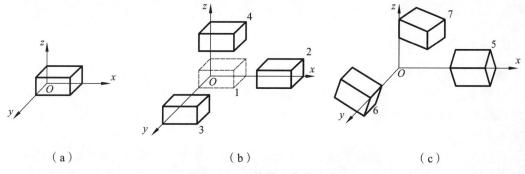

（a）　　　　　　　　　　（b）　　　　　　　　　　（c）

图 5.11　工件的六个自由度

为了限制工件的自由度，在夹具中通常用一个支承点来限制工件的一个自由度，这样用合理布置的六个支承点限制工件的六个自由度，使工件的位置完全确定，称为"六点定位原理"。例如，用调整法加工如图 5.12 所示的零件键槽，为保证槽底面与 M 面的尺寸 $A \pm T_a$ 及平行度要求，必须将零件的 M 面置于与工作台面平行的平面内，须限制 $\overset{\frown}{x}$、$\overset{\frown}{y}$、$\vec{z}$ 三个自由度；为保证槽侧面与 N 面的尺寸 $B \pm T_b$ 及平行度，零件 N 面需与机床进给方向平行，须限

制 $\bar{x}$、$\widehat{z}$ 两个自由度；为保证尺寸 $C \pm T_c$，需限制 $\bar{y}$ 一个自由度。现假设在空间直角坐标系中，xOy 坐标平面与夹具底面重合且与工作台平面平行，yOz 平面与工作台纵向进给平行，xOz 平面与工作台横向进给平行。在 xOy 平面上设置三个支承点，工件 M 面紧贴在三个支承点上，限制了 $\bar{x}$、$\bar{y}$、$\bar{z}$ 三个自由度；在 yOz 平面设置两个支承点，工件 N 面紧贴在这两个支承点上，限制了 $\bar{x}$、$\widehat{z}$ 两个自由度；在 xOz 平面上设置一个支承点，工件 P 面紧贴其上，限制了 $\bar{y}$ 一个自由度。这样，工件的六个自由度就全部被限制了，所有工件放置在夹具中的位置就可保持一致的正确且确定的位置。当刀具的加工位置调整好后，就可保证工件的加工技术要求了。

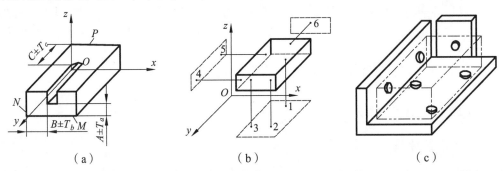

图 5.12　长方体零件的定位分析

在讨论定位问题时，我们把具体的定位元件抽象化，使其转化为相应的定位支承点，再用这些定位支承点来限制工件的自由度，如图 5.12 所示。

使用六点定位原理时，六个支承点的分布必须合理，否则不能有效地限制工件的六个自由度。如上例中长方体的定位以六个支承钉代替六个支承点，xOy 平面的三个支承点应成三角形，且三角形面积越大，定位越稳定。yOz 平面上的两个支承点的连线不能与 xOy 平面垂直，否则不能限制绕 z 轴转动的自由度。

在具体的夹具结构中，所谓定位支承是以定位元件来体现的。在图 5.12 中，长方体的定位以六个支承钉代替支承点，如图 5.12（c）所示，这种形式的六点定位方案是比较典型的。

2. 工件夹具定位的类型

（1）完全定位与不完全定位。

加工时，工件的六个自由度被完全限制了的定位称为完全定位。但在生产中并不是所有工序都采用完全定位。究竟限制几个自由度和限制哪几个自由度，完全由工件在该工序中的加工要求所决定。

如图 5.12（a）所示，如果被加工零件上加工的是一个通槽，因没有尺寸 $C \pm T_c$ 的要求，也就不需限制 $\bar{y}$，即在这道铣槽的工序中，只需要用五个支承点，限制五个自由度就可以确定工件的正确加工位置了。也就是说，只要限制工件的五个自由度就能满足加工要求了。

由此可见，从保证加工要求（尺寸、平行度、垂直度等）来看，工件的正确定位并不是对工件的六个自由度都要加以限制，这是因为有些自由度并不影响加工要求，不影响加工要求的自由度就不一定要限制。在考虑工件的定位方式时，首先要找出哪些自由度会影响加工要求（尺寸和位置公差），哪些自由度与保证加工精度无关。前者称为第一种自由度，后者称为第二种自由度。对于工件定位，首先找出第一种自由度，这是工件定位必须限制的自由度。至于第二种自由度，应按照承受切削力、夹紧力等需要，考虑是否加以限制。

如图 5.13 所示的加工简图，用圆柱铣刀在卧式铣床上铣削 F 面。简图上标注被加工表面 F 到轴线的尺寸为 H。ϕd 的轴线是被加工表面 F 的工序基准。为保证加工要求，对工序基准——轴线应限制 $\vec{z}$ 和 $\overset{\curvearrowright}{x}$ 两个自由度。因为当沿 z 轴移动时，将影响尺寸 H 的大小；当绕 x 轴转动时，将使工件两轴端的尺寸 H 不一致。

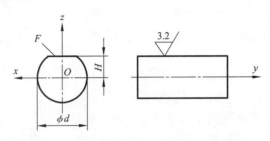

图 5.13 用圆柱铣刀铣削轴上平面的简图

又如图 5.14 所示加工示意图，在立式钻床上钻一个与外径为 ϕd 的轴同轴线的通孔 ϕD，因要求被加工孔 ϕD 的轴线与外圆 ϕd 的轴线重合，所以 ϕd 的轴线为工序基准。为保证 ϕD 轴线与 ϕd 轴线重合，对 ϕd 轴线应限制 $\vec{x}$、$\vec{y}$、$\overset{\curvearrowright}{x}$、$\overset{\curvearrowright}{y}$ 四个自由度。

综上所述，为保证工件的加工要求，必须正确定位。正确定位就是限制工件工序基准的自由度。为了分析第一种自由度，在分析之前，应首先建立坐标系。为分析方便，一般坐标平面与工序基准方向相平行。根据工件加工要求，分析限制工序基准的自由度，就是分析沿坐标轴方向的移动或绕坐标轴转动是否需要限制。凡是影响加工要求的自由度都应加以限制，即第一种自由度必须限制；不影响加工要求的自由度就不一定加以限制。因此，工件正确定位，并不一定要将工件的六个自由度都加以限制。

根据加工要求，工件不需要限制的自由度而没有被限制的定位，称为不完全定位。不完全定位在加工中是允许的。在考虑定位方案时，为简化夹具结构，对不需要限制的自由度，一般不设置定位支承点。但也不尽然，如在光轴上铣通槽，按定位原理，轴的端面可不设置定位销，但在设计时，常常设置一个定位挡销，一方面可承受一定的切削力，以减小夹紧力；另一方面也便于调整机床的工作行程。如图 5.15 所示，在盘类工件上钻通孔，$\vec{z}$ 的自由度可不限制，但实际上往往被限制了，若有意不限制，反而使夹具的结构更复杂。

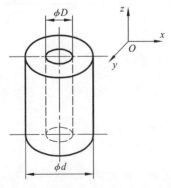

图 5.14 在钻床上钻孔的加工示意图

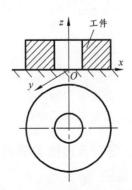

图 5.15 在盘类工件上钻通孔

（2）欠定位与过定位。

① 欠定位。根据工件的加工技术要求，应该限制的自由度并没有被限制，其定位方式称为欠定位。欠定位不能保证本工序的加工技术要求，在确定工件的定位方案时，一般不允许这种情况产生。

如图 5.14 所示的工件钻孔，若在 x 方向或 y 方向上均未设置定位挡销，孔中心线就无法保证与外圆柱的中心线同轴。

② 过定位。工件的同一自由度被两个以上的定位元件重复限制的定位，称为过定位。图 5.16 所示为在插齿机上插齿时工件的定位。工件 4 以内孔在心轴 1 上定位，限制了工件 $\vec{x}$、$\vec{y}$、$\widehat{x}$、$\widehat{y}$ 四个自由度，又以端面在凸台 3 上定位，限制了工件 $\widehat{x}$、$\widehat{y}$、$\vec{z}$ 三个自由度，其中 $\widehat{x}$、$\widehat{y}$ 被心轴和凸台重复限制。由于工件内孔和心轴的间隙很小，当工件内孔与端面的垂直度误差较大时，工件端面与凸台实际上只有一点接触，如图 5.17（a）所示，从而造成定位不稳定。更为严重的是，工件一旦被夹紧，在夹紧力的

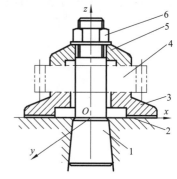

图 5.16　插齿时齿坯的定位

1—心轴；2—工作台；3—支承凸台；
4—工件；5—压垫；6—压紧螺母

作用下，势必引起心轴或工件的变形，如图 5.17（b）、（c）所示。这样就会影响工件的装卸和加工精度，这种过定位是不允许的。

综上所述，欠定位不能保证工件的加工要求，是不允许的。过定位在一般情况下，由于定位不稳定，在夹紧力作用下会使工件或定位元件产生变形，影响加工精度和工件的装卸，应尽量避免。但在有些情况下，只要重复限制自由度的支承点不使工件的装夹发生干涉及冲突，这种形式上的过定位，不仅是可取的，有时还有利于提高工件加工时的刚性，而且在生产中也有应用。

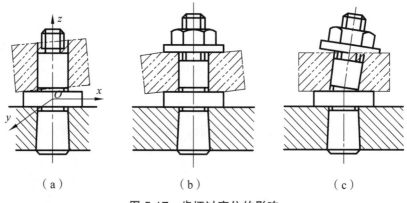

（a）　　　　　　　　　　（b）　　　　　　　　　　（c）

图 5.17　齿坯过定位的影响

总之，单纯看定位问题，欠定位与过定位都是不合理的，能否采用，主要看其对加工精度的影响情况，或者采取其他的工艺措施。

3. 定位元件对自由度的限制

在实际生产中，起约束作用的支承点是具有一定形状的几何体，这些用来限制工件自由度的几何体称为定位元件。而工件需要被限制的自由度是靠工件的定位基准和夹具定位元件

的工作表面相接触或配合来实现的。夹具中常用的定位元件有支承钉、支承板、定位心轴、定位销、V 形块等。

（1）工件以平面定位。工件以平面作为定位基面，是最常见的定位方式之一。如箱体、床身、机座、支架等类型零件的加工中经常采用平面定位。

图 5.12（c）所示即为平面定位示意图。工件以三个相互垂直的平面作为定位基准，采用的定位元件可以是底面布置三个支承钉，限制 $\vec{z}$、$\overset{\frown}{x}$、$\overset{\frown}{y}$；侧面布置两个支承钉，限制 $\vec{x}$、$\overset{\frown}{z}$；后面布置一个支承钉，限制 $\vec{y}$。也可以采用支承板形式作为定位元件，如图 5.18 所示，对自由度的限制情况仍如图 5.12 所示。

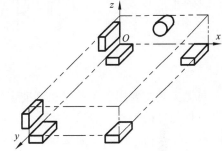

工件以平面作为定位基准时，常用的定位元件如下所述：

① 主要支承。用来限制工件的自由度，起定位作用。

• 固定支承。常见的固定支承有支承钉和支承板两种形式，在使用过程中它们都是固定不动的。

支承钉如图 5.19 所示。当工件以加工过的精基准定位时，可采用 A 型平头支承钉；当工件以粗糙不平的粗基准定位时，采用 B 型球头支承钉；C 型齿纹头支承钉用在工件侧面，它能增大接触面的摩擦系数。

图 5.18　平面定位示意图

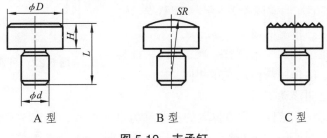

A 型　　　　　　B 型　　　　　　C 型

图 5.19　支承钉

支承板一般用于精基准定位，A 型结构简单，但埋头螺钉处清理切屑比较困难，适用于侧面和顶面定位。B 型支承板在沉头孔处带斜凹槽，易于保持工作表面清洁，适用于底面定位，如图 5.20 所示。当工件定位基准平面较大时，常用几块支承板组合成一个平面。为保证各固定支承的定位表面严格共面，装配后需将其工作表面一次磨平。

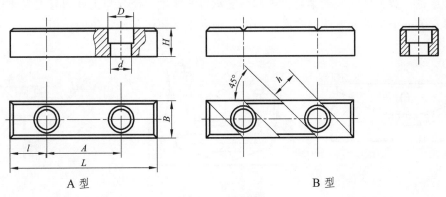

A 型　　　　　　　　　　　　　　B 型

图 5.20　支承板

• 可调支承。是指支承钉的高度可以进行调节。图 5.21 所示为常用的几种可调支承，调整时要先松后调，调好后用锁紧螺母锁紧。

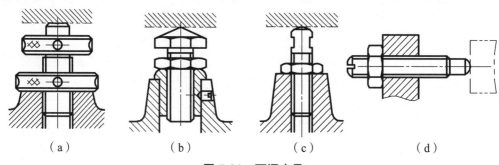

（a）　　　　　　　（b）　　　　　　　（c）　　　　　　　（d）

图 5.21　可调支承

可调支承主要用于工件以粗基准定位时或定位基面的形状复杂（如成形面、台阶面等），以及各批毛坯的尺寸、形状变化较大时的情况。如图 5.22 所示工件，毛坯为砂型铸件，先以 A 面定位铣 B 面，再以 B 面定位镗双孔。铣 B 面时，若采用固定支承，由于定位基面 A 的尺寸和形状误差较大，铣完后，B 面与两毛坯孔（图中虚线）的距离尺寸 H_1、H_2 变化也大，致使镗孔时余量很不均匀，甚至出现余量不够。因此，将固定支承改为可调支承，再根据每批毛坯的实际误差大小来调整支承钉的高度，就可避免上述情况的发生。

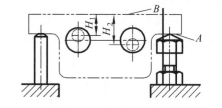

图 5.22　可调支承的应用

可调支承在一批工件加工前调整一次，在同一批工件的加工过程中，它的作用与固定支承相同。

• 自位支承，也叫浮动支承。

在工件定位过程中，能自动调整位置的支承称为自位支承。图 5.23 所示为夹具中常见的几种自位支承。其中图（a）、（b）是两点式自位支承，图（c）是三点式自位支承。这类支承的工作特点是：支承点的位置能随着工件定位基面的不同而自动调节。定位基面压下其中一点，其余点便上升，甚至各点都与工件接触。接触点数的增加，提高了工件的装夹刚度和稳定性，但其作用仍相当于一个固定支承，只限制工件一个移动自由度。

② 辅助支承。辅助支承用来提高工件的装夹刚度和稳定性，不起定位作用。辅助支承的工作特点是：待工件定位夹紧后，再调整支承钉的高度，使其与工件的有关表面相接触并锁紧。每安装一个工件就需调整一次。另外，辅助支承还可起预定位的作用。

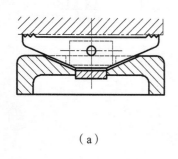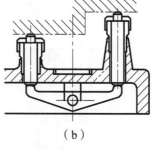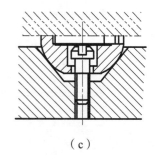

（a）　　　　　　　　　　　（b）　　　　　　　　　　　（c）

图 5.23　自位支承

如图 5.24 所示，工件以内孔及端面定位，钻右端小孔。由于右端为一悬臂，钻孔时工件刚性差，若在 A 处设置固定支承，属于过定位，有可能破坏左端的定位。这时可在 A 处设置一辅助支承，承受钻削力，既不破坏定位，又增加了工件的刚性。

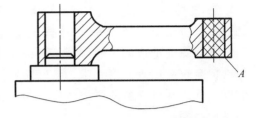

图 5.24　辅助支承的应用

图 5.25 所示为夹具中常见的 3 种辅助支承。图（a）为自位式辅助支承，滑柱 1 在弹簧 2 的作用下与工件接触，转动手柄使顶柱 3 将滑柱锁紧。图（b）为推引式辅助支承，工件夹紧后转动手轮 4 使斜楔 6 左移并使滑销 5 与工件接触。继续转动手轮可使斜楔 6 的开槽部分涨开而锁紧。图（c）为螺旋式辅助支承。

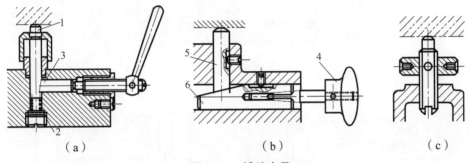

（a）　　　　　　　　　　（b）　　　　　　　　　　（c）

图 5.25　辅助支承

1—滑柱；2—弹簧；3—顶柱；4—手轮；5—滑销；6—斜楔

（2）工件以圆孔定位。工件以圆孔定位是常见的，如盘类零件、杆叉类零件常以圆孔作为定位基面。而此时是以工件的孔的轴线作为定位基准的，夹具定位元件采用圆柱销和心轴。

① 圆柱销（定位销）。图 5.26 所示为常用定位销的结构。当工件孔径较小（$D = 3 \sim 10$ mm）时，为增加定位销刚度，避免销因受撞击而折断，或热处理时淬裂，通常把根部倒成圆角。这时夹具上应有沉孔，以使定位销的圆角部分沉入孔内而不会妨碍定位。大批大量生产时，为了便于定位销的更换，可采用图 5.26（d）所示的可换式定位销。为便于工件顺利装入，定位销的头部应有 15° 倒角。

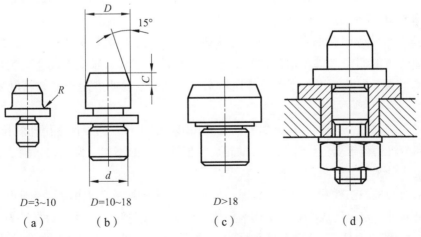

$D=3\sim10$　　　$D=10\sim18$　　　$D>18$
（a）　　　　　　（b）　　　　　　（c）　　　　　　　（d）

图 5.26　定位销

　　② 圆柱心轴。图 5.27 所示为常用圆柱心轴的结构形式。图 5.27（a）为间隙配合心轴，其定位部分直径按 h6、g6 或 f7 制造，装卸工件方便，但定心精度不高。为了减少因配合间隙而造成的工件倾斜，工件常以孔和端面联合定位，因而要求工件定位孔与定位端面有较高的垂直度要求，最好能在一次装夹中加工出来。使用开口垫圈可实现快速装卸工件，开口垫圈的两端面应互相平行。当工件内孔与端面垂直度误差较大时，就采用球面垫圈。

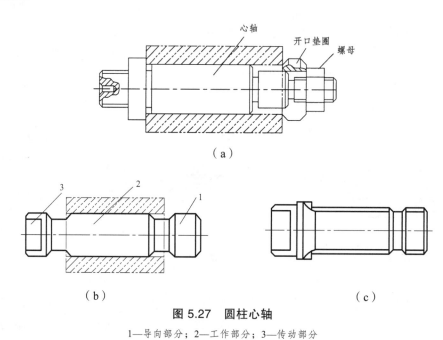

图 5.27　圆柱心轴

1—导向部分；2—工作部分；3—传动部分

　　图 5.27（b）为过盈配合心轴，它由导向部分 1，工作部分 2 及传动部分 3 组成。导向部分的作用是使工件迅速而准确地套入心轴，其直径 d_3 按 e8 制造，d_3 的基本尺寸等于工件孔的最小极限尺寸，其长度约为工件定位孔长度的一半。工作部分的直径按 r6 制造，其基本尺寸等于孔的最大极限尺寸。当工件定位孔的长度与直径之比 $L/d \leqslant 1$ 时，心轴工作部分的直径 d_1 等于 d_2。当长径比 $L/d > 1$ 时，心轴的工作部分应稍带锥度，这时 d_1 按 r6 制造，其基本尺寸等于孔的最大极限尺寸；d_2 按 h6 制造，其基本尺寸等于孔的最小极限尺寸。心轴两边的凹槽是供车削工件端面时退刀用的。这种心轴制造简单、定心准确、不用另设夹紧装置，但装卸工件不便，易损伤工件定位孔，因此多用于定心精度要求高的精加工。

　　图 5.27（c）是花键心轴，用于加工以花键孔定位的工件。当工件定位孔的长径比 $L/d > 1$ 时，工作部分可稍带锥度。设计花键心轴时，应根据工件的不同定位方式来确定定位心轴的结构。其配合可参考上述两种心轴。

　　定位销或心轴与工件圆孔配合定位时，定位元件所能限制的自由度，一般可根据工件定位面与定位元件（定位销或心轴）工作表面的接触长度 L 与孔（工件）的直径 D 之比来定。当 $L/D \geqslant 1$ 时，可认为是长心轴、长定位销与工件圆孔配合，它们限制工件的四个自由度：$\vec{y}$、

$\vec{z}$ 和 $\hat{y}$、$\hat{z}$；当 $L/D<1$ 时，可认为是短心轴、短定位销与工件圆孔配合，它们限制工件的两个自由度：$\vec{y}$ 和 $\vec{z}$。心轴在机床上的安装方式如图 5.28 所示。

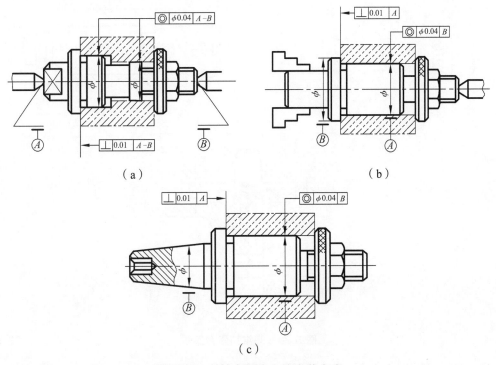

（a）　　　　　　　　　　（b）

（c）

图 5.28　心轴在机床上的安装方式

③ 圆锥销。图 5.29 所示为工件以圆孔在圆锥销上定位的示意图。两者接触的迹线是一个圆，可限制工件的三个自由度：$\vec{x}$、$\vec{y}$、$\vec{z}$。其中，图 5.29（a）用于粗基准定位，图 5.29（b）用于精基准定位。

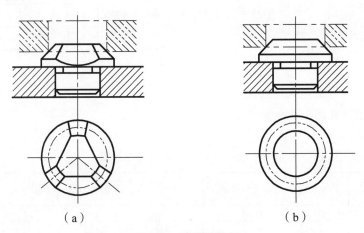

（a）　　　　　　　　　　（b）

图 5.29　圆锥销定位

工件在单个圆锥销上定位容易倾斜，为此，圆锥销一般与其他定位元件组合定位，如图 5.30 所示。图 5.30（a）为工件在双圆锥销上定位；图 5.30（b）为圆锥—圆柱组合心轴，锥度部分使工件准确定心，圆柱部分可减少工件倾斜；图 5.30（c）以工件底面作为主要定位基面，圆锥销是活动的，即使工件的孔径变化较大，也能准确定位。以上 3 种定位方式均限制工件的五个自由度。

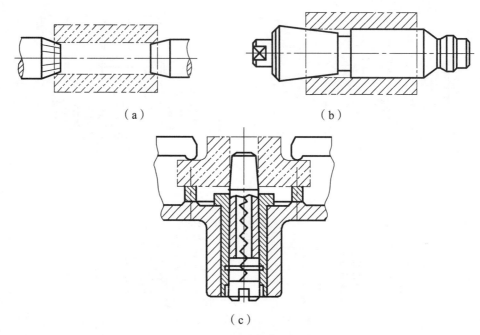

（a）   （b）

（c）

图 5.30　圆锥销组合定位

　　④ 圆锥心轴（小锥度心轴）。如图 5.31 所示，工件在锥度心轴上定位，并靠工件定位圆孔与心轴的弹性变形夹紧工件。心轴锥度 K 见表 5.5。这种定位方式的定心精度较高，不用另设夹紧装置，但工件的轴向位移误差较大，传递的扭矩较小，适用于工件定位孔精度不低于 IT7 的精车削和磨削加工，但不能加工端面。

　　工件轴向位置的变动范围为：

$$N = \frac{D_{\max} - D_{\min}}{K} \qquad (5.2)$$

式中　$D_{\max}$——工件孔的最大极限尺寸；

　　　$D_{\min}$——工件孔的最小极限尺寸；

　　　K——锥度。

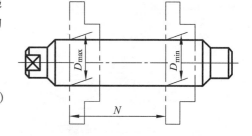

图 5.31　小锥度心轴

表 5.5　高精度心轴锥度推荐值

工件定位孔直径 D/mm	8～25	25～50	50～70	70～80	80～100	>100
锥度 K	$\dfrac{0.01\ \text{mm}}{2.5D}$	$\dfrac{0.01\ \text{mm}}{2D}$	$\dfrac{0.01\ \text{mm}}{1.5D}$	$\dfrac{0.01\ \text{mm}}{1.25D}$	$\dfrac{0.01\ \text{mm}}{D}$	$\dfrac{0.01}{100}$

　　（3）工件以外圆面定位。工件以外圆面定位时，常用如下定位元件：

　　① V 形块。V 形块应用非常广泛，这是因为 V 形块不仅适用于完整的外圆柱面定位，而且也适用于非完整的外圆柱面定位。如图 5.32 所示，V 形块的主要参数有：

d——V 形块的设计心轴直径，即工件的定位基面直径；

H——V 形块的高度；

N——V 形块的开口尺寸；

α——V 形块两工作平面间的夹角。有 60°、90°、120° 三种，其中以 90° 应用最广；

T——V 形块的定位高度，用以检验 V 形块的制造、装配精度。

V 形块已经标准化了，H、N 等参数可从有关手册中查得，但 T 必须计算。

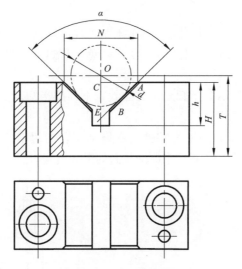

图 5.32　V 形块的结构

由图 5.33 可知：

$$T = H + \overline{OC} = H + (\overline{OE} - \overline{CE})$$

而

$$\overline{OE} = \frac{d}{2\sin(d/2)} , \qquad \overline{CE} = \frac{N}{2\tan(a/2)}$$

所以：

$$T = H + 0.5\left(\frac{d}{\sin(\alpha/2)} - \frac{N}{\tan(\alpha/2)} \right) \tag{5.3}$$

当 $\alpha = 90°$ 时，

$$T = H + 0.707d + 0.5N \tag{5.4}$$

图 5.33 所示为常用 V 形块的结构。其中图 5.33（a）用于较短的精基准定位；图 5.33（b）用于较长的精基准和相距较远的两个定位面。V 形块不一定采用整体结构的钢件，可在铸铁底座上镶淬硬的垫板，如图 5.33（c）所示。

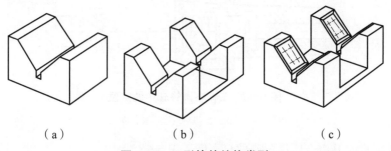

（a）　　　　　　　　　（b）　　　　　　　　　（c）

图 5.33　V 形块的结构类型

　　V 形块定位的最大优点就是对中性好，它可使一批工件的定位基准轴线对中在 V 形块两斜面的对称平面上，而不受定位基准直径误差的影响。V 形块定位的另一个特点是无论定位基准是否经过加工，是完整的圆柱面还是局部圆弧面，都可采用 V 形块定位。因此，V 形块是用得最多的定位元件之一。

　　工件在 V 形块中定位，当工件外圆与 V 形块接触线较长时，相当于长 V 形块与外圆接触，它限制工件四个自由度，即：$\vec{x}$、$\vec{z}$ 和 $\widehat{x}$、$\widehat{z}$。当接触线较短时，相当于短 V 形块，限制工件两个自由度，即：$\vec{x}$、$\vec{z}$。

　　② 定位套。图 5.34 为常用定位套。为了限制工件沿轴向的自由度，常与端面联合定位。用端面作为主要定位面时，应控制套的长度，以免出现过定位及夹紧时工件产生不允许的变形。

　　③ 半圆套。图 5.35 所示为半圆套定位装置，下面的半圆套是定位元件，上面的半圆套起夹紧作用。

　　这种定位方式主要用于大型轴类零件及不便轴向装夹的零件。定位基面的精度不低于 IT8 ~ IT9，半圆的最小内径取决于工件定位基面的最大直径。

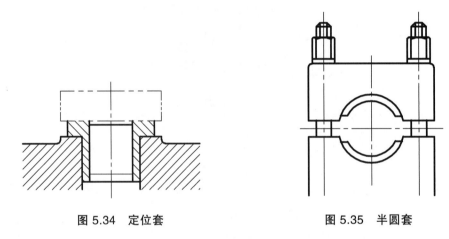

图 5.34　定位套　　　　　　　　　　图 5.35　半圆套

　　④ 圆锥套。图 5.36 为通用的反顶尖。工件以圆柱面的端部在圆锥套 3 的锥孔中定位，锥孔中有齿纹，以便带动工件旋转。顶尖体 1 的锥柄部分插入机床主轴孔中，螺钉 2 用来传递转矩。

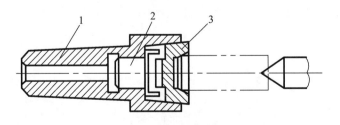

图 5.36　工件在圆锥套中的定位

1—顶尖体；2—螺钉；3—圆锥套

　　常见定位元件及其组合所能限制的自由度见表 5.6。

表 5.6　常用定位元件限制的自由度

工件的定位面	夹具定位元件	图　　例	限制的自由度
平　面	一个支承钉		$\vec{x}$
	一块支承板		$\vec{y}$　$\overset{\frown}{z}$
	三个支承钉		$\vec{z}$　$\overset{\frown}{x}$　$\overset{\frown}{y}$
	两个支承板		$\vec{z}$　$\overset{\frown}{x}$　$\overset{\frown}{y}$
圆柱孔	短圆柱销		$\vec{y}$　$\vec{z}$
	菱形销		$\vec{z}$
	长圆柱心轴		$\overset{\frown}{y}$　$\overset{\frown}{z}$

续表 5.6

工件的定位面	夹具定位元件	图　　　例	限制的自由度
圆柱孔	长圆柱销		$\vec{y}$　$\vec{z}$　$\overset{\curvearrowleft}{y}$　$\overset{\curvearrowleft}{z}$
	圆锥销		$\vec{y}$　$\vec{z}$　$\vec{x}$
圆柱面	短 V 形块		$\vec{x}$　$\vec{z}$
	短定位套		$\vec{x}$　$\vec{z}$
	长 V 形块		$\vec{x}$　$\vec{z}$　$\overset{\curvearrowleft}{x}$　$\overset{\curvearrowleft}{z}$
	长定位套		$\vec{x}$　$\vec{z}$　$\overset{\curvearrowleft}{x}$　$\overset{\curvearrowleft}{z}$
圆锥孔	顶　尖		$\vec{x}$　$\vec{y}$　$\vec{z}$
	锥度心轴		$\vec{x}$　$\vec{y}$　$\vec{z}$　$\overset{\curvearrowleft}{y}$　$\overset{\curvearrowleft}{z}$

4. 工件的定位精度

在机械加工中，造成工件产生加工误差的因素很多。在这些误差因素中，有一项是与工件定位有关的。

用调整法加工一批工件时，工件在定位过程中，会遇到由于定位基准与工件的工序基准不重合，以及工件的定位基准（基面）与定位元件工作表面存在制造误差，这些都能引起工件的工序基准偏离理想位置，由此引起工序尺寸产生加工误差。由于工件定位引起的工序基准沿工序尺寸方向发生的最大偏移量称为定位误差，用 $\varDelta_d$ 表示。

（1）定位误差产生的原因：

① 基准位置误差。工件在夹具中定位时，由于定位副（工件的定位表面与定位元件的工作表面）的制造误差和最小配合间隙的影响，使定位基准在加工尺寸方向上产生位移，导致各个工件的加工位置不一致而造成的加工误差，称为基准位置误差。

如图 5.37 所示，图（a）为在圆柱面上铣槽的工序简图，加工尺寸为 A 和 B。图（b）是加工示意图，工件以内孔 D 在圆柱心轴上定位，O 是心轴轴心，C 是对刀尺寸。对尺寸 A 而言，工序基准是内孔轴线，定位基准也是内孔轴线，工序基准与定位基准重合。此时，由于定位副有制造误差且孔轴之间留有最小配合间隙，致使定位基准向下移动了一段距离 $\varDelta_{jy}$（假设圆柱心轴水平放置），给加工尺寸 A 造成了误差，即基准位置误差。

基准位置误差等于定位基准在加工尺寸方向上的变动范围。

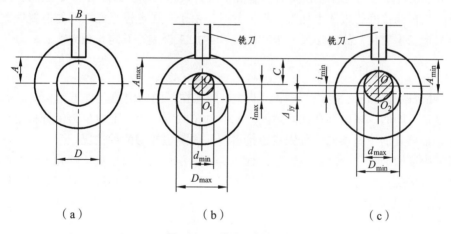

图 5.37　基准位移误差

② 基准不重合误差。由于定位基准与工序基准不重合而造成的加工误差，称为基准不重合误差。在上例中，如果工序尺寸标注为 E，如图 5.38 所示，此时工序基准为工件的下素线，而工件仍以内孔装在夹具的心轴上，其定位基准为孔的轴线。在理想状态时，孔与心轴的配合间隙为零，孔的轴线与心轴的轴线重合。刀具的位置是按心轴轴线来调整的，并在加工一批工件的过程中，其位置是不变的。假设需要保证的工序尺寸是图 5.37 中的 A，而不是 E，这时不存在因定位引起的工序基准位置的变化，所以，也就不存在由定位引起的加工误差。但是，若加工的工序尺寸是 E 时，工序基准与定位基准则不重合。当工件外圆直径 d_g 有尺寸误差时，工序基准在工序尺寸方向上就会产生位置变化，其最大值为 $T_{dg}/2$。这就是由于工序基准与定位基准不重合引起的基准不重合误差，用 $\varDelta_{jb}$ 表示。

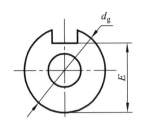

图 5.38　基准不重合误差

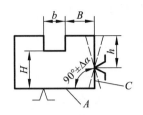

图 5.39　定位基准间位置误差引起的基准位置误差

（2）定位误差的分析与计算：

不论由何种原因引起定位误差，只要出现定位误差，就会使工序基准在工序尺寸方向上发生位置偏移。因此，分析计算定位误差，就是找出一批工件的工序基准沿工序尺寸方向可能发生的最大偏移量。

根据定位误差产生的原因，定位误差应由基准不重合误差 Δ_{jb} 与基准位移误差 Δ_{jy} 组合而成。计算时，先分别计算出 Δ_{jb} 和 Δ_{jy}，然后再将两者合成为 Δ_d。

① 工件以平面定位时的定位误差。工件以平面定位产生定位误差的原因，是由于基准不重合和基准位移引起的，其中基准位移误差是由定位基准（平面）之间的位置误差产生的。

如图 5.39 所示加工零件，该工序要求保证工序尺寸 b、H 及 B。其中 b 是用铣刀直接保证的；尺寸 H 及 B 是靠工件相对于铣刀的正确定位来保证的。当以底面 A 和侧面 C 为定位基准时，由于定位基准与工序基准重合，基准不重合误差为零。而面 A 与 C 之间存在垂直度误差，因此，在调整好的机床上加工一批工件时，由于存在定位基准之间的位置误差，引起工序基准位置发生变化，故工序尺寸 B 也随之产生加工误差，其定位误差为：

$$\Delta_{d(B)} = \Delta_{jy} = 2h \tan \Delta\alpha \tag{5.5}$$

② 工件以圆孔定位时的定位误差。工件以圆孔在不同的定位元件上定位时，其所产生的定位误差是不同的。现以圆孔在间隙配合的心轴（或定位销）上定位为例分析定位误差。

根据心轴放置的位置不同，分固定边接触与非固定边接触两种情况。

• 固定边接触。此时心轴水平放置，如图 5.40 所示。工件因自重使圆孔上母线与心轴上母线始终保持接触，此时工件上加工平面的工序基准 O（圆孔中心线）向下偏移，因此，工序基准 O 的最大变动量就是定位误差。

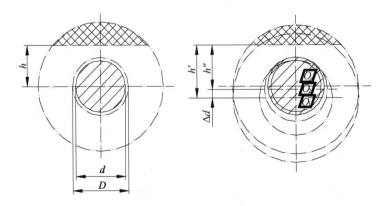

图 5.40　固定边接触时的定位误差

$$\Delta_{\mathrm{d}} = \Delta_{\mathrm{jy}} = \overline{OO_1} = \frac{1}{2}(T_{\mathrm{D}} + T_{\mathrm{d}}) \tag{5.6}$$

· 非固定边接触。此时心轴垂直放置，如图 5.41 所示。工件定位孔与心轴母线之间的接触可以是任何方向，若在工件上加工平面，工序基准为 O，则工序基准 O 的最大变动范围就是定位误差。

$$\Delta_{\mathrm{d}} = \overline{O_1 O_2} = D_{\max} - d_{\min} \tag{5.7}$$

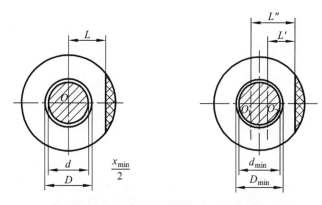

图 5.41　非固定边接触时的定位误差

③ 工件以外圆定位时的定位误差。工件以外圆定位时的情况，只分析工件外圆在 V 形块上定位时的定位误差。现以在圆柱体上铣键槽为例说明其定位误差的计算。

由于键槽槽底的工序基准不同，而可能出现如图 5.42 所示的三种情况。

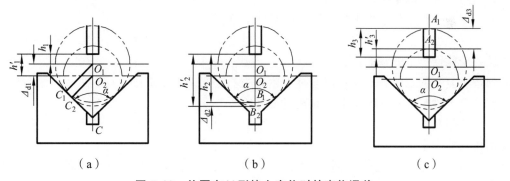

图 5.42　外圆在 V 形块上定位时的定位误差

· 以轴线 O 为工序基准。在外圆 $d^0_{-T_{\mathrm{d}}}$ 上铣削工序尺寸为 h_1 的键槽，如图 5.42（a）所示。这时，工序基准为外圆的轴线 O_1，而定位基准也为外圆轴线 O_1，两者是重合的，不存在基准不重合误差。但是，由于一批工件的定位基面——外圆有制造误差，将引起工序基准 O_1 在 V 形块对称平面上发生偏移，从而使工序尺寸产生加工误差 $\Delta h = h_1' - h_1 = \overline{O_1 O_2}$。而定位误差可以通过 $\triangle O_1 C_1 C$ 与 $\triangle O_2 C_2 C$ 的关系求得：

$$\Delta_{\mathrm{d}(h_1)} = \overline{O_1 O_2} = \overline{O_1 C} - \overline{O_2 C} = \frac{\overline{O_1 C_1}}{\sin\frac{\alpha}{2}} - \frac{\overline{O_2 C_2}}{\sin\frac{\alpha}{2}} = \frac{d}{2\sin\frac{\alpha}{2}} - \frac{d - T_{\mathrm{d}}}{2\sin\frac{\alpha}{2}} = \frac{T_{\mathrm{d}}}{2\sin\frac{\alpha}{2}} \tag{5.8}$$

- 以外圆下母线 B 为工序基准。铣键槽时，保证的工序尺寸为 h_2，如图 5.42（b）所示。这时，除了存在上述的定位基面制造误差而产生的基准位置误差外，还存在基准不重合误差。由图 5.42（b）可知，定位误差为：

$$\Delta_{d(h_2)} = \overline{B_1B_2} = \overline{O_1O_2} + \overline{O_2B_2} - \overline{O_1B_1} = \frac{T_d}{2\sin\frac{\alpha}{2}} + \frac{d - T_d}{2} - \frac{d}{2} = \frac{T_d}{2}\left(\frac{1}{\sin\frac{\alpha}{2}} - 1\right) \qquad (5.9)$$

- 以外圆上母线 A 为工序基准。如图 5.43（c）所示，需保证的工序尺寸为 h_3。与第二种情况相同，定位误差也是由于基准不重合和基准位置误差共同引起的。由图 5.43（c）可知，定位误差为：

$$\Delta_{d(h_3)} = \overline{A_1A_2} = \overline{O_1O_2} + \overline{O_1A_1} - \overline{O_2A_2} = \frac{T_d}{2\sin\frac{\alpha}{2}} + \frac{d}{2} - \frac{d - T_d}{2} = \frac{T_d}{2}\left(\frac{1}{\sin\frac{\alpha}{2}} + 1\right) \qquad (5.10)$$

由上述分析可知，外圆在 V 形块上定位铣键槽时，键槽深度的工序基准不同，其定位误差也是不同的，即 $\Delta_{d(h_2)} < \Delta_{d(h_1)} < \Delta_{d(h_3)}$。从减少定位误差来考虑，标注尺寸 h_2 最佳。定位误差大小还与定位基面的尺寸公差和 V 形块的夹角 α 有关。α 角越大，定位误差越小，但其定位稳定性也将降低。用 V 形块定位，键槽宽度的对称度的定位误差为零，所以 V 形块具有良好的对中性。

以上讨论了以平面、内孔及外圆定位时，产生定位误差的原因及其计算。归纳起来产生定位误差的原因有两个：

- 工序基准和定位基准不重合引起的基准不重合误差。
- 定位基准（基面）和定位元件本身的制造误差，以及它们之间的位置误差，引起定位基准位置变化而产生的基准位置误差。

对较为复杂的定位方式，可以通过下述方法求定位误差数值：

- 画出工件定位时工序基准偏离理想位置的两个极限位置。
- 从工序基准与其他有关尺寸的几何关系中，计算工序基准沿工序尺寸方向上位置的最大变动量，即为定位误差的值。

（3）加工误差不等式。机械加工中，产生加工误差的因素很多。加工过程中产生加工误差的原因主要有以下几个方面：

① 工件在夹具中安装时，所产生的安装误差 Δ_{AZ}，包括定位误差 Δ_d 和夹紧误差 Δ_j。夹紧误差相对定位误差较小，可忽略不计。

② 夹具对刀和导向元件与定位元件间的误差，以及夹具定位元件与夹具安装基面间的位置误差所引起的对刀误差 Δ_{dd}；夹具安装在机床上的位置不准确而引起的安装误差 Δ_a，两者之和称为对定误差 Δ_{DD}。

③ 加工过程中其他原因引起的加工误差 Δ_c，称为过程误差。如机床、刀具本身的误差，加工中的热变形及弹性变形引起的误差等。

为了保证工件的加工要求，上述三项加工误差的总和不应超过工件加工要求的允许公差

T_g，即应满足下列不等式：

$$\Delta_d + \Delta_{DD} + \Delta_c \leq T_g \qquad\qquad (5.11)$$

在夹具方案设计时，根据工件公差进行预分配，将公差大体上分成三等份：定位误差 Δ_d 占 1/3；对定误差 Δ_{DD} 占 1/3；过程误差 Δ_c 占 1/3。公差的预分配仅作为误差估算时的初步方案。夹具设计时应根据具体情况进行必要的调整。一般地，在对夹具定位方案进行定位误差计算时，所求得的定位误差不超过工件公差的 1/3，就可认为方案是可行的。

5.3　尺寸链原理

在机械产品设计过程中，设计人员根据某一部件的使用性能，规定其必要的装配精度（技术要求）。这些装配精度，在零件制造和装配过程中是如何经济、可靠地保证的，装配精度与零件制造精度有何关系，零件的尺寸公差和形位公差又是怎样制定出来的，所有这些问题都需要借助于尺寸链原理来解决。

5.3.1　尺寸链的定义及其组成

1. 尺寸链定义及尺寸链图

在机器装配或零件加工过程中，经常会遇到一些相互联系的尺寸组，这些相互联系且按一定顺序排列的封闭尺寸组称为尺寸链。

图 5.43 为拖拉机变速箱倒挡介轮和箱壁的结构，其轴向间隙 A_0 决定于箱体内壁宽 A_1 和介轮宽 A_2。由 A_0、A_1、A_2 三个尺寸按一定顺序构成封闭的尺寸组，即为尺寸链。

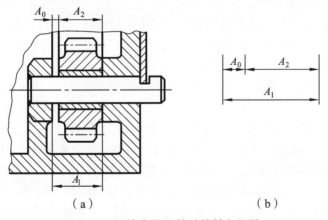

（a）　　　　　　　　　　　　　　　（b）

图 5.43　倒挡介轮和箱壁的轴向间隙

图 5.44 所示轴套，依次加工尺寸 A_1 和 A_2，则尺寸 A_0 随之而定。因此，这三个相互联系的尺寸 A_1、A_2、A_0 构成了一个尺寸链，其中尺寸 A_1 和 A_2 是在加工过程中直接获得的，尺寸 A_0 是间接保证的。

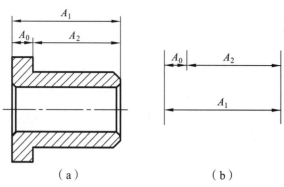

图 5.44　尺寸链图例

由上述可知，尺寸链具有以下三个特征：

（1）尺寸链具有封闭性，即组成尺寸链的各个尺寸是按一定顺序排列的封闭尺寸组。

（2）尺寸链具有关联性，即尺寸链中存在一个尺寸 A_0 或 a_0，它的大小取决于其他有关尺寸的大小。

（3）尺寸链至少是由三个尺寸（或角度量）构成的。

分析和计算尺寸链时，为简便起见，可以不画零件结构或装配单元的具体结构，只依次画出各个有关尺寸，即将在装配单元或零件上确定的尺寸链独立出来，如图 5.43（b）、图 5.44（b）所示，这就是尺寸链图。尺寸链图中各个尺寸可以不按比例绘制，但应保持各尺寸原有的连接关系。

2. 尺寸链的组成

尺寸链中的每一个尺寸称为尺寸链的环。有的环是独立存在的，有的环是受其他环影响而间接形成的。因而，尺寸链由组成环和封闭环所组成。

（1）封闭环。在零件的加工和机器的装配过程中间接获得的尺寸。由于这个尺寸是间接保证的，所以在一个尺寸链中只有一个封闭环。

如图 5.43 和图 5.44 中的 A_0 就是所在尺寸链中的封闭环。

（2）组成环。尺寸链中对封闭环有影响的全部环。这些环中任意一环的变动必然引起封闭环的变动，如图 5.43 和图 5.44 中的 A_1、A_2。

根据组成环对封闭环的影响，组成环又可分为增环和减环。

① 增环。在尺寸链中，当其余各环不变时，因其增大（或减小）而使封闭环也相应增大（或减小）的组成环称为增环，如图 5.43 及图 5.44 中的 A_1。

② 减环。在尺寸链中，当其余各环不变时，因其增大（或减小）而使封闭环相应地减小（或增大）的组成环称为减环，如图 5.43 及图 5.44 中的 A_2。

计算尺寸链时，首先应确定封闭环和组成环，并判别增、减环。判别增、减环，多采用回路法。回路法是根据尺寸链的封闭性和尺寸的顺序性判别增、减环的。在尺寸链图上，首先对封闭环尺寸任意确定一个方向，用单向箭头表示，然后沿箭头方向环绕尺寸链回路画箭头。凡与封闭环箭头方向相反的组成环为增环，与封闭环箭头方向相同的组成环为减环。

3. 尺寸链的分类

按尺寸链的应用范围，可将尺寸链分为：

（1）工艺尺寸链。在零件的加工过程中，由有关工序尺寸组成的尺寸链称为工艺尺寸链。如图 5.44 所示，三个相互联系的尺寸 A_1、A_2、A_0 构成了一个工艺尺寸链。

（2）装配尺寸链。在机器装配过程中，由影响某项装配精度的相关零件的尺寸或相互位置关系所组成的尺寸链。

如图 5.43 中，A_1、A_2 就是影响 A_0（装配精度）的有关尺寸，这三个尺寸构成影响轴向间隙的装配尺寸链。

5.3.2　直线尺寸链的基本计算公式

要正确地进行尺寸链的分析计算，首先应查明组成尺寸链的各个环，并建立尺寸链。建立尺寸链可利用尺寸链的封闭性规律。

对工艺尺寸链来讲，建立尺寸链时，首先将间接获得的尺寸确定为封闭环，再从封闭环一端开始，顺序画出有关的工序尺寸到封闭环的另一端，这样形成的封闭尺寸组，就是影响封闭环的尺寸链。

对装配尺寸链来讲，首先要将需要间接保证的装配精度确定为封闭环，从封闭环一端开始，根据装配图上的装配关系顺序地画出有关的结构尺寸到封闭环的另一端，这样形成的封闭尺寸组，就是影响装配精度的装配尺寸链。

尺寸链的计算方法有极值法和概率法两种，本章只介绍极值法。

极值法是按组成环尺寸均为极限尺寸的条件，计算封闭环极限尺寸的一种方法。

1. 封闭环的基本尺寸

封闭环的基本尺寸计算公式为：

$$A_0 = \sum_{i=1}^{m} \vec{A_i} - \sum_{i=m+1}^{n-1} \overleftarrow{A_i} \tag{5.12}$$

式中　m——增环环数；

　　　n——尺寸链总环数（包括封闭环）。

即封闭环的基本尺寸等于所有增环基本尺寸之和减去所有减环基本尺寸之和。

2. 封闭环的极限尺寸

极限尺寸的计算公式为：

$$A_{0\max} = \sum_{i=1}^{m} \vec{A}_{i\max} - \sum_{i=m+1}^{n-1} \overleftarrow{A}_{i\min} \tag{5.13}$$

$$A_{0\min} = \sum_{i=1}^{m} \vec{A}_{i\min} - \sum_{i=m+1}^{n-1} \overleftarrow{A}_{i\max} \tag{5.14}$$

即封闭环的最大极限尺寸等于所有增环最大极限尺寸之和减去所有减环最小极限尺寸之

和；封闭环的最小极限尺寸等于所有增环最小极限尺寸之和减去所有减环最大极限尺寸之和。

3. 封闭环的极限偏差

极限偏差的计算公式为：

$$ES(A_0) = \sum_{i=1}^{m} ES(\vec{A}_i) - \sum_{i=m+1}^{n-1} EI(\bar{A}_i) \tag{5.15}$$

$$EI(A_0) = \sum_{i=1}^{m} EI(\vec{A}_i) - \sum_{i=m+1}^{n-1} ES(\bar{A}_i) \tag{5.16}$$

即封闭环的上偏差等于所有增环的上偏差之和减去所有减环的下偏差之和；封闭环的下偏差等于所有增环的下偏差之和减去所有减环的上偏差之和。

4. 封闭环的公差

公差的计算公式为：

$$T_0 = ES(A_0) - EI(A_0) = \sum_{i=1}^{n-1} T_i \tag{5.17}$$

即封闭环的公差等于所有组成环公差之和。

从式（5.17）可以看出，尺寸链中所有组成环的公差以算术和的形式累积到封闭环上。为了减小封闭环的公差或者在保持封闭环公差不变的情况下，增大组成环的公差，并使组成环的加工更经济、更容易，就应尽量减少组成环的环数，称为"尺寸链最短原则"。

5.3.3　尺寸链在工艺过程中的应用

1. 测量基准与设计基准不重合时工艺尺寸链的计算

如图 5.45（a）所示的套筒零件，加工时由于尺寸 $10_{-0.36}^{0}$ mm 不便测量，而改用深度游标卡尺直接测量大孔的深度来间接测量尺寸 $10_{-0.36}^{0}$ mm。为求得大孔的深度尺寸，需要按尺寸链的计算步骤进行计算，其尺寸链图如图 5.45（b）所示。图中，$A_1 = 50_{-0.17}^{0}$ mm，$A_0 = 10_{-0.36}^{0}$ mm，A_2 为待求测量尺寸。其中，A_0 为封闭环。

由图 5.45（b）可知，A_1 是增环，A_2 是减环，利用尺寸链的计算公式可得：

$$A_2 = A_1 - A_0 = 40 \text{（mm）}$$

由　　　$ES(A_0) = ES(A_1) - EI(A_2)$

得　　　$EI(A_2) = ES(A_1) - ES(A_0) = 0$

由　　　$EI(A_0) = EI(A_1) - ES(A_2)$

得　　　$ES(A_2) = EI(A_1) - EI(A_0) = 0.19$

所以有：　$A_2 = 40_{0}^{+0.19}$ （mm）

只要实测结果在 A_2 的公差范围内，设计尺寸 $10_{-0.36}^{0}$ mm 就一定能得到保证。

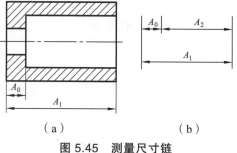

（a）　　　　　　　　　（b）

图 5.45　测量尺寸链

2. 工序基准与设计基准不重合时工艺尺寸链的计算

图 5.46（a）所示为某零件高度方向的设计尺寸，图 5.46（b）所示为相应的尺寸链图。生产中，按大批大量生产采用调整法加工 A 面、B 面、C 面。A、B 面在上工序中已经加工，且保证了尺寸 $50_{-0.016}^{0}$ mm 的要求。本工序以 A 面为工序基准（也为定位基准）加工 C 面，因为 C 面的设计基准是 B 面，工序基准与设计基准不重合，所以需要进行尺寸换算。

在这个尺寸链中，因为调整法加工直接保证的尺寸为 A_2，所以 A_0 就只能间接保证了。在尺寸链中，A_0 是封闭环，A_1 是增环，A_2 是减环，由尺寸链计算公式可得：$A_2 = 30_{-0.033}^{-0.016}$ mm。加工时，只要保证 A_1 和 A_2 尺寸都在各自的公差范围内，就一定能保证 $A_0 = 20_{0}^{+0.033}$ mm。

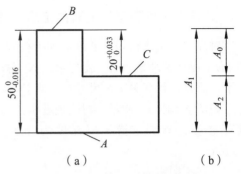

图 5.46　工序基准与设计基准
不重合的尺寸换算

3. 中间工序尺寸及偏差的计算

在零件加工中，有些加工表面的测量基准和定位基准是一些还需要继续加工的表面，造成这些表面的最后一道工序中出现了需要同时控制多个尺寸的要求，其中一个尺寸是直接获得的，而其余尺寸则只能间接获得，从而形成了尺寸链中的封闭环。如图 5.47（a）所示，在带键槽的内孔设计尺寸图中，键槽深度尺寸为 $53.8_{0}^{+0.30}$ mm。有关内孔和键槽的加工顺序是：

（1）镗内孔至 $\phi 49.8_{0}^{+0.046}$ mm。

（2）插键槽到尺寸 A_2。

（3）淬火处理。

（4）磨内孔，同时保证内孔直径 $\phi 50_{0}^{+0.030}$ mm 和键槽深度 $53.8_{0}^{+0.30}$ mm 两个设计尺寸的要求。

从以上加工顺序可以看出，键槽尺寸 $53.8_{0}^{+0.30}$ mm 是间接保证的，是在保证工序尺寸 $\phi 50_{0}^{+0.030}$ mm 后，最后自然形成的。所以，尺寸 $53.8_{0}^{+0.30}$ mm 是封闭环，而尺寸 $\phi 49.8_{0}^{+0.046}$ mm 和 $\phi 50_{0}^{+0.030}$ mm 及工序尺寸 A_2 是加工时直接获得的尺寸，为组成环。

将有关工艺尺寸标注在图 5.47（b）中，并按工艺顺序画工艺尺寸链，如图 5.47（c）所示。画尺寸链图时，先从孔的中心线出发，画镗孔半径 A_1，再依次画出插键槽深度 A_2，键槽深度设计尺寸 A_0，以及磨孔半径 A_3，使尺寸链封闭。

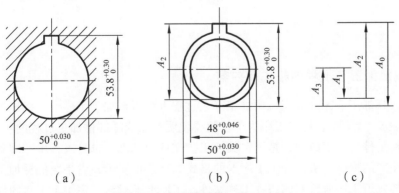

图 5.47　内孔插键槽工艺尺寸链

显然，A_2、A_3 与封闭环箭头相反为增环，A_1 与封闭环箭头相同为减环。其中，$A_0 = 53.8^{+0.30}_{0}$ mm，$A_1 = 24.9^{+0.023}_{0}$ mm，$A_3 = 25^{+0.015}_{0}$ mm，A_2 为待求尺寸。求解该尺寸链得：$A_2 = 53.7^{+0.285}_{+0.023}$ mm。

4. 零件进行表面处理时的工序尺寸计算

对那些要求进行表面处理而加工精度又比较高的表面，常常在表面处理之后安排最终磨削。为了保证磨削之后有一定厚度的表面处理层，需要进行有关工艺尺寸的计算。

如图 5.48（a）所示，衬套内孔需进行渗氮处理，并要求渗氮层深度为 0.3 ~ 0.5 mm。

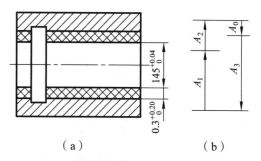

（a）　　　（b）

图 5.48　衬套内孔渗氮层磨削工艺尺寸链

其加工顺序为：

（1）粗磨孔至 $\phi 144.76^{+0.04}_{0}$ mm。

（2）渗氮处理，控制渗氮层深度 A_2。

（3）精磨孔至 $\phi 145^{+0.04}_{0}$ mm，同时保证渗氮层深度 0.3 ~ 0.5 mm。

根据加工顺序的安排，可以画出工艺尺寸链，如图 5.48（b）所示。因为磨后渗氮层深度是间接保证的，是封闭环，用 A_0 表示。图中，A_1、A_2 的箭头方向与封闭环 A_0 箭头方向相反为增环；A_3 的箭头与封闭环 A_0 箭头方向相同为减环。其中，$A_1 = 72.38^{+0.02}_{0}$ mm，$A_3 = 72.5^{+0.02}_{0}$ mm，$A_0 = 0.3^{+0.2}_{0}$ mm，A_2 为精磨前渗氮层深度，是待求的工序尺寸，解此尺寸链得：$A_2 = 0.42^{+0.18}_{+0.02}$ mm。

5.4　工艺规程设计

规定产品或零部件制造工艺过程和操作方法等的工艺文件称为工艺规程。工艺规程有机械加工工艺规程、装配工艺规程及特种和专业工艺的工艺守则等。本节介绍机械加工工艺规程设计的有关知识。

5.4.1　概　述

1. 机械加工工艺规程的格式及内容

常用的机械加工工艺规程有机械加工工艺过程卡和机械加工工序卡。机械加工工艺过程卡的格式如表 5.7 所示，它是以工序为单位简要说明产品或零部件加工过程的一种工艺文件，主要用来了解工件的加工流向，是制定其他工艺文件的基础，也是进行生产准备、编制作业计划和组织生产的依据。机械加工工序卡的格式如表 5.8 所示，它是在机械加工工艺过程卡的基础上，按每道工序所编制的一种工艺文件。工序卡上对该工序每个工步的加工内容、工艺参数、操作要求及所用设备和工艺装备均有详细说明，并附有工序简图。在工序简图上，零件的外廓以细实线表示，该工序的加工部位用粗实线表示，除需标注该工序的工序尺寸和技术要求外，还需将定位基准和夹紧方式用规定的符号表示出来。工序卡主要用于直接指导工人进行生产。

表 5.7　机械加工工艺过程卡

工厂名	机械加工工艺过程卡	产品名称型号		零件名称		零件图号		共　页	
		材料	名　称	毛坯	种　类	零件毛重/kg			
			牌　号		尺　寸	零件净重/kg		第　页	
			性　能	每台件数		每批件数			
工序号	工序内容		加工车间	设备名称	夹具名称	刀具名称	量具名称	技术等级	时间定额
更改内容									
编　制		抄　写		校　对		审　核		批　准	

表 5.8　机械加工工序卡

工厂名	机械加工工序卡	产品名称及型号	零件名称	零件图号	工序名称	工序号	第　页
							共　页
			车　间	工　段	材料名称	材料牌号	力学性能
工　序　简　图							
			同时加工件数	每料件数	技术等级	单件时间	准备终结时间
			设备名称	设备编号	夹具名称	夹具编号	工作液
			更改内容				

工步号	工步内容	计算数据			走刀次数	切削用量			工时定额			刀具量具及辅助工具			
		直径或长度	进给长度	单边余量		背吃刀量	进给量	切削速度	基本时间	辅助时间	工作服务地点时间	名称	规格	编号	数量
编　制		抄　写		校　对		审　核			批　准						

　　单件、小批生产时，一般只编制工艺过程卡；大批大量生产时，除需编制工艺过程卡外，还要编制工序卡；中批生产时，在编制工艺过程卡的基础上，对一些重要零件的主要工序一般也需编制工序卡。

2. 机械加工工艺规程的作用

经审定批准的工艺规程是工厂生产活动中关键性的指导文件，它的主要作用有以下几方面：

（1）是指导生产的主要技术文件。生产工人必须严格按照工艺规程进行生产，检验人员必须按照工艺规程的要求进行检验，有关的生产人员都必须严格执行工艺规程，不容擅自更改，这是严肃的工艺纪律。否则，可能造成废品，或产品质量及生产效率下降，甚至会引起整个生产过程的混乱。

但是，工艺规程也不是一成不变的，随着科学技术的发展和工艺水平的提高，今天合理的工艺规程，明天也可能落后。因此，要注意及时把广大工人和技术人员的创造发明和技术革新成果吸收到工艺规程中来，同时，还要不断吸收国内外业界已成熟的先进技术。为此，工厂除定期进行工艺整顿，修改工艺文件外，经过一定的审批手续，还可临时对工艺文件进行修改，使之更臻完善。

（2）是生产组织管理和生产准备工作的依据。生产计划的制定，产品投产前原材料和毛坯的供应，工艺装备的设计、制造与采购，机床负荷的调整，作业计划的编排，劳动力的组织，工时定额的制定及成本的核算等，都是以工艺规程作为基本依据的。

（3）是新建和扩建工厂（车间）的技术依据。在新建和扩建工厂（车间）时，生产所需设备的种类和数量，机床的布置，车间的面积，生产工人的工种、等级和数量以及辅助部门的安排等，都是以工艺规程为基础，根据生产类型来确定的。

除此之外，先进的工艺规程起着推广和交流先进经验的作用，典型工艺规程可指导同类产品的生产。

3. 制定机械加工工艺规程的原则

制定工艺规程总的原则是：在一定的生产条件下，在保证质量和生产进度的前提下，能获得最好的经济效益。制定工艺规程时，应注意以下三个方面的问题：

（1）技术上的先进性。所谓技术上的先进性，是指高质量、高效益地获得，不是建立在提高工人劳动强度和操作技术的基础上，而是依靠采用相应的技术措施来保证的。因此，在制定工艺规程时，要了解国内外本行业工艺技术的发展，通过必要的工艺试验，尽可能采用先进的工艺和工艺装备。

（2）经济上的合理性。在一定的生产条件下，可能会有多个能满足产品质量要求的工艺方案，此时应通过成本核算或评比，选择经济上最合理的方案，使产品成本最低。

（3）具有良好的劳动条件，避免环境污染。在制定工艺规程时，要注意保证工人具有良好而安全的劳动条件，尽可能地采用先进的技术措施，将工人从繁杂笨重的体力劳动中解放出来。同时，要符合国家环境保护法的有关规定，避免环境污染。

4. 制定机械加工工艺规程的原始资料

制定工艺规程时，必须具备下列原始资料：

（1）产品装配图和零件图。

（2）验收产品的质量标准。

（3）产品的年生产纲领。

（4）本厂的生产条件。如现有设备的规格、性能，所能达到的精度等级及负荷情况；现有工艺装备和辅助工具的规格和使用情况；工人的技术水平；专用设备和工艺装备的制造能力和水平；毛坯的生产能力和制造水平等。只有深入生产现场进行调查研究，掌握上述方面的第一手资料，才能使制定出来的工艺规程符合本厂的生产实际。

（5）国内外先进工艺及生产技术发展情况。制定工艺规程时，还需了解国内外的先进工艺和生产技术的发展情况，以便结合本厂的生产实际加以推广应用，使制定出来的工艺规程具有先进性和最好的经济效益。

5.4.2　制定机械加工工艺规程

制定零件机械加工工艺规程遵循的步骤：

1. 分析零件图和产品装配图

（1）熟悉产品的性能、用途、工作条件，结合总装图、部装图，了解零件在产品中的功用、工作条件，掌握零件上影响产品性能的关键加工部位和关键技术要求，以便在制定工艺规程时，采用相应的措施予以重点保证。

（2）审查图样的正确性、合理性，如视图是否正确、完整，尺寸标注、技术要求是否合理，材料选择是否恰当等。

（3）审查零件的结构工艺性。所谓零件的结构工艺性，是指所设计的零件在满足使用要求的前提下，制造的可行性和经济性。零件的结构工艺性对其工艺过程影响很大。使用性能相同而结构不同的零件，其制造的难易程度和成本可能会有很大差别。零件的结构工艺性问题涉及面很广，毛坯制造、机械加工、热处理、装配等对零件都有结构工艺性要求。表 5.9 列出了机械加工中常见的零件结构工艺性问题。

表 5.9　零件结构要素的机械加工工艺性

序号	结构工艺性		说明
	不好	好	
1			应尽量减小加工面，以减少加工劳动量和切削工具的消耗量
2			被加工表面的方向一致，可以在一次装夹中进行加工
3			要有退刀槽，以保证加工的可能性，减少刀具的磨损

续表 5.9

序号	结 构 工 艺 性		说　明
	不　好	好	
4	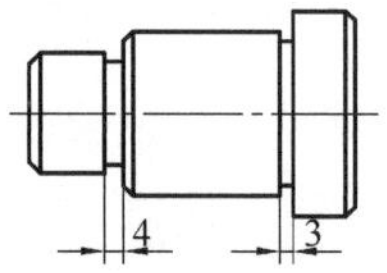	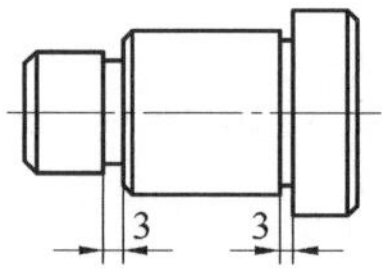	退刀槽尺寸相同,可减少刀具种类,减少换刀时间
5	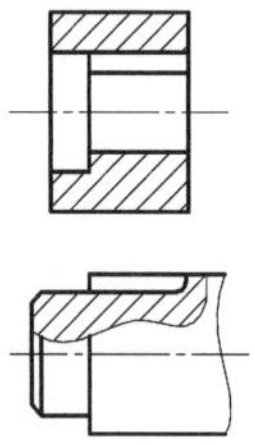	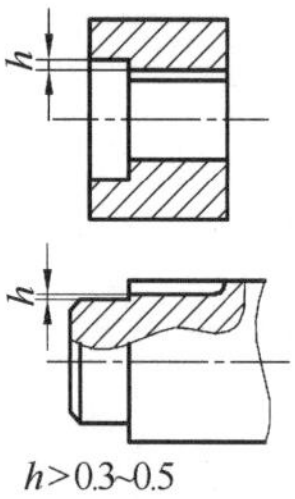 $h > 0.3 \sim 0.5$	为了减少加工劳动量、改善刀具工作条件,沟槽的底面不能与其他表面重合
6	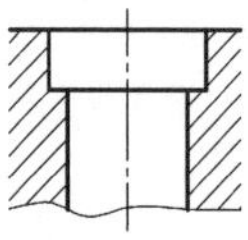	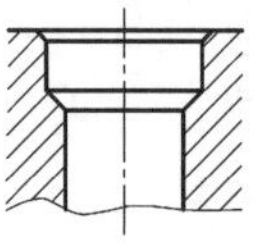	阶梯孔最好不用平面过渡,以便采用通用刀具加工
7	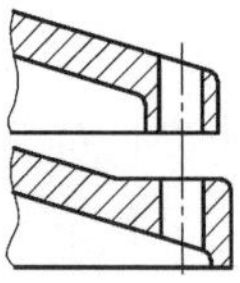	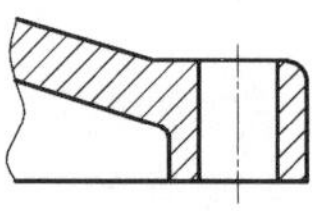	钻孔的出入端应避免斜面,可减少刀具磨损、提高钻孔精度和生产率
8	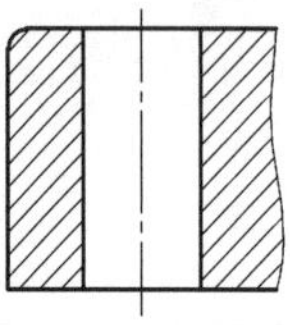	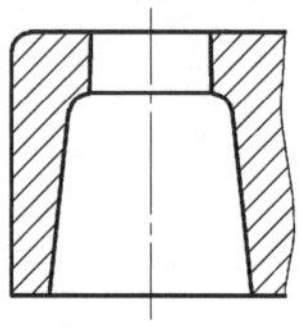	减少孔的加工长度、避免深孔加工
9	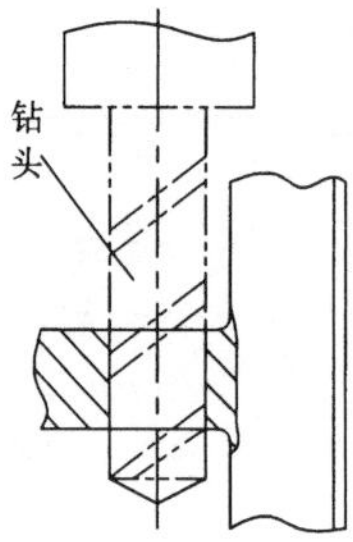 钻头	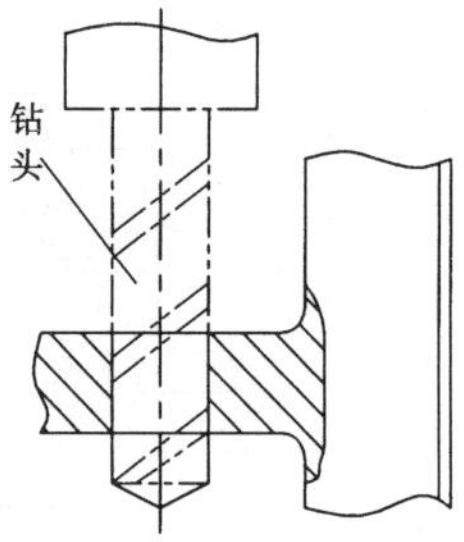 钻头	钻孔位置不能距外壁太近,以便采用标准刀辅具,提高加工精度

　　应该指出,评定零件结构工艺性的好坏,还需同生产类型相联系。如图 5.49 所示箱体零件,单件、小批生产时,其同轴线孔的直径就设计成单向递减,如图 5.49(a)所示,以便在普通卧式镗床上从一个方向加工同轴线上的所有孔。而大批生产时,同轴线孔的孔径设计成双向递减,如图 5.49(b)所示,则其结构工艺性较好。因为可以采用双面联动镗床从两边同时加工同轴线上的孔,以便缩短加工工时,提高生产效率。

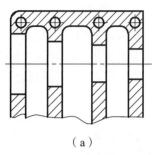　　　　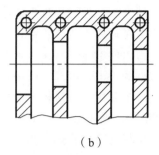

（a）　　　　　　　　　　　　　　（b）

图 5.49　生产类型对结构工艺性的要求

工艺人员对零件图进行工艺审查时，如发现问题，应及时提出，并会同有关设计人员共同研究，通过必要的手续及时进行修改。

2. 毛坯的选择

零件是由毛坯按照其技术要求经过各种加工而最后形成的。毛坯选择的正确与否，不仅影响产品质量，而且对制造成本也有很大影响。因此，正确地选择毛坯有着重大的技术经济意义。

（1）毛坯的种类。毛坯的种类很多，同一种毛坯又有多种制造方法。机械制造中常用的毛坯有以下几种：

① 铸件。形状复杂的毛坯，宜用铸造方法制造。根据铸造方法的不同，铸件又可分为以下几种类型：

• 砂型铸造铸件。这是应用最为广泛的一种铸件，它又有木模手工造型和金属模机器造型之分。木模手工造型铸件精度低，加工表面需留较大的加工余量，手工造型生产效率低，适合于单件、小批生产或大型零件的铸造。金属模机器造型生产效率高，铸件精度也高，但设备费用高，铸件的重量也受限制，适合于大批大量生产的中、小型铸件。砂型铸造铸件材料不受限制，以铸铁应用最广，铸钢、有色金属铸造也有应用。

• 金属型铸造铸件。金属型铸造铸件比砂型铸造铸件精度高、表面质量和力学性能好，生产效率也较高，但需专用的金属型腔模，适合于大批量生产中尺寸不大的有色金属铸件。

• 离心铸造铸件。这种铸件结晶细，金属组织致密，零件的力学性能好，外圆精度及表面质量高，但内孔精度差，需要专门的离心浇注机，适合批量较大的黑色金属和有色金属的旋转体铸件。

• 压力铸造铸件。这种铸件精度高，可达 IT13～IT11；表面粗糙度值小，可达 3.2～0.4 μm；铸件的力学性能好，同时可铸造各种结构较复杂的零件，铸件上的各种孔眼、螺纹、文字及花纹图案均可铸出。但需要一套昂贵的设备和金属型腔模，适合于批量较大的形状复杂、尺寸较小的有色金属铸件。

• 精密铸造铸件。精密铸造铸件精度高，表面质量好。一般用来铸造形状复杂的铸钢件，可节省材料，降低成本，是一项先进的毛坯制造工艺。

② 锻件。机械强度要求高的钢制件，一般要用锻件毛坯。锻件有自由锻造锻件和模锻件两种。

自由锻造锻件是在锻锤或压力机上用手工操作而成形的锻件。它的精度低，加工余量大，生产效率也低，适合于单件、小批生产及大型锻件。

模锻件是在锻锤或压力机上，通过专用锻模而锻制成形的锻件。它的精度和表面质量均比自由锻造好，可以使毛坯形状更接近工件形状，加工余量小。同时由于模锻件的材料纤维组织分布好，锻件的机械强度高。模锻的生产效率高，但需要专用的模具，且锻锤的吨位也要比自由锻造大。主要用于批量较大的中、小型零件。

③ 型材。型材按截面形状可分为：圆钢、方钢、六角钢、扁钢、角钢、槽钢及其他特殊截面的型材。型材有冷拉和热轧两种。热轧的精度低，价格较冷拉的便宜，用于一般零件的毛坯；冷拉的尺寸较小，精度高，易于实现自动送料，但价格贵，多用于批量较大且在自动机床上进行加工的情况。

④ 焊接件。适于单件、小批生产中制造大型毛坯。其优点是制造简便，周期短，毛坯重量轻；缺点是焊接件抗振性差，由于内应力重新分布引起的变形大。因此，在进行机械加工前需经时效处理。

⑤ 冲压件。冲压件的尺寸精度高，可以不再进行加工或只进行精加工，生产效率高。适于批量较大而零件厚度较小的中、小型零件。

⑥ 冷挤压件。冷挤压毛坯精度高，表面粗糙度值小，可以不再进行机械加工。但要求材料塑性好，主要为有色金属和塑性好的钢材，生产效率高。适于大批量生产中制造形状简单的小型零件。

（2）毛坯的选择。毛坯的种类和制造方法对零件的加工质量、生产率、材料消耗及加工成本都会产生直接影响。提高毛坯精度，可减少机械加工的劳动量，提高材料利用率，降低机械加工成本，但毛坯制造成本随之提高，两者是相互矛盾的。选择毛坯应综合考虑下列因素：

① 零件的材料及对零件力学性能的要求。例如，零件的材料是铸铁或青铜，只能选铸造毛坯，不能用锻造。若材料是钢材，当零件的力学性能要求较高时，不管形状简单与复杂，都应选锻件毛坯；当零件的力学性能无过高要求时，可选型材或铸钢件。

② 零件的结构形状与外形尺寸。钢质的一般用途的阶梯轴，如台阶直径相差不大，可用棒料；若台阶直径相差大，则宜用锻件，以节约材料和减少机械加工工作量。大型零件受设备条件的限制，一般只能用自由锻和砂型铸造；中、小型零件根据需要可选用模锻和各种先进的铸造方法。

③ 生产类型。大批大量生产时，应选用毛坯精度和生产效率都高的先进的毛坯制造方法，使毛坯的形状、尺寸尽量接近零件的形状、尺寸，以节约材料，减少机械加工工作量。由此而节约的费用会远远超出毛坯制造所增加的费用，获得好的经济效益。单件、小批生产时，采用先进的毛坯制造方法所节约的材料和机械加工成本，相对于毛坯制造所增加的设备和专用工艺装备费用就得不偿失了，故应选毛坯精度和生产效率均较低的一般毛坯制造方法，如自由锻和手工木模造型等方法。

④ 生产条件。选择毛坯时，应考虑现有的生产条件，如现有毛坯的制造水平和设备情况，外协的可能性等。可能时，应尽可能组织外协，实现毛坯制造的专业化生产，以获得好的经济效益。

⑤ 充分考虑利用新工艺、新技术和新材料。随着毛坯制造专业化生产的发展，目前毛坯制造方面的新工艺、新技术和新材料的应用越来越多，如精铸、精锻、冷轧、冷挤压、粉

末冶金和工程塑料的应用日益广泛，这些方法可大大减少机械加工量，节约材料，且有十分显著的经济效益。

除此之外，还要从工艺的角度出发，对毛坯的结构、形状提出要求，必要时，应会同毛坯车间共同商定毛坯图。

3. 定位基准的选择

定位基准有粗基准和精基准之分。在加工中，首先使用的是粗基准，但在选择定位基准时，为了保证零件的加工精度，首先考虑的是选择精基准，精基准选定后，再考虑合理地选择粗基准。

（1）精基准的选择原则。选择精基准时，重点要考虑如何减少工件的定位误差，以保证工件的加工精度，同时也要考虑工件装卸方便，夹具结构简单。一般应遵循下列原则：

① 基准重合原则。所谓基准重合原则是指以工序基准作定位基准，以避免产生基准不重合误差。而工序基准又应与设计基准重合，这样设计基准、工序基准、定位基准均重合，从而避免了工序尺寸换算及基准不重合误差的产生。

② 基准统一原则。当零件上有许多表面需要进行多道工序加工时，应尽可能在各工序的加工中选用同一组基准定位，称为基准统一原则。基准统一可较好地保证各个加工面的位置精度，同时各工序所用夹具定位方式统一，夹具结构相似，可减少夹具的设计、制造工作量。

基准统一原则在机械加工中应用较为广泛，如阶梯轴的加工，大多采用顶尖孔作统一的定位基准；齿轮的加工，一般都以内孔和一端面作统一的定位基准加工齿坯、齿形；箱体零件加工大多以一组平面或一面两孔作统一的定位基准加工孔系和端面；在自动机床或自动线上，一般也需遵循基准统一的原则。

③ 自为基准原则。有些精加工工序，为了保证加工质量，要求加工余量小而均匀，采用加工面自身作定位基准，称为自为基准原则。如图 5.50 所示，在导轨磨床上磨削床身导轨时，为了保证加工余量小而均匀，采用百分表找正床身表面的方式装夹工件；又如浮动镗孔、浮动铰孔、珩磨及拉孔等，均是采用加工面自身作定位基准。

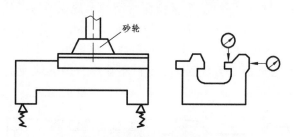

图 5.50　床身导轨面自为基准定位

④ 互为基准原则。当两个表面的相互位置精度要求很高，而表面自身的尺寸和形状精度又很高时，常采用互为基准反复加工的办法来达到位置精度要求。例如，精密齿轮高频淬火后，在其后的磨齿工序中，常采用先以齿面为基准磨内孔，再以内孔定位磨齿面，如此反复加工以保证齿面与孔的位置精度。又如车床主轴前后支承轴颈与前锥孔有严格的同轴度要求，为了达到这一要求，生产中常常以主轴颈表面和锥孔表面互为基准反复加工，最后以前后支承轴颈定位精磨前锥孔。

⑤ 装夹方便原则。所选定位基准应能使工件定位稳定，夹紧可靠，操作方便，夹具结构简单。

以上介绍了精基准选择的几项原则，每一原则只能说明一个方面的问题，理想的情况是使基准既"重合"又"统一"，同时还能保证定位稳定、可靠、操作方便，夹具结构简单。但实际运用中往往出现相互矛盾的情况，这就要求从技术和经济两方面进行综合分析，抓住主要矛盾，进行合理选择。

还应该指出，工件上的定位基准，一般应是工件上具有较高精度要求的重要表面，但有时为了使基准统一或定位可靠，操作方便，常人为地制造一种基准面，这些表面在零件的工作中并不起作用，仅仅在加工中起定位作用，如顶尖孔、工艺搭子等。这类基准称为辅助基准，这些表面也叫工艺表面。

（2）粗基准的选择原则。选择粗基准时，重点考虑如何保证各个加工面都能分配到合理的加工余量，保证加工面与不加工面的尺寸和位置精度，同时还要为后续工序提供可靠的精基准。具体选择应遵循下列原则：

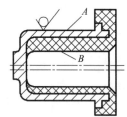

图 5.51　不加工表面作粗基准

① 为了保证零件上加工面与不加工面的相对位置要求，应选不加工面作粗基准。如图 5.51 所示铸件毛坯，铸造时孔 B 与外圆有偏心，若以不加工面（外圆 A）为粗基准定位加工孔 B，则加工后的孔 B 与不加工的外圆 A 基本同轴，较好地保证了壁厚均匀。当零件上有几个这样的加工面时，应选与加工面的相对位置要求高的不加工面为粗基准。

② 为了保证零件上某重要表面加工余量均匀，应选此重要表面为粗基准。零件上有些重要工作表面，精度很高，为了达到加工精度要求，在粗加工时就应使其加工余量尽量均匀。例如，车床床身导轨面是重要表面，不仅精度和表面质量要求高，而且要求导轨表面的耐磨性好，整个表面具有大体一致的物理力学性能。床身毛坯铸造时，导轨面是朝下放置的，其表面层的金属组织细微均匀，没有气孔、夹砂等缺陷。因此，导轨面粗加工时，希望加工余量均匀。这样，不仅有利于保证加工精度，同时也可能使粗加工中切去的一层金属尽可能薄一些，以便留下一层组织紧密而耐磨的金属层。为了达到上述目的，在粗基准选择时，应以床身导轨面为粗基准先加工床脚平面，再以床脚面为精基准加工导轨面，如图 5.52（a）所示，这样就可以使导轨面的粗加工余量小。反之，若以床脚为粗基准先加工导轨面，由于床身毛坯的平行度误差，不得不在床身的导轨面上切去一层不均匀的较厚金属，如图 5.52（b）所示，这样不利于床身加工质量的保证。

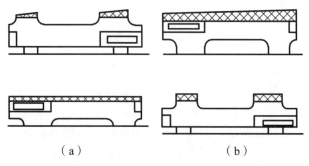

（a）　　　　　　　　　　（b）

图 5.52　床身导轨面加工粗基准选择的比较

以重要表面作粗基准，在重要零件的加工中得到较多的应用。例如，机床主轴箱箱体的加工，通常是以主轴孔为粗基准先加工底面或顶面，再以加工好的平面为精基准加工主轴孔及其他孔，这样可以使精度要求高的主轴孔获得均匀的加工余量。

③ 为了保证零件各个加工面都能分配到足够的加工余量，应选加工余量最小的面为粗基准。如图 5.53 所示阶梯轴锻件毛坯，若毛坯大小头的同轴度误差为 0 ~ 3 mm，大头的最小加工余量为 8 mm，小头的最小加工余量为 5 mm，若以加工余量大的大头为粗基准先车小头，则小头可能会因加工余量不足而使工件报废。反之，若以加工余量小的小头为粗基准先车大头，则大头的加工余量足够，经过加工的大头外圆已与小头毛坯外圆基本同轴，再以经过加工的大头外圆为精基准车小头，小头的余量也就足够了。

④ 为了使定位稳定、可靠，应选毛坯尺寸和位置比较可靠、平整光洁的表面作粗基准。作粗基准的面应无锻造飞边和铸造浇冒口、分型面及毛刺等缺陷，用夹具装夹时，还应使夹具结构简单，操作方便。

⑤ 粗基准应尽量避免重复使用，特别是在同一尺寸方向上只允许装夹使用一次。因粗基准是毛面，表面粗糙、形状误差大，如果二次装夹使用同一粗基准，两次装夹中加工出的表面就会产生较大的相互位置误差。

如图 5.54 所示小轴的加工，若重复使用毛面 B 定位加工 A 和 C 面，必然会使 A、C 面间产生较大的同轴度误差。

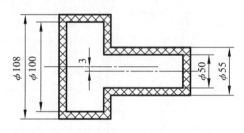

图 5.53　以加工余量小的面为粗基准

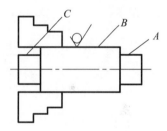

图 5.54　重复使用粗基准实例

A、C—加工面；B—毛坯面

4. 工艺路线的制定

拟订零件的加工工艺路线，实质上是制定机械加工工艺路线的总体布局，对零件加工质量、生产率和经济性有决定性的影响，因此，它是制定工艺规程中最关键的一步。通常应提出多个方案进行比较分析，以求最佳方案。拟订工艺路线时，主要应考虑以下几方面的问题：

（1）表面加工方法的选择。在拟订零件的工艺路线时，首先要确定各个表面的加工方法。零件的形状尽管有各种各样，但它们都可以认为是由多种简单的几何体所组成，如外圆、孔、平面、锥面、成形表面等。针对每一种几何表面，都有一系列加工方法与之相对应，各种加工方法所能达到的经济精度和表面粗糙度，可查阅有关手册。表 5.10 列出了外圆、内孔和平面的加工方案，可参考。选择加工方法时应考虑以下三个方面的问题：

① 要保证加工表面的加工精度和表面粗糙度的要求。一般总是首先根据零件主要表面的技术要求和工厂的具体条件，先选定它的最终加工方法，然后再逐一选定各有关前导工序的加工方法。

② 应考虑生产率和经济性的要求。大批大量生产时，应尽量采用高效率的先进加工方法，如拉削内孔与平面等。但在年产量不大的情况下，应采用一般的加工方法，如镗孔或钻、扩、铰孔以及铣或刨平面等。

③ 应考虑工件的材料。如有色金属就不宜采用磨削方法进行精加工，而淬火钢的精加工就需采用磨削加工的方法。

表 5.10　常用加工方法的加工经济精度和表面粗糙度

加 工 表 面	加 工 方 法	加工经济精度	表面粗糙度
		IT	$R_a/\mu m$
外圆柱面和端面	粗　车	12～11	25～12.5
	半精车	10～9	6.3～3.2
	精　车	8～7	1.6～0.8
	金刚石车	6～5	0.8～0.2
	粗　磨	8～7	0.8～0.4
	精　磨	6～5	0.4～0.2
	研　磨	5～3	0.1～0.008
	超精加工	5	0.1～0.01
	抛　光	—	0.1～0.012
圆柱孔	钻	12～11	25～12.5
	扩	10～9	6.3～3.2
	粗　铰	8～7	1.6～0.8
	精　铰	7～6	0.8～0.4
	粗　拉	8～7	1.6～0.8
	精　拉	7～6	0.8～0.4
	粗　镗	12～11	25～12.5
	半精镗	10～9	6.3～3.2
	精　镗	8～7	1.6～0.8
	粗　磨	8～7	1.6～0.8
	精　磨	7～6	0.4～0.2
	珩　磨	6～4	0.8～0.05
	研　磨	6～4	0.1～0.008
平　面	粗铣（或粗刨）	13～11	25～12.5
	半精铣（或半精刨）	10～9	6.3～3.2
	精铣（或精刨）	8～7	1.6～0.8
	宽刀精刨	6	0.8～0.4
	粗　拉	11～10	6.3～3.2
	精　拉	9～6	1.6～0.4
	粗　磨	8～7	1.6～0.4
	精　磨	6～5	0.4～0.2
	研　磨	5～3	0.1～0.008
	刮　研	5	0.8～0.4

需要注意的是，任何一种加工方法，可以获得的精度和表面粗糙度值均有一个较大的范围，例如，精细的操作、选择低的切削用量，获得的精度较高；但又会降低生产率，提高成本。反之，若增加切削用量提高了生产率，虽然成本降低了，但精度又较低。所以，只有在一定的精度范围内才是经济的，这一定范围的精度就是指在正常加工条件下（即不采用特别的工艺方法，不延长加工时间）所能达到的精度，这种精度称为经济精度。相应的表面粗糙度称为经济表面粗糙度。

（2）加工阶段的划分。在选定了零件上各表面的加工方法后，还需进一步确定这些加工方法在工艺路线中的顺序及位置。这与加工阶段的划分有关，当零件的加工质量要求特别高时，一般都要经过粗加工、半精加工和精加工三个阶段，如果零件精度要求特别高或表面粗糙度值要求特别小时，还要经过光整加工阶段。各个加工阶段的主要任务是不同的，在粗加工阶段主要是高效地切除各加工表面上的大部分余量，使毛坯在形状和尺寸上接近零件成品。半精加工阶段主要是减小粗加工后留下的误差，使被加工零件达到一定精度，为精加工做准备，并完成一些次要表面的加工。精加工阶段主要是保证各主要表面达到图纸规定的加工要求。而光整加工阶段是对精度要求很高（IT6 以上）、表面粗糙度值要求很小（R_a<0.2 μm）的零件安排的加工，其主要任务是减小表面粗糙度值或进一步提高尺寸精度和形状精度，一般不能纠正各表面的位置误差。

划分加工阶段的原因是：

① 保证加工质量的需要。在粗加工阶段中，由于切除的金属层较厚，产生的切削力和切削热都比较大，所需的夹紧力也大，因而工件会产生较大的弹性变形和内应力，从而造成较大的加工误差和较大的表面粗糙度值。这时需通过半精加工和精加工逐步减小切削用量、切削力和切削热，逐步修正工件的变形，提高加工精度，降低表面粗糙度，最后达到零件图纸的要求；同时各阶段之间的时间间隔可使工件得到自然时效，有利于消除工件的内应力，使工件有恢复变形的时间，以便在后一道工序中加以修正。

② 合理使用机床设备的需要。粗加工时一般采用功率大，精度不高的高效率设备；而精加工时采用高精度机床。这样不但提高了粗加工的生产率，而且也延长了高精度机床的使用寿命，且可降低加工成本。

③ 便于热处理工序的安排。热处理工序的插入自然地将机械加工工艺过程划分为几个阶段。如在精密主轴加工中，在粗加工后进行去应力的时效处理，在半精加工后进行淬火，在精加工后进行冰冷处理及低温回火，最后再进行光整加工。

④ 及时发现毛坯缺陷。粗加工各表面后可及早发现毛坯的缺陷，及时修补或报废，避免继续加工而增加损失，而且精加工阶段安排在最后，可保护精加工后的表面尽量不受损伤。

应当指出，将工艺过程划分成几个阶段是对整个加工过程而言的，不能单纯从某一表面的加工或某一工序的性质来判断。例如，工件的定位基准的加工总是优先安排，而在精加工阶段中安排某些钻孔之类的粗加工工序也是常有的，有时甚至是需要的。

还需指出的是，划分加工阶段也并不是绝对的。对于刚性好、加工精度要求不高或余量不大的工件就不必划分加工阶段。有些精度要求高的重型件，由于运输安装费时费工，一般也不划分加工阶段，而是在一次装夹下完成全部粗加工和精加工任务。为了减少夹紧变形对加工精度的影响，可在粗加工后松开夹紧机构，然后用较小的夹紧力重新夹紧工件，继续进行精加工，这对提高加工精度是有利的。

（3）工序的集中与分散。零件上加工表面的加工方法选择好后，就可确定组成该零件的加工工艺过程的工序数。确定工序数有两种截然不同的原则。一个是工序集中原则，另一个是工序分散原则。

① 工序集中原则。所谓工序集中，就是把工件上较多的加工内容集中在一道工序中进行，而整个工艺过程由数量比较少的复杂工序组成。它的特点是：

• 工序数目少、设备数量少，可相应减少操作工人人数和生产面积。

• 工件装夹次数少，不但缩短了辅助时间，而且在一次装夹下所加工的各个表面之间容易保证较高的位置精度。

• 有利于采用高效率的专用机床和工艺装备，从而提高生产效率。

• 由于采用比较复杂的专用设备和专用工艺装备，因此生产准备工作量大，调整费时，对产品更新的适应性差。

② 工序分散原则。所谓工序分散就是在每道工序中仅仅对工件上很少的几个表面进行加工，整个工艺过程由数量比较多的简单工序组成。它的特点是：

• 工序数目多，设备数量多，相应地增加了操作工人人数和生产面积。

• 可以选用最有利的切削用量。

• 机床、刀具、夹具等结构简单，调整方便。

• 生产准备工作量小，改变生产对象容易，生产适应性好。

工序集中和分散各有其特点，必须根据生产类型、工厂的设备条件、零件的结构特点和技术要求等具体生产条件确定。

在大批大量生产中，趋向于采用高效机床、专用机床及自动生产线等设备按工序集中原则组织工艺过程，但也可采用彻底的工序分散原则组织工艺过程。例如，轴承制造厂加工轴承外圈、内圈等，就是按工序分散原则组织工艺过程的。在成批生产中，既可按工序分散原则组织工艺过程，也可采用多刀半自动车床和转塔车床等高效通用机床按工序集中原则组织工艺过程。在单件、小批生产中，宜采用通用机床按工序集中原则组织工艺过程。在现代制造中，由于数控机床等的使用，工艺过程的安排趋向于工序集中。

（4）工序顺序的安排：

① 机械加工工序的安排。机械加工工序的安排应遵循以下几项原则：

• 先基面后其他。选作精基准的表面的加工应优先安排，以便为后续工序的加工提供精基准。

• 先粗后精。整个零件的加工工序，应是粗加工工序在前，相继为半精加工、精加工及光整加工工序。

• 先主后次。先加工零件主要工作表面及装配基准面，然后再加工次要表面。由于次要表面的加工工作量比较小，而且它们往往与主要表面有位置精度的要求，因此一般都放在最后的精加工或光整加工之前进行。当次要表面的加工劳动量很大时，为了减少由于加工主要表面产生废品造成的工时损失，主要表面的精加工工序也可安排在次要表面加工之前进行。

• 先面后孔。对于箱体、支架等类型零件，平面的轮廓尺寸较大，用它定位比较稳定，因此应选平面作精基准，先加工平面，然后用平面定位加工孔，这样有利于保证孔的加工精度。

② 热处理工序的安排。为了提高工件材料的力学性能，或改善工件材料的切削性能，

或为了消除工件材料内部的内应力，在工艺过程中的适当位置应安排热处理工序。

• 预备热处理。预备热处理包括退火、正火、时效和调质处理等，其目的是改善加工性能，消除内应力和为最终热处理做好组织准备。一般多安排在粗加工前后。

退火和正火是为了改善切削加工性能和消除毛坯的内应力，常安排在毛坯制造之后粗加工之前进行。

调质处理即淬火后的高温回火，能获得均匀细致的组织，为以后表面淬火和渗氮做组织准备，所以调质处理可作为预备热处理，常置于粗加工之后进行。

时效处理主要用于消除毛坯制造和机械加工中产生的内应力，最好安排在粗加工之后进行。对于加工精度要求不高的工件可放在粗加工之前进行。

对于机床床身、立柱等结构比较复杂的铸件，在粗加工前后都要进行人工时效（或自然时效）处理，以便使材料组织稳定，日后不再有较大的变形。

除铸件外，对于一些刚性差的精密零件（如精密丝杠），为消除加工中产生的内应力，稳定零件的加工精度，在粗加工、半精加工和精加工之间可安排多次时效处理。

• 最终热处理。包括淬火、渗碳淬火和渗氮、液体碳氮共渗处理等。其目的主要是提高零件材料的硬度和耐磨性，它们在工艺过程中的安排如下：

淬火处理一般都安排在半精加工和精加工之间进行。这是由于工件淬硬后，表面会产生氧化层且有一定的变形，淬硬处理后需安排精加工工序，以修整热处理工序产生的变形。在淬火工序以前，需将铣槽、钻孔、攻螺纹和去毛刺等次要表面的加工进行完毕，以防工件淬硬后无法加工。

渗碳淬火常用于处理低碳钢和低碳合金钢，目的是使零件表层增加含碳量，淬火后使表层硬度增加，而心部仍保持其较高的韧性。渗碳淬火有局部渗碳淬火及整体渗碳淬火之分。整体渗碳淬火时，有时需先将有关部位（如淬火后需钻孔的部位等）进行防渗保护，以便淬火后加工；或将有关部位的加工放在渗碳和淬火之前进行。

渗氮、液体碳氮共渗等热处理工序，可根据零件的加工要求安排在粗、精磨削之间或在精磨之后进行，用于装饰及防锈表面的电镀、发蓝处理等工序，一般都安排在机械加工完毕后进行。

③ 辅助工序的安排。辅助工序种类很多，包括工件的检验、去毛刺、平衡及清洗工序等，其中检验工序对保证产品质量有极为重要的作用，需在下列场合安排检验工序：

粗加工全部结束之后，精加工之前；工件从一个车间转到另一个车间时；重要工序加工前后；零件全部加工结束后。

除了一般性的尺寸检验（包括形位误差检验）和表面粗糙度检验之外，还有其他检验，如 x 射线检查、超声波探伤检查等用于检查工件内部的质量，一般都安排在工艺过程的开始阶段进行，荧光检查和磁力探伤主要用于检查工件表面质量，通常安排在精加工阶段进行。

特别应提出的是不应忽视去毛刺、倒棱以及清洗等辅助工序，特别是一些重要零件，往往由于这些工序安排不当而影响产品的使用性能和工作寿命。

5. 确定各工序所用的工艺装备（各工序所用的机床、刀具、夹具、量具和辅助工具的选择）

（1）机床的选择。选择机床应符合下列原则：

- 机床规格应与零件外形尺寸相适应。
- 机床的精度应与工序的加工精度要求相适应。
- 机床的生产效率应与零件的生产类型相适应。
- 与现有的设备条件相适应。

（2）刀具、夹具、量具的选择：

- 刀具的选择。一般采用标准刀具，中批以上生产时，可采用高效率的复合刀具及有关专用刀具。刀具的类型、规格及精度等级应符合加工要求。

- 夹具的选择。单件、小批生产时，应尽可能采用通用夹具。为提高生产效率，在条件允许时也可采用组合夹具。中批以上生产时，应采用专用夹具，以提高生产效率，夹具的精度应与工序的加工精度相适应。

- 量具的选择。单件、小批生产时，应尽可能选择通用量具。大批大量生产时应广泛采用各种专用量具和检具。量具的精度等级应与被测工件的加工精度相适应。

6. 确定各工序的加余量、工序尺寸和公差

（1）加工余量的确定。零件上一个要求较高的加工表面，往往需要经过一系列工序的加工，逐渐提高加工精度，最后才能达到图纸的设计要求。如图 5.55 所示套筒零件，外圆表面需经过粗车—半精车—热处理—磨；内圆表面需经过粗车—半精车—热处理—磨—珩磨。每道工序达到一定的精度，前工序的加工为后工序做准备，并留有适当的加工余量由后工序切除。显然，加工余量过大，不仅增加机械加工的工作量，降低生产效率，增加材料、工具和电力的消耗，提高了加工成本，而且对某些精加工来说，加工余量太大也会影响加工质量。若加工余量太小，又不能消除工件表面残留的各种缺陷和误差，造成废品。因此，合理地确定加工余量，对提高加工质量和降低成本都有十分重要的意义。

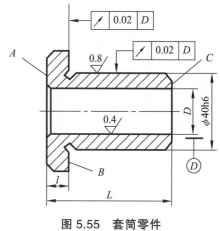

图 5.55　套筒零件

① 加工余量的概念。加工余量是指加工过程中从加工表面所切去的金属层厚度。

加工余量有工序余量和加工总余量之分。工序余量是指某一工序所切除的金属层厚度，即相邻两工序的工序尺寸之差；加工总余量是指某加工表面上切除的金属层总厚度，即毛坯尺寸与零件图设计尺寸之差。同一加工表面的加工总余量与各工序余量的关系如图 5.56 所示，由图中可得下式：

$$Z_0 = \sum_{i=1}^{n} Z_i \tag{5.18}$$

式中　Z_0——加工总余量；

　　　Z_i——各工序余量；

　　　n——工序数。

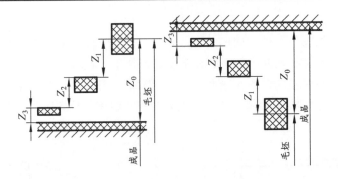

图 5.56　加工总余量与工序余量的关系

由于毛坯尺寸和各工序尺寸不可避免地存在误差，因此，无论是加工总余量还是工序余量实际上都是变动的值，所以加工余量有基本余量、最大余量和最小余量之分。通常毛坯尺寸按双向对称标注极限偏差，工序尺寸按"入体原则"标注极限偏差，即被包容面标注成单向负偏差；包容面标注成单向正偏差。

加工余量还有双边余量和单边余量之分。对于孔和外圆等回转表面，加工余量是指双边余量，实际切削的金属层厚度为加工余量的一半，如图 5.57 所示。

对于轴，如图 5.57（a）所示，$Z = d_a - d_b$ 　　　　　　　　　　　　　（5.19）

对于孔，如图 5.57（b）所示，$Z = d_b - d_a$ 　　　　　　　　　　　　　（5.20）

式中　Z——本工序的基本余量；

　　　d_a——上工序的基本尺寸；

　　　d_b——本工序的基本尺寸。

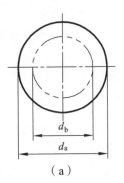
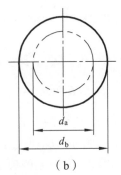

（a）　　　　　　　　　　（b）

图 5.57　双面余量

② 影响加工余量的因素。为了合理确定加工余量，首先必须了解影响加工余量的因素。影响加工余量的主要因素有：

• 上工序的表面粗糙度 R_a 和表面缺陷层 D_a。为了保证加工质量，本工序必须将上工序留下的表面粗糙度，以及由于切削加工而在表面留下的一层组织已遭破坏的塑性变形层全部切除，如图 5.58 所示。

• 上工序的尺寸公差 T_a。由于工序尺寸有误差，为了使上工序的实际工序尺寸在极限尺寸的情况下，本工序也能将上工序留下的表面粗糙度和缺陷层切除，本工序的加工余量应包括上工序的尺寸公差。

• 工件各表面相互位置的空间偏差 δ。工件上有些形状和位置偏差不包括在尺寸公差的范围内，但这些误差又必须在本工序的加工中给予纠正，在本工序的加工余量中必须包括各表面的相互位置空间偏差。如图 5.59 所示轴类零件，由于上工序轴线有直线度误差 δ，本工序加工余量必须相应增加 2δ。属于这一类误差的有直线度、位置度、同轴度、平行度及轴线与端面的垂直度等。

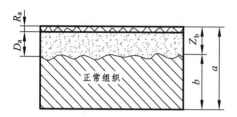

图 5.58　表面粗糙度及变形层

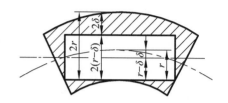

图 5.59　工件轴线弯曲对加工余量的影响

• 本工序的装夹误差 ε。如果本工序有装夹误差（包括定位误差、夹紧变形误差、夹具制造误差等），使工件在加工时位置发生偏移，本工序加工余量应考虑这些误差的影响。如图 5.60 所示用三爪自动定心卡盘夹持工件外圆加工孔时，若工件轴心线偏移机床主轴回转轴线一个 e 值，造成内孔切削余量不均匀，为使上工序的各项误差和缺陷在本工序切除，应将孔的加工余量加大。

通过以上分析，可得到加工余量的计算公式为：

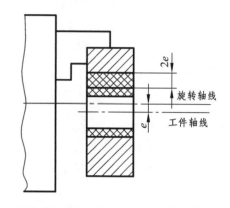

图 5.60　装夹误差对加工余量的影响

对单面余量　　$Z_b = T_a + R_a + D_a + |(\vec{\rho}_a + \vec{\varepsilon}_b)|$ 　　　　　　　（5.21）

对双面余量　　$Z_b = T_a + 2(R_a + D_a) + 2|(\vec{\rho}_a + \vec{\varepsilon}_b)|$ 　　　　　　（5.22）

式中，$\vec{\rho}_a$ 与 $\vec{\varepsilon}_b$ 是有方向的，它们的合成应为向量和，然后取绝对值。T_a、R_a、D_a 的值可查有关手册，$\vec{\rho}_a$ 和 $\vec{\varepsilon}_b$ 则需根据实际情况通过计算或试验数据求得。

（2）工序余量、工序尺寸和公差的确定。确定工序余量的方法有三种：

① 计算法。应用上面加工余量的计算公式通过计算确定加工余量。此法必须要有可靠的数据资料，一般用来确定贵重金属的加工余量。

② 经验估计法。技术人员根据工厂的生产情况，靠经验来确定加工余量。为防止余量不足而产生废品，通常所取的加工余量偏大，一般用于单件、小批生产。

③ 查表法。根据长期的生产实践和试验研究所积累的有关加工余量资料，制成各种表格并汇编成册。确定加工余量时，可借鉴这些手册，再根据本厂实际加工情况进行适当修正后确定。此法应用非常广泛。

下面以一个例子来说明用查表法确定加工余量、计算工序尺寸、确定工序公差的方法。

当工序基准与设计基准重合时，工序尺寸与设计尺寸和加工余量有关，前后两道工序的工序尺寸仅相差工序加工余量。工序尺寸的计算一般从最终工序开始逐步向前推算。工序尺寸的公差一般按经济加工精度确定，但当加工面需作定位基准时，可按定位精度的要求提高其加工精度，偏差的取向一般按"入体"方向。

例　有一套筒零件，其内孔孔径为 $\phi 60^{+0.019}_{0}$ mm，表面粗糙度值为 0.4 μm，外圆直径为 $\phi 80^{0}_{-0.03}$ mm，表面粗糙度值为 0.8 μm，内外均需淬火，毛坯为锻件。内孔需经粗车—半精车—磨削—珩磨加工；外圆需经粗车—半精车—磨削加工。试确定各工序尺寸及公差。

解　对内孔而言，珩磨为最终工序，故珩磨的工序尺寸 D_1 即为设计尺寸 $\phi 60^{+0.019}_{0}$ mm。

查表得珩磨的加工余量为 0.05 mm，故磨削工序基本尺寸为：

$$D_2 = (60 - 0.05)\ \text{mm} = 59.95（\text{mm}）$$

磨削的加工经济精度为 IT7，查表得 $T_2 = 0.03$ mm，由此可得磨削工序尺寸为 $\phi 59.95^{+0.03}_{0}$ mm。

查表得磨削的加工余量为 0.4 mm，故半精车内孔的工序基本尺寸为：

$$D_3 = (59.95 - 0.4)\ \text{mm} = 59.55（\text{mm}）$$

半精车内孔的经济精度为 IT11，查表得 $T_3 = 0.19$ mm，由此可得半精车内孔工序尺寸为 $\phi 59.55^{+0.19}_{0}$ mm。

半精车内孔的加工余量为 1.6 mm，因此，粗车内孔的工序基本尺寸为：

$$D_4 = （59.55 - 1.6）\ \text{mm} = 57.95\ \text{mm} \approx 58（\text{mm}）$$

粗车内孔的经济加工精度为 IT13，即 $T_4 = 0.46$ mm，故粗车内孔的工序尺寸为 $\phi 58^{+0.46}_{0}$ mm。

粗车的加工余量由 $\left(Z_0 - \sum\limits_{i=1}^{n-1} Z_i\right)$ 决定，查表得毛坯孔的加工总余量 Z_0 为 8 mm，故毛坯孔的基本尺寸为：$D_0 = (60 - 8) = 52(\text{mm})$，毛坯公差为 ± 2 mm，所以毛坯孔的尺寸为 $\phi(52 \pm 2)$ mm。

对外圆而言，磨削为最终工序，故磨削的工序尺寸 d_1 即为设计尺寸 $\phi 80^{0}_{-0.03}$ mm。各工序的加工余量为：

磨削加工余量 $Z_1 = 0.5$（mm）

半精车加工余量 $Z_2 = 1.1$（mm）

外圆的加工总余量 $Z_0 = 5$（mm）

由此可求出各工序的基本尺寸为：

半精车工序的基本尺寸 $d_2 = （80 + 0.5）\ \text{mm} = 80.5$（mm）

粗车工序的基本尺寸 $d_3 = （80.5 + 1.1）\ \text{mm} = 81.6$（mm）

外圆毛坯的基本尺寸 $d_0 = （80 + 5）\ \text{mm} = 85$（mm）

外圆半精车的经济加工精度为 IT11，即 $T_2 = 0.22$ mm；外圆粗车的经济加工精度为 IT13，即 $T_3 = 0.54$ mm，毛坯公差为 ± 2 mm，故可求出外圆各工序尺寸为：

半精车工序尺寸为 $\phi 80.5^{0}_{-0.22}$ mm，粗车工序尺寸为 $\phi 81.6^{0}_{-0.54}$ mm，外圆毛坯尺寸为 $\phi(85 \pm 2)$ mm。

7. 确定各重要工序的检查方法

8. 确定各工序的切削用量及时间定额

9. 填写工艺文件

5.4.3 时间定额与提高机械加工生产率的工艺措施

1. 时间定额的组成

机械加工工艺规程的制定，必须在保证零件质量要求的前提下，提高劳动生产率和降低成本，即"优质、高产、低成本"。

机械加工的劳动生产率是指工人在单位时间内生产出的合格产品的数量。因此评价机械加工的劳动生产率，主要依据是在一定生产条件下，生产一件产品或完成一道工序所需要的时间，称为时间定额。

时间定额是在一定生产条件下，规定生产一件产品或完成一道工序所需消耗的时间。时间定额是安排生产计划、核算生产成本的重要依据，也是设计或扩建工厂（或车间）时计算设备和工人数量的依据。

完成一个工件一道工序的时间称为单件时间 t_d，它由下列几部分组成：

（1）基本时间 t_j。是指直接改变生产对象的尺寸、形状、相对位置、表面状态或材料性质等工艺过程所消耗的时间。对于切削加工来说，基本时间是切除金属所耗费的时间（包括刀具的切入和切出时间）。

（2）辅助时间 t_f。是指为实现工艺过程所必须进行的各种辅助动作所消耗的时间。如装卸工件、操作机床、改变切削用量、试切和测量工件、引进及退回刀具等动作所需时间都属辅助时间。

基本时间和辅助时间的总和称为作业时间，也称操作时间。

辅助时间的确定方法随生产类型的不同而不同。大批大量生产时，为了使辅助时间规定得合理，需将辅助动作进行分解，再分别查表求得各分解动作所需的时间，最后予以综合；对于中批生产则可根据以往的统计资料来确定；单件、小批生产时，一般用基本时间的百分比进行估算。

（3）布置工作地时间 t_b。是指为使加工正常进行，工人照管工作地（如更换刀具、润滑机床、清理切屑、收拾工具等）所消耗的时间，一般按操作时间的 2%～7% 估算。

（4）休息和生理需要时间 t_x。是指工人在工作班内恢复体力和满足生理需要所消耗的时间。对机床操作工人，一般按操作时间的 2% 估算。

以上四部分时间的总和即为单件时间 t_d，即：

$$t_d = t_j + t_f + t_b + t_x \tag{5.23}$$

在成批生产中，每加工一批工件的开始和终了时，工人需做下面的工作：开始时，工人需熟悉工艺文件，领取毛坯、材料，并安装刀具和夹具，调整机床及其他工艺装备等；终了时，工人要拆下和归还工艺装备、送交成品等。工人为了生产一批产品和零、部件，进行准备和结束工作所消耗的时间，称为准备终结时间 t_z。设一批工件的数量为 N，则分摊到每个工件上的

准备终结时间为 t_z/N，将这部分时间加到单件时间上，即为成批生产的单件核算时间 t_h：

$$t_h = t_d + t_z / N \qquad\qquad （5.24）$$

大批大量生产时，每个工作地始终完成某一固定工序，故不考虑准备终结时间，即：

$$t_h = t_d \qquad\qquad （5.25）$$

2. 提高机械加工生产率的工艺措施

提高劳动生产率不单纯是一个工艺技术问题，而是一个综合性的问题，涉及产品设计、制造工艺和生产组织管理等方面的问题。

（1）缩短单件时间。缩短单件时间即缩短时间定额中的各个组成部分，尤其要缩短其中占比重较大的时间。如在通用设备上进行零件的单件、小批生产时，辅助时间占有较大比重，而在大批大量生产中，基本时间所占的比重较大。

① 缩短基本时间。大批大量生产中，基本时间在单件时间中占有较大比重。缩短基本时间的主要途径有：

• 提高切削用量。增大切削速度、进给量和背吃刀量都可缩短基本时间。但提高切削用量的主要途径是进行新型刀具材料的研究与开发。目前，硬质合金车刀的切削速度可达 100 ~ 300 m/min，陶瓷刀具的切削速度可达 100 ~ 400 m/min，有的甚至高达 750 m/min。近年来出现的聚晶金刚石和聚晶立方氮化硼新型刀具材料其切削速度高达 600 ~ 1 200 m/min。

在磨削加工方面，高速磨削、强力磨削、砂带磨削的研究成果，使生产效率有了大幅度提高。高速磨削的砂轮速度已达 80 ~ 125 m/s（普通磨削的砂轮速度仅为 30 ~ 35 m/s）；缓进强力磨削的磨削深度可达 6 ~ 12 mm，国外已有用磨削来直接取代铣削或刨削而进行粗加工的；砂带磨削同铣削加工相比，切除同样金属余量的加工时间仅为铣削加工时间的 1/10。

缩短基本时间还可在刀具结构和刀具几何参数方面进行深入研究。例如，群钻即可在很大程度上提高劳动生产率。

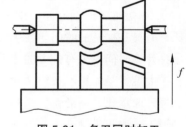

图 5.61　多刀同时加工

• 采用多刀多件加工。利用几把刀具（见图 5.61）或复合刀具对工件的同一表面或几个表面同时进行加工；或将工件串联装夹或并联装夹，用一把刀具进行多件加工，如图 5.62 所示，可有效地缩短基本时间。

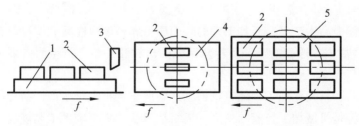

（a）顺序多件加工　（b）平行多件加工　（c）平行顺序加工

图 5.62　多件加工示意图

1—工作台；2—工件；3—刨刀；4—铣刀；5—砂轮

② 缩短辅助时间。辅助时间在单件时间中占有较大的比重，尤其是在大幅度提高切削用量之后，基本时间显著减少，辅助时间所占比重就更高。此时，采取措施缩减辅助时间就成为提高生产效率的重要手段。

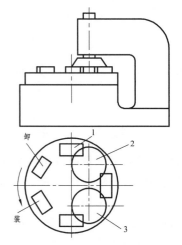

图 5.63 立式连续回转工作台铣床
1—工件；2—精铣刀；3—粗铣刀

• 采用先进夹具。在大批大量生产中，采用气动、液动、电磁等高效夹具；中、小批生产采用成组工艺、成组夹具、组合夹具都能减少找正和装卸工件的时间。

• 采用连续加工方法，使辅助时间与基本时间重合或大部分重合。例如图 5.63 所示，在双轴立式铣床上采用连续加工方式进行粗铣和精铣，在装卸区及时装卸工件，在加工区不停地进行加工。连续加工不需间隙转位，更不需停机，生产效率很高。

• 采用在线检测的方法控制加工过程中的尺寸，使测量时间与基本时间重合。近代，在线检测装置发展为自动测量系统，该系统不仅能在加工过程中测量，并能显示实际尺寸，而且能用测量结果控制机床的自动循环，使辅助时间大大缩短。

③ 缩短布置工作地时间。布置工作地时间，大部分消耗在更换刀具（包括刀具的小调整）的工作上，因此必须减少换刀次数，并缩减每次换刀所需时间。提高刀具或砂轮的寿命可减少换刀次数，而换刀时间的减少，则主要通过改进刀具的安装方法和采用装刀夹具等来实现。如采用各种快换刀夹、刀具微调机构、专用对刀样板或对刀样件以及自动换刀装置等，以减少刀具的装卸和对刀所需时间。

④ 缩短准备终结时间。缩短准备与终结时间的主要方法是扩大零件的批量和减少调整机床、刀具和夹具的时间。在中、小批生产中，产品经常更换，批量小，使准备和终结时间在单件计算时间中占有较大的比重；同时，批量小又限制了高效设备和高效装备的应用。因此，扩大批量是缩短准备终结时间的有效途径。目前，采用成组技术，扩大相似件批量以及零、部件通用化、标准化、系列化是扩大批量最有效的方法。

（2）采用先进制造工艺方法。此方法是提高劳动生产率的另一有效途径，有时能取得较大的经济效益，常有以下几种方法：

① 采用先进的毛坯制造新工艺。精铸、精锻、粉末冶金、冷挤压、热挤压和快速成型等新工艺，不仅能提高生产率，而且工件的表面质量和精度也能得到明显改善。

② 采用特种加工方法。对于一些特殊性能的材料和一些复杂型面，采用特种加工方法能极大地提高生产效率。

（3）进行高效、自动化加工。随着机械制造中属于大批大量生产产品种类的减少，多品种、小批量生产将是机械加工行业的主流。成组技术、计算机辅助工艺规程、数控加工、柔性制造系统，以及计算机集成制造系统等现代制造技术，不仅适应了多品种、小批量生产的特点，又能大大地提高生产效率，是机械制造业的发展趋势。

5.4.4　工艺过程的技术经济分析

制定某一零件的机械加工工艺规程时，在满足工件的各项技术要求条件下，一般可以拟订出几种不同的加工方案。其中有的方案可能具有很高的生产效率，但设备和工艺装备的投资大；而另一些方案可能节省投资，但生产效率低。可见不同的工艺方案其经济效果是不同的。为确定在给定生产条件下最经济合理的方案，必须对不同的工艺方案进行技术经济分析和比较。

所谓经济分析，是通过比较不同工艺方案的生产成本，从中选出最经济的工艺方案。生产成本是指制造一个零件或一台产品所需费用的总和。生产成本包括两大类费用：第一类是与工艺过程直接有关的费用，叫工艺成本，约占生产成本的 70% 左右；第二类是与工艺过程无关的费用，如行政人员工资、厂房折旧、照明取暖等。由于在同一生产条件下与工艺过程无关的费用基本上是相等的，因此在对零件工艺方案进行经济分析时，只分析与工艺过程有直接关系的工艺成本。

1. 工艺成本的组成

工艺成本由可变费用 V 与不变费用 C 两部分组成。可变费用与零件（或产品）的年产量有关，它包括材料费或毛坯费、操作工人的工资、机床的维护费、万能机床和万能夹具及刀具的折旧费。不变费用与零件（或产品）的年产量无关，它是指专用机床和专用夹具、刀具的折旧费用。因为专用机床、专用夹具及刀具是为加工某零件专门设计和制造的，不能用来加工其他零件；而工艺装备及设备的折旧年限是一定的。因此专用机床、专用夹具及刀具的费用与零件（或产品）的年产量没有直接的关系，即当年产量在一定范围内变化时，这类费用基本不变。

一种零件（或一道工序）的全年工艺成本 E（单位：元）可用下式表示：

$$E = NV + C \tag{5.26}$$

式中　V——每个零件的可变费用，元/件；

　　　N——零件的年产量，件；

　　　C——全年的不变费用，元。

单件工艺成本 E_d（单位：元/件）为：

$$E_d = V + \frac{C}{N} \tag{5.27}$$

图 5.64 及图 5.65 分别表示全年工艺成本及单件工艺成本与年产量之间的关系。由图中可知，全年工艺成本 E 与年产量 N 呈直线关系。这说明全年工艺成本的变化量 ΔE 与年产量的变化量 ΔN 成正比，而单件工艺成本 E_d 与 N 呈双曲线关系。如图 5.65 所示，曲线 A 区相当于单件、小批生产时设备负荷率很低的情况，此时如果 N 略有变化，E_d 就会有很大变化。曲线 B 区，即使 N 变化很大，其工艺成本的变化也不大，这相当于大批大量生产的情况，此时，不变费用对单件成本影响很小。A、B 之间相当于成批生产情况。

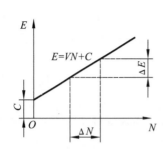

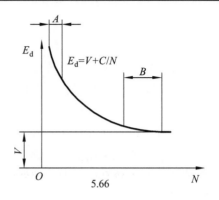

图 5.64 全年工艺成本与年产量的关系   图 5.65 单件工艺成本与年产量的关系

2. 工艺方案的经济评比

对不同的工艺方案进行经济对比时，可以分两种情况：

（1）工艺方案的基本投资相近或都采用现有设备，则工艺成本即可作为衡量各工艺方案经济性的重要依据。

① 当两种工艺方案只有少数工序不同，可对这些不同工序的单件工艺成本进行比较。当年产量一定时，有：

第一方案 $E_{d1} = V_1 + C_1/N$

第二方案 $E_{d2} = V_2 + C_2/N$

当 $E_{d1} > E_{d2}$ 时，则第二方案的经济性好。

若 N 为变量时，可用图 5.66 所示曲线进行比较。N_k 为两曲线相交处的产量，称临界产量。由图可见，当 $N < N_k$ 时，$E_{d1} > E_{d2}$，应取第二方案；当 $N > N_k$ 时，$E_{d1} > E_{d2}$，应取第一方案。

② 当两种工艺方案有较多的工序不同时，可对该零件的全年工艺成本进行比较。两方案全年工艺成本分别为：

第一方案 $E_1 = NV_1 + C_1$

第二方案 $E_2 = NV_2 + C_2$

如图 5.67 所示，对应于两直线交点处的产量 N_k 称为临界产量。当 $N < N_k$ 时，$E_1 < E_2$，宜采用第一方案；当 $N > N_k$ 时，$E_1 > E_2$，宜采用第二方案。当 $N = N_k$ 时，$E_1 = E_2$，则两种方案经济性相当，所以有：

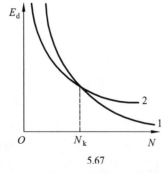

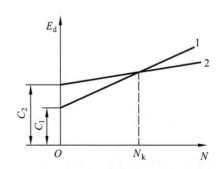

图 5.66 两种方案单件工艺成本比较   图 5.67 两种方案全年工艺成本比较

$$N_k V_1 + C_1 = N_k V_2 + C_2$$

故　　　　　$$N_k = \frac{C_2 - C_1}{V_1 - V_2}$$ 　　　　　　　　　　　　　（5.28）

（2）若两种工艺方案的基本投资差额较大时，必须考虑不同工艺方案的基本投资差额的回收期限。

若方案一采用价格较贵的高效设备及工艺装备，其基本投资（K_1）必然较大，但工艺成本（E_1）较低；若方案二采用价格便宜、生产率低的设备和工艺装备，其基本投资（K_2）较小，但工艺成本（E_2）较高。方案一较低的工艺成本是增加了投资的结果，这时如果仅比较其工艺成本的高低是不全面的，而是应该同时考虑两种方案基本投资的回收期限。所谓投资回收期限是指一种方案比另一种方案多耗费的投资由于工艺成本的降低而回收的时间，常用 τ 表示。显然，τ 越小，经济效益越好；τ 越大，则经济效益越差。且 τ 应小于投资的设备使用年限；小于国家规定的标准回收年限；小于市场预测对该产品的需求年限。它可由下式计算：

$$\tau = \frac{K_1 - K_2}{E_2 - E_1} = \frac{\Delta K}{\Delta E}$$ 　　　　　　　　　　　　（5.29）

式中　τ——回收期限，年；

　　　ΔK——两种工艺方案基本投资差额，元；

　　　ΔE——全年工艺成本的节约额，元/年。

习题与思考题

1. 试拟订题图 5.1 所示零件的机械加工工艺路线，内容包括：工序名称、工序简图、工序内容等。生产类型为成批生产。

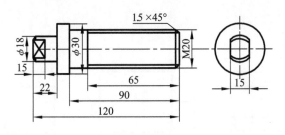

题图 5.1

2. 什么是生产过程、工艺过程、工艺规程？工艺规程在生产中起何作用？

3. 什么是工序、安装、工位、工步和走刀？

4. 简述机械加工工艺规程的设计原则、步骤和内容。

5. 机械加工工艺过程卡与工序卡的区别是什么？简述它们的应用场合。

6. 有一小轴，毛坯为热轧棒料，大量生产的工艺路线为粗车—半精车—淬火—粗磨—精磨，外圆设计尺寸为 $\phi 30_{-0.013}^{0}$ mm，已知各工序的加工余量和经济精度如下表，试确定各工序尺寸及其偏差。

mm

工序名称	工序余量	经济精度
精 磨	0.1	IT6
粗 磨	0.4	IT8
半精车	1.1	IT10
粗 车	2.4	IT12
总余量	4	

7. 何为劳动生产率？提高机械加工劳动生产率的工艺措施有哪些？

8. 何为生产成本与工艺成本？两者有何区别？比较不同工艺方案的经济性时，需要考虑哪些因素？

9. 造成定位误差的原因是什么？

10. 何谓零件的结构工艺性？试举例说明零件的结构工艺性对零件制造有何影响？

11. 零件的加工为什么要划分加工阶段？在什么情况下可以不划分或不严格划分加工阶段？

12. 何谓"工序集中"与"工序分散"？各有何特点？

13. 安排工序顺序时，一般应遵循哪些原则？

14. 如题图 5.2 所示零件加工时，图样要求保证尺寸 6 ± 0.1 mm，但这一尺寸不便测量，通常是通过测量 L 来间接保证。试求工序尺寸 L 及偏差。

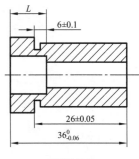

题图 5.2

15. 加工套筒零件时，其轴向尺寸及有关工序简图如题图 5.3 所示，试求工序尺寸 A_1、A_2、A_3 及其极限偏差。

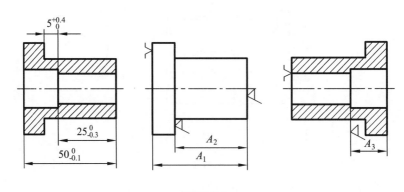

题图 5.3

16. 如题图 5.4 所示套筒零件，加工 A 时要求保证尺寸 $L_3 = 10^{+0.20}_{0}$ mm，已知 $L_1 = (60 \pm 0.05)$ mm，$L_2 = 30^{+0.1}_{0}$ mm，若在铣床上采用调整法加工时，试求分别以左端面定位、以右端面定位时的工序尺寸及极限偏差，并比较哪种定位方案更好。

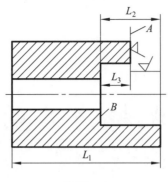

题图 5.4

17. 某零件的外圆 $\phi 100_{-0.035}^{0}$ mm 上要渗碳，要求渗碳深度为 1～1.2 mm。此外圆的加工顺序是：先车外圆至尺寸 $\phi 100.5_{-0.14}^{0}$ mm，然后渗碳淬火，最后磨外圆至尺寸 $\phi 100_{-0.035}^{0}$ mm。求渗碳时渗入深度应控制在多大范围内？

18. 什么叫六点定位原则？什么是欠定位？什么是过定位？试分析题图 5.5、题图 5.6 中定位元件限制哪些自由度？是否合理？如不合理，如何改进？

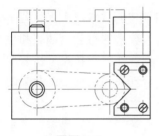

题图 5.5

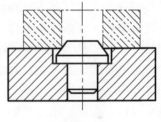

题图 5.6

19. 欲在外圆尺寸为 $\phi 40_{-0.08}^{0}$ mm 的工件上钻一小孔 O，孔 O 的中心线在外圆的轴截面内，要求保证尺寸 $l = 35_{-0.05}^{0}$ mm，现采用如题图 5.7 所示的三种定位方案。试计算每种定位方案的定位误差。已知 V 形块夹角 $\alpha = 90°$。

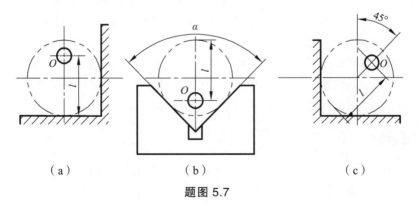

（a）　　　　　　　　（b）　　　　　　　　（c）

题图 5.7

第6章   机械产品的装配工艺

6.1   概 述

6.1.1   装配及装配精度

1. 装配的概念

任何机器产品都是由许多零件和部件所组成。按照规定的技术要求，将若干个零件组合成组件，并进一步结合成部件以至整台机器的装配过程，分别叫组装、部装和总装。

结构比较复杂的产品，为保证装配质量和效率，根据产品结构特点，从装配工艺角度将其分解为可单独进行装配的单元。划分装配单元后，可合理使用装配工人及装配地点，且便于组织装配工作的平行和流水作业。

机器是由零件、合件、组件和部件等装配单元组成，零件是组成机器的基本单元。零件一般都预先装成合件、组件和部件后，再安装到机器上。合件是由若干零件固定连接（铆或焊）而成，或连接后再经加工而成，如装配式齿轮、发动机连杆小头孔压入衬套后再精镗。组件是指一个或几个合件与零件的组合，没有显著完整的作用，如主轴箱中轴与其上的齿轮、套、垫片、键和轴承的组合体。它与合件的区别在于，组件在以后的装配中可拆，而合件在以后的装配中一般不再拆开，可作为一个零件。部件是若干组件、合件及零件的组合体，并在机器中能完成一定的功能，如车床中的主轴箱、进给箱和溜板箱等部件。机器是由上述各装配单元结合而成的整体，具有独立的、完整的功能。

机器的装配是整个机器制造过程中的最后一个阶段，它包括装配、调整、检验和试验等工作。通过装配，最后保证产品的质量要求。它是对机器设计和零件加工质量的一次总检验，能够发现设计和加工中存在的问题，从而可以不断加以改进。

2. 装配精度

机器的质量，是以机器装配精度的工作性能、使用效果、精度和寿命等综合指标来评定的。机器的质量，主要取决于机器结构设计的正确性、零件的加工质量（包括材料和热处理）以及机器的装配精度。

对于一般机器，装配精度是为了保证机器、部件和组件的良好工作性能；对于机床，装配精度则还将直接影响到被加工零件的精度，故其重要性更为突出。

正确地规定机器、部件和组件等的装配精度要求，是产品设计的一个重要环节。装配的精度要求既影响产品的质量，又影响产品制造的经济性。因而它是确定零件精度要求和制定装配工艺措施的一个重要依据。产品装配精度包括：

（1）相互位置精度。指相关零、部件间的平行度、垂直度、同轴度、各种跳动及距离尺寸精度等。

（2）相对运动精度。指有相对运动的零、部件间在运动方向和相对速度上的精度。如普通车床溜板在导轨上移动的直线度、尾座移动对溜板移动的平行度、溜板移动对主轴中心线的平行度等。相对速度上的精度即传动精度。如滚齿机滚刀主轴与工作台的相对运动、车床加工螺纹时主轴与刀架移动的相对运动等，在速比上有严格精度要求。

（3）配合质量及接触质量。配合质量是指零件配合表面间实际的间隙或过盈量以达到要求的程度。接触质量即接触精度，是指实际接触面积的大小和接触点分布情况与规定数值的符合程度。可以通过涂色检验法来检查。它既影响接触面刚度，又影响配合质量。

机器是由零件装配而成，因而零件的有关精度直接影响到相应的装配精度。例如，普通车床的装配精度中有项尾座移动相对溜板移动的平行度要求，它主要取决于溜板用导轨与尾座用导轨之间的平行度，如图 6.1 所示。

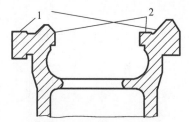

图 6.1　车床导轨截面图

1—溜板用导轨；2—尾座用导轨

但是，如果装配精度要求较高，或组成部件的零件较多时，装配精度完全由有关零件的制造精度来保证，将导致成本增高，有时甚至无法加工。此时往往需要对有关零件进行必要的调整、修配或选择装配。这样既能满足装配精度的要求，又不至于增加成本。例如，尾座移动相对溜板移动的平行度要求，装配中一般是通过对溜板及尾座底板进行配制或配磨来解决。

综上所述，产品装配精度与零件加工精度有直接关系，但并不完全取决于零件的加工精度。要想合理地保证装配精度，应从产品的结构设计、零件加工和装配方法等几方面综合考虑。

6.1.2　装配尺寸链

1. 装配尺寸链的定义和形式

装配尺寸链与工艺尺寸链有所不同。工艺尺寸链由一个零件上的有关尺寸组成，主要解决零件加工精度问题；而装配尺寸链是以某项装配精度指标（或装配要求）作为封闭环，查找所有与该项精度指标（或装配要求）有关零件的尺寸（或位置要求）作为组成环而形成的尺寸链，由有关多个零件上的尺寸组成，有时两个零件之间的间隙也构成组成环，装配尺寸链主要解决装配精度问题。

装配尺寸链和工艺尺寸链都是尺寸链，有共同的形式、计算方法和解题类型。

装配尺寸链可以按各环的几何特征和所处空间位置分为长度尺寸链、角度尺寸链、平面尺寸链及空间尺寸链。

2. 装配尺寸链的建立

装配尺寸链的建立就是在装配图上，根据装配精度的要求，找出与该项精度有关的零件及其有关尺寸，最后画出相应的尺寸链线图。通常称与该项精度有关的零件为相关零件，零件上有关尺寸称为相关尺寸。装配尺寸链的建立是解决装配精度问题的第一步，只有当所建立起来的尺寸链正确时，求解尺寸链才有意义。因此在装配尺寸链时，如何正确地建立尺寸链，是一个十分重要的问题。

下面从长度尺寸链来阐述装配尺寸链的建立。

装配尺寸链的建立可以分为 3 个步骤：确定封闭环、查找组成环和画出尺寸链图。现以图 6.2 所示的传动箱中传动轴的轴向装配尺寸链为例进行说明。

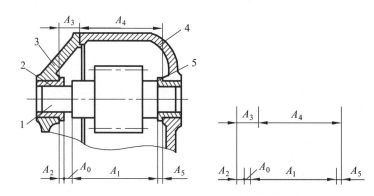

图 6.2 齿轮轴组件的装配示意图及其尺寸链

1—齿轮轴；2、5—左、右滑动轴承；3、4—左、右箱体

图 6.2 所示的某减速器的齿轮轴组件装配示意图。齿轮轴 1 在左右两个滑动轴承 2、5 中转动，两轴承又分别压入左、右箱体 3、4 的孔内。为避免轴端和齿轮端面与滑动轴承端面的摩擦，装配精度要求是齿轮轴台肩和轴承端面间的轴向间隙为 0.2 ~ 0.7 mm。试建立以轴向间隙为装配精度的尺寸链。

（1）确定封闭环。装配尺寸链的封闭环是装配精度要求 $A_0 = 0.2 \sim 0.7$ mm。

（2）查找组成环。装配尺寸链的组成环是相关零件的相关尺寸。

本例中的相关零件是齿轮轴 1、左滑动轴承 2、左箱体 3、右箱体 4 和右滑动轴承 5。确定相关零件以后，应遵守"尺寸链环数最少"原则，确定相关尺寸，在图中的相关尺寸是 A_1、A_2、A_3、A_4 和 A_5，它们是以 A_0 为封闭环的装配尺寸链中的组成环。

请注意，"尺寸链环数最少"是建立装配尺寸链时应遵循的一个重要原则，它要求装配尺寸链中所包括的组成环数目为最少，以便于保证装配精度。

（3）画出尺寸链图，并确定组成环的性质。将封闭环和所找到的组成环连接起来画出尺寸链图，如图 6.2 所示。

组成环中与封闭环箭头方向相同的环是减环，即 A_1、A_2 和 A_5 是减环；组成环中与封闭环箭头方向相反的环是增环，即 A_3 和 A_4 是增环。

3. 装配尺寸链的计算方法

装配尺寸链的计算方法同工艺尺寸链相同，有极值法和概率法两种，这里不再赘述。

6.2　获得装配精度的方法

任何机械产品，要达到装配精度要求，除了与组成产品的零件加工精度有关外，还在一定程度上依赖于装配的工艺方法。保证装配精度的方法，可归纳为 4 种，即互换法、分组法、修配法和调整法。

6.2.1　互换法

零件加工完毕经检验合格后，在装配时不经任何调整和修配就可以达到要求的装配精度，这种方法就是互换法。根据机械产品的生产纲领、结构性能和精度要求，又可将互换法分为完全互换法、大数互换法（部分互换法或不完全互换法）。

1. 完全互换法

完全互换法就是机器在装配过程中每个待装配零件不需要挑选、修配和调整，装配后就能达到装配精度要求的一种方法。这种方法是用控制零件的制造精度来保证机器的装配精度。

完全互换法的装配尺寸链是按极值法来计算的。完全互换法的优点是装配过程简单，生产效率高；对工人的技术水平要求不高；便于组织流水作业及实现自动化装配；容易实现零、部件的专业协作；便于备件供应及维修工作等。

因为有这些优点，因此只要能满足零件的经济精度要求，无论何种生产类型都应首先考虑采用完全互换法装配。但是在装配精度要求较高，尤其是组成零件的数目较多时，就不容易满足零件的经济精度要求，因此考虑采用不完全互换法。

2. 不完全互换法

不完全互换法又称部分互换法。当机器的装配精度较高，组成环零件的数目较多，用极值法（完全互换法）计算各组成环的公差，结果势必很小，难以满足零件的经济加工精度的要求，甚至很难加工。因此，在大批大量生产条件下采用概率法计算装配尺寸链，用不完全互换法保证机器的装配精度。

与完全互换法相比，采用不完全互换法装配时，零件的加工误差可以放大一些。以使零件加工容易，成本低，同时也达到部分互换的目的。其缺点是将会出现极少数产品的装配精度超差。这就需要考虑好补救措施，或者事先进行经济核算来论证可能产生的废品而造成的损失小于因零件制造公差放大而得到的增益。那么，不完全互换法就值得采用。

6.2.2　分组法

分组法又称分组互换法或选择装配法。

当封闭环的精度要求很高，用完全互换法和大数互换法来解时，组成环的公差非常小，使加工十分困难甚至不可能，同时也不经济。这时可将全部组成环的公差扩大 3 ~ 6 倍，使组成环能够按经济公差加工，然后再将各组成环按原公差大小分组，并按相应组进行装配，这就是分组法。

采用分组法时，必须保证原来的配合精度和配合性质的要求，否则就没有意义，因此一般多是各组成环的公差相等。如果各组成环的公差不等，则分组互换装配时，配合精度不变，而各尺寸组的配合性质将不同。现举轴孔配合为例，如图 6.3 所示，连杆小头孔和活塞销的配合要求精度很高，活塞销的直径为 $\phi 25_{-0.0050}^{-0.0025}$ mm，连杆小头孔的直径为 $\phi 25_{0}^{+0.0025}$ mm，配合间隙要求为 0.002 5 ～ 0.007 5 mm，因此生产上多采用分组互换法。将活塞销的直径公差增大 4 倍，为 $\phi 25_{-0.0125}^{-0.0025}$ mm，连杆小头孔的直径公差也增大 4 倍，

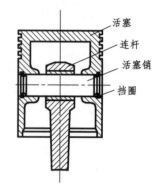

图 6.3　活塞、活塞销和连杆组装图

为 $\phi 25_{-0.0075}^{+0.0025}$ mm，再分 4 个组按组装配，就可保证配合精度和性质，如表 6.1 所示。为了避免在装配时出错，在各组零件上标志不同颜色。

表 6.1　活塞销和连杆小头孔的分组互换装配

组别	标志颜色	活塞销直径/ mm	连杆小头孔直径/ mm	配　合　性　质	
				最大间隙	最小间隙
				mm	mm
1	白	$\phi 25_{-0.0050}^{-0.0025}$ mm	$\phi 25_{0}^{+0.0025}$ mm		
2	绿	$\phi 25_{-0.0075}^{-0.0050}$ mm，	$\phi 25_{-0.0025}^{0}$ mm，		
3	黄	$\phi 25_{-0.0100}^{-0.0075}$ mm，	$\phi 25_{-0.0050}^{-0.0025}$ mm	0.007 5	0.002 5
4	红	$\phi 25_{-0.0125}^{-0.0100}$ mm	$\phi 25_{-0.0075}^{-0.0050}$ mm		

$$由于配合精度 = \frac{T_{孔} + T_{轴}}{2} = \frac{0.002\ 5 + 0.002\ 5}{2} = 0.002\ 5$$

式中　　$T_{孔}$——连杆小头孔的直径公差；

　　　　$T_{轴}$——活塞销的直径公差。

可知各组的配合精度和配合性质均与原来相同。

分组法中选定的分组数不宜太多，否则会造成零件的尺寸测量、分类、保管、运输等装配组织工作的复杂性。分组数只要使零件能达到经济精度就可以了。

采用分组法时，各组成环的尺寸分布曲线都是正态的，这样才能使装配时得以配套，否则将造成零件积压。图 6.4 所示为各组尺寸分布不对应的情况。

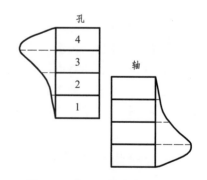

图 6.4　分组互换中各组尺寸
分布不对应的情况

通常，分组法多用于封闭环精度要求很高的短环尺寸链，一般组成环为 2 ～ 3 个，在汽车、拖拉机、轴承等制造中可以见到，其应用范围较窄。

6.2.3　修配法

在封闭环精度要求较高的长环尺寸链中，用互换法来装配，会增加机械加工的难度，同时也提高了成本。另外，在单件小批或中批生产中，由于产量不大，也不必要用互换法来装配。这时可采用修配法来装配，即先将各组成环的尺寸按可能的经济公差制造，选定一个组成环为修配环，并在装配时用修配该环的尺寸来满足封闭环的要求。

图 6.5 所示是一台普通车床的前后顶尖等高的装配尺寸链，它是一个多环尺寸链，在生产中简化为一个四环尺寸链。已知 $A_0 = 0^{+0.06}_{+0.03}$ mm，只允许后顶尖比前顶尖高，$A_1 = 160$ mm，$A_2 = 30$ mm，$A_3 = 130$ mm，若用完全互换法和大数互换法来求解，零、部件的加工精度都难于保证，由于机床多为成批生产，故多用修配法来装配。

用修配法来装配时，有组成环尺寸公差的确定、修配环的选择、修配环基本尺寸的确定和修配量的计算等几个问题，现结合图 6.5 所示的装配尺寸链来说明。

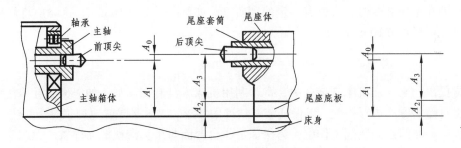

图 6.5　普通车床前后顶尖等高装配尺寸链

1. 确定组成环的公差

从经验上来考虑，由于主轴箱前顶尖至底面的尺寸精度不易控制，故取双向公差，确定 $A'_1 = (160 \pm 0.1)$ mm。同样考虑到尾架顶尖至底面的尺寸公差，取 $A'_3 = (130 \pm 0.1)$ mm。但尾架底板加工比较方便，取单向公差；又由于这项装配精度要求后顶尖比前顶尖高，故取正公差，这样 $A'_2 = 30^{+0.2}_{0}$ mm。这里各组成环尺寸公差的大小和方向主要是根据尺寸大小和加工难易程度来定。

2. 选择修配环

主要从装配时便于修配来考虑，显然，在这些组成环中，尾架底板最便于在装配时修配加工，故选 A_2 为修配环。

3. 确定修配环的基本尺寸

用修配法装配时，当修配环为被包容件时，其尺寸只能是逐渐修小而不能变大；当修配环为包容件时，其尺寸只能是逐渐修大而不能变小，因此就要计算其基本尺寸，以保证有修配量。

根据所确定的各组成环公差，用极值法求出这时封闭环的公差，可得：

$$A'_0 = 30^{+0.4}_{-0.2} \quad （\text{mm}）$$

而原来封闭环要求 $A_0 = 30^{+0.06}_{+0.03}$ mm，可见这时封闭环的上偏差 ES'_0 大于原封闭环的上偏差 ES_0，但由于修配环 A_2 是增环，修配（减小）它的尺寸就可以满足原封闭环的要求。

但是封闭环的下偏差 EI'_0 小于原封闭环的下偏差 EI_0，当 A'_0 在装配中出现的值小于 0.03 mm 时，由于修配环是增环，将产生不能修配的情况。因此必须事先增大修配环的基本尺寸，使封闭环的下偏差大于原封闭环的下偏差。可见需要增大（0.2 + 0.03）mm = 0.23 mm，这样修配环 A_2 的尺寸应为 $A''_2 = A'_2 + 0.23$ mm $= 30.23^{+0.2}_{0}$ mm。

4. 修配量的计算

根据改变后的修配环尺寸，重新用极值法计算这时的封闭环尺寸，可得 $A''_0 = 0^{+0.63}_{+0.03}$ mm，与原封闭环尺寸 $A_0 = 0^{+0.06}_{+0.03}$ mm 比较，可知：

最大修配量为（0.63 – 0.06）mm = 0.57 mm

最小修配量为（0.03 – 0.03）mm = 0 mm

考虑到在车床装配时，需留有一定的刮研量，如刮研量为 0.10 mm，这时应将修配环 A_2 的基本尺寸再增加 0.10 mm，则

$$A'''_2 = A''_2 + 0.10 \text{ mm} = 30.33^{+0.2}_{0} \text{ mm}$$

值得提出的是，在机床制造业中，常常利用机床本身有切削加工的能力，在修配中，用自己加工自己的方法进行修配，以保证装配精度的要求，这就是"就地加工"修配法。例如，在牛头刨床和龙门刨床装配工作中，为保证工作台台面与牛头滑枕滑动导轨、龙门车身导轨的平行度，多采用自刨工作台台面的方法来保证装配精度，显然工作台就是修配环。

另外，有时将几个零件装配在一起后进行加工，以后再作为一个零件参加总装，这就是"合并加工"修配法。

由于修配法装配总是要有现场修配，并且不能互换，因此多用于单件、成批生产。

6.2.4 调 整 法

在大批大量生产中，用修配法装配显然生产效率不能满足要求，这时可以更换不同尺寸的某一组成环来调整封闭环的尺寸，以满足装配精度的要求，称之为可动调整法，统称为调整法，而所选的该组成环，称之为调整环。

1. 固定调整法

在装配尺寸链中，选择某一组成环为调节环（补偿环），该环是按一定尺寸间隙分级制造的一套专用零件（如垫圈、垫片或轴套等）。产品装配时，根据各组成环所形成的累积误差的大小，通过更换调节件来实现调节环实际尺寸的方法，以保证装配精度，这种方法即为固定调节法。

图 6.6 所示的车床主轴大齿轮的装配中，加入一个厚度为 A_k 的调节垫就是加入一个零

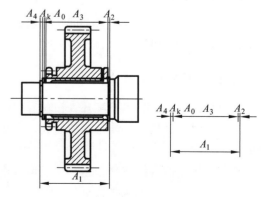

图 6.6 固定调整装配法

件作为调节环的实例。待 A_1、A_2、A_3、A_4 装配后，再测其轴向间隙值，然后去掉 A_4 选择一个适当厚度的 A_k 装入，再重新装上 A_4，即可保证所需的装配精度。

2. 可动调整法

用改变调整件位置来满足装配精度的方法，叫做可动调整装配法。调整过程中不需要拆卸零件，比较方便。

在机械制造中使用可动调整装配法的例子很多，如图 6.7（a）所示是调整滚动轴承间隙或过盈的结构，可保证轴承既有足够的刚度又不至于过分发热。如图 6.7（b）所示是用调螺钉通过垫片来保证车床溜板和车身导轨之间的间隙。如图 6.7（c）所示是通过转动调整螺钉，使斜楔块上下移动来保证螺母与丝杆之间的合理间隙。

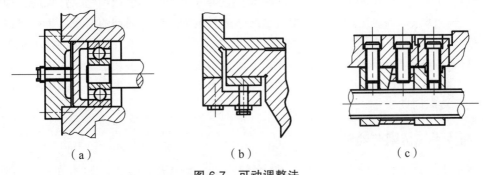

（a）　　　　　　　　　　　（b）　　　　　　　　　　　（c）

图 6.7　可动调整法

可动调整法，不但调整方便，能获得比较高的精度，而且可以补偿由于磨损和变形等所引起的误差，使设备恢复原有精度。所以在一些传动机构或易磨损机构中，常用可动调整法。但是，可动调整法中因可动调整件的出现，削弱了机构的刚性，因而在刚性要求较高或机构比较紧凑，无法安排可动调整件时，就必须采用其他的调整法。

前述四种保证装配精度的装配方法。在选择装配方法时，先要了解各种装配方法的特点及应用范围。一般地说，应优先选用完全互换法；在生产批量较大，组成环又较多时，应考虑采用不完全互换法；在封闭环的精度较高，组成环数较少时，可以采用选配法；只有在应用上述方法使零件加工困难或不经济时，特别是在中、小批生产，尤其是单件生产时才宜采用修配法或调整法。

6.3　装配工艺规程的制订

6.3.1　制订装配工艺规程的原则

装配工艺规程就是用文件的形式将装配的内容、顺序、检验等规定下来，成为指导装配工作和处理装配工作中所发生问题的依据。它对装配质量的保证、生产效率和成本的分析、装配工作中的经验总结等都有积极的作用。当前，大批大量生产的工厂大多有装配工艺规程，而单件、小批生产的工厂所制定的装配工艺规程则比较简单，甚至没有装配工艺规程。大多数工厂对机械加工工艺规程比较重视，而对装配工艺规程则往往抓得很少，没有认识到装配工艺影响机器质量的重要性。

在制订装配工艺规程时应考虑以下几个原则：

1. 保证产品的质量

产品的质量最终是由装配保证的，即使是全部零件都合格，但由于装配不当，也可能装出不合格的产品。因此，装配一方面能反映产品设计和零件加工中的问题；另一方面，装配本身应确保产品质量，例如，滚动轴承装配不当就会影响机器的回转精度。

2. 满足装配周期的要求

装配周期就是完成装配工作所给定的时间，它是根据产品的生产纲领来计算的，即所要求的生产率。在大批大量生产中，多用流水线来进行装配，装配周期的要求由生产节拍来满足。例如，年产 15 000 辆汽车的装配流水线，其生产节拍为 9 min（按每天一班 8 h 工作制计算），它表示每隔 9 min 就要装配出一辆汽车，当然这需要由许多装配工位的流水作业来完成，装配工位数与生产节拍有密切关系。在单件、小批生产和成批生产中，多用年产量和月产量来表示装配周期。

3. 减少手工装配劳动量

大多数工厂目前仍采用手工装配方式，有的实现了部分机械化。装配工作的劳动量很大，也比较复杂，如装卸、修配、调整和试验等，有些工作实现自动化和机械化还比较困难。实现装配机械化和自动化是一个方向，近些年来这方面发展很快，出现了装配机械手、装配机器人，甚至出现了由若干工业机器人等组成的柔性装配工作站。

4. 降低装配工作所占成本

要降低装配工作所占的成本，首先应减少装配工作时间，并从装配设备投资、生产面积、装配工人等级和数量等多方面来考虑。

6.3.2　制订装配工艺规程的原始资料

在制订装配工艺规程时，应事先有一些依据，具备一定的原始资料，才便于进行这一工作。

1. 产品图纸和技术性能的要求

产品图纸包括全套总装图、部装图和零件图，从产品图纸可以了解到产品的全部尺寸、结构、配合性质、精度、材料和重量等，从而可以制定装配顺序、装配方法和检验项目，设计所需的装配工具，购置相应的起吊工具和检验、运输等设备。

技术性能要求是指产品的精度、运动行程范围、检验项目、试验及验收等。其中精度一般包括机器几何精度、部件之间的位置精度、零件之间的配合精度和传动精度等。而试验一般包括性能试验、温升试验、寿命试验和安全考核试验等方面。可见技术性能要求与装配工艺有密切关系。

2. 生产纲领

生产纲领就是年产量，它是制订装配工艺和选择装配生产组织形式的重要依据。

对于大批大量生产，可以采用流水线和自动装配线的生产方式。这些专用生产线有严格的生产节奏，被装配的产品或部件在生产线上按生产节拍连续移动或断续移动，在进行的过程中或停止的装配工位上进行装配，组织十分严密。装配过程中，可以采用专用装配工具及设备，如汽车制造、轴承制造的装配生产就是采用流水线和自动装配线的生产方式。

对于成批、单件生产的产品，多采用固定生产的装配方式，产品固定在一块生产地上装配完毕，试验后再转到下一工序，如机床制造的装配生产就是这样。

3. 生产条件

在制订装配工艺规程时，要考虑工厂现有的生产条件和技术，如装配车间的生产面积、装配工具和装配设备、装配工人的技术水平等，使所制定的装配工艺能够切合实际，符合生产要求，这是十分重要的。对于新建厂，要注意调查研究，设计出符合生产实际的装配工艺。

6.3.3　装配工艺规程的内容及制订步骤

1. 产品图纸分析

从产品的总装图、部装图和零件图了解产品的结构和技术要求，审查结构的装配工艺性，研究装配方法，并划分装配单元。

2. 确定生产组织形式

根据生产纲领和产品结构确定生产组织形式。装配生产组织形式可分为移动式和固定式两类，而移动式又可分为强迫节奏式和自由节奏式两种，如图 6.8 所示。

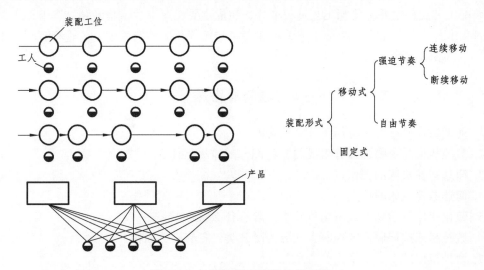

图 6.8　各种装配生产的组织形式

移动式装配流水线工作时产品在装配线上移动，有强迫节奏式和自由节奏式两种，前者节奏是固定的，又可分为连续移动式和断续移动式两种。各工位的装配工作必须在规定的节奏时间内完成，进行节拍性的流水生产。装配中如出现装配不上或不能在节奏时间内完成装配工作等问题，则立即将装配对象调至线外处理，以保证流水线的畅通，避免产生堵塞。连续移动装配时，装配线作连续缓慢的移动，工人在装配时随装配线走动，一个工位的装配工作完毕后，工人立即返回原地。断续移动装配时，装配线在工人进行装配时不动，到规定时间，装配线带着被装配的对象移动到下一工位，工人在原地不走动。移动式装配流水线多用于大批大量生产，如汽车、拖拉机和发动机等的装配中多采用强迫节奏的移动式装配线。

固定式装配即产品固定在一个工作地上进行装配，它可以组织流水作业，由若干工人按装配顺序分工装配，这种方式多用于机床、汽轮机等成批生产中。

3. 装配顺序的决定

在划分装配单元的基础上，决定装配顺序是制定装配工艺规程中最重要的工作，它是根据产品结构及装配方法划分出合件、组件和部件。划分的原则是先难后易、先内后外、先下后上，最后画出装配系统图。

4. 合理装配方法的选择

装配方法的选择主要是根据生产纲领、产品结构及精度要求等确定。大批大量生产多采用机械化、自动化的装配手段；单件、小批生产多采用手工装配。大批大量生产多采用互换法、分组法和调整法等来达到装配精度的要求；而单件、小批生产多采用修配法来达到要求的装配精度。某些要求很高的装配精度在目前的生产技术条件下，仍靠高级技工手工操作及经验来得到。

5. 编制装配工艺文件

装配工艺文件主要有装配工艺过程卡片、装配主要工序卡片、检验和试车卡片等。装配工艺过程卡片有装配工序、装配工艺装备和工时定额等。简单的装配工艺过程有时可用装配（工艺）系统图代替。

习题与思考题

1. 何谓数控机床？它应用于什么场合？
2. 数控机床是由哪几部分组成的？各部分的作用是什么？
3. 简述数控机床的工作过程。
4. 简述数控机床的特点。
5. 数控机床按运动方式分为哪几类？各有什么特点？
6. 数控机床按伺服系统控制方式分为哪几类？各有什么特点？
7. 数控机床的主要精度指标有那几项？
8. 简述数控机床的发展趋势。
9. 数控加工工序的划分有几种方式？各适合什么场合？

第 7 章　数控加工基础

7.1 数控机床简介

7.1.1　数控机床的产生

数字控制是利用数字化信息对机械运动及加工过程进行控制的一种方法，简称数（Numerical Control，NC）。数控机床是指采用了数控技术进行控制的机床或者说是装备了数控系统的机床，也称作 NC 机床。由于现代数控系统是通过计算机进行控制的，因此，将数控机床又称为 CNC 机床。

数控机床的产生，是机械制造业发展的必然。世界上第一台数控机床是为了满足航空工业制造复杂工件的需要而产生的。1948 年，美国 PARSONS 公司在研制加工飞机叶片轮廓检验样板的机床时，首先提出了应用电子计算机控制机床来加工复杂曲线样板的设想，并与麻省理工学院伺服机构研究所合作从事研制工作，1952 年第一台由专用电子计算机控制的三坐标立式数控铣床研制成功。之后，又经过改进和完善，于 1955 年进入实用阶段，标志着制造业和控制领域一个崭新时代的到来。

随着科学技术的不断发展，对机械产品的质量和生产率提出了越来越高的要求。

特别是近年来，制造业的全球化竞争日趋激烈，生产厂家不仅要为用户提供高质量的产品，同时还要为满足市场上不断变化的需要进行频繁的改型和开发设计新品，以提高产品的性能价格比，提高市场竞争力。统计资料表明，在机械制造工业中单件小批量生产占据机械加工总量的 80% 左右。其中，航空航天、船舶、机床、食品包装机械及重型机械等产品，具有加工批量小，加工零件的形状比较复杂，加工精度要求高的特点。数控机床的问世，恰好解决了制造业所面临的这些问题，数控机床取代普通机床可以完成许多在普通机床上无法完成的工艺内容，使得产品质量大幅度提高，新产品开发周期明显缩短，极大地促进了制造业的技术进步和行业发展。如今，数控机床已经广泛应用于宇航、汽车、船舶、机床、轻工、纺织、电子、通用机械、工程机械等几乎所有的制造行业。

经过数十年的努力，伴随着电子技术及计算机技术的发展，数控机床不断地更新换代，飞速向前发展。可以说，数控机床的发展将自动控制理论与技术的发展提升到一个更高的水平，带动了精密测量技术和先进制造技术的发展，促进了全球的技术进步和经济发展。

7.1.2 数控机床的工作过程

数控机床工作过程如图 7.1 所示。

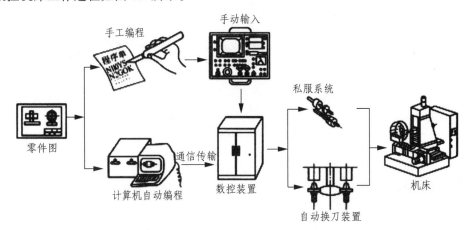

图 7.1 数控机床工作过程示意图

第 1 步：编制加工程序。

根据被加工零件的图样进行工艺方案分析与设计，用手工编程或自动编程方法，将加工零件所需的机床各种动作及工艺参数等编写成数控系统能够识别的信息代码，即加工程序。

第 2 步：加工程序的输入。

可以通过手动输入方式或用计算机和数控机床的接口直接进行通信等方法，将所编写的零件加工程序输入到数控装置。

第 3 步：预调刀具和夹具。

根据零件的工艺设计方案中所确定的刀具方案和夹具方案，在机床加工之前，需要分别安装、调整刀具和夹具。

第 4 步：数控装置对加工程序进行译码和运算处理。

进入数控装置的信息代码经一系列的处理和运算转变成脉冲信号，控制切削加工的脉冲信号被送到机床的伺服系统，经传动机构驱动机床相关部件，完成对零件的切削加工；而控制辅助加工的脉冲信号被送到可编程序控制器中，按顺序控制机床的其他辅助部件，完成工件夹紧、松开、冷却液的开闭、刀具的自动更换等辅助加工动作。

第 5 步：加工过程的在线检测。

机床在执行加工程序的过程中，数控系统需要随时检测机床的坐标轴位置、行程开关的状态等，并与程序的要求相比较，以决定下一步动作，直到加工出合格的零件。

7.1.3 数控机床的组成

数控机床是典型的机电一体化产品，主要由人机交互装置、数控装置、私服系统和机床本体等 4 部分组成，如图 7.2 所示。

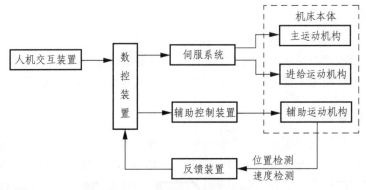

图 7.2　数控机床的组成框图

1. 人机交互装置

数控机床的操作人员要通过人机交互装置对数控系统进行操作和控制。键盘和显示器是数控系统不可缺少的人机交互设备，现代数控机床，可以利用机床上的显示屏及键盘以手动方式输入加工程序，或是对输入的加工程序进行编辑、修改和调试；也可以通过计算机用通信方式将自动编程产生的加工程序传送到数控装置。数控系统通过显示器显示机床运行状态、机床参数以及坐标轴位置等，高档的显示器还具备显示加工轨迹图形的功能。

2. 数控装置

数控装置是数控机床最重要的组成部分。主要由输入\输出接口电路、控制器、运算器和存储器等组成。数控装置的作用是将人机交互装置输入的信息，通过内部的逻辑电路或系统的控制软件进行译码、存储、运算和处理，将加工程序转换成控制机床运动的信号和指令，以控制机床的各部件完成加工程序中规定的动作。

3. 伺服系统

伺服系统是由伺服控制电路、功率放大电路和伺服电动机组成的数控机床执行机构。其作用是接受数控装置发出的指令信息并经功率放大后，带动机床移动部件作精确定位或按规定的轨迹和速度运动。伺服系统作为数控机床的最后控制环节，其控制精度和动态响应特性，对机床的工作性能、加工精度和加工效率有直接的影响。

4. 机床本体

机床本体是数控机床的主体，从布局到结构都充分考虑适应数控加工的特点，它是用于完成各种切削加工的执行部件。与传统机床相比，数控机床具有传动结构简单、运动部件的运动精度高、结构刚性好、可靠性高、传动效率高等特点。

7.1.4　数控机床的特点

数控机床作为一种高自动化、高柔性、高精度、高效率的机械加工设备，具有以下优点：

1. 适应范围广

数控机床通过执行已经编制好的加工程序来控制机床执行机构，对零件进行自动加工。当加工对象的尺寸或局部形状变化时，只需对该零件加工程序进行修改；当改变加工对象时，只需重新编制一个数控加工程序，因此数控机床可以适应多种不同零件的加工。

2. 生产准备周期短

在数控机床上加工新的零件，大部分准备工作是针对零件的工艺分析和编制数控加工程序，而不是去准备钻模、镗模及其他的专用工、夹具等工艺装备，这样大大缩短了生产准备时间。因此应用数控机床，十分有利于企业产品的升级换代和新产品的研制。

3. 工序高度集中

为了体现高自动化、高柔性、高精度的特点，数控机床在结构和功能的设计上，充分考虑了工序的集中，既保证机床粗加工时有足够的刚度，又保证精加工时又有可靠的精度。在数控机床上加工，特别是在带有自动换刀系统的数控机床上加工，往往是工件一次装夹后，完成尽可能多的加工内容。这样就可以减少机床、夹具的数量和因重复装夹定位造成的误差，同时还能够缩短转序、等待和装夹等辅助加工时间。

4. 生产效率和加工精度高

在结构设计上，对数控机床的高速、高精度和高刚度要求进行针对性的设计，数控机床加工时可以采用较大的切削用量。特别是一些重切数控机床，其切削用量可以是普通金属切削机床常用量的十几倍。加上自动换刀等辅助动作的自动化，使得数控机床的生产效率比普通机床有大幅度提高。同时，数控机床还具有相当高的加工精度和质量稳定性。首先是在结构上应用了滚珠丝杠、滚动导轨等滚动摩擦传动副和机械传动消隙结构等，使机械传动的误差尽可能小；其次是采用了软件精度补偿技术，对机械传动误差进行补偿，提高了传动精度；最后是用程序控制加工，减少了人为因素对加工精度的影响。这些措施不仅保证了数控机床较高的加工精度，同时还保证了加工质量的稳定性。

5. 能完成复杂型面的加工

数控系统不仅可以控制机床多个轴的运动，而且能够驱动多个轴联动，使刀具在三维空间中能实现任意轨迹的运动，使得许多在普通机床上无法完成的复杂型面的加工成为可能。

6. 有利于生产管理的现代化

在数控机床上加工零件，由于工序高度集中，节省了工装夹具、简化了中间检验工序、减少了半成品的管理环节，并能准确地计算加工工时和费用，因此有利于实施现代化的生产管理模式。同时，数控机床使用了数字信息控制，为计算机辅助设计、制造及实现生产过程的计算机管理与控制奠定了良好的基础。

由于数控机床与普通机床相比，价格昂贵，养护与维修费用较高，如果使用和管理不善，容易造成浪费并直接影响经济效益。因此，要求设备操作人员和管理者有较高的素质，严格遵守操作规程和履行管理制度，以利于降低生产成本，提高企业的经济效益和市场竞争力。

7.2　数控机床的分类

7.2.1　按工艺用途分类

（1）金属切削类数控机床。金属切削类数控机床是最常用的数控机床，包括数控钻床、数控车床、数控铣床、数控镗床、数控磨床和数控齿轮加工机床等。

（2）金属成形类数控机床。金属成形类数控机床包括数控折弯机、数控组合冲床和数控回转头压力机等。这类数控机床起步晚，但目前发展很快。

（3）特种加工类数控机床，如数控线（电极）切割机床、数控电火花加工机床、火焰切割机、数控激光切割机床和数控激光快速成型机床等。

（4）其他类型，如数控装配机、数控测量机等。

7.2.2　按运动方式分类

1. 点位控制数控机床

点位控制（Positioning Control）又称点到点控制(Point to Point)，就是刀具与工件相对运动时，只控制从一点运动到另一点的准确性，而不考虑两点之间的运动路径和方向。点位控制数控机床的数控系统只需要控制行程的起点和终点的坐标值，而不控制运动部件的运动轨迹，运动轨迹不影响最终的定位精度，在移动过程中不进行任何加工。这类数控机床主要有数控钻床、数控坐标镗床、数控剪床和数控测量机等。图 7.3 所示为典型的点位控制数控钻床加工的示意图。

2. 直线控制数控机床

直线切削控制（Straight Cut Control）又称平行切削控制（Parallel Cut Control)，就是刀具与工件相对运动时，除控制从起点到终点的准确定位外，还要保证平行坐标轴的直线切削运动。其路线和移动速度是可以控制的。这类机床主要有数控车床、数控磨床和数控镗铣床等，相应的数控装置称为直线控制装置。图 7.4 所示为直线控制数控机床加工示意图，因为只能做简单的直线运动，所以不能实现任意的轮廓轨迹加工。

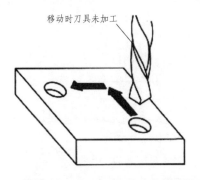

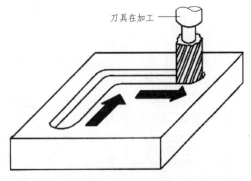

图 7.3　典型的点位控制数控钻床加工示意图　　　　图 7.4　直线控制数控机床加工示意图

3. 轮廓控制数控机床

轮廓控制（Contouring Control）又称连续轨迹控制（Continuous Path Control），刀具与工件相对运动时，能对两个或两个以上坐标轴的运动同时进行控制。它不仅要求控制机床运动部件的起点与终点坐标位置，而且要求控制整个加工过程中每一点的速度和位移量，可以实现加工曲线或者曲面零件，如凸轮及叶片等。

这类数控机床主要有数控车床、数控铣床、数控磨床和各类数控切割机床。近年来，随着计算机技术的发展，软件功能的不断完善，可以通过计算机插补软件实现多坐标联动的轮廓控制。图 7.5 所示为轮廓控制机床的加工示意图。

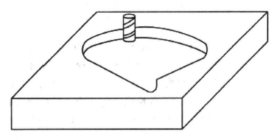

图 7.5　轮廓控制机床加工示意图

7.2.3　按控制方式分类

数控机床按照对伺服驱动的被控量有无检测装置可分为开环控制数控机床和闭环控制数控机床。在闭环控制数控机床中，根据测量装置安装的部位不同，又可分为全闭环控制数控机床和半闭环控制数控机床。

1. 开环控制数控机床

开环控制是指不带位置反馈装置的控制系统。图 7.6 所示为开环控制系统框图。开环控制系统的数控机床，采用步进电动机作为伺服驱动执行元件，数控装置输出的脉冲，经过步进驱动器的环形分配器和功率放大电路，最终控制相应坐标轴的步进电动机的角位移，再经过机械传动链，实现运动部件的直线位移。

开环控制系统具有结构简单、可靠性高、维修方便和价格低廉等优点。但是开环控制的数控机床，其加工精度不高。

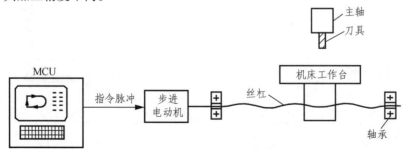

图 7.6　开环控制系统框图

2. 闭环控制数控机床

闭环控制是在机床移动部件上直接安装直线位移检测装置，将直接测量到的位移量反馈到数控装置的比较器中，与输入指令进行比较，用差值对运动部件进行控制，使运动部件严格按实际需要的位移量运动。图 7.7 所示为闭环控制系统框图。

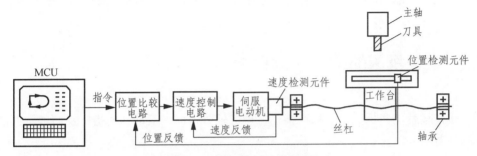

图 7.7 闭环控制系统框图

闭环控制系统将机械传动链的全部环节都包括在闭环之内，其控制精度高。从理论上说，闭环控制的运动精度仅取决于检测装置的精度，而与机械传动的误差无关。但实际上机床传动链的刚度、间隙、导轨的低速运动特性及系统的抗振性等非线性因素将直接影响系统的稳定性，严重时甚至使伺服系统产生振荡。因此闭环控制系统对机床的结构刚性、传动部件的间隙及导轨移动的灵敏性等都提出了更高的要求。闭环控制系统具有位移精度高，调试、维修较复杂，成本较高的特点。一般用于要求高速、高精度的数控机床，如镗铣床、超精车床、超精磨床及大型数控机床等。

闭环控制数控机床的伺服机构采用直流伺服电动机或交流伺服电动机驱动。

3. 半闭环控制数控机床

目前，大多数数控机床采用半闭环控制系统，其位置反馈采用角位移检测装置（如光电脉冲编码器等），安装在电动机或滚珠丝杠的端头，通过检测伺服电动机或丝杠的转角，间接地检测出运动部件的位移。图 7.8 所示为半闭环控制系统框图。该控制方式只对伺服电动机或滚珠丝杠的角位移进行反馈控制，而直线移动部件还在控制环节之外，故称为半闭环控制。

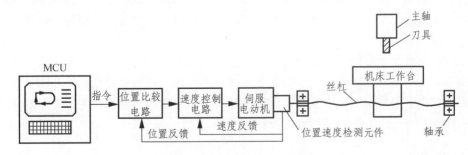

图 7.8 半闭环控制系统框图

目前采用直线电动机作为伺服驱动执行元件的数控机床，取消了传动系统中将旋转运动变为直线运动的环节，实现了"零传动"。该传动方式从根本上消除了机械传动环节对精度、刚度、快速性及稳定性的影响，使机床获得更高的定位精度、进给速度和加速度。

　　采用半闭环控制的数控机床，电气控制与机械传动装置之间有明显的分界，因此调试维修方便；惯性较大的机床运动部件不包括在该闭环之内，使控制系统具有良好的稳定性，且制造成本低。可以将伺服电动机与脉冲编码器做成一体，使系统变得更加紧凑，加之滚珠丝杠螺母机构均设计有可靠的消除间隙的结构，机床的精度、速度完全可以满足绝大多数用户的需要。因此在一般情况下，半闭环控制系统作为数控机床的首选控制方式。

7.3　数控机床的主要性能指标

　　数控机床的性能指标一般有精度指标、坐标轴数指标、运动性能指标及加工能力指标、可靠性指标等。

7.3.1　数控机床的精度指标

1. 分辨率与脉冲当量

　　分辨率是指两个相邻的分散点之间可以分辨的最小间隔。对检测系统而言，分辨率是可以测量的最小增量；对控制系统而言，分辨率是可以控制的最小位移量。数控装置每发出一个脉冲信号，反映到数控机床移动部件上的移动量称为脉冲当量。脉冲当量是设计数控机床的原始数据之一，其数值大小决定数控机床的加工精度和表面质量。脉冲当量越小，数控机床加工精度和加工表面质量越高。简易数控机床的脉冲当量为 0.01 mm，普通数控机床的脉冲当量为 1 μm，精密或超精密数控机床的脉冲当量为 0.1 μm，最精密的数控系统的分辨率已达到 0.001 μm。

2. 定位精度与重复定位精度

　　定位精度是指数控机床工作台等移动部件在运动终点的实际位置与理想位置的一致程度，其差值称为定位误差。定位误差包括伺服系统定位误差、检测系统定位误差及进给系统定位误差，还包括移动部件（如导轨）的几何误差等。定位误差将直接影响零件加工的位置精度。

　　重复定位精度是指在同一台数控机床上，应用相同程序的相同代码加工一批零件，所得到连续结果的一致性程度。重复定位精度受伺服系统特性、进给系统的间隙与刚性及摩擦特性等因素的影响。一般情况下，重复定位精度是成正态分布的偶然性误差，它影响一批零件加工的一致性，是一项非常重要的性能指标。

3. 分度精度

　　分度精度是指分度工作台在分度时，理论要求回转的角度值和实际回转的角度值的差值。分度精度既影响零件加工部位在空间的角度位置，同时还会对孔系加工的同轴度误差等造成影响。

7.3.2　数控机床的可控轴数与联动轴数

数控机床的可控轴数是指机床数控装置能够控制的坐标轴数目。一般数控机床可控轴数和数控装置的运算处理能力、运算速度及内存容量等有关。世界上最高级的数控机床的可控轴数已达到 31 轴，我国目前最高级的数控机床的可控轴数为 9 轴。数控机床的联动轴数是指机床数控装置控制的坐标轴同时达到空间某一点的坐标数目。目前数控机床的联动轴数有两轴联动、3 轴联动、4 轴联动和 5 轴联动等，其中 3 轴联动的数控机床通常是 X、Y、Z 3 个直线坐标联动，可以加工空间复杂曲面，多用于数控铣床；4 轴或 5 轴联动是指控制 X、Y、Z 3 个直线坐标轴的同时，控制一个或者两个围绕这些直线坐标轴旋转的坐标轴，可以加工叶轮、螺旋桨等零件；而两轴半联动是特指可控轴数为 3 轴而联动轴数为两轴的数控机床。

7.3.3　数控机床的运动性能指标

数控机床的运动性能指标主要包括主轴转速、进给速度、坐标行程、摆角范围、刀库容量及换刀时间等。

1. 主轴转速

数控机床的主轴一般采用直流或交流调速主轴电动机驱动，选用高速精密轴承支承。主轴一般具有较宽的调速范围和足够高的回转精度、刚度及抗振性。目前，数控机床主轴转速已普遍达到 5 000～10 000 r/min，高速主轴则在 20 000～50 000 r/min，这对各种小孔加工以及提高零件加工质量和表面质量都极为有利。

2. 进给速度

数控机床的进给速度是影响零件加工质量、生产效率及刀具寿命的重要因素。它受数控装置的运算速度、机床动特性及工艺系统刚度等因素的限制。

3. 坐标行程

数控机床坐标轴 X、Y、Z 的行程构成了数控机床的空间加工范围，决定了加工零件的大小。坐标行程是直接体现机床加工能力的指标参数。

4. 摆角范围

具有摆角坐标的数控机床，其转角大小也直接影响到加工零件空间部位的能力。但转角太大易造成机床的刚度下降，会给机床设计带来困难。

5. 刀库容量和换刀时间

刀库容量和换刀时间对数控机床的生产率有直接影响。刀库容量是指刀库能存放加工刀具的数量。目前，常见的中小型加工中心多为 16～60 把，大型加工中心刀库容量达 100 把以上。换刀时间是指具备自动换刀系统的数控机床，刀具交换机构将主轴上的刀具与刀库中下一步工序需用的刀具进行交换所用的时间。目前国内加工中心的换刀时间,由原来的 10 ~ 20 s 缩短为 1 ~ 5 s。

7.3.4　加工性能指标

1. 最高主轴转速和最大加速度

最高主轴转速是指主轴所能达到的最高转速,它是影响零件表面加工质量、生产率及刀具寿命的主要因素之一。最大加速度是反映主轴速度提高能力的性能指标。

2. 最快位移速度和最高进给速度

最快位移速度是指进给轴在非加工状态下的最高移动速度;最高进给速度是指进给轴在加工状态下的最高移动速度。这两个物理量在很大程度上会对零件的加工质量造成影响,也是影响生产效率及刀具寿命的主要因素。这两个性能指标受数控装置的运算速度、机床动态特征及工艺系统刚度等因素控制。

7.3.5　可靠性指标

1. 平均无故障工作时间 MTBF

平均无故障工作时间是指一台数控机床在使用中平均两次故障间隔的时间,即数控机床在寿命范围内,总工作时间和总故障次数之比。平均无故障工作时间的计算公式为

$$MTBF = 总工作时间/总故障次数$$

显然,平均无故障工作时间越长越好。

2. 平均修复时间 MTTR

平均修复时间是指一台数控机床从开始出现故障直到能正常工作所用的平均修复时间,其计算公式为

$$MTTR = 总故障停机时间/总故障次数$$

考虑到实际系统出现故障总是难免的,故对于可维修的系统,总希望一旦出现故障,修复的时间越短越好,即平均修复时间越短越好。

3. 有效度

如果把 MTBF 看作设备正常工作的时间,把 MTTR 看作设备不能工作的时间,那么正常工作时间与总工作时间之比称为设备的有效度 A,即

$$A = MTBF/(MTBF + MTTR)$$

有效度反映设备能够正常使用的能力,是衡量设备可靠性的一个重要指标。

7.4　数控机床的发展

7.4.1　数控机床的发展历程

自 1952 年美国研制出世界上第一台数控升降台铣床起，在世界上开创了数控机床发展的先河。紧随其后，德国、日本、苏联等国于 1956 年分别研制出本国第一台数控机床。1958 年由清华大学和北京第一机床厂联合研制出了我国第一台数控铣床。20 世纪 50 年代末期，美国的数控机床已进入了商品化生产。

20 世纪 60 年代，日本、德国和英国等国的数控机床也进入了商品化生产。但是，由于 60 年代前期数控系统还处于电子管、晶体管时代，系统设备庞大复杂、成本高、可靠性低。所以，数控机床发展速度相对缓慢，只有美国的生产批量较大。到 60 年代末期，美国年产数控机床达到 2 900 多台，占去了当时世界总产量的一半。这个时期的数控机床主要以点位控制的为主，据 1966 年的统计资料记载，当时全世界实际使用的 6 000 台数控机床中，有 85% 是点位控制的数控钻床、数控冲床等。日本在 1964 年以前生产的数控机床，其中有 90% 是数控钻床。

20 世纪 70 年代初期，出现了大规模集成电路和小型计算机，特别是到了 70 年代中期，世界上第一台微处理器研制成功，实现了控制系统体积小、运算速度快、可靠性能高、价格低廉的目标，由此给数控机床的发展注入了新的活力。许多制造厂家投入大量的技术人员，对提高数控机床的主机结构特性、减少热变形、完善配套件质量等重要关键技术进行研究和改进，使数控机床总体性能和质量有了很大提高。这一时期数控机床发展得较快，全世界数控机床的产量从 1970 年的 6 700 台到 1980 年达到 49 000 台，平均年增长率为 22%。日本、德国、美国等平均年增长率分别达到 29.6%、20% 和 18.1%。

20 世纪 80 年代以后，数控机床的发展进入了成熟和普及期。数控系统的微处理器由 16 位向 32 位机过渡，加快了运算速度，功能不断完善，可靠性进一步提高。同时监控、检测、换刀等配套技术及外围设备得到广泛应用，数控机床得到全面发展。不仅效率、精度、柔性有进一步的提高，而且门类扩展齐全，品种规格形成系列化，除发展较早的数控铣床、数控钻床、数控车床和加工中心外，起步较晚的数控磨床、数控齿轮加工机床、数控电加工机床、数控锻压机床和数控重型机床等领域也得到了较快的发展。这一时期，柔性制造单元（FMC）、柔性制造系统（FMS）也得到较快发展。进入 90 年代，世界范围内以发展数控单机为基础，并加快了向 FMC、FMS 及 CIMS（计算机集成制造系统）全面发展的步伐。

我国数控机床的开发与日本、德国、前苏联等国基本同步，但由于相关工业基础较差，尤其是作为数控系统的支撑领域 —— 电子工业的薄弱，致使数控机床发展速度缓慢。直到 1970 年北京第一机床厂生产的 XK5040 型数控升降台铣床才作为商品推向市场，1975 年沈阳第一机床厂的 CSK6163 型数控车床刚刚进入商品化。1974—1976 年间，国内制造厂家先后开发了加工中心、数控镗床、数控磨床和数控钻床等，但是没有实现商品化。在 80 年代前期，引进了日本的 FUNAC 数控系统技术，大多采用 FUNAC-3M、3T 系统，使我国的数控机床达到了国际上 20 世纪 70 年代的水平，并且真正进入小批量生产的商品化时代。

自改革开放以来，国家对机床工具行业的发展给予很大的支持，特别扶植数控机床的科技攻关和产业化，由此推动了我国数控机床的快速发展，而且产品的水平有了很大的改善与

提高。统计资料表明，数控机床品种由 1993 年的 500 种增加到 2001 年的 1 500 种左右，20
世纪 90 年代我国数控金属切削机床的年产量以年均 20%的速度增长。进入 21 世纪由于经济
发展使市场需求旺盛，数控机床年产量从 1.7 万台增至 12.2 万台，增加 6.9 倍；加工中心产
量从 447 台增至 8 000 余台，增加 18 倍。

7.4.2　数控机床的发展趋势

数控机床综合了当今世界上许多领域最新的技术成果，主要包括精密机械、计算机及信
息处理、自动控制及伺服驱动、精密检测及传感、网络通信等技术。数控机床制造业是关系
到国家战略地位和体现国家综合国力的基础产业，其技术水平的高低和拥有量的多少是衡量
一个国家工业化的重要标志。近年来，数控机床被广泛地用于我国的制造业，在国内工业发
达的地区已经得到普及，由此对社会生产力的提高起着巨大的推动作用。随着社会的多样化
需求及其相关技术的不断进步，数控机床也向着更广的领域和更深的层次发展。当前，数控
机床的发展主要呈现出如下趋势：

1. 高**速度与高精度化**

速度和精度是数控机床的两个重要指标，它直接关系到加工效率和产品质量。高速数控
加工源起 20 世纪 90 年代初，以电主轴和直线电动机的应用为特征，电主轴的发展实现了主
轴高转速；直线电动机的发展实现了坐标轴的高速移动。高速数控加工的应用领域首先是汽
车和其他大批量生产的工业，目的是用单主轴的高主轴转速和高速直线进给运动的加工中心，
来替代虽为多主轴但难以实现高主轴转速和高速进给的组合机床。其思路是：尽管在主轴的
数量上不及可实现同时加工的多主轴的组合机床，但是，高速加工中心进给速度可达 60 ~
80m/min，甚至更高，是组合机床的进给速度的数倍甚至十倍以上，加上空行程的速度可以
高达 100 m/min 左右，所以单主轴多次高速往复运动所消耗时间有可能少于多主轴一次往复
运动所需时间。从而，在大批量生产中，用高速加工中心替代组合机床，既得到高度的柔性，
有利于产品快速的更新换代，而又不降低生产效率。

高速加工应用的另一领域是用立方氮化硼（CBN）刀具对淬硬钢进行高速铣削和车削，
又称为"硬切削"，它可以用来代替电火花加工或磨削加工，这对模具制造业极为有利。以往，
对于型腔复杂的淬硬模具，唯一可采用的加工手段是电加工。但是，电火花放电烧蚀的切屑
极为微小，因而加工效率极低，加工时间一般需要几小时甚至十几小时。采用高速硬铣削后，
粗、精加工一次完成，大大提高了加工效率。但是，对于模具型腔内深而窄的槽、小半径圆
角等加工要求，仍然要采用电加工。可见，高速硬铣削不可能全部替代电加工。

在超高速切削和超精密加工技术中，对机床各坐标轴的位移速度和定位精度提出了更高
的要求，但是速度和精度这两项技术指标是相互制约的，当位移速度要求越高时，定位精度
就越难提高。现代数控机床配备的高性能数控系统及伺服系统，其位移分辨率与进给速度的
对应关系是：一般的分辨率为 1 μm，进给速度可以达到 100 ~ 240 m/min；分辨率为 0.1 μm，
进给速度可以达到 24m/min；分辨率为 0.01 μm，进给速度可以达到 400 ~ 800 mm/min。提高
主轴转速是提高切削速度的最直接、最有效的方法。近二十年来主轴转速已经翻了几番，80
年代中期，中等规格的加工中心主轴最高转速普遍为 4 000 ~ 6 000 r/min，到了 80 年代后期

达到 8 000～12 000 r/min，90 年代初期相继出现了 15 000 r/min、20 000 r/min、30 000 r/min、50 000 r/min，目前国外用于加工中心的电主轴转速已达到或超过 75 000 r/min。切削速度和进给速度之所以能大幅度提高，是由于数控系统、伺服驱动系统、位置检测装置、计算机数控系统的补偿功能、刀具、轴承等相关技术的突破及机床本身基础技术的进步。

2. 高柔性化

柔性是指机床适应加工对象变化的能力。即当加工对象变化时，只需要通过修改而无须更换或只做极少量快速调整即可满足加工要求的能力。数控机床对满足加工对象变换有很强的适应能力。提高数控机床柔性化正朝着两个方向努力，一方面是提高数控机床的单机柔性化，另一方面向单元柔性化和系统柔性化发展。例如在数控机床软硬件的基础上，增加不同容量的刀库和自动换刀机械手，增加第二主轴，增加交换工作台装置，或配以工业机器人和自动运输小车，以组成新的加工中心、柔性加工单元或柔性制造系统。

实践证明，采用柔性自动化设备或系统，是提高加工效率、缩短生产和供货周期，并能对市场变化需求做出快速反应和提高竞争能力的有效手段。

3. 复合化

复合化包含工序复合化和功能复合化。数控机床复合化发展的趋势是尽可能将零件所有工序集中在一台机床上，实现全部加工。一是提升工件的加工精度；二是减少机床和夹具数量，免去工序间的搬运和储存，达到缩短零件加工周期、节约作业面积、降低成本的目的。

目前，复合机床的主流是以车床为基础和以加工中心为基础的两种设计模式。以车床为基础的复合机床，主要用于加工圆柱形工件；以加工中心为基础的复合机床，主要用于加工箱体形的工件。大连机床集团生产的 CHD-25 九轴五联动车铣复合中心如图 7.9 所示，机床配置有双主轴和双刀架。第一主轴 1（C1）和第二主轴 3(C3)的分辨率均为 0.0010，第二主轴沿工件轴向移动 Z3 轴；上刀架 2 带 Y 轴和 30 把刀具的刀库 6，其刀轴回转为 B 轴，上刀架的移动为 X1、Z1 轴；下刀架 4 带动力刀具，下刀架的移动为 X2、Z2 轴。5 是床身。图 7.9（b）所示该机床加工一根长轴零件。

（a）机床布局　　　　　　　　　　（b）机床加工区域

图 7.9　CDH-25 车铣复合中心

德马吉（DMG）公司生产的 douBLOCK 系列五轴铣车复合加工中心，将铣削和车削加工技术集成到一台机床上。机床上带有数控 B 轴的摆动铣头，具备五面加工和五轴联动加工能力，工件一次安装可以实现完全加工。该系列机床突出的特点是采用直接驱动技术，控制大功率和高转速的回转工作台，扩展了机床铣削与车削的复合加工功能。图 7.10（a）所示为机床在进行五轴联动加工曲面零件；图 7.10（b）所示为回转体工件一次装夹机床对其件进行车削加工；图 7.10（c）所示为回转体工件一次装夹机床对其件进行铣削加工。

（a）五轴联动加工

（b）工件一次装夹进行车削加工

（c）工件一次装夹进行铣削加工

图 7.10　五轴铣车复合加工中心的应用

复合加工的另一领域是与非刀具切削的复合。当前，主要是与激光加工技术的复合。德国 DMG 集团的 DMU60L 数控机床，将立式铣削与激光复合用于精细型面模具的三维加工。其加工方式是凡是可以用小直径立铣刀加工的型面采用高速铣削，对于特别精细的型面采用激光加工，并用控制激光束功率密度的方法控制激光"切削"的深度。另外，在板材加工中将冲压与激光切割复合，对于板材上形状简单和小尺寸的孔，用模具冲压的方法加工，而形状复杂和大尺寸的孔，用激光切割的方法加工，既提高了加工效率，又提高了加工质量。

4. 多功能化

现代数控系统由于采用了多 CPU 结构和分级中断控制方式，因此在一台数控机床上可以同时进行零件加工和程序编制，即操作者在机床进入自动循环加工的同时可以利用键盘和 CRT 进行零件程序的编制，并可利用 CRT 进行动态图形模拟功能，显示所编程序的加工轨迹，或是编辑和修改加工程序。也称该工作方式为"前台加工，后台编辑"。由此缩短了数控机床更换不同种类加工零件的待机时间，充分提高了机床的利用率。

为了适应 FMC、FMS 以及进一步联网组成 CIMS 的要求，现代数控机床除了有 RS-232 串行通信接口外，还有 RS-422、RS-485 等串行通信接口，通过总线技术或网卡联成局域网，可以实现多台数控机床之间的数据通信，也可以直接对多台数控机床进行控制。

5. 智能化

智能加工是一种基于知识处理理论和技术的加工方式，以满足人们所要求的高效率、低成本、操作简便为基本特征。发展智能加工的目的是要解决加工过程中众多不确定性的、要求人工干预才能解决的问题。它的最终目标是要由计算机取代或延伸加工过程中人的部分脑力劳动，实现加工过程中监测、决策与控制的自动化。

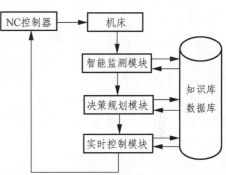

前常用的智能加工系统的基本结构模式如图 7.11 所示，由智能监测模块、决策规划模块和实时控制模块 3 个基本模块组成。其中，智能监测模块的功能是利用传感技术，对加工过程中影响加工效果的切削力、振动、温度和压力等变量实现在强干扰、多因素、非线性环境下的智能检测，并将多传感器信号加以集成。决策规划模块的功能是依据智能监测模块提供的信息，利用知识库和数据库对加工过程中的各种状态进行分析、判断和决策，并对原控制操作做适当

图 7.11　智能加工系统结构框图

的修正，确保该数控机床处于最佳的工作状态。实时控制模块的功能是依据决策规划的结果确定合理的控制方式，并将该控制信息通过 NC 控制器作用于机床的加工过程，以达到最优控制。

6. 造型宜人化

随着人们对生活质量的逐步重视，对劳动条件和工作环境也提出了更高的要求。用户不只是满足于加工设备的基本性能和内在质量，还要求设计结构紧凑流畅、造型美观协调、操作舒适安全、色泽明快宜人，使人处在舒适优美的环境中工作，从而激发操作者的工作情绪，达到提高工作效率的目的。

造型宜人化是一种新的设计思想和观点。是将功能设计、人机工程学与工业美学有机地结合起来，是技术与经济、文化、艺术的协调统一，其核心是使产品变为更具魅力、更适销对路的商品，引导人们进入一种新的工作环境。该设计理念在工业发达国家早已广泛用于各种产品的设计中，是其经济腾飞、提高市场竞争能力的重要手段。日本由于重视这项技术，很快摆脱了机床产品"仿制"阶段，并创出自己工业产品的"轻巧精美"的独特风格。

目前，国外机床生产厂家为了能在方案设计阶段就知道其产品的外观造型、色彩配置的效果，普遍采用计算机辅助工业造型设计（CAID）技术，相继开发了商品化的 CAID 软件系统，致使国际市场上的数控机床的品类、结构、造型、色彩发生了日新月异的变化。使用户在操作安全、使用方便、性能可靠的同时，还能体会一种享受感、舒服感、欣赏感，令操作者心情愉快地完成工作任务。

近年来，国内数控机床生产厂家也将造型宜人化的设计理念引入自己的产品设计中，使国产数控机床在外形结构、颜色、外观质量等方面较过去有了明显的改进和提高。

7. 绿色生态机床

目前，环境问题已经日益成为影响社会经济发展的一个关键因素，对于制造业来说，如何减少资源消耗和环境污染是 21 世纪所面临的重大问题。金属切削机床是将毛坯转化成零件的工作母机，一般机床的工作年限都在三四十年以上，属于长寿命产品，在其工作过程中不仅消耗能源，还会产生固体、液体和气体废弃物，对工作环境和自然环境造成直接或间接的污染。因此，研发节省能源、绿色环保的新型金属切削机床成为当前研究的热点。

绿色生态机床应该具备以下特征：

（1）机床主要零部件由再生材料制造。

（2）机床的质量和体积减少 50%以上。

（3）通过减轻移动部件重量、降低空运转功率等措施使功率消耗减少 30% ~ 40%。

（4）机床工作过程中产生的各种废弃物减少 50% ~ 60%，保证基本没有污染的工作环境。

（5）机床报废后的材料可以实现 100%的回收。

实现机床绿色化的主要途径是：采用新结构和新材料，减轻移动部件重量，达到节能目的；采用干切削和微量润滑（MQI）实现减排，并且注意排屑路径通畅，热移除迅速，保证不由于采用干切削和微量润滑而造成机床热变形，影响加工精度。

7.5　数控加工工艺

无论是手工编程还是自动编程，在编程以前都要对所加工的零件进行工艺分析，拟定加工方案，选择合适的刀具，确定切削用量。在编程中，对一些工艺问题（如对刀点、加工路线等）和图形（如图形的基点、节点等）也需做一些处理。因此程序编制中的工艺分析是一项十分重要的工作。

程序编制人员进行工艺分析时，要有机床说明书、编程手册、切削用量表、标准工具、夹具手册等资料，根据被加工工件的材料、轮廓形状、加工精度等选用合适的机床，制订加工方案，确定零件的加工顺序，以及各工序所用刀具、夹具和切削用量等，以求高效率地加工出合格的零件。

7.5.1　机床的合理选用

在数控机床上加工零件时，一般有两种情况。第一种情况：有零件图样和毛坯，要选择适合加工该零件的数控机床。第二种情况：已经有了数控机床，要选择适合在该机床上加工的零件。无论哪种情况，考虑的因素主要有：毛坯的材料和类型、零件轮廓形状复杂程度、尺寸大小、加工精度、零件数量、热处理要求等。概括起来有 3 点：① 要保证加工零件的技术要求，加工出合格的产品；② 有利于提高生产效率；③ 尽可能降低生产成本（加工费用）。

根据国内外数控机床技术应用实践，数控机床加工的适用范围可用图 7.12 和图 7.13 进行定性分析。

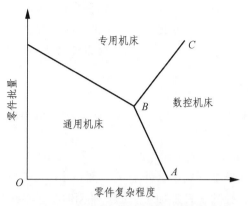

图 7.12　零件复杂程度与零件批量的关系　　　　图 7.13　零件批量与总加工费用的关系

图 7.12 表明了随零件的复杂程度和生产批量的不同，3 种机床适用范围的变化。当零件不太复杂，生产批量不太大时，宜采用通用机床；当零件复杂时，数控机床就显得更为适用了。图 7.13 表明了随生产批量的不同，采用 3 种机床加工时，综合费用的比较。由图 7.13 可知，在多品种、小批量（100 件以下）的生产情况下，使用数控机床可获得较好的经济效益。随着零件批量的增大，选用数控机床就不太经济了。

综上所述，数控机床通常最适合加工具有以下特点的零件：

（1）多品种、小批量生产的零件或新产品试制中的零件。

（2）轮廓形状复杂，对加工精度要求较高的零件。

（3）用普通机床加工时，需要有昂贵的工艺装备（工具、夹具和模具）的零件。

（4）需要多次改型的零件。

（5）价值昂贵，加工中不允许报废的关键零件。

（6）需要最短生产周期的急需零件。

数控加工的缺点是设备费用较高。尽管如此，随着高新技术的迅速发展，数控机床的普及和对数控机床在认识上的提高，其应用范围必将日益扩大。

7.5.2　数控加工工艺性分析

数控加工工艺性分析涉及面很广，在此仅从数控加工的可能性和方便性两方面加以分析。

1. 零件图的尺寸标注应符合编程方便的原则

（1）零件图上尺寸标注方法应适应数控加工的特点。在数控加工零件图上，应以同一基准或直接给出坐标尺寸。这种标注方法既便于编程，也便于尺寸之间的相互协调，在保证设计基准、工艺基准、检测基准与编程原点设置的一致性方面带来很大的方便。由于零件设计人员一般在尺寸标注中较多地考虑装配等使用特性，而不得不采用局部分散的标注方法，这样就会给工序安排与数控加工带来许多不便。因数控加工精度和重复定位精度都很高，不会因产生较大的积累误差而破坏使用特性，可将局部的分散标注法改为统一基准引注尺寸或直接给出坐标尺寸的标注法。

（2）构成零件轮廓的几何元素的条件应充分。在手工编程时，要计算每个基点坐标。在自动编程时，要对构成零件轮廓的所有几何元素进行定义。因此在分析零件图时，要分析几何元素的给定条件是否充分，若构成零件几何元素的条件不充分，应与零件设计者协商解决。

2. 零件的结构工艺性应符合数控加工的特点

（1）零件的内腔和外形最好采用统一的几何类型和尺寸。这样可以减少刀具规格和换刀次数，使编程更方便，生产效率提高。

（2）内槽圆角的大小决定着刀具直径的大小，因而内槽圆角半径不应过小。如图 7.14 所示，零件工艺性的好坏与被加工轮廓的高低、转接圆弧半径的大小有关，图 7.14（b）与图 7.14（a）相比，转接圆弧半径大，可以采用较大直径的铣刀来加工；加工平面时，进给次数也相应减少，表面加工质量也会好一些，所以工艺性较好。通常 $R<0.2H$（H 为被加工零件轮廓面的最大高度）时，可以判定零件的该部位工艺性不好。

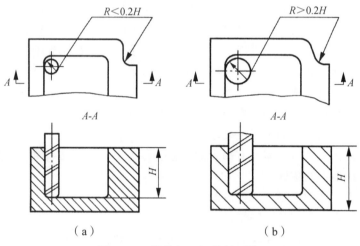

图 7.14　数控加工工艺性对比

（3）零件铣削底平面时，槽底圆角半径 r 不应过大。如图 7.15 所示，圆角半径 r 越大，铣刀端刃铣削平面的能力越差，效率也越低。因为铣刀与铣削平面接触的最大直径 $d=D-2r$（D 为铣刀直径）。当 D 一定时，r 越大，铣刀端刃铣削平面的面积越小，加工表面的能力越差，工艺性也越差。

（4）应采用统一基准定位。在数控加工中，若没有统一基准定位，会因工件的重新安装而导致加工后的两个面上轮廓位置及尺寸不协调现象。因此，要避免上述问题的产生，保证两次装夹加工后其相对位置的准确性，应采用统一基准定位。

零件上最好有合适的孔作为定位基准孔，若没有，则要设置工艺孔作为定位基准孔（如在毛坯上增加工艺凸耳或在后续工序要铣去的余量上设置工艺孔）。无法制造出工艺孔时，则要用经过精加工的表面作为统一基准，以减少两次装夹产生的误差。

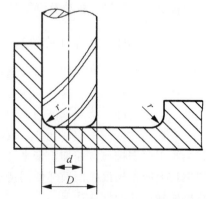

图 7.15　零件底面圆弧对加工工艺的影响

此外，还应分析零件所要求的加工精度、尺寸公差等是否可以得到保证、有无引起矛盾的多余尺寸或影响工序安排的封闭尺寸等。

7.5.3　加工方法与加工方案的确定

1. 加工方法的选择

加工方法的选择原则是保证加工表面的加工精度和表面粗糙度的要求。由于获得同一级精度及表面粗糙度的加工方法有许多，因而在实际选择时，要结合零件的形状、尺寸大小和热处理要求等全面考虑。例如，对于 IT7 级精度的孔采用镗削、铰削、磨削等加工方法均可达到精度要求，但箱体上的孔一般采用镗削或铰削，而不宜采用磨削。一般小尺寸的箱体孔选择铰孔，当孔径较大时则应选择镗孔。此外，还应考虑生产效率和经济性的要求，以及工厂的生产设备等实际情况。常用加工方法的经济加工精度及粗糙度可查阅有关工艺手册。

2. 加工方案的确定

零件上比较精确表面的加工，常常是通过粗加工、半精加工和精加工逐步达到的。对这些表面仅仅根据质量要求选择相应的最终加工方法是不够的，还应正确地确定从毛坯到最终成形的加工方案。

确定加工方案时，首先应根据主要表面的加工精度和表面粗糙度的要求，初步确定为达到这些要求所需要的加工方法。例如，对于孔径不大的 IT7 级精度的孔，最终加工方法取精铰时，则精铰孔前通常要经过钻孔、扩孔和粗铰孔等加工。表 7.1～表 7.3 列出了钻、镗、铰等几种加工方法所能达到的精度等级及其工序加工余量，可供确定加工方案时参考。

表 7.1　H13~H7 级精度孔加工方式（孔长度≤直径的 5 倍）/mm

孔的精度	孔的毛坯性质	
	在实体材料上加工的孔	预先铸出或热冲出的孔
H13、H12	一次钻孔	用扩孔钻钻孔或镗刀镗孔
H11	孔径≤10：一次钻孔 孔径>10～30：钻孔及扩孔 孔径>30～80：钻孔、扩孔或钻、扩、镗孔	孔径≤80：粗扩、精扩或单用镗刀粗镗、精镗或根据余量一次镗孔或扩孔
H10 H9	孔径≤10：钻孔及铰孔 孔径>10～30：钻孔、扩孔及铰孔 孔径>30～80：钻孔、扩孔、铰孔或钻、镗、铰（或镗）	孔径≤80：用镗刀粗镗（一次或二次，根据余量而定）、铰孔（或精镗）
H8 H7	孔径≤10：钻孔、扩孔、铰孔 孔径>10～30：钻孔、扩孔及一次或两次铰孔 孔径>30～80：钻孔、扩孔（或用镗刀分几次粗镗）及一次或两次铰孔（或精镗）	孔径≤80：用镗刀粗镗（一次或二次，根据余量而定）及半精镗、精镗或精铰

表 7.2　H7 与 H8 级精度孔加工方式及余量（在实体材料上加工的孔）/mm

加工孔的直径	直径							
	钻		粗加工		半精加工		精加工	
	第一次	第二次	粗镗	扩孔	粗铰	半精镗	精铰	精镗
3	2.9						3	
4	3.9						4	
5	4.8						5	
6	5.0			5.85		—	6	—
8	7.0			7.85			8	—
10	9.0	—	—	9.85		—	10	—
12	11.0			11.85	11.95	—	12	—
13	12.0	—		12.85	12.95	—	13	—
14	13.0			13.85	13.95	—	14	—
15	14.0			14.85	14.95	—	15	—
16	15.0			15.85	15.95	—	16	—
18	17.0			17.85	17.95	—	18	—
20	18.0	—	19.8	19.8	19.95	19.90	20	20
22	20.0		21.8	21.8	21.95	21.90	22	22
24	22.0		23.8	23.8	23.95	23.90	24	24
25	23.0	—	24.8	24.8	24.95	24.90	25	25
26	24.0		25.8	25.8	25.95	25.90	26	26
28	26.0		27.8	27.8	27.95	27.90	28	28
30	15.0	28.0	29.8	29.8	29.95	29.90	30	30
32	15.0	30.0	31.7	31.75	31.93	31.90	32	32
35	20.0	33.0	34.7	34.75	34.93	34.90	35	35
38	20.0	36.0	37.7	37.75	37.93	37.90	38	38
40	25.0	38.0	39.7	39.75	39.93	39.90	40	40
42	25.0	40.0	41.7	41.75	41.93	41.90	42	42
45	30.0	43.0	44.7	44.75	44.93	44.90	45	45
48	36.0	46.0	47.7	47.75	47.93	47.90	48	48
50	36.0	48.0	49.7	49.75	49.93	49.90	50	50

注：在铸铁上加工直径为 30 mm 与 32 mm 的孔可用小 ϕ 28 mm 与 ϕ 30 mm 的钻头钻一次。

表 7.3　按 H7 与 H8 级精度加工已预先铸出或热冲出的孔的加工方式及余量/mm

加工孔的直径	直径					加工孔的直径	直径				
	粗镗		半精镗	粗铰或二次半精镗	精铰或精镗		粗镗		半精镗	粗铰或二次半精镗	精铰或精镗
	第一次	第二次					第一次	第二次			
30		28.0	29.8	29.93	30	52	47	50.0	51.5	51.93	52
32		30.0	31.7	31.93	32	55	51	53.0	54.5	54.92	55
35		33.0	34.7	34.93	35	58	54	56.0	57.5	57.92	58
38		36.0	37.7	37.93	38	60	56	58.0	59.5	59.95	60
40		38.0	39.7	39.93	40	62	58	60.0	61.5	61.92	62
42	—	40.0	41.7	41.93	42	65	61	63.0	64.5	64.92	65
45		43.0	44.7	44.93	45	68	64	66.0	67.5	67.90	68
48		46.0	47.7	47.93	48	70	66	68.0	69.5	69.90	70
50	45	48.0	49.7	49.93	50	72	68	70.0	71.5	71.90	72
75	71	73.0	74.5	74.90	75	145	140	143.0	144.3	144.8	145
78	74	76.0	77.5	77.90	78	150	145	148.0	149.3	149.8	150
80	75	78.0	79.5	79.90	80	155	150	153.0	154.3	154.8	155
82	77	80.0	81.5	81.85	82	160	155	158.0	159.3	159.8	160
85	80	83.0	84.3	84.85	85	165	160	163.0	164.3	164.8	165
88	83	86.0	87.3	87.85	88	170	165	168.0	169.3	169.8	170
90	85	88.0	89.3	89.85	90	175	170	173.0	174.3	174.8	175
92	87	90.0	91.3	91.85	92	180	175	178.0	179.3	179.8	180
95	90	93.0	94.3	94.85	95	185	180	183.0	184.3	184.8	185
98	93	96.0	97.3	97.85	98	190	185	188.0	189.3	189.8	190
100	95	98.0	99.3	99.85	100	195	190	193.0	194.3	194.8	195
105	100	103.0	104.3	104.8	105	200	194	197.0	199.3	199.8	200
110	105	108.0	109.3	109.8	110	210	204	207.0	209.3	209.8	210
115	110	113.0	114.3	114.8	115	220	214	217.0	219.3	219.8	220
120	115	118.0	119.3	119.8	120	250	244	247.0	249.3	249.8	250
125	120	123.0	124.3	124.8	125	280	274	277.0	279.3	279.8	280
130	125	128.0	129.3	129.8	130	300	294	297.0	299.3	299.8	300
135	130	133.0	134.3	134.8	135	320	314	317.0	319.3	319.8	320
140	135	138.0	139.3	139.8	140	350	372	347.0	349.3	349.8	350

注：① 如果铸出的孔有很大的加工余量时，则第一次粗镗可以分为两次或多次粗镗；
　　② 可以将表中"半精镗"和"粗铰或二次半精镗"余量加在一起，只进行一次半精镗加工。

3. 平面类零件斜面轮廓加工方法的选择

在加工过程中，工件按表面轮廓可分为平面类零件和曲面类零件。其中平面类零件的斜面轮廓一般又分为以下两种：

（1）有固定斜角的外形轮廓面。如图 7.16 所示，加工一个有固定斜角的斜面可以采用不同的刀具，有不同的加工方法。在实际加工中，应根据零件的尺寸精度、倾斜角的大小、刀具的形状、零件的安装方法、编程的难易程度等因素，选择一个较好的加工方案。

（2）有变斜角的外形轮廓面。如图 7.17 所示，具有变斜角的外形轮廓面，若单纯从技术上考虑，最好的加工方案是采用多坐标轴联动的数控机床，这样不但生产效率高，而且加工质量好。但是这种机床设备投资大，生产费用高，一般中小企业没有这种设备，因此应考虑其他可能的加工方案。例如可在两轴半坐标控制铣床上用锥形铣刀或鼓形铣刀，采用多次行切的方法进行加工。为提高零件的表面加工质量，对少量的加工残痕可用手工修磨。

此外，还要考虑机床选择的合理性。例如，单纯铣轮廓表面或铣槽的简单中小型零件，选择数控铣床进行加工较好；而大型非圆曲线、曲面的加工或者是不仅需要铣削而且有孔加工的零件，选择数控镗铣加工中心进行加工较好。

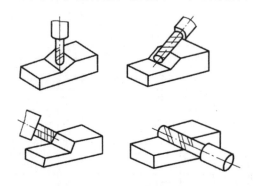

图 7.16　固定斜角斜面加工

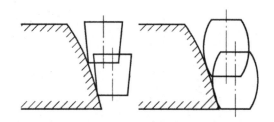

图 7.17　变斜角斜面加工

7.5.4　工序与工步的划分

1. 工序的划分

在数控机床上加工零件，工序可以比较集中，在一次装夹中尽可能完成大部分或全部工序。首先应根据零件图样，考虑被加工零件是否可以在一台数控机床上完成整个零件的加工工作，若不能，则应决定其中哪一部分在数控机床上加工，哪一部分在其他机床上加工，即对零件的加工工序进行划分。一般有以下几种方式：

（1）按零件装卡定位方式划分工序。由于每个零件结构形状不同，各表面的技术要求也有所不同，故加工时，其定位方式各有差异。一般加工外形时，以内形定位；加工内形时又以外形定位。因而可根据定位方式的不同来划分工序。

如图 7.18 所示的片状凸轮，按定位方式可分为两道工序，第一道工序可在数控机床上也可在普通机床上进行。以外圆表面的 B 平面定位加工端面 A 和直径 $\phi22H7$ 的内孔，然后再加工端面 B 和 $\phi4H7$ 的工艺孔；第二道工序以已加工过的两个孔和一个端面定位，在另一台数控铣床或加工中心上铣削凸轮外表面轮廓。

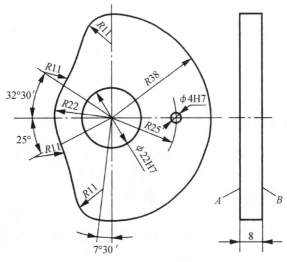

图 7.18　片状凸轮

（2）按粗、精加工划分工序。根据零件的加工精度、刚度和变形等因素来划分工序时，可按粗、精加工分开的原则来划分工序，即先粗加工再精加工。此时可用不同的机床或不同的刀具进行加工。通常在一次安装中，不允许将零件某一部分表面加工完毕后，再加工零件的其他表面。如图 7.19 所示批量生产的零件，第一道工序在数控车床上进行粗车削时，应切除整个零件的大部分余量；第二道工序进行半精、精车削，以保证加工精度和表面粗糙度的要求。

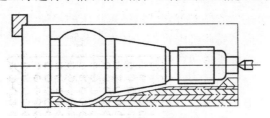

图 7.19　车削加工的零件

（3）按所用刀具划分工序。为了减少换刀次数，压缩空程时间，减少不必要的定位误差，可按刀具集中工序的方法加工零件，即在一次装夹后，尽可能用同一把刀具加工出可能加工的所有部位，然后再换另一把刀加工其他部位。在专用数控机床和加工中心上常采用这种方法。

2. 工步的划分

工步的划分主要从加工精度和加工效率两方面考虑。在一个工序内往往需要采用不同的刀具和切削用量，对不同的表面进行加工。为了便于分析和描述较复杂的工序，在工序内又细分为工步。下面说明工步划分的原则。

（1）同一表面按粗加工、半精加工、精加工依次完成，或全部加工表面按先粗后精加工分开进行。

（2）对于既有铣面又有镗孔的零件，可先铣面后镗孔。按此方法划分工步，可以提高孔的加工精度。因为铣削时切削力较大，工件易发生变形。先铣面后镗孔，使其有一段时间恢复，可减少由变形引起的对孔的精度的影响。

（3）按刀具划分工步。某些机床的工作台回转时间比换刀时间短，可采用按刀具划分工步，以减少换刀次数，提高加工效率。

总之，工序与工步之间的划分要根据零件的结构特点、技术要求等情况综合考虑。

7.5.5　零件的定位与安装

1. 定位安装的基本原则

在数控机床上加工零件时，定位安装的基本原则与普通机床相同，也要合理选择定位基准和夹紧方案。为了提高数控机床的效率，在确定定位基准与夹紧方案时应注意以下3点：

（1）力求设计、工艺与编程计算的基准统一。

（2）尽量减少装夹次数，尽可能在一次定位装夹后，加工出全部待加工面。

（3）避免采用占机人工调式加工方案，以充分发挥数控机床的效能。

2. 选择夹具的基本原则

数控加工的特点对夹具提出了两个基本要求：一是要保证夹具的坐标方向与机床的坐标方向相对固定；二是要协调零件和机床坐标系的尺寸关系。除此之外，还要考虑以下4点：

（1）当零件加工批量不大时，应尽量采用组合夹具、可调式夹具及其他通用夹具，以缩短生产准备时间、节省生产费用。

（2）在成批生产时才考虑专用夹具，并力求结构简单。

（3）零件的装卸要快速、方便、可靠，以缩短机床的停顿时间。

（4）夹具上各零部件应不妨碍机床对零件各表面的加工，即夹具要开敞，其定位、夹紧机构元件不能影响加工中的进给（如产生碰撞等）。

此外，为了提高数控加工的效率，在成批生产中还可以采用多位、多件夹具。例如在数控铣床或立式加工中心的工作台上，可安装一块与工作台大小一样的平板，如图 7.20 所示，它既可作为大工件的基础板，也可作为多个中小工件的公共基础板，可依次加工并排装夹的多个中小工件。

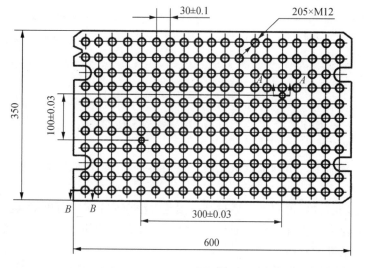
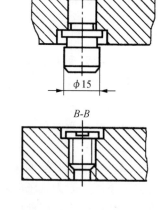

图 7.20　新型数控夹具元件

7.5.6 刀具和切削用量的确定

1. 刀具的选择

刀具的选择是数控机床加工工艺中重要的内容之一，它不仅影响机床的加工效率，而且直接影响加工质量。与传统的加工方法相比，数控加工对刀具的要求更高。不仅要求精度高、刚度好、寿命长，而且要求尺寸稳定、安装调整方便。这就要求采用新型优质材料制造数控加工刀具，并优选刀具参数。

2. 切削用量的确定

切削用量包括主轴转速（切削速度）、背吃刀量、进给量。对于不同的加工方法，需要选择不同的切削用量，并应编入程序单内。

合理选择切削用量的原则是：粗加工时，一般以提高生产效率为主，但也应考虑经济性和加工成本；半精加工和精加工时，应在保证加工质量的前提下，兼顾切削效率、经济性和加工成本。具体数值应根据机床说明书、切削用量手册，并结合经验而定。

（1）背吃刀量 a_p（mm）。背吃刀量 a_p 主要根据机床、夹具、刀具和工件的刚度来决定。在刚度允许的情况下，应以最少的进给次数切除加工余量，最好一次切净余量，以便提高生产效率。在数控机床上，精加工余量可小于普通机床，一般取 0.2 ~ 0.5 mm。

（2）主轴转速 n（r/min）。主轴转速 n 主要根据允许的切削速度 v（m/min）选取。即

$$n = 1\,000v/\pi D$$

式中　v ——切削速度（由刀具的寿命决定，可查相关手册或刀具说明书。）；

　　　D ——工件或刀具的直径（mm）。

主轴转速 n 要根据计算值在机床说明中选取标准值（无级变速除外），并填入程序单中。

（3）进给量 f（mm/min 或 mm/r）。进给量 f 是数控机床切削用量中的重要参数，主要根据零件的加工精度和表面粗糙度要求以及刀具、工件的材料性质选取。当加工精度、表面粗糙度要求高时，进给量数值应小些，一般在 20 ~ 50 mm/min 范围内选取。最大进给量则受机床刚度和进给系统的性能限制，并与脉冲当量有关。

7.5.7 数控加工路线的确定

在数控加工中，刀具刀位点相对于工件运动的轨迹称为加工路线。所谓"刀位点"是指刀具对刀时的理论刀尖点。如车刀、锤刀的刀尖；钻头的钻尖；立铣刀、端铣刀刀头底面的中心，球头铣刀的球头中心等。

底面的中心，球头铣刀的球头中心等。

编程时，加工路线的确定原则主要有以下几点：

（1）加工路线应保证被加工零件的精度和表面粗糙度，且效率较高。

（2）加工路线应使数值计算简单，以减少编程工作量。

（3）加工路线应最短，这样既可减少程序段，又可减少空刀时间。

此外，确定加工路线时，还要考虑工件的加工余量和机床、刀具的刚度等情况，确定是一次进给，还是多次进给来完成加工以及在铣削加工中是采用顺铣还是逆铣等。

实现合理的加工路线，除了依靠大量的实践经验外，还应善于分析，必要时可辅以一些简单计算。

7.5.8　工艺文件的制定

零件的加工工艺设计完成后，就应该将有关内容填入各种相应的表格（或卡片）中，以便贯彻执行并将其作为编程和生产前技术准备的依据，这些表格（或卡片）被称为工艺文件。数控加工工艺文件除包括机械加工工艺过程卡、机械加工工艺卡、数控加工工序卡三种以外，还包括数控加工刀具卡。另外，为方便编程，也可以将各工步的加工路线绘制成文件形式的加工路线图。

1. 机械加工工艺过程卡

机械加工工艺过程卡（格式见机械加工工艺有关手册）以工序为单位，简要地列出整个零件加工所经过的工艺路线（包括毛坯制造、机械加工和热处理等）。它是制订其他工艺文件的基础，也是生产准备、编排作业计划和组织生产的依据。在机械加工工艺过程卡中，由于各工序的说明不够具体，故一般不直接用于指导工人操作，而多用于生产管理方面；但在单件小批量生产中，由于通常不编制其他较详细的工艺文件，机械加工工艺过程卡使用作指导生产。

2. 机械加工工艺卡

机械加工工艺卡（格式见机械加工工艺有关手册）是以工序为单位，详细地说明整个工艺过程的一种工艺文件。它是用来指导工人生产和帮助车间管理人员和技术人员掌握整个零件加工过程的一种主要技术文件，广泛用于成批生产的零件和重要零件的小批量生产中。机械加工工艺卡片的内容包括零件的材料、毛坯种类、工序号、工序名称、工序内容、工艺参数、操作要求以及采用的设备和工艺装备等。

3. 数控加工工序卡

数控加工工序卡是根据机械加工工艺卡并作为一道工序制订的。它更详细地说明整个零件各个工序的要求，是用来具体指导工人操作的工艺文件。在这种卡片上要画工序简图，说明该工序每一工步的内容、工艺参数、操作要求以及所用的设备与工艺装备，同时还要注明程序编号、编程原点和对刀点等，如表 7.4 所示。

表 7.4 数控加工工序卡

（单位）	数控加工工序卡		产品名称	产品代号	零件名称	零件图号
			工序号	工序名称	设备名称	
（工序图）						
			夹具编号	夹具名称	设备型号	
			材料名称	材料牌号	切削液	
			程序编号	工时	车间	
工步号	工步内容	刀具号	刀具规格/mm	主轴转速/(r/min)	切削速度/(m/min)	进给速度/(mm/min)或进给量/(mm/r)	背吃刀量/mm	备注
			设计	日期	校对	日期	审核	日期	共 页
标记	处数	更改文件号	签字	日期				第 页

4. 数控加工刀具卡

数控加工刀具卡主要包括刀具的详细资料，有刀具号、刀具名称及规格、刀辅具等。不同类型的数控机床其刀具卡也不完全一样。数控加工刀具片同数控加工工序卡一样，是用来编制零件加工程序和指导生产的重要工艺文件。加工中心刀具卡的格式如表 7.5 所示。

表 7.5 数控加工刀具卡（加工中心用）

（单位）	数控加工刀具卡		产品名称	产品代号	零件名称	零件图号
设备名称		设备型号	工序号	工序名称	程序编号	
工步	刀具号	刀具名称	刀柄型号	刀具规格		刀片		备注
				直径/mm	长度/mm	牌号	型号	
			设计	日期	校对	日期	审核	日期	共 页
标记	处数	更改文件号	签字	日期				第 页

习题与思考题

1. 何谓数控机床？它应用于什么场合？
2. 数控机床是由哪几部分组成的？各部分的作用是什么？
3. 简述数控机床的工作过程。
4. 简述数控机床的特点。
5. 数控机床按运动方式分为哪几类？各有什么特点？
6. 数控机床按伺服系统控制方式分为哪几类？各有什么特点？
7. 数控机床的主要精度指标有那几项？
8. 简述数控机床的发展趋势。
9. 数控加工工序的划分有几种方式？各适合什么场合？

参考文献

[1] 华楚生. 机械制造技术基础[M]. 重庆：重庆大学出版社，2000.

[2] 翁世修. 机械制造技术基础[M]. 上海：上海交通大学出版社，1999.

[3] 吴能章. 金属切削原理及刀具[M]. 重庆：重庆大学出版社，1999.

[4] 乐兑谦. 金属切削刀具[M]. 北京：机械工业出版社，1993.

[5] 黄鹤汀. 金属切削机床（上册）[M]. 北京：机械工业出版社，1998.

[6] 赵世华. 金属切削机床[M]. 北京：航空工业出版社，1996.

[7] 曾志新等. 机械制造技术基础[M]. 武汉：武汉理工大学出版社，2001.

[8] 唐宗军. 机械制造基础[M]. 北京：机械工业出版社，1997.

[9] 邓文英. 金属工艺学（下册）[M]. 4版. 北京：高等教育出版社，2000.

[10] 王爱玲. 现代数控机床[M]. 北京：国防工业出版社，2003.

[11] 罗振壁. 现代制造系统[M]. 北京：机械工业出版社，2000.

[12] 孙大涌. 先进制造技术[M]. 北京：机械工业出版社，2000.

[13] 刘飞. 先进制造系统[M]. 北京：中国科学技术出版社，2001.

[14] 齐世恩. 机械制造工艺学[M]. 哈尔滨：哈尔滨工业大学出版社，1988.

[15] 王先逵. 机械制造工艺学[M]. 北京：清华大学出版社，1989.

[16] GB/T 1800.1—1997　极限与配合　基础　第1部分：词汇[S].

[17] GB/T 1800.2—1998　极限与配合　基础　第2部分：公差、偏差和配合的基本规定[S].

[18] GB/T 1800.3—1998　极限与配合　基础　第3部分：标准公差和基本偏差数值表[S].

[19] GB/T 1800.4—1999　极限与配合　标准公差等级和孔、轴的极限偏差表[S].

[20] GB/T 1801—1999　　极限与配合　公差带和配合的选择[S].

[21] GB/T 1804—2000　　一般公差　未注公差的线性和角度尺寸的公差[S].

[22] GB/T 1182—1996　　形状和位置公差　通则、定义、符号和图样表示法[S].

[23] GB/T 16671—1996　形状和位置公差　最大实体要求、最小实体要求和可逆要求[S].

[24] GB/T 4249—1996　　公差原则[S].

[25] 廖念钊. 互换性与测量技术[M]. 3版. 北京：中国计量出版社，2003.

[26] 孔庆华. 极限配合与测量技术基础[M]. 上海：同济大学出版社，2003.

[27] 程于平. 互换性与测量技术基础[M]. 北京：机械工业出版社，1998.

[28] 郑凤琴. 互换性与测量技术[M]. 南京：东南大学出版社，2000.

[29] 潘宝俊. 互换性与测量技术基础[M]. 北京：中国计量出版社，1997.

[30] 周根然. 工程材料与机械制造基础[M]. 北京：航空工业出版社，1997.

[31] 杜国臣. 数控机床编程[M]. 2版. 北京：机械工业出版社，2010.

[32] 全国数控培训网络天津中心组. 数控机床[M]. 3版. 北京：机械工业出版社，2012.

[33] 吴明友，程国标. 数控机床与编程[M]. 武汉：华中科技大学出版社，2013.

[34] 郭永亮. 数控机床[M]. 北京：机械工业出版社，2012.